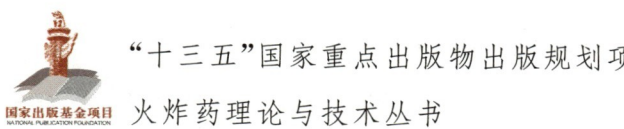

"十三五"国家重点出版物出版规划项目

火炸药理论与技术丛书

火炸药导论

肖忠良 著

国防工业出版社

·北京·

内 容 简 介

本书从火炸药本质属性出发，提出了火炸药特殊化学能源材料的概念；从能量对人类文明进步发展与推动的视角，阐述了火炸药的基本内涵、外延、地位与作用、分类方法等。以化学、热力学为基础，描述并表达其能量的状态函数；对与能量有关的燃烧爆轰产物、温度的计算方法进行表述；给出不同功能的火炸药设计方法和相关原则。以流体反应动力学为基础，描述火炸药燃烧、爆轰的物理学属性，对与能量释放有关的线性燃烧爆轰速率的理论模型与预估方法予以介绍；提出能量释放过程与控制的基本概念；同时，以本构方程为依据，表述能量释放过程的面积和线性燃烧、爆轰速率控制方法。以化学反应机理为依据，对含能化合物的合成工艺过程进行概要表述，以物理流变过程表达火炸药的物理成型加工方法。对火炸药的性能进行归类，简介其数据、信息获取方法，并结合应用对象进行评价。最后，根据火炸药的特点，从科学、技术和工程实践应用三个方面对火炸药未来的发展方向进行分析与展望。

本书对火炸药的知识体系进行了框架性构建，注重知识的新颖性与体系的完整性，可供火炸药与相关专业人员参考并作为专业教材使用。

图书在版编目(CIP)数据

火炸药导论 / 肖忠良著. —北京：国防工业出版社，2019.1
（火炸药理论与技术丛书）
ISBN 978-7-118-11827-8

Ⅰ.①火… Ⅱ.①肖… Ⅲ.①火药②炸药 Ⅳ.①TQ56

中国版本图书馆 CIP 数据核字(2019)第 036309 号

※

国防工业出版社 出版发行

（北京市海淀区紫竹院南路 23 号　邮政编码 100048）
北京龙世杰印刷有限公司印刷
新华书店经售

*

开本 710×1000　1/16　　印张 21$\frac{1}{4}$　　字数 440千字
2019 年 1 月第 1 版第 1 次印刷　　印数 1—2000 册　　定价 118.00 元

（本书如有印装错误，我社负责调换）

国防书店：(010)88540777　　发行邮购：(010)88540776
发行传真：(010)88540755　　发行业务：(010)88540717

作者简介

肖忠良

1977年考入华东工学院（现南京理工大学），研究生师从王泽山院士，1988年获得"含能材料"专业工学博士学位，现为南京理工大学教授、博士研究生导师。长期从事火炸药研究，先后承担完成火炸药研究项目数十项。取得授权国家发明专利15项；出版专著5部，发表学术论文80余篇；以第一完成人获得国家技术发明奖二等奖1项、国家科学技术进步奖二等奖1项；获省部级科技进步奖、发明奖一、二等奖4项。

火炸药理论与技术丛书
学术指导委员会

主　任　王泽山

副主任　杨　宾

委　员（按姓氏笔画排序）
　　　　王晓峰　刘大斌　肖忠良　罗运军
　　　　赵凤起　赵其林　胡双启　谭惠民

火炸药理论与技术丛书
编委会

主　任　肖忠良

副主任　罗运军　　王连军

编　委（按姓氏笔画排序）
　　　　代淑兰　何卫东　沈瑞琪　陈树森
　　　　周　霖　胡双启　黄振亚　葛　震

总序

国防与安全为国家生存之基。国防现代化是国家发展与强大的保障。火炸药始于中国,它催生了世界热兵器时代的到来。火炸药作为武器发射、推进、毁伤等的动力和能源,是各类武器装备共同需求的技术和产品,在现在和可预见的未来,仍然不可替代。火炸药科学技术已成为我国国防建设的基础学科和武器装备发展的关键技术之一。同时,火炸药又是军民通用产品(工业炸药及民用爆破器材等),直接服务于国民经济建设和发展。

经过几十年的不懈努力,我国已形成火炸药研发、工业生产、人才培养等方面较完备的体系。当前,世界新军事变革的发展及我国国防和军队建设的全面推进,都对我国火炸药行业提出了更高的要求。近年来,国家对火炸药行业予以高度关注和大力支持,许多科研成果成功应用,产生了许多新技术和新知识,大大促进了火炸药行业的创新与发展。

国防工业出版社组织国内火炸药领域有关专家编写"火炸药理论与技术丛书",就是在总结和梳理科研成果形成的新知识、新方法,对原有的知识体系进行更新和加强,这很有必要也很及时。

本丛书按照火炸药能源材料的本质属性与共性特点,从能量状态、能量释放过程与控制方法、制备加工工艺、性能表征与评价、安全技术、环境治理等方面,对知识体系进行了新的构建,使其更具有知识新颖性、技术先进性、体系完整性和发展可持续性。丛书的出版对火炸药领域新一代人才培养很有意义,对火炸药领域的专业技术人员具有重要的参考价值。

张维民,原国防科学技术工业委员会副主任。

序一

火炸药是中国古代四大发明之一。它作为化学能源在武器中的应用，在历史上开启了人类的热兵器时代，推动了军事革命，甚至催生了社会变革。火炸药作为武器发射、推进、控制、毁伤的能源，至今和可以预期的未来，都具有不可替代的地位。火炸药作为一种特殊的化学能源，极大地增强了人类探索和改造世界的能力，丰富了科学和工程实践的手段、工具和内容。自19世纪中叶诺贝尔发明硝化甘油炸药以来，火炸药逐渐发展成一个相对独立的专业领域，并且成为一个事关国家军事实力以及国防安全、国家建设和社会经济发展的重要科学技术门类。

我国较完整的现代火炸药技术体系是在新中国成立后从苏联引进并建立的。在很长一段时期，我们对火炸药领域的科学认知基本处在跟踪、学习和消化的阶段，技术和产品则处在引进和仿制的层面上。改革开放后，伴随着我国经济实力的增强，知识和技术的创新受到了前所未有的重视，科学技术的发展步入了自主创新的阶段。我国火炸药领域出现了诸多自主的新发现、新发明、新技术和新产品。我国正在从火炸药的大国向强国迈进。

与诸多工程应用类学科相似，火炸药学科的知识体系最初是以产品为基础建立的。基于产品的功能性，火炸药划分为火药、炸药、火工品和烟火剂等多个种类。每个种类又可进一步按组分、用途、制造工艺等细分。经过数十年的积累，按照这一主线编写的著作与教科书多达百余部，对我国火炸药学科专业建设、人才培养、科学研究和生产制造起到了重要作用。近年来，随着火炸药和相关领域研究的不断深入和技术的快速进步，特别是面对当前创新性人才培养和技术自主创新的新形势，把火炸药领域产生的新理论和新技术及时写入教材或以著作的形式出版显然很有必要。

三年前，肖忠良与国内有关高校教师和研究人员一起商讨编写出版一套能适应我国新时期火炸药事业发展的新的火炸药系列教材与著作，并邀我担任学术委员会主任。现在这套被列入"十三五"国家重点出版物出版规划项目并获得国家出版基金资助的丛书将陆续面世，这是我国火炸药行业在新时期的一项基础建设。这套图书的出版，值得我国火炸药界的同行们期待！

《火炸药导论》一书从新的视角探讨了火炸药作为一类特殊能源的本质属性。作者按照状态函数、能量释放规律与控制、合成与制造加工、性能表征与评价这一新的知识架构，把火炸药理论和技术知识概要地介绍给读者。

作者是我指导的第一位研究生。1988年获得工学博士学位。三十多年来他潜心在火炸药教学科研岗位耕耘，成就颇丰。本书许多内容也反映了作者及其同行近年来在火炸药领域所取得的最新研究成果。本书可作为火炸药及相关专业的教材或参考书，对从事火炸药领域教学、科研、生产及管理的人员，相信也会有很好的参考价值。

2018年9月15日

王泽山，中国工程院院士，南京理工大学教授。

序二

金秋，南京理工大学的肖忠良教授，如约将他撰写的《火炸药导论》一书的样稿送给我，并恳请我为之作序。三年前，已获悉肖教授主持编撰"火炸药理论与技术丛书"，《火炸药导论》是其中的一部。即将付梓之际，欣然允之。

面对案头这部凝聚着肖教授几十年心血之作，我回忆起诸多往事。我与肖教授相知、相识、相交，已有三十余年的岁月，历历在目，记忆犹新。

20世纪80年代末，我在与著名火炸药专家王泽山教授（中国工程院院士，2017年国家科学技术最高奖获得者）的交往中得知，他有一位名为肖忠良的入室大弟子。20世纪90年代，我任中国人民解放军总装备部科学技术委员会常任委员，参与火炸药技术等专业组工作。肖教授是首届火炸药专业组成员，我与他就此相识，此后相交渐多。在多年的相互交往中，肖教授在立人、处事、学养等方面给我的印象十分深刻。

肖忠良生长在湖北荆州的偏僻山村。1977年国家恢复高考，他有幸被华东工程学院（现南京理工大学）录取。一路走来，怀着求知与敬畏的心情，连续读硕、读博，1988年获得含能材料专业工学博士学位，成为王泽山教授培养的第一位博士。此后，他便以火炸药领域最高学历的身份踏上了人生的新里程，履职教授、博士生导师、中北大学副校长等。

肖教授是尊师重道的践行者。感恩是尊师的心理境界。感激老师授业解惑之恩乃为人之本。但他进一步认为，尊师重道更深入的内涵是：认知老师的优秀品质，学习老师的行为示范，发扬老师的科学精神。他在中北大学工作二十余年，一直从事教学科研工作，从无到有，建立起在国内具有影响力的专业团队，并于20世纪90年代就在该校设立王泽山院士工作室，不间断地请教自己的老师。经过几十年的实践与认知，他对王院士为国奉献的人生准则、勇攀高峰的科学精神和服务实践的学术思想有了更深层次的感悟，致使他对尊师重道的认知进入更高的境界。

多年来，肖教授执着追求，倡导师门传承，尽弟子之为；两年前回归老师门下，执弟子之守。当年的学生已成为老师事业的薪火传承者。

多年的交往，我对肖教授的文化素养多有所知。2007年春，应中北大学之邀，我到该校讲学，时任校长的张文栋教授介绍说，中北大学校训"致知于行"与校歌"再铸辉煌"的歌词，作者均是肖教授，他还是一位文人。当时我思绪潮涌，对肖教授油然起敬。

经过多年的实践与思考，肖教授凭借自己的文化素养，对火炸药领域的理论与实践探索，做出了文化层面的认知分析，形成了新的学术思想，为其科技工作的进展开辟了新思路。

掌握基础知识，是从事科技工作的基本素养。我曾问过肖教授，从事火炸药研究需要的基础知识涵盖哪些学科。他爽朗地回答：数理化，还有哲学。数理化不言自明。至于哲学，可见其思考上升了一个台阶，据我对他的了解，觉得为是为实。说到数学，我早就知道肖教授的数学基础非常深厚。在大学期间，除课堂学习之外，他对苏联数学家菲赫金哥尔茨的著作十分投入，做过多遍相关习题。我深知，工科学生有如此作为，确显其数学素养丰厚。借助深厚的数学功底，肖教授对火炸药领域的重要化学物理现象给出数学描述，这成为本书的特色。肖教授也具有深厚的物理学功底，利用动力学、热力学、流体力学等物理学基础知识，对火炸药领域的理论与实践进行深入探究，成为本书的另一特色。

肖教授学术思想活跃，这充分体现在他发明的"变燃速发射药装药技术"，提出的火炸药领域的新概念、绿色能源与清洁燃爆的环境理念，按照连续变化或量子化的观点提出在化学键能与核能之间是否存在其他能量状态的思考。

肖教授注重客观事物的哲学认知、知识体系的逻辑构建、学科发展的战略思考，体现了他从事科技工作的宽阔视野。肖教授治学严谨，求真务实，坚韧执着；在火炸药这个相对冷门的专业学科领域，持之以恒，求本溯源，勇于创新。肖教授在几十年的科学探索中，意志之坚，行为之实，彰显学风之正。

作者以科学认知与发现、技术创新与发明、工程应用与实践等作为本书编写纲要，以能量的运行状态、功效的转化过程、材料的制备技术、表征的评价实施等作为全书内容主干，由此确立了本书的结构框架。

本书是"火炸药理论与技术丛书"的首部，层次分明，资料翔实，内容丰富，为后续著作的写作提供了一个样板。

作者博览群书，涉猎中外，旁征博引，精选集成，对火炸药领域的相关知识、历史人物、重要事实等均有表述，致使本书成为具有可读性、可查阅性的百科之作。

本书的出版,犹如春风化雨,必将对火炸药领域的人才培养、科学研究、行业发展等方面带来勃勃生机。"路漫漫其修远兮",当今火炸药领域尚有很多问题有待解决,这里需要的是传承与创新、智慧与汗水,还有决心与勇气。本书极具参考价值。

以上是我阅读本书样稿的体会与感言,对肖忠良教授多年辛勤工作表达的祝愿与敬佩,也是我为读者阅读本书提供的一些引导。

愿以此为序。

2018 年 9 月 20 日于北京寓所

马殿荣,中国人民解放军原总装备部科学技术委员会顾问。

自序

1977年恢复高考，本人出于对大学的向往，匆忙补习遗忘好几年的语文、政治、数理化知识，走向考场，意外中榜，被当时的华东工程学院，现在的南京理工大学录取，学习当时的"炸药专业"。求知欲望所使，也为继续学业，参加研究生考试，顺利通过。从1982年至1988年师从我国著名火炸药学家王泽山教授，从事火炸药学习与研究，分别获得工学硕士与博士学位。

历经大学十年熏陶与洗礼，特别是幸得王老师的言传身教，除了基础知识的积累以外，对我更为重要是认知能力的提高：第一，扩大了视野。原来生活在一个边远山村，足不出百里，所见囿于山野农耕，当到过许多地方、读过许多书籍、受过很多教诲之后，方知世界之大，还有更为广阔、更高层次、无法想象的空域。第二，思维方法不断修正。作为农民出身的我，直至高中毕业，所见皆为农事，接受的基本只是经验、现象，如春夏秋冬四季、五谷收获景象。十年大学初知凡事皆有本质、规律，科学技术研究就是求本溯源、致其所用。第三，人生价值观逐渐形成。就对客观事物的价值判断而论，彼时年纪尚轻，生存为第一需求，王老师作为著名教授，我从仰止到求学门下，才发现老师生活十分简朴，对物质生活的要求比平常人还低。毕业以后与老师在同一领域工作，如在同一屋檐下生活，见证以全部精力投入到火炸药研究，获得过国内科技界所有最高奖项与荣誉，至今虽年迈耄耋而探索不辍，完全超越了生存、名利的需求，给我极大的震撼，原来人生的价值还有如此量度。王老师在精神世界为我们建立了一个全新的维度与坐标。

我在南京理工大学求学十年后，辗转多年，现在又是学校火炸药团队成员。学校在我国的火炸药领域，无论是人才培养、科学技术研究，还是对行业领域的进步与发展，在多个方向已达到了国内最高甚至世界领先水平，我作为过去的学生，现在的团队成员，深感幸运与自豪。

毕业至今我仍然从事火炸药的教学与研究并把此作为一个终生职业。转眼四十余年,尽尝苦乐酸甜。酸苦之处是每一个学科领域都瀚海无边,自己置身其中的渺小与无知;甜乐之处是至今仍然坚持不懈,奋力前行。

1997年和2011年教育部两次专业学科调整与修订,本人均参与了工科"兵器科学技术"大类的修订,火炸药先后命名为"特种能源与烟火技术"和"特种能源理论与技术",其中有本人的理解与建议成分。

对于大学的教育,学科为主干和平台。何为"学科",直到目前为止,仍然是一个不确定的定义,就我的理解,学科是一个以培养人才为目标的相对独立的知识体系。如果采用该知识体系所培养的人才具有一定的社会需求,将成为专业。火炸药作为一类特殊的化学能源,由于国防与经济发展的需要,成为一个学科、专业。那么,其知识体系如何构建,其相对独立性和与其他专业的相关性如何处理,这是作为一个火炸药教学与研究者必须面对的问题。

我国古代发明了黑火药,但直至新中国成立,还没有形成理论与技术体系。20世纪50年代初,引进了苏联的技术,逐步建立了较为完善的火炸药工业,建立了相应的专业,几十年来,国内研究者撰写出版了相关的教材与著作。在超过百余种的图书中,将火炸药以产品和应用对象划分为发射药、炸药、推进剂、火工品与烟火药等,分门类地对其设计方法、物理化学性能、制备工艺等进行的详尽的阐述,使火炸药的相关知识得到了很大的丰富。

职业生涯数十年,认知有所积累、提升。但有一个问题反复地拷问自己:对自己的职业有多少了解?火炸药究竟是什么?

人类对客观事物的认知是一个渐进过程,在一定阶段内总是局限的。认知的过程是对事物本质属性与变化规律的揭示、相关技术的发明和在工程实践中的应用,形成人类生存与文明进化所必须经历的一个科学(发现)→技术(发明)→产品(工程实现)的发展过程。人类的认知过程是一个由现象到本质,也是一个由表及里的过程;同时也是一个由简单到复杂再到简单的螺旋式渐进过程。

知识,是对客观世界(包括人类自身)的一种表达,包括客观事物现象、本质和规律性、作用与效果等方面。柏拉图认为知识必须满足三个条件,即被验证、正确且被相信。相关知识组成逻辑关系体系就成为知识系统。被大众认知的知识将被视为"常识"。人类生存与文明进化过程中包含了相应的知识和知识系统。

考虑到人才培养的需要,以及未来火炸药的发展,需要对火炸药知识体系进行构建,其中,主要是对其知识点新颖性、体系的完整性与相对独立性的注重和把握。

火炸药由化合物组成并因为燃烧与爆炸现象而被称谓,这是人类对客观事物现象认知的直接表达。80 年代以来，因为国外有"Energy Material"一词，国内称之为"含能材料"，可以认为这是火炸药的一种特征性表达。目前，将火炸药认为是"特种能源"，这是一种属性表达。就定义而言，均不具全面与准确性。

火炸药作为一种化学（键）能源，是其本质属性，同时具有材料的其他特性。其工程实践用途多种多样，但其作用终究是通过燃烧爆轰反应而对外界释放能量，以产物为介质进行能量转化或者产生其他效应。所以，以我个人的理解，目前火炸药知识体系大体上可划分为能量的聚集与状态、能量释放与转化过程、制备加工工艺、性能表征与评价四个方面。为适应高等教育不同层次人才培养的需要，展现本学科领域最新知识和构建完整的学科知识体系。国防工业出版社四年前组织了南京理工大学、北京理工大学、中北大学相关学科的教师，对"火炸药理论与技术丛书"进行了出版规划与论证，几经周折，入选"十三五"国家重点出版物出版规划项目并获得国家出版基金资助，为火炸药学科领域提供了良好的展示与发展契机。在此，向国防工业出版社致谢。

本人被推荐为该丛书的编委会主任，并负责撰写丛书首册《火炸药导论》，深感担当之重。如果以此对学科行业领域有所贡献，亦感欣慰。导者，纲也；论者，释然。若偏颇，将失方向、造混乱。尽我所学所知所悟，以我对火炸药略知一二所能，力图将火炸药的共性知识构成较为逻辑而又相对独立的知识体系框架。尽管有心有愿，但因认知层次、能力所限，自感与期望相差甚远，并多有缺陷甚至谬误。恭请同行和读者指正。

谨此自序。

肖忠良

2018 年 6 月于南京孝陵卫

前言

火炸药始于中国，它催生了世界热兵器时代的到来。火炸药作为武器发射、推进、毁伤等的动力和能源，是各类武器装备必需的技术和产品，现在以及可预见的未来，都将不可替代。火炸药科学技术已成为我国国防建设的基础学科和武器装备发展的关键技术之一。同时，火炸药又是军民通用产品（工业炸药及民用爆破器材等），直接服务于国民经济建设和发展。

经过几十年的不懈努力，我国已形成火炸药研发、工业生产、人才培养等方面较完备的体系。当前，世界新军事变革的发展及我国国防和军队建设的全面推进，都对我国火炸药行业提出了更高的要求。近年来，国家对火炸药行业予以高度关注和大力支持，许多科研成果成功应用，产生了许多新技术和新知识，大大促进了火炸药行业的创新与发展。

本书以科学认知与发现、技术创新与发明、工程应用与实践等作为编写纲要，用新的视角探讨了火炸药作为一类特殊能源的本质属性，按照状态函数、能量释放规律与控制、合成与制造加工、性能表征与评价这一新的知识架构，把火炸药理论和技术知识概要地介绍给读者。

全书共 6 章，分别论述了火炸药的定义与基本内涵、发展简史，火炸药能量状态函数，火炸药能量释放规律与控制方法，火炸药制备与加工工艺，火炸药能量和利用效率表征与评价，火炸药发展分析。全书最后给出了相关概念、定义以及主要符号。

本书可作为火炸药及相关专业的教材或参考书，对从事火炸药领域教学、科研、生产及管理的人员也有很好的参考价值。

目 录

第1章 绪论 /001
1.1 火炸药的定义与基本内涵 /001
1.2 发展简史 /003
1.2.1 黑火药的发明与发展 /003
1.2.2 黄色炸药与无烟火药的发明与发展 /004
1.2.3 近代火炸药的发展 /006
1.2.4 现代火炸药的发展 /009
1.2.5 理论发展 /010
1.3 分类 /012
1.4 历史地位与作用 /013
1.4.1 现代热兵器的始祖 /013
1.4.2 人类探索宇宙空间的特殊能源 /018
1.4.3 工程实践的特殊手段 /018
1.5 火炸药科学技术知识概述 /020
1.5.1 化学知识 /021
1.5.2 热力学知识 /022
1.5.3 反应流体动力学知识 /023
参考文献 /024

第2章 能量状态函数 /026
2.1 化学能与化学键 /026
2.1.1 能量的定义与内涵 /026
2.1.2 化学能 /027

2.1.3　化学价键理论 / 028
　　　2.1.4　火炸药化学能量本质探源 / 030
　2.2　火炸药元素化学与特性 / 031
　　　2.2.1　相关元素 / 032
　　　2.2.2　元素氧化性、可燃性和反应性 / 039
　2.3　含能化合物化学与特性 / 045
　　　2.3.1　含能基团与特性 / 045
　　　2.3.2　含能化合物的分子设计方法简介 / 046
　　　2.3.3　典型含能化合物与特性 / 053
　2.4　能量与计算方法 / 069
　　　2.4.1　能量状态函数与相关参数 / 070
　　　2.4.2　能量示性数计算基础 / 071
　　　2.4.3　能量示性数计算方法 / 077
　　　2.4.4　有关计算结果的讨论 / 077
　　　2.4.5　关于炸药的能量计算 / 080
　2.5　火炸药能量设计方法 / 081
　　　2.5.1　概述 / 081
　　　2.5.2　功能性选择与设计 / 081
　　　2.5.3　能量主体设计与基本原则 / 083
　　　2.5.4　固体力学完整性与强度设计 / 089
　　　2.5.5　其他性能设计 / 089
　参考文献 / 090

第 3 章　能量释放规律与控制方法 / 093

　3.1　燃烧与爆轰理论概要 / 093
　　　3.1.1　控制方程 / 093
　　　3.1.2　Rankine-Hugoniot 关系 / 097
　　　3.1.3　Rankine-Hugoniot 方程的简化 / 099
　　　3.1.4　Hugoniot 曲线变化规律 / 100
　　　3.1.5　燃烧与爆轰的物理意义 / 105
　3.2　火炸药燃烧爆轰化学反应 / 106
　　　3.2.1　分解反应机理 / 106
　　　3.2.2　主要放热化学反应 / 107
　　　3.2.3　催化化学反应 / 107

           3.2.4　化学链(式)反应　　　　　　　　　　　　　　　　　／108
　3.3　爆轰机理、爆轰速率与能量释放过程控制　　　　　　　　／109
　　　3.3.1　炸药爆轰反应机理　　　　　　　　　　　　　　　　／109
　　　3.3.2　爆轰传播速率(爆速)计算与估计　　　　　　　　　　／112
　　　3.3.3　爆轰速率与参数近似计算　　　　　　　　　　　　　／116
　　　3.3.4　爆轰作用与效果　　　　　　　　　　　　　　　　　／117
　　　3.3.5　炸药爆轰过程能量释放控制　　　　　　　　　　　　／120
　3.4　火药线性燃烧速率　　　　　　　　　　　　　　　　　　／127
　　　3.4.1　均质火药燃烧初步理论分析　　　　　　　　　　　　／128
　　　3.4.2　均质火药稳态燃烧机理与模型　　　　　　　　　　　／131
　　　3.4.3　复合火药的稳态燃烧机理与模型　　　　　　　　　　／132
　　　3.4.4　宋洪昌火药燃烧模型与计算方法　　　　　　　　　　／142
　　　3.4.5　固体火药燃烧催化理论　　　　　　　　　　　　　　／143
　3.5　固体推进剂与装药能量释放控制方法　　　　　　　　　　／146
　　　3.5.1　概述　　　　　　　　　　　　　　　　　　　　　／146
　　　3.5.2　推进剂燃速的调节　　　　　　　　　　　　　　　　／147
　　　3.5.3　形状结构设计　　　　　　　　　　　　　　　　　　／150
　　　3.5.4　关于侵蚀与不稳定性燃烧　　　　　　　　　　　　　／152
　3.6　发射装药能量释放控制方法　　　　　　　　　　　　　　／153
　　　3.6.1　发射药装药应用的对象与范围　　　　　　　　　　　／153
　　　3.6.2　理论基础与分析　　　　　　　　　　　　　　　　　／154
　　　3.6.3　能量释放几何形状控制方法　　　　　　　　　　　　／159
　　　3.6.4　混合装药能量释放规律与控制方法　　　　　　　　　／163
　　　3.6.5　一种特殊的装药方法　　　　　　　　　　　　　　　／165
　　　3.6.6　几种高渐增性燃烧发射药新方法　　　　　　　　　　／166
　　　3.6.7　低温度系数装药方法　　　　　　　　　　　　　　　／170
　参考文献　　　　　　　　　　　　　　　　　　　　　　　　／173

第4章　制备与加工工艺　　　　　　　　　　　　　　　　　／175

　4.1　含能化合物合成方法与工艺概要　　　　　　　　　　　　／175
　　　4.1.1　含能化合物合成反应类型　　　　　　　　　　　　　／175
　　　4.1.2　含能化合物的合成过程　　　　　　　　　　　　　　／183
　　　4.1.3　含能化合物合成反应与工艺过程新方法　　　　　　　／190
　4.2　含能化合物物理化学处理方法　　　　　　　　　　　　　／191

  4.2.1 含能化合物的结晶 / 191
  4.2.2 超临界结晶处理方法 / 197
  4.2.3 粉碎细化 / 201
 4.3 火药挤压加工工艺 / 208
  4.3.1 概述 / 208
  4.3.2 单基火药物料塑化 / 208
  4.3.3 双基火药吸收与塑化工序 / 211
  4.3.4 挤压成型 / 217
 4.4 炸药压装成型工艺 / 222
  4.4.1 直接压装 / 222
  4.4.2 等静压压装 / 222
 4.5 熔铸工艺 / 223
  4.5.1 概述 / 223
  4.5.2 熔铸原理 / 224
  4.5.3 混合工序 / 226
  4.5.4 浇铸工艺 / 232
 4.6 火炸药包覆工艺 / 233
  4.6.1 晶体(颗粒)表面包覆工艺 / 233
  4.6.2 发射药表面钝感包覆工艺 / 235
  4.6.3 推进剂包覆层工艺 / 236
 4.7 发射药干燥与后处理工艺 / 240
  4.7.1 驱溶与干燥 / 240
  4.7.2 光泽 / 241
  4.7.3 混同 / 241
参考文献 / 242

第5章 性能表征与评价方法 / 244

 5.1 能量和利用效率表征与评价 / 244
  5.1.1 火炸药的内能(焓) / 245
  5.1.2 能量效率(能效) / 249
 5.2 发射装药能量释放规律表征与评价 / 256
  5.2.1 发射药与装药的特点 / 256

	5.2.2	发射装药能量释放规律的表征	/ 257
	5.2.3	发射装药能量释放渐增性评价	/ 258
5.3	感度测试与评价		/ 259
	5.3.1	感度的定义	/ 259
	5.3.2	感度与分子结构的关系	/ 260
	5.3.3	感度与物理微观结构和缺陷的关系	/ 262
	5.3.4	感度的测试方法	/ 263
5.4	安定性测试与评价		/ 264
	5.4.1	热安定性评估	/ 265
	5.4.2	热安定性与分子结构的关系	/ 266
	5.4.3	热安定性测定方法	/ 268
5.5	材料结构损伤(缺陷)检测与评价		/ 269
	5.5.1	缺陷、损伤的基本特征	/ 270
	5.5.2	无损检测原理	/ 274
	5.5.3	常用检测方法	/ 274
5.6	安全性与评价方法		/ 279
	5.6.1	安全性基本内涵	/ 279
	5.6.2	安全性与实践的相关性	/ 279
	5.6.3	火炸药安全性的物理数学解释	/ 281
	5.6.4	安全的评价方法简介	/ 282
5.7	不敏感性评价		/ 282
	5.7.1	不敏感火炸药定义	/ 282
	5.7.2	外界意外刺激	/ 283
	5.7.3	选择的刺激类型	/ 284
	5.7.4	恶性事件和反应类型	/ 284
	5.7.5	不敏感弹药标准	/ 286
5.8	力学性能检测与评价		/ 288
5.9	发射不良现象与评价		/ 289
	5.9.1	不良现象描述与表达	/ 289
	5.9.2	不良、危害性与规律性分析	/ 290
	5.9.3	表征与评价方法	/ 291
参考文献			/ 293

第6章 发展分析 /295

  6.1 科学认知与探索 / 295
    6.1.1 化学键能属性探索 / 295
    6.1.2 化学键能的突破 / 296
    6.1.3 封闭体系的突破 / 296
    6.1.4 本构关系构建 / 296
    6.1.5 燃烧与爆轰理论 / 298
  6.2 含能化合物 / 299
  6.3 配方构成 / 300
  6.4 工程应用技术 / 302
    6.4.1 炸药应用技术 / 302
    6.4.2 火药应用技术 / 303
  6.5 制备(造)工艺技术 / 307
  6.6 绿色火炸药 / 308
  参考文献 / 310

相关概念与定义 / 312

主要符号 / 316

第1章 绪 论

1.1 火炸药的定义与基本内涵

火药是中国古代四大发明之一，推进了世界文明的进步与发展，是人类宝贵的科技、文化与物质财富。火炸药作为一种化学能源步入军事应用，开创了人类的热兵器时代，促进了武器发展，推动了军事变革。

火药因燃烧、发"火"的基本特征而得名，又因具有爆炸的基本特征而称为"炸药"，所以统一称以"火炸药"。经过一千多年的发展与进步，火炸药逐步由现象观察到本质属性认知，由烟花爆竹观赏到广泛的军事与工程实践应用，已经形成较为完善的科学技术体系，在科学技术内涵方面不断丰富，应用范围逐步扩大；随着武器、航空航天科学技术的进步，火炸药特殊能源的基础地位越来越重要，成为国家安全、经济建设的重要科学技术基础和战略能（资）源之一。对于我国而言，火炸药具有国家、民族的科学技术进步、发展里程碑的意义，更是一种文明的传承。

火炸药英文是 Explosive and Propellant 或 Energetic Material，很长一段时间直至现在，学术界和行业内将火炸药称为"含能材料"。1998 年教育部颁布的本科专业目录，火炸药专业以"特种能源与烟火技术"命名，学科方面将火炸药的相关内容划分到材料学和化学工程（应用化学）之中。2011 年教育部颁布最新专业、学科目录，火炸药的本科专业以"特种能源工程与技术"命名，研究生专业以"特种能源理论与技术"命名。

可以看到，对火炸药的认知，从"药剂"，到"材料"（Material），再到"能源"（Energy），是对火炸药本质属性认识的逐步深化与扩展。

在相对封闭和外界能量刺激作用条件下，通过燃烧爆轰化学反应，快速释放能量的物质，统称为火炸药。

火炸药本质上具有能源的基本属性，通过燃烧或爆炸产生热能以及气体、固体或液体介质，通过介质传热和做功，以达到发射、推进、毁伤等军事和其他工程技术的目的。与通常的能源（如电、石油、天然气、煤）相比，火炸药具有完全一致的属性。固体火炸药具有一般材料的形貌特征，如一定的形状尺寸、宏观与微观结构、力学强度等，但本质属性不同。材料一般分为结构和功能材料，使用过程的起始与终极状态微观化学结构不会发生显著的变化，即化学结构基本不变。而火炸药在使用过程中，不仅宏观物理形态发生变化，而且化学结构也将发生根本性的改变，本质上是一种能源，但可以视为一种广义的材料，因为物质均可以是广义的材料。

与一般能源相比，火炸药具有三个方面的特殊性：（1）体系封闭性。石油、天然气、煤、木材等能源在化学分子结构上为一类碳氢化合物，属于可燃元素或化合物，在燃烧对外释放能量时，需要外界的氧或空气，也就是氧化剂参与，这是一个开放体系；而火炸药的可燃元素、基团和氧化元素、基团以预混的方式聚集，在燃烧或爆炸时无需外界物质参与，是一个独立的、封闭的体系。（2）能量释放快速性（或瞬时性）。也正是由于分子预混的原因，火炸药能够快速燃烧或者发生爆炸。一般地，火炸药能量释放时间最短为 10^{-6} s，即微秒数量级，一门 100mm 火炮的功率相当于中型发电厂的功率。（3）火炸药燃烧、爆炸将产生高温、高压物理化学环境，温度可达 3000K 以上，压力可达 1000MPa 以上，如果与相关物体发生作用，物体将产生 $10^5 g$ 以上的加速度。燃烧爆轰产物中还含有一氧化碳（CO）、氮氧化物（N_xO_y）等有毒有害气体，对环境产生影响作用。

在教育部学科目录中的描述是："特种能源（火炸药）理论与技术是研究高能量密度、高能量释放速率和特种物理化学效应的物质与装置的一门学科。涉及特种能源的分子设计、合成与表征，特种能源组成与结构设计、制备与测试，在特定环境条件下，能量释放与输出规律、特种物理（声、光、电、磁）效应和特种化学效应等内容，为武器弹药技术的发展和毁伤威力的提高起基础支撑和推动作用。"

出于学科、专业、行业传承与习惯，本书将"火炸药（科学技术）"与"特种能源（理论与技术）"统一以"火炸药"一词称谓，有时也沿用"含能材料"的称谓，三者间以同义词对待。在本书中，"火炸药"一词有两个基本含义：一是指一个学科领域；二是指用于特定用途的产品。而将构成火炸药的组成称为"含能化合物"或者称为"火炸药组分"。

1.2 发展简史

火炸药发展史，首先是人类对客观世界认知过程中的一种发现，进一步是实践应用的发展与进步过程。与诸多学科领域相类似，火炸药认知是从现象开始的，逐步形成应用产品并深化与扩大，最后上升为科学技术知识体系。在这个过程中，人类生存的需求是科学技术发展的最大动因。

从公元808年中国有正式可考证的黑火药文字记载算起，火炸药已有一千多年的历史。火炸药的发展主要以产品和应用为主，近几十年才在理论方面有所进步，下面以年代的顺序予以简述。

1.2.1 黑火药的发明与发展

黑火药是中国最早发明的火药，据考证为唐代炼丹家发明，火药是炼丹的副产品，其发明者非属一人。代表人物为孙思邈，孙思邈在他的《丹经》一书中，第一次把火药的配方记录下来，这是火炸药的始祖。它的发明开始了火炸药发展史上的第一个纪元。从10世纪到19世纪初叶，黑火药是世界上唯一使用的火炸药。黑火药对军事技术、人类文明和社会进步所产生的深远影响，一直为世所公认并记载于史册。到公元808年（唐宪宗元和三年），中国即有了黑火药配方的记载。炼丹家清虚子在其所著的《太上圣祖金丹秘诀》中指出，黑火药是硝石（硝酸钾）、硫磺和木炭组成的一种混合物。到宋、元时期，黑火药的配方更趋定量和合理。宋代曾公亮等在1040—1044年编著的《武经总要》中，曾记录了三个黑火药的确定组成。此后一直到19世纪上半叶，黑火药依然沿用延续了几百年的"一硫、二硝、三木炭"的古老配方。

约在10世纪初，黑火药用于铳、炮的发射，开始步入军事应用，武器由冷兵器转变为热兵器。宋真宗时，在开封创立了我国第一个炸药厂"广备攻城作"，其中的"火药窑子作"专门制造黑火药。宋朝军队曾大量使用以黑火药为推进动力或爆炸物组分的武器（如霹雳炮、火枪、铁火炮、火箭等）抗击金兵、元兵。1132年，中国发明了"长竹竿火枪"等管形火器，1259年发明了"突火枪"，它们是近代枪炮的雏形。1332年中国制造的"铜铸火铳"则是目前发现的世界上最早的身管武器。上述武器均是以黑火药为能源的，这些武器的问世和对黑火药的应用是兵器史一个重要的里程碑。自中国发明黑火药以后，燃烧武器和烟火技术均得以发展。在北宋的《武经总要》中详细描述了"毒药烟毯""蒺藜火毯"等产生有毒烟幕和燃烧作用的武器。明代的《武备志》也记载有

"五里雾""五色烟"等烟火药剂的配方。自明代开始,国家军队建有的火器营,成为一个重要的兵种。

黑火药用于军事应用的同时,12世纪初,在中国开始用于制造供观赏、娱乐用的爆竹和焰火。12世纪上半叶,中国已制成根据反作用原理制成的"二踢脚"、升空的焰火,这就是火箭的前身。所以,中国不仅是黑火药的故乡,也是火箭的发源地,而黑火药则是最早应用的固体火箭推进剂。

13世纪前期,中国黑火药经丝绸之路传入阿拉伯国家,再传入欧洲。据估计,在制造和应用火药方面,欧洲至少比中国晚了四到五百年。

黑火药传入欧洲后,16世纪开始用于工程爆破。1548—1572年间,黑火药用于疏通尼曼河河床;1672年,黑火药首次用于煤矿爆破,黑火药在采矿工业中的应用被认为是标志着中世纪的结束和工业革命的开始。黑火药在世界范围内爆破中的广泛应用,标志着黑火药灿烂时代的到来。黑火药作为独一无二的火炸药,一直使用到19世纪70年代中期,延续数百年之久。

19世纪中叶后,火炸药开始了一个新时代。但由于黑火药具有易于点燃、燃速可控等特点,目前在军用及民用两个方面仍有许多(特别是点传火)难以替代的用途。

黑火药是中华民族对人类的重大贡献,是中国古代科技文明的特征标志之一。

1.2.2 黄色炸药与无烟火药的发明与发展

1833年,法国化学家Braconnt制得的硝化淀粉和1834年德国化学家Mitscherhsh合成的硝基苯和硝基甲苯,开创了合成炸药的先例,随后出现了近代火炸药发展的繁荣局面。

(1)单质炸药。1846年意大利人Sobrero制得硝化甘油(NG),为各类火药和硝甘炸药(代那买特炸药)提供了主要原材料。1863年,德国化学家Wilbrand合成梯恩梯(TNT),1891年实现了工业化生产,1902年用它装填炮弹,并成为第一次及第二次世界大战中的主要军用炸药。在梯恩梯获得军事应用前,苦味酸(三硝基苯酚,代号PA)早期为一种染料,1771年采用化学方法合成制得,法国科学家Turpin于1885年首次用苦味酸铸装炮弹。TNT和PA在弹药中的广泛应用结束了用黑火药作为弹体装药的历史。1877年,Mertens首次制得特屈儿,第一次世界大战中用作雷管和传爆药的装药。1894年由Tollens合成的太安(PETN),从20世纪20年代至今,一直广泛用于制造雷管、导爆索和传爆药柱。Henning于1899年合成的黑索今(RDX),是一种世界公认的高能炸药,在第二次世界大战中受到普遍重视,一系列以黑索今为基的高能混合炸药也得到了发展。1941 年,Wright 和 Bachmann 在以醋酐法生产黑索今时发现了能量水平和很多性能均优于黑索今的奥克托今(HMX),其在第二次世界大战中得到应用,使炸药的性能提高到一个新的水平。

如果从 1833 年制得硝化淀粉和 1834 年合成硝基苯和硝基甲苯算起,在随后的 100 余年间,即至 20 世纪 40 年代,已经形成了现在使用的三大系列(硝基化合物、硝胺及硝酸酯)单体炸药,而就应用的主体炸药而言,炸药的发展已经经历了苦味酸、梯恩梯及黑索今几个阶段。

(2)军用混合炸药。第一次世界大战前主要使用以苦味酸为基的易熔混合炸药,其在 20 世纪初叶即开始被以梯恩梯为基的混合炸药(熔铸炸药)取代。在第一次世界大战中,含梯恩梯的多种混合炸药(包括含铝粉的炸药)是装填各类弹药的主体炸药。

第二次世界大战期间,各国相继使用以特屈儿、太安、黑索今为原料的混合炸药,发展了熔铸混合炸药特屈托儿、膨托利特、赛克洛托(以 RDX/TNT 为主体的熔铸混合炸药)和 B 炸药等系列,并广泛用于装填各种弹药,使熔铸炸药的能量比第一次世界大战期间提高了约 35%。同时,以上述几种猛炸药为基(有的也含梯恩梯)的含铝炸药(如德国的海萨儿、英国的托儿派克斯)也在第二次世界大战中得到应用。

第二次世界大战期间,以黑索今为主要成分的塑性炸药(C 炸药)及钝感黑索今为主要成分的压装炸药(A 炸药)均在美国制式化。加之上述的 B 炸药,A、B、C 三大系列军用混合炸药都在这一时期形成,并一直沿用至今。

(3)工业炸药。1866 年,瑞典工程师 Nobel 以硅藻土吸收硝化甘油制得了代那买特炸药,并很快在矿山爆破中得到普遍应用。这被认为是炸药发展史上的一个突破,是黑火药发明以来炸药科学上的最大进展。后来,Nobel 又卓有成效地改进了代那买特炸药的配方,研制成功多种更为适用的代那买特炸药。1875 年,Nobel 又发明爆胶,将工业炸药带入了一个新时代。

在 19 世纪下半叶,粉状和粒状硝铵炸药也初露头角。它的出现和发展,是工业炸药的一个极其重要的革新。1866 年,即 Nobel 发明代那买特炸药的同年,瑞典人 Olsen 和 Norrbein 申请了世界上第一个制造硝铵炸药的专利。1869 年和 1872 年,德国和瑞典分别进行了硝铵炸药的工业生产,硝铵炸药开始部分取代某些代那买特炸药,并很快得到普及应用,且久盛不衰。19 世纪 80 年代起,研制了煤矿用的安全硝铵炸药,如 1884 年法国研制的 Favier 特型安全炸药,1912 年英国研制的含消焰剂(食盐)的许用炸药及 1902 年 Biehel 设计的离子交换型安全炸药等。进入 20 世纪后，硝铵炸药得到迅速发展，尤以铵梯型硝铵炸药的应用最为广泛。

（4）火药（发射药与推进剂）。法国化学家 Vielie 于 1884 年用醇、醚混合溶剂塑化硝化棉制得了单基药。1888 年，Nobel 在研究代那买特炸药的基础上，用低氮量的硝化棉吸收硝化甘油制成了双基发射药，称为巴利斯太火药，后来广泛用于火药装药。1890 年，英国人 Abel 和 Dwyer 用丙酮和硝化甘油共同塑化高氮量硝化棉，制成了柯达型双基发射药。1937 年德国人在双基发射药中加入硝基胍，制成了三基发射药。这一时期出现和形成的单、双、三基发射药，显著改善和提高了发射药的性能，促进了枪炮类身管武器系统的进一步发展。

用于火箭的火药即固体推进剂，是在第二次世界大战末期发展起来的。1935 年，苏联首先将双基推进剂（DB）用于军用火箭。美国于 1942 年首先研制成功第一个复合推进剂即高氯酸钾—沥青复合推进剂，为发展更高能量的固体推进剂开拓了新领域。与此同时，美国还研制成功浇铸双基推进剂，为发展推进剂的浇铸工艺奠定了基础。1947 年，美国制得另一种现代复合推进剂即聚硫橡胶推进剂（PS），使火箭性能有了较大的提高。此后复合推进剂得到迅速发展，并在大中型火箭中获得广泛的应用。

第二次世界大战中，德国将液体火箭推进剂用于 V-1 及 V-2 火箭中。

（5）点火药与起爆药剂。1799 年，Howard 制造出雷酸汞。1814 年，雷酸汞开始用于制造火帽。雷酸汞成为最早被人们发现的起爆药。雷酸汞与氯酸钾混合制成爆粉，具有高针刺感度、高撞击感度、高摩擦感度的特性。

1891 年 Kurzius 首先发现叠氮化铅（$Pb(N_3)_2$），其在 1907 年首次用作起爆药，并在第一次世界大战中广泛使用。叠氮化铅在干燥条件下，一般不与金属作用，热安定性较好，在 50℃ 储存 3~5 年变化不大，接近晶体密度时的爆速为 5300m/s，撞击感度和摩擦感度比雷汞高，起爆力比雷汞强，对特屈儿的极限起爆药量为 0.03g。因其性能稳定可靠，至今还在应用。

这个时期，中国基本处于火药应用阶段，据估计，在晚清洋务运动中通过引进枪械用粒状单基发射药的生产技术，第二次世界大战时通过使用美国、苏联的弹药，对 TNT 为主的黄色炸药有了初级认知。

1.2.3　近代火炸药的发展

该时期始于 20 世纪 50 年代，至 20 世纪 80 年代中期结束。第二次世界大战后，火炸药的发展进入了一个新的时期。在这一时期，火炸药品种不断增加，性能不断改善。

这个时期，新中国成立，从苏联引进了体系化的工业制造技术和相关教科书。科学技术研究也陆续展开，处于仿制、跟踪的阶段，有些方面有突破性进展。

(1) 单质炸药。第二次世界大战后，奥克托今进入实用阶段，制得了熔铸混合炸药奥克托今和多种高聚物黏结炸药，并广泛用作导弹、核武器和反坦克武器的战斗部装药。由于具有极高的热稳定性，奥克托今也用作深井石油射孔弹的耐热装药。同时，奥克托今还成为高能固体推进剂和发射药的重要能量组分。

中国从20世纪60年代开始研制奥克托今，80年代研究成功了几种新工艺。在20世纪60年代，国外先后合成了耐热钝感炸药六硝基芪和耐热炸药塔柯特。中国在这一时期合成了高能炸药2,4,6-三硝基-2,4,6-三氮杂环己酮、六硝基苯、四硝基甘脲、四硝基丙烷二脲、2,4,6,8,10,12-六硝基-2,4,6,8,10,12-六氮杂三环[7.3.0.0^{3,7}]十二烷-5,11二酮等。这几种炸药的爆速均超过9km/s，密度达1.95～2.0g/cm^3。这在炸药合成史上写下了被国际同行公认的一页，也开创了合成高能量密度炸药的先河。在20世纪70年代，对三氨基三硝基苯(TATB)重新进行研究，美国用于制造耐热低感高聚物黏结炸药。中国也于20世纪七八十年代合成和应用了三氨基三硝基苯，并积极开展了对其性能和合成工艺的研究。TATB至今仍然是高能钝感炸药的标志。

(2) 军用混合炸药。第二次世界大战后期发展的很多军用混合炸药(如A、B、C三大系列)，在20世纪50年代后均得以系列化及标准化。

20世纪60年代，美国大力完善了PBX型高威力炸药(主要组分为黑索今、梯恩梯及铝粉)，用于装填水中兵器。20世纪70年代初，美国开始使用燃料—空气炸药装填炸弹，并将该类炸药作为炸药发展的重点之一。这一时期重点研制的另一类军用混合炸药高聚物黏结炸药，在20世纪六七十年代形成系列，且随后用途日广，品种剧增。20世纪70年代后期，出现了低易损性炸药或不敏感炸药，它代表军用混合炸药的一个重要研究方向。至20世纪80年代，此类炸药更加为各国军方重视和青睐。此外，这一时期各国还大力研制分子间(分子预混)炸药。

中国发展军用混合炸药的过程，在某些方面几乎是与国外火炸药研究发达国家同步的。从20世纪60年代起，中国就相继研制了上述各类主要的军用混合炸药。中国研制的很多军用混合炸药品种与A、B、C三大系列及美国的PBX、LX、RX及PBXN系列相当，但配方各有特色。

(3) 工业炸药。从20世纪50年代中期开始，工业炸药又进入一个新的发展时期，有人称之为现代爆炸剂时代。这一时期的主要标志是铵油炸药、浆状炸药和乳化炸药的发明和推广应用。

铵油炸药于1954年在美国一个矿山首先试验成功,到1970年全球铵油炸药的用量已占工业炸药总用量的50%以上。至1982年,中国铵油炸药的生产量为工业炸药总产量的30%左右。

浆状炸药属于含水硝铵炸药,由美国犹他大学的Cook和加拿大铁矿公司的Farnam于1956年发明,这一发明使人们对于炸药的认识有了一次新的飞跃,被誉为继代那买特之后工业炸药发展史上的又一次重大革命。中国于1959年开始研制浆状炸药。20世纪70年代中期,中国浆状炸药的品种不断增加,满足了国内爆破作业的需要。

乳化炸药是一类新崛起的硝铵炸药,由1969年美国专利(3,447,978)首次报道,20世纪70年代得到蓬勃发展。中国从20世纪70年代末开始研制乳化炸药,随后诞生了中国第一代乳化炸药(EL乳化炸药),并逐渐批量生产和使用。20世纪80年代后,乳化炸药(包括粉状乳化炸药)已成为中国工业炸药的重要品种之一,并在矿山爆破和工程爆破中广泛应用。

(4)火药的发展。火药与黏结剂骨架体系密切相关,最早的黏结剂是硫磺,硝化纤维素成为现代无烟火药的始祖,端羟基预聚体固化开启复合火药时代,硝酸酯增塑聚醚(NEPE)黏结剂骨架体系成为新一代高能推进剂,同时高效氧化剂、燃料的应用,对火炸药的发展也起到巨大的推动作用。高氯酸铵(AP)是目前唯一实用的固体氧化剂,对火炸药的能量提高具有台阶性的作用;铝(Al)粉作为高效燃料,对提高火炸药能量作用十分显著,广泛应用于火炸药配方。

20世纪50—80年代是固体推进剂快速发展并取得重大进展的时期。在这一时期,固体推进剂的实际比冲已由最初双基推进剂的1960~2150N·s/kg提高到改性双基推进剂的2400~2650N·s/kg,并在低特征信号、低易损性、贫氧和耐热等推进剂,以及在黏结剂和新型氧化剂等研究方面取得了突破性的进展。工艺制备由挤压压伸发展到浇铸,且可制备直径6m以上的大型药柱和药型复杂的药柱。这一时期大体上可分成三个阶段。

第一阶段为20世纪50年代初至60年代中期,是固体推进剂品种不断增多、性能不断提高的阶段。在沥青复合推进剂的基础上,美国又相继研制成功了聚硫橡胶、聚氯乙烯、聚氨酯、聚丁二烯丙烯酸、聚丁二烯丙烯酸丙烯腈、端羧基与端羟聚丁二烯等多种复合推进剂,并在战术和战略导弹中应用。

第二阶段为20世纪60年代中期至70年代初期,是高能量推进剂探索研究阶段。这段时间,人们对许多高能材料及其推进剂配方进行过艰苦的探索,但由于不少高能材料合成困难或相容性、稳定性存在问题而少有成效。

第三阶段为20世纪70年代初至80年代，是提高固体推进剂综合性能阶段。这一阶段重点研制的推进剂是交联改性双基推进剂及 NEPE 推进剂，特别是后者，成为了推进剂技术发展的新方向，它突破了理论比冲 2646N·s/kg (270s)的界限，并已在战术和战略导弹中获得实际应用。

我国1950年制成双基推进剂以来，相继发展多种推进剂。尤其是20世纪80年代研制的硝酸酯增塑剂聚醚推进剂，其能量水平、燃烧性能、安全性能，特别是低温力学性能，均已达到国际先进水平，成为继美国、法国之后掌握硝酸酯增塑剂类聚醚推进剂技术的国家。

1.2.4 现代火炸药的发展

进入20世纪80年代中期后，现代武器对火炸药的能量水平、安全性和可靠性提出了更高和更苛刻的要求，促进了火炸药的进一步发展。我国在火炸药研究方面已具有自主创新能力。

20世纪90年代研制的火炸药是与"高能量密度材料（HEDM）"这一概念紧密相联的。这里的"高能量密度材料"不仅是指单纯具有高能量密度的含能化合物，而且是指既能显著提高弹药杀伤威力，又能降低弹药使用危险和易损性、增强弹药使用可靠性、延长弹药使用寿命并减弱弹药目标特征的火炸药（或者是含能材料）。

1987年美国的 Nielsen 合成出六硝基六氮杂异伍兹烷（HNIW，CL-20），英国、法国等国家也很快掌握了合成 HNIW 的方法。1994年，中国合成出了 HNIW，成为当今世界上能研制 HNIW 的少数几个国家之一。在这一时期合成出的高能量密度化合物还有1,3,3-三硝基氮杂环丁烷（TNAZ）。20世纪80年代中期以来，各国还大力研究了二硝酰胺铵（ADN）的合成工艺，中国也于1995年合成出了二硝酰胺铵。

在军用混合炸药方面，美国于20世纪90年代研制出以 HNIW 为基的高聚物黏结炸药，其中的 RX-39-AA、AB 及 AC，相当于以奥克托今为基的 LX-14 系列高聚物黏结炸药，可使能量效率增加约14%。

这一时期工业炸药的成就是利用表面改性技术改善粉状硝铵炸药的性能。

在20世纪90年代，除了继续提高丁羟复合推进剂、改性双基推进剂，特别是硝酸酯增塑剂类聚醚推进剂的综合性能外，固体推进剂的研究还向纵深发展。高能推进剂（高能低特征信号推进剂、高能钝感推进剂及高能高燃速推进剂）是该领域中的一个重要发展方向，这类推进剂采用高能氧化剂六硝基六氮杂异伍兹烷、二硝酰胺铵、叠氮硝胺及硝仿肼等，高能黏结剂聚叠氮缩水甘油醚、3,3-二叠氮甲基氧杂环丁烷及3-甲基-3-叠氮甲基氧杂环丁烷的齐聚物和共聚物等。

发射药在这一阶段的研究重点是高能硝胺发射药、低易损性发射药、双基球形发射药、液体发射药及新型装药技术。

发射药与装药技术在近代得到了快速发展，美国在20世纪70年代初将硝基胍晶体炸药加入双基发射药之中制成三基发射药；德国研制以NC为骨架体系、NG/DEGN混合硝酸酯为增塑剂的JA-2高能发射药，标志着发射药开启了一个新时代。我国20世纪80年代中期成功研制出三基发射药，80年代末成功研制出以NG/TEGN混合硝酸酯为增塑剂的高能高强度发射药，90年代研制成功加入RDX的高能硝胺发射药，用于高膛压火炮发射装药。

我国在20世纪80—90年代至本世纪初，王泽山教授发明了"低温度系数发射装药与工艺技术"和"全等模块发射装药技术"，将火炮武器的穿甲威力、射程、勤务、环境适应性等提升到一个新高度。

现役起爆药叠氮化铅（LA）和斯蒂芬酸铅（LTNR）作为雷汞的替代品在火工品中已服役近百年。国内外研究者在绿色、安全、可靠的非铅起爆药方面进行了大量的研究并取得了一些进展。

1.2.5 理论发展

关于火炸药的理论，在含能化合物方面，基本就是无机、有机化学的发展历程。值得一提的是硝化理论，该理论的核心是与含能化合物中-NO_2基团有关的"硝酰阳离子"理论。该理论从20世纪初开始，由硝酸（HNO_3）作为硝化剂，在不同介质中，特别是通过在混酸介质中，获得了直接或者间接的验证。其中Hantzsch、Titov、Ingold等人做出了特别的贡献，提出了在硝酸/硫酸中NO_2^+（即硝酰阳离子）的存在。该理论被广泛认同并实践运用。

火炸药相对独立的理论主要包括燃烧爆轰理论、能量释放与转化原理等方面。

燃烧爆轰理论的研究主要从20世纪初开始。20世纪初Chapman和Jouguet各自独立地提出了爆轰模型，描述冲击波的数学表达，这就是著名的C-J爆轰理论。

20世纪40年代，苏联科学家Zeldovich、美国科学家von Neumann和德国科学家Doering分别在C-J模型的基础上，提出考虑爆轰波结构的ZND模型，使之更接近爆轰反应的真实情况。

对火炸药燃烧爆炸的高压状态方程，20 世纪 40 年代 Becker、Kistiakowsky、Wilson 从 Virial 多项式非理想气体状态方程出发，考虑气体分子的体积与排斥势能，并对有关系数进行修正，建立了适用于爆轰过程的著名 BKW 状态方程。

日本由 20 世纪 50 年代的木原－皮田方程发展成为 20 世纪 80 年代的田中克 KHT 气体状态方程。

我国学者吴雄于 20 世纪 80 年代提出了 VLW 气体状态方程。90 年代经过龙新平、何碧、蒋小华等人的发展，VLW 气体状态方程更具实用性。

20 世纪 60 年代，美国利弗莫尔·劳伦斯国家实验室的 Lee 在 Jones 和 Wilkins 工作基础上，提出 JWL 爆轰产物状态方程。我国学者薛再清在 1998 年对方程进行了改进，提出 JWLG 状态方程。

早在 1807 年，人们就从明矾中发现了铝，但一直到 1899 年，德国人 Escales 才提出将铝粉加入炸药，用来提高炸药的能量。含铝炸药具有高爆热、高爆温及爆轰反应时间长等特点。一般情况是爆热大者，爆速也较高，威力大者猛度也较大，但含铝炸药爆热和威力大大提高了，爆速和猛度反而下降了，这是含铝炸药独特的爆轰性能。目前对这种现象还没有一个系统完整的理论解释，但比较公认的爆炸反应机理可归纳为二次反应理论、惰性热稀释理论和化学热稀释理论。

1868—1875 年，瑞典物理学家 Noble 和英国化学家 Abel 应用密闭爆发器确定了火药燃烧气体状态方程，即考虑气体余容的著名的 Abel-Noble 状态方程。19 世纪末，Piobert 等人总结前人研究黑火药的成果即无烟火药的平行层燃烧现象，提出了几何燃烧定律，从而建立了表示气体生成规律的形状函数和以实验方法确定的火药燃速方程。

1958 年 Camp 等提出光化学反应理论，解释了铅化合物对火药的燃烧催化和麦撒燃烧现象。

1973 年 Summerfield 和久保田浪之介基于多阶段稳态燃烧理论和对双基推进剂燃烧波结构的认识，提出双基推进剂燃烧的气相—嘶嘶区为主导反应的物理模型，并据此推导出数学模型，得到燃速和燃烧表面温度的表达式。随后又建立了含 AP、HMX 的复合火药的燃烧模型。

1974 年 Lenchitz 提出螯合物理论，1978 年 Eisenreich 等提出了含碳物质—热亮球理论，认为在低压下催化剂加速了燃烧表面下的硝化纤维素分解，催化了燃烧表面上含碳物质的氧化，从而释放出更多的能量，产生超速燃烧现象。由于含碳和金属的亮球离开燃烧表面而使传导到表面的能量减少，产生平台和麦撒燃烧。

1979 年 Hewkin 等提出铅—碳催化理论，认为铅化合物不仅增加了碳的生成，而且使碳活化。活化的碳是 NO 放热还原反应的固体催化剂。铅—碳催化理论较为合理地解释了铅化合物对火药的燃烧催化作用的麦撒燃烧现象。

1973 至 1979 年久保田浪之介提出等质量规则，对火药表面温度分布进行了较为精确的测试，对嘶嘶区的铅离子反应催化作用进行了较为合理的解释。

20 世纪 80 年代我国的宋洪昌教授通过对火药分解基团的分析，建立了适用于双基、复合改性双基火药的燃速计算方法，并使压力适用范围达到 400MPa。

20 世纪 90 年代我国陆安舫教授发明了一种高压（大于 100MPa）的火药线性燃烧速率测试方法。

20 世纪 90 年代初，我国的汪旭光教授创立了浆状、乳化炸药理论与设计方法，引领了中国工业炸药的发展方向。

20 世纪 80 至 90 年代，我国的徐更光教授提出炸药爆轰能量输出结构的新概念。

从 20 世纪 80 年代开始到 21 世纪初，我国的王泽山教授经过数十年的积累、完善，创立了"火炮发射装药设计理论"，对火炮内弹道学、火药燃烧理论、武器、弹药学等进行交叉融合，提出能量释放率与控制方法、装药结构设计、低过载远程发射等新原理、新方法。

1.3 分类

火炸药作为特种能源，在工程实践中因作用功能、能量释放方式的不同，可划分为发射药、推进剂、炸药、起爆传爆药、烟火药等。

发射药（Gun Propellant）以燃烧方式释放能量，用于身管武器发射，其特点是大样本、小尺寸。例如，一发炮（枪）弹的发射药在 7000 粒以上，尺寸为 0.1～2mm，可以认为是武器发射能源。

推进剂（Propellant）同样以燃烧的方式释放能量，用于火箭的推进与发射，其特点是小样本、大尺寸。一般地，火箭发动机的推进剂为单一样本，仅毛刷式火箭发动机装药的推进剂样本量最多仅有一个或数个，尺寸可达到 10^4 mm 数量级，可以认为是武器推进能源。

发射药与推进剂都是以燃烧的方式释放能量，所以均称为火药，差别在于使用时样本量、尺寸范围、燃烧压力和做功原理的不同。

炸药(Explosive)以爆轰方式释放能量,用于武器对目标的毁伤和其他工业用途,其特点是单一样本、大尺寸,尺寸在 10^5 mm 数量级以内。因为炸药爆轰波对目标破坏、毁伤的有效性,可以认为是爆炸或毁伤能源。它可分为军用炸药与工业炸药两类。

军用炸药要求高能量、高爆速、安全和稳定储存。现代的高能混合物如 RDX、HMX、CL-20 以及发展的更高能量的混合物基本以军事应用为主要目标。

民用炸药也称为工业炸药或爆破炸药,一般是混合物,用猛炸药起爆器材或传爆药起爆,或直接用雷管起爆。根据冲击摩擦和撞击敏感程度,可进一步分为许用炸药及非许用炸药。

许用炸药是一种可用于有瓦斯或粉尘煤矿的炸药。这类炸药可产生很强的爆轰,但并不产生火焰,爆温及爆容较低,效应持续时间短,所以不会引燃甲烷和煤尘。

非许用炸药爆轰时会产生火光和有毒产物,含铝粉及负氧平衡的混合炸药都属于这类炸药。民用炸药的主要应用领域是矿山(煤矿、硬石膏矿、有色金属矿、铁矿、少量的岩盐矿等)开采。

对上述各种应用,一般的程序是先在固体岩石或煤层上钻孔,然后塞入带雷管的炸药包,再引爆炸药,使岩石或煤床破裂或倒塌。部分民用炸药还应用于气体发生器、金属加工工业、汽车工业、食品工业、医药工业中。

利用烟火药燃烧过程中产生的能量和火焰,可将其制成爆竹、烟花、礼花等观赏性产品。

起爆、传爆药快速地接受外界能量的刺激,以爆轰方式释放能量,从而引爆或传爆主装炸药,是主装炸药的起始能源和中继能源。

点火药快速接受外界能量的刺激,以燃烧方式释放能量,从而点燃主装发射药或推进剂,是发射药和推进剂的起始能源。

1.4 历史地位与作用

火炸药作为特殊的化学能源,因其特殊性而不可被替代,对人类社会的发展起到了划时代的推动作用,主要表现在两个方面:一方面是武器与军事应用;另一方面是作为一种特殊能源用于科学探索与工程实践。

1.4.1 现代热兵器的始祖

人类在地球上生存的基本条件是能量,人类的所有活动本质上都可以归结

为能量的积累、释放与耗散。以目前的认知,除了地球形成时已有的物质(能量)以外,唯一的外来能源是太阳。地球为一个开放系统,太阳能的绝大部分被耗散,仅有极小部分被利用和积累。例如,目前被广泛利用的煤炭、石油、天然气、植物、部分核能等都是由太阳能转化和积累下来的能源。

人类文明的进步与发展过程,可以归结为能源的发现、利用效率不断提高的进步过程。

人的能源来源于食物,经过消化转化为能量储存于躯体或者释放、耗散。

火的发现与利用对人类具有革命性的意义。热能成为至今最为主要的能量形态,其他能量形态均直接或间接与之关联。

人类最早对热能的利用是地表植物燃烧,用于食物制作、取暖或者其他。

诸多技艺、技术的发明与进步均与能量的利用效率有关,如服装、居住、交通、道路等。

地表以下能源(如煤、石油、天然气、可燃冰等)的发现、开采、利用,自然现象(如水力、风力)的利用,是人类又一次大的进步。

热能转化为机械能使人类进入工业革命时代。

电、电磁场及其效应的发现与应用技术是能源的能量传输、转化与利用效率的又一次革命,使人类进入一个新阶段。工业化等级的提升,信息时代的到来,标志着人类对能量(源)的利用进入到了更高的层次。

随着对核能和其他能源的发现与高效利用,以及同步的技术进步,特别是人工智能的涌现,人类将进入人工智能时代。

人类在能源方面的新发现与高效利用,都使社会发生革命性的变化,使其进入一个新时代。

人类在地球的生存与发展史,在一定意义上可以看成一部族群、国家之间的战争史。战争是能量最为集中和释放与耗散速度最快的过程。

人类依靠能源而生存,在有限的资源条件下,国家、族群之间产生不可避免的矛盾,因矛盾升级为战争,武器相应而生。

武器作为毁伤的工具,毁伤是基本特征,也是目的。

人类最早的武器就是生产工具,源于天然材料或者对其进行初级改造而成,如棍、棒、石块、弓箭等。再进一步,因为铜、铁等金属的冶炼而有刀、枪、剑、戟等所谓的十八般兵(武)器。武器经历了石器、青铜器、铁器时代。武器发展至此,其能源的本质并没有发生改变,依然源于人的体能,故称为冷兵器(图1-4-1)。产生变化的是武器作用的空间、距离和毁伤过程,可以认为是"量"的变化,在"质"上没有发生改变。

图 1-4-1 冷兵器

人类早期战争(图 1-4-2)的能量均来自于人或动物的肌体,可以认为是"肌体能量"的集中、释放、转化与作用过程。因为肌体能量的密度和释放速率均低,所以这种战争场面宏大、人数众多,而且周期很长。诸多与战争相关的因素(如兵制、阵形、战场、兵器、城廓、后勤等),均是围绕将肌体能量发挥到极致而演化的结果。

(a) (b)

图 1-4-2 古代战车与战争场面

火炸药作为化学能源,可以快速引发并快速释放能量,一方面可以对目标进行直接热能毁伤,另一方面可以将热能转化为动能,对目标进行动能毁伤。在中国宋代,产生了以黑火药为发射能源的枪炮武器;在元代同期,阿拉伯与欧洲国家也开始应用枪炮武器。由火药而产生的枪炮武器(图 1-4-3)是对武器的一次革命性变革,是将武器发射、毁伤的能量以物质的化学键能替代了肌体能量。因为火药燃烧、爆炸产生高温气体,所以,该类武器称为热兵器。

因为黑火药的能量密度低、释放可控性较差,早期相应的武器是"火器",不能完全替代冷兵器,所以在火药发明以后相当长的时期内,冷、热兵器仍然混合使用。例如,中国明代的"神机营"、清代的"火器营"(图 1-4-4)虽然是一个重要的兵种,但使用冷兵器的骑兵、步兵仍然是军队的主体。

 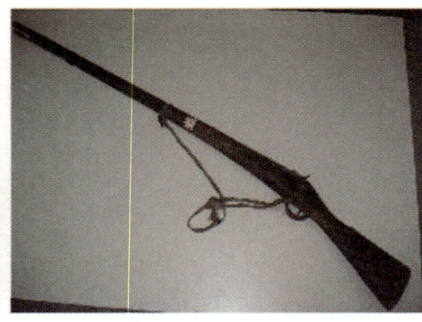

图 1-4-3　早期炮(a)与枪(b)

图 1-4-4　明代"神机营"(a)清代"火器营"(b)

火炸药至今仍然是常规武器的发射、推进与毁伤能源。一千多年来,在化学键能源方面的进步与发展,主要体现在:(1)能量密度更高,以内能计算,已经由黑火药的 3000J/g 左右,提高到含铝炸药的 5000J/g 以上,由 TNT 炸药装填密度的 $1.6g/cm^3$ 左右提高到含铝炸药的 $2.0g/cm^3$;(2)能量释放规律更为可控;(3)使用更为安全、可靠;(4)生产规模化、自动化和绿色化。

随着火炸药化学能源和机械工业的进步,现代武器已经由机械能和化学能整体上替代了肌体能量(图 1-4-5)。一场持续几天的局部战争,战场消耗的能量达到成千上万吨的 TNT 当量。

随着电子技术、信息技术的飞跃发展,现代兵器,现代战争的原理、战术发生了革命性的变化,从伊拉克战争开始(图 1-4-6),战争的形态演变成现代信息化战争。但是为常规武器提供毁伤能量的仍然是火炸药这种特殊化学能源,预计在今后较长的时期内,这种状况不会有太大的改变。

图1-4-5 第二次世界大战机械能和化学能整体替代了肌体能量

(a)   (b)

图1-4-6 伊拉克战争

1.4.2 人类探索宇宙空间的特殊能源

人类对客观世界的认知从地球表面开始,对物理空间仅凭借肉眼观察。"天"的概念就是肉眼观察认知的结果。飞机发明以后,对空间的探索大幅地扩展,但仍然局限在大气层以内。

采用火药推进的火箭为人类进入宇宙空间提供了运载工具(图1-4-7),这是由于推进剂(也是火药),能够在封闭的体系内,无须空气中的氧气参与而燃烧、释放能量,并且按所需要的能量释放规律进行控制。所以,火炸药是一种其他能源不可替代的特殊能源。直至目前,火药是运载人类进入宇宙空间的唯一能源。

图1-4-7 火箭发射场景

1.4.3 工程实践的特殊手段

人类对客观世界的基本态度是"顺其自然",但是,随着科学技术的进步与发展,人类也进行有限度的"改造自然"。有许多改造自然的活动与火炸药特殊能源的特点直接相关。

采用推进发射,炸药在空中爆炸,向云中撒播降雨剂(盐粉、干冰或碘化银等),使云滴或冰晶增大到一定程度,实现人工降雨(雪),如图1-4-8所示,可以改变"刮风下雨由天定"的自然状态。

18世纪末,人们发现身价高贵的金刚石竟然是碳的一种同素异形体,从此,金刚石的人工制备就成为了许多科学家的光荣与梦想。一个世纪以后,石墨——碳的另一种单质形式被发现,人们便尝试模拟自然过程,让石墨在超高温高压的环境下转变成金刚石。为了缩短反应时间,石墨转化为金刚石需要

2000℃和500MPa以上的特殊温度、压力条件。

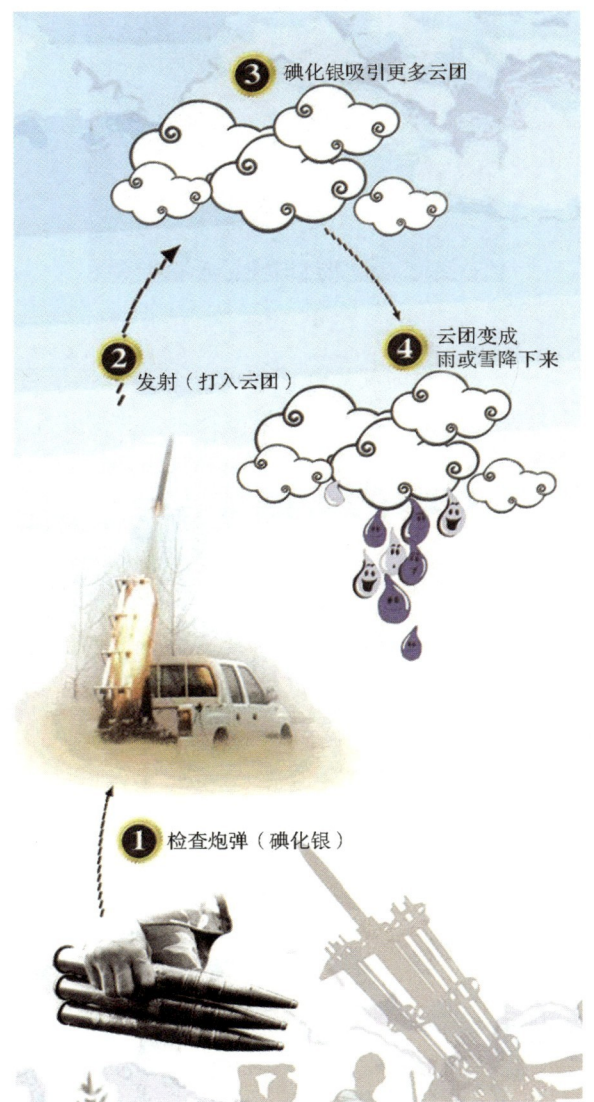

图1-4-8 人工降雨原理图示

1955年,美国通用电气公司专门制造了高温高压静电设备,得到世界上第一批工业用人造金刚石小晶体,从而开创了工业规模生产人造金刚石磨料的先河,年产量在20t左右;不久,杜邦公司发明了炸药爆炸法,利用瞬时爆炸产生的高压和急剧升温,也获得了几毫米大小的人造金刚石(图1-4-9)。

图 1-4-9 人造金刚石

定向爆破(图 1-4-10),即利用炸药爆炸作用,把某一区域的土石方抛掷到指定的区域,并大致堆积成所需形状的爆破技术,主要用于修坝(水坝或尾矿坝)、筑路(路堤和路基)、平整土地(工业场地和农田建设)等。

(a) (b)

图 1-4-10 定向爆破场景

1.5 火炸药科学技术知识概述

按照科学技术内涵的基本要求,需要对火炸药的本质属性和变化规律进行表达与描述,其中包括:与相关属性有关的概念、定义、物理数学表达、定量或定性结论以及相关论断等,属于科学的范畴;对火炸药配方、形状尺寸等结构设计、合成方法、制备工艺、性能表征等,属于技术的范畴;生产、装备应用等,属于工程实践的范畴。

火炸药作为特殊化学能源,由一种或多种化合物组成,具有一定形态,从化学的视角是化合物或混合物,从能源的视角是一种以燃烧或者爆轰的方式对外做功或产生其他特殊效应的产品。

实际上,关于与火炸药有关的含能化合物设计和合成本质上是化学问题,对火炸药的实践应用是一个化学反应流体动力学问题,所以火炸药的知识体系可划分为化学、热力学和反应动力学几个部分。

1.5.1 化学知识

"化学"一词单从字面解释就是"变化的科学"。化学如同物理学一样皆为自然基础科学,中国古代的金木水火土、炼丹术,外国的燃素说,属于对物质初级的认识。逐步发展到物质由元素组成的认知,门捷列夫提出的化学元素周期表大大促进了化学的发展。现在,很多人称化学为"中心科学",因为化学是部分学科门类的核心,如材料科学、纳米科技、生物化学等。化学是在原子层次上研究物质的组成、结构、性质及变化规律的自然科学,这也是化学变化的核心基础。现代化学包括无机化学、有机化学、物理化学、分析化学与高分子化学等二级学科。

作为特殊化学能源的火炸药,首先需要表达能量的本质,能量的本质是原子、电子的运动。进一步是化学能源的本质,化学能源的本质是在化学反应过程中化学键的重排,是原子、电子从高能态变化为低能态,对外释放能量的过程。再进一步,绝大多数火炸药在封闭体系下,氧化性元素和还原性元素以分子或原子形态存在于一个体系以内,以元素或者分子预先混合成为化学能源。这是由元素成为化合物和由化合物构成能源的过程,与无机、有机化学密切相关。

原子、电子的运动,采用 Schrödinger 波动方程表达,以此延伸出量子力学与量子化学,在 Pauling 的发展下成为经典的化学键理论。在该理论的基础上,元素之间以化学键的方式连接成为分子化合物。以金属键、离子键为主体的化合物归类为无机化学,以碳(C)、氢(H)、氧(O)、氮(N)等主要元素以共价键方式结合成为化合物,归类为有机化学。

1. 无机化学知识

无机化学(Inorganic Chemistry)是除碳氢化合物及其衍生物外,对所有元素及其化合物的性质和它们的反应进行实验研究和理论解释的科学,是研究无机物质的组成、性质、结构和反应的科学,是化学中最古老的分支学科。无机物质包括所有化学元素,不含碳元素的纯净物和其他一些的简单的碳化合物(除二氧化碳、一氧化碳、碳酸、二硫化碳、碳酸盐、硫氰化钾(KSCN)等简单的碳化合物仍属无机物质外,其余均属于有机物质)。

过去认为无机物质即无生命的物质,如岩石、土壤、矿物、水等;而有机物质则是由有生命的动物和植物产生,如蛋白质、油脂、淀粉、纤维素等。

1828 年德国化学家 Wohler 从无机物氰酸铵制得尿素，从而打破了有机物只能由生命里产生的认知，明确了这两类物质都是由化学力结合而成。

元素、化合物、化合、氧化、还原、原子等皆是无机化学最初明确的概念；组合相应的概念以概括相同的事实则成定律，例如，不同元素化合成各种各样的化合物，总结它们的定量关系得出质量守恒、定比、倍比等定律。

无机化学包括元素化学、配位化学、同位素化学、无机固体化学、无机合成化学、无机分离化学、物理无机化学、生物无机化学等方面的内容。

2. 有机化学知识

有机化学又称为碳化合物化学，是研究有机化合物的组成、结构、性质、制备方法与应用的科学，是化学中极重要的一个分支。

有机化学物质主要是按照基团也就是官能团的不同来进行分类，可分为烃类，如烷烃、烯烃、炔烃、芳香烃、卤代烃；烃衍生物，如醇、酚、醚、醛、酮、羧酸、羧酸衍生物、胺类、硝基化合物、腈类、含硫有机化合物（硫醇、硫醚、硫酚、磺酸、砜与亚砜等）、含磷有机化合物、杂环化合物等。

有机化学涉及这些化学物质的系统命名、化学反应、反应机理、制备方法。其中化学反应基本上为基团的加成与取代，能否进行一个反应取决于热力学和动力学两个方面。而制备方法主要是通过无机物、石油提取物以及容易制备或成本低的物质制得难以得到的物质。反应机理也为基团之间的进攻和离去倾向之间的竞争。

有机化学包括元素有机化学、天然产物有机化学、有机固体化学、有机合成化学、有机光化学、有机物理化学、生物有机化学等方面的内容。

3. 高分子物理化学知识

高分子物理化学是以高分子链为中心内容的研究领域，它包括天然的和合成的高聚物在聚合过程中所生成的高分子链的相对分子质量分布，链结构的序列分布，支化、交联、降解和其他化学反应过程的链结构理论分析，分子链的构象统计，稀溶液性质，溶液理论等内容。

1.5.2 热力学知识

热力学是研究物质的热平衡状态与准平衡状态以及状态发生变化时系统与外界相互作用（包括能量传递和转换）的物理、化学过程的学科。热力学适用于许多科学领域和工程领域，如发动机、相变、化学反应甚至黑洞等。

热力学主要是从能量转化的观点来研究物质的热性质，它揭示了能量从一种形式转换为另一种形式时遵从的宏观规律。热力学是总结物质的宏观现象而得到的热学理论，不涉及物质的微观结构和微观粒子的相互作用。因此它是一种唯象的宏观理论，具有高度的可靠性和普遍性。热力学四定律是热力学的基本理论。

1. 第 O 定律

两个热力学系统均与第三个系统处于热平衡状态，两个热力学系统也必相互处于热平衡。热力学第 O 定律的重要性在于它给出了温度的定义和温度的测量方法。定律中所说的热力学系统是指由大量分子、原子组成的物体或物质体系。它为建立温度概念提供了实验基础。

2. 第一定律

能量可以以功或热量的形式传入或传出系统。热力学第一定律反映了能量守恒和转换时应该遵从的关系，它引进了系统的状态函数——内能。热力学第一定律也可以表述为第一类永动机是不可能造成的。

热力学第一定律就是能量守恒定律，是后者在一切涉及热现象的宏观过程中的具体表现。描述系统热运动能量的状态函数是内能。通过做功、传热，系统与外界交换能量，从而使内能发生改变。

3. 第二定律

热力学第二定律认为，所有的自然过程都是熵增加的。熵是宇宙无序状态的一种度量。第二定律的结果是热量自然地从高温流到低温。一个热物体上的热量向四周扩散并变得无序，因此增加了熵。熵还在化学反应中起作用，许多化学反应将化学能转化为热能，并散播到周围环境中导致熵的增加。有些反应释放出气体，不如液体和固体有序。

4. 第三定律

Nernst 表述为：当温度趋向于 0K 时，系统的熵趋向于一个固定的数值，而与其他性质（如压力）无关。热力学第三定律认为，所有完美结晶物质的温度为 0K 时，熵皆为零。第三定律也可以表述为：0K 不可能达到，不可能用有限的步骤使物体冷却到 0K。

1.5.3 反应流体动力学知识

目前，人类对一般物理过程的描述与表达基本以经典物理学为基础。

火炸药的燃烧与爆轰，宏观的结果是以热能为基础，通过燃烧爆轰介质对外做功。微观的描述有两个主要方面：第一，火炸药组分反应动力学机理、过程与热力学结果;第二,燃烧与爆轰波的传递、目标响应机理与毁伤过程等。

流体动力学的基本公理为守恒律,特别是质量守恒、能量守恒、动量守恒。这些守恒律以经典力学为基础,并且在量子力学及广义相对论中有所修改,它们可用雷诺传输定理(Reynolds Transport Theorem)来表示。

除了上面所述,流体还遵守"连续性假设"。流体由分子组成,彼此互相碰撞,也与固体相碰撞。然而,连续性假设流体是连续的,而非离散的(流体是由离散的分子所构成的这项事实不予考虑)。因此,密度、压力、温度以及速度等物理量都被视作是在点的无限小的邻域的极限而定义,并且从一点到另一点是连续变动。

如果在流体运动过程中伴随着化学的发生,就是典型的能量"源项"。描述流体运动特征的基本方程是 Navier-Stokes 方程,简称 N-S 方程。

Navier-Stokes 方程基于牛顿第二定律,表示流体运动与作用于流体上的力的相互关系。Navier-Stokes 方程是非线性微分方程,其中包含流体的运动速度、压强、密度、黏度、温度等变量,而这些都是空间位置和时间的函数。对于一般的流体动力学问题,需要同时将 Navier-Stokes 方程结合质量守恒、能量守恒,还需要与流体的相关特性有关本构方程组成的一个封闭的方程组。对于不同的对象,建立相应的初始条件与边界条件,即边值问题。

对于特定情况,进行必要的简化,方程可以求解。绝大多数情况下,由于其复杂性,通常只有在给定边界条件下,通过计算机数值计算的方式才可以求解。

与火炸药燃烧爆轰有关的问题均可以归结为反应流体动力学问题,主要涉及分子反应动力学、反应产物状态方程、燃烧爆轰边界条件等方面,每一个方面对于流体动力学而言均是一个复杂的问题。

参考文献

[1] 王泽山. 含能材料概论[M]. 哈尔滨:哈尔滨工业大学出版社,2006.

[2] 王泽山,欧育湘,任务正. 火炸药科学技术[M]. 北京:北京理工大学出版社,2002.

[3] 王泽山. 火炮发射装药设计理论与技术[M]. 北京:北京理工大学出版社,2014.

[4] 萧忠良,王泽山. 关于发射药科学技术认识与理解[J]. 火炸药学报,2004,27(3):1-6.

[5] 中国大百科全书总编辑部. 中国大百科全书(物理卷、化工卷、机械工程及军事卷)[M]. 北京:中国大百科全书出版社,1987.

[6] 王竹溪. 热力学[M]. 北京：科学出版社，1979.
[7] 游首先，黄浩川. 兵器工业科学技术辞典：火工品与烟火技术[M]. 北京：国防工业出版社，1992.
[8] 乌尔班斯基. 火炸药的化学与工艺学[M]. 孙荣康，译. 北京：国防工业出版社，1976.
[9] 傅献彩，沈文霞，姚天扬，等. 物理化学[M]. 5版. 北京：高等教育出版社，2005.
[10] 大连理工大学无机化学教研室. 无机化学[M]. 5版. 北京：高等教育出版社，1976.
[11] 邢其毅. 有机化学[M]. 北京：人民教育出版社，2006.
[12] 周光炯，严宗毅，许世雄，等. 流体力学[M]. 北京：高等教育出版社，2003.
[13] 吕春绪. 硝酰阳离子理论[M]. 北京：兵器工业出版社，2006.
[14] 萧忠良. 武器信息化条件下发展策略分析[J]. 火炸药学报，2007，30(1)：1-3.
[15] 宋洪昌. 火药燃烧模型及燃速预估方法研究[D]. 南京：南京理工大学，1986.

第 2 章 能量状态函数

火炸药作为一种特殊化学能源，由单一或者多个化合物组成，各个组分中化学元素在化学键的约束条件下处于不同的能态，通过燃烧爆轰化学反应，各元素重新排列，按照最小自由能原理，重新组合形成产物系统最低能态的化学键，从而以热能的形式，高温、高压的状态，反应产物为介质，将热能对外释放并转化为其他形式的能量。所以，火炸药本质上是一种化学键能源。

本章将从化学能源的基本内涵出发，对火炸药的元素组成、分子结构、能量状态、配方组成、设计方法等进行描述。

2.1 化学能与化学键

2.1.1 能量的定义与内涵

能量的英文"Energy"一词源于希腊语 Ενέργεια，该词首次出现在公元前 4 世纪亚里士多德的著作中。伽利略时代已出现了"能量"的思想，但还没有"能"这一术语。能量的概念出自于 17 世纪 Leibniz 的"活力"想法，定义为一个物体质量和其速度的平方的乘积，相当于今天的动能的 2 倍。为了解释因摩擦而令速度减缓的现象，Leibniz 的理论认为热能是由物体内的组成物质随机运动所构成，而这种想法和牛顿一致，虽然这种理论过了一个世纪后才被普遍接受。

能量一词是 Thomas Young 于 1807 年在伦敦国王学院讲自然哲学时引入的，针对当时的"活力"或"上升力"的观点提出用"能量"这个词表述，并和物体所作的功相联系，但未引起重视，人们仍认为不同的运动中蕴藏着不同的力。1831 年法国学者 Coriolis 又引进了力做功的概念，并且在"活力"前加了 1/2 系数，称为动能，通过积分给出了功与动能的联系。1853 年出现了"势能"术语，1856 年出现了"动能"术语。直到能量守恒定律被确认后，人们才认识到能量概念的重要意义和实用价值。

世界万物是不断运动的，在物质的一切属性中，运动是最基本的属性，其他属性都是运动的具体表现。能量是表征物理系统运动转换（做功）的量度。

对应着物质的各种运动形式，能量也有不同的形式，它们可以通过一定的方式互相转换。

能量在机械运动中表现为物体或体系整体的机械能，如动能、势能、声能等。在热现象中表现为系统的内能，它是系统内各分子无规则运动的动能、分子间相互作用的势能、原子和原子核内的能量的总和，但不包括系统整体运动的机械能。对于热运动能（热能），人们是通过它与机械能的相互转换而认识的（热力学第一定律）。

空间属性是物质运动的广延性体现，时间属性是物质运动的持续性体现，引力属性是物质在运动过程由于质量分布不均所引起的相互作用的体现，电磁属性是带电粒子在运动和变化过程中的外部表现，等等。物质的运动形式多种多样，每一个具体的物质运动形式都存在相应的能量形式。

宏观物体的机械运动对应的能量形式是动能，分子运动对应的能量形式是热能，原子运动对应的能量形式是化学能，带电粒子的定向运动对应的能量形式是电能，光子运动对应的能量形式是光能，等等。此外，还有风能、潮汐能等。当运动形式相同时，物体的运动特性可以采用某些物理量或化学量来描述。物体的机械运动可以用速度、加速度、动量等物理量来描述；电流可以用电流强度、电压、功率等物理量来描述。但是，如果运动形式不相同，物质的运动特性唯一可以相互描述和比较的物理量就是能量，能量是一切运动着的物质的共同特性。

2.1.2 化学能

从能量的概念出发，把已知原子运动对应的能量形式称为化学能。

表达原子运动，Schrödinger 方程被公认为经典理论。Schrödinger 方程的数学形式如下：

三维 Schrödinger 方程

$$-\frac{\hbar^2}{2\mu}\left(\frac{\partial^2 \psi}{\partial x^2} + \frac{\partial^2 \psi}{\partial y^2} + \frac{\partial^2 \psi}{\partial z^2}\right) + U(x,y,z)\psi = i\hbar \frac{\partial \psi}{\partial t} \quad (2-1-1a)$$

定态 Schrödinger 方程

$$-\frac{\hbar^2}{2\mu}\nabla^2 \psi + U\psi = E\psi \quad (2-1-1b)$$

这是一个二阶线性偏微分方程，ψ 是待求函数，它是三个变量的复数函数。$\psi(x,y,z,t)$ 为粒子的三维势场波函数，就是粒子在其中会有势能的场，比如电场就是一个带电粒子的势场。所谓定态，就是假设波函数不随时间变化。其中，E 是粒子本身的能量；$U(x,y,z)$ 是描述势场的函数，假设不随时间变化。Schrödinger 方程有一个很好的性质，就是由时间和空间两个部分相互分立的函数组成。

Schrödinger 方程的解——波函数的性质

对于简单系统，如氢原子中电子的 Schrödinger 方程可以准确求解，对于复杂系统必须近似求解。对于有两个电子的原子，其电子由于屏蔽效应相互作用，势能会发生改变，因此只能近似求解。近似求解的方法主要有变分法和微扰法。

在束缚态边界条件下，Schrödinger 方程可以求解出主量子数、角量子数、磁量子数等相关原子、分子特征参数。主量子数 n 是与能量有关的量子数。原子具有分立能级，能量只能取一系列值，每一个波函数都对应相应的能量。

Schrödinger 方程首先从理论上描述了原子、分子中的电子分布规律，可以定量地计算出不同空间的电子云密度，对于大而结构复杂的分子，计算难度越大，结果的准确度越低。关于 Schrödinger 方程的定量计算成为量子化学的一个重要分支。通过电子云的分布，可以定量地计算原子或者分子的势能。通过分子结构中相邻原子间的电子云分布，可以估计两者之间的结合力，即键能；能整体地判断元素或者分子的稳定性和与其他物质的反应性。

2.1.3 化学价键理论

化学键的概念是在总结长期实践经验的基础上建立和发展起来的，用来概括观察到的大量化学事实，特别是用来说明原子为何以一定的比例结合成为具有确定几何形状的、相对稳定和相对独立的、性质与其组成原子完全不同的分子。开始时，人们在相互结合的两个原子之间画一根短线作为化学键的符号；电子发现以后，1916 年 Louise 提出通过填满电子稳定壳层形成离子和离子键或者通过两个原子共有一对电子形成共价键的概念，建立了化学键的电子理论。量子理论建立以后，1927 年 Heidler 和 London 通过氢分子的量子力学处理，说明了氢分子稳定存在的原因，原则上阐明了化学键的本质。通过以后许多人，特别是 Pauling 和 Muliken 的工作，化学键的理论解释日趋完善。

1. Pauling 价键理论

Pauling 从 20 世纪 30 年代开始致力于化学键的研究，基于 Schrödinger 方程，在不同的边界与简化条件下，对分子的元素之间的相互作用进行分析，

1931 年 2 月发表价键理论，此后陆续发表相关论文，1939 年出版了在化学史上有划时代意义的《化学键的本质》一书。Pauling 对化学键本质的研究，引申出了后来被广泛使用的杂化轨道理论。杂化轨道理论认为，在形成化学键的过程中，原子轨道自身会重新组合，形成杂化轨道，以获得最佳的成键效果。根据杂化轨道理论，饱和碳原子的四个价层电子轨道，即一个 2s 轨道和三个 2p 轨道线性组合成四个完全等性的 sp^3 杂化轨道，量子力学计算显示这四个杂化轨道在空间上形成正四面体，从而成功解释了碳的正四面体结构。

Pauling 价键理论的本质在于化合物中的电子轨道是经过杂化重构的，电子是以轨道为主线而广域分布的。

2. 电子云与电负性

Pauling 在研究化学键键能的过程中发现，对于同核双原子分子，化学键的键能会随着原子序数的变化而发生变化，为了半定量或定性描述各种化学键的键能以及其变化趋势，Pauling 于 1932 年首先提出了用以描述原子核对电子吸引能力造成电子云分布密度差所具有的电负性概念，并且提出了定量衡量原子电负性的计算公式。电负性这一概念简单、直观、物理意义明确并且不失准确性，至今仍被广泛应用，是描述元素化学性质的重要指标之一。

3. 共振论

Pauling 提出的共振论是 20 世纪最受争议的化学理论之一，也是有机化学结构基本理论之一。为了求解复杂分子体系化学键的 Schrödinger 方程，Pauling 使用了变分法。在原子核位置不变的前提下，提出体系内所有可能的化学键结构，写出每个结构所对应的波函数，将体系真实的波函数表示为所有可能结构波函数的线性组合，经过变分法处理后，得到体系总能量最低的波函数形式。这样，体系的化学键结构就表示成为若干种不同结构的杂化体。为了形象地解释这种计算结果的物理意义，Pauling 提出共振论，即体系的真实电子状态是介于这些可能状态之间的一种状态，分子是在不同化学键结构之间共振的。Pauling 将共振论用于对苯分子结构的解释获得成功，使得共振论成为有机化学结构基本理论之一。在量子化学领域，随着分子轨道理论的出现和发展，Pauling 价键理论由于在数学处理上的繁琐和复杂而逐渐处于下风，共振论方法作为一种相对粗糙的近似处理也较少使用，但是在有机化学领域，共振论仍是解释物质结构，尤其是共轭体系电子结构的有力工具。

4. 化学键定义

化学键是指相邻原子之间存在的相互作用力，使之成为分子、离子或者

（多原子）自由基。例如，2个氢原子和1个氧原子通过化学键结合成水分子H_2O。

化学键有离子键、共价键和金属键三种极限类型。离子键是由阴、阳离子的静电作用产生的；共价键是两个或几个原子通过共用电子对生成的吸引力产生的；金属键则是自由电子和排列成晶格的金属阳离子之间的相互作用力产生的，可以看成是高度离域的共价键。定位于两个原子之间的化学键称为定域键，由多个原子共有电子形成的多中心共价键称为离域键。

2.1.4 火炸药化学能量本质探源

1. 能量来源

火炸药由一种或者多种化学元素、化合物构成。

（1）火炸药是由一种或者多种元素构成的化学物质，其中必然具有不同类型的化学键。

（2）火炸药能够在封闭体系内，无需外界物质的参与，发生燃烧爆轰反应，反应产物与原先的组成完全不同，表明火炸药反应过程中元素之间的化学键进行了重排。

（3）火炸药燃烧爆轰反应为一个强放热反应，表明在燃烧爆轰反应过程中，各个元素总体地由高能态过渡到低能态。

（4）所释放的能量以反应产物为介质，可以实现对外做功。这是火炸药作为能源的基本属性。

所以，火炸药的能量本质属于化学键能。

2. 能量的聚集

火炸药通过燃烧爆炸对外释放能量，以元素的能级而言，火炸药应处于较高能级的状态，并且组成的物质处于一个较为稳定的状态。

化学元素（原子或者分子态）→单元分子态→化合物→火炸药（混合物）

以C、H、O、N元素系列的火炸药为例，将其聚集为稳定的高能态化合物，是分子设计与合成的问题。

表2-1-1列出了一些元素原子态生成焓，在C、H、O、N四种元素中，后三种元素的原子态的能态很高，原子态氢与氧的生成焓ΔH_f^0相同，达到217.9kJ/mol，原子态N的生成焓ΔH_f^0达到472.7kJ/mol，但是常温常压的条件下不能稳定地存在。上述四种元素的分子态分别为C、H_2、O_2、N_2，分别在自然界中稳定存在，其中N_2在大气中占有2/3以上，C在木材、煤炭、石油中富集，是人类使用最早、最为方便的一

种燃料。从能源的存在形态与形式上看，$2H_2+O_2=2H_2O$ 是最为理想的火炸药。还有一种更理想的火炸药形态是全氮(5 个氮原子)火炸药，其突出特点是燃烧、爆轰产物为稳定、纯自然物质 N_2。最为理想的火炸药为金属氢，即氢为原子态，能量可以达到现有火炸药的 20 倍以上。

表 2-1-1 一些元素原子态生成焓〔$\Delta H_f^0(298.15K)$〕

元素	$\Delta H_f^0/(kJ \cdot mol^{-1})$	元素	$\Delta H_f^0/(kJ \cdot mol^{-1})$	元素	$\Delta H_f^0/(kJ \cdot mol^{-1})$	元素	$\Delta H_f^0/(kJ \cdot mol^{-1})$
H	217.97	Br	111.88	P	314.6	Ni	425.14
O	249.17	I	106.84	C	716.68	Fe	404.5
F	78.99	S	278.81	Si	455.6		
Cl	121.68	N	472.70	Hg	60.84		

因为火炸药的特点是封闭(或者局部封闭)体系，所有的氧化元素和可燃元素必须集中约束(简称集约)在一定的空间尺度以内。就空间尺度而言，可以划分为以下三个不同的数量级：

(1)将氧化元素和可燃元素集约在一个化合物以内，成为含能化合物，TNT 与 NC 为其典型代表，经过成型加工分别作为炸药和火药。将此类的火炸药视为**单元元素预混状态火炸药**。

(2)将氧化元素和可燃元素分别集约在不同化合物中，然后进行物理混合，使其成为火炸药，典型的如黑火药、硝酸铵炸药等。将此类火炸药视为**单元分子预混状态火炸药**。

(3)将氧化剂和燃料分别储存，在使用时按一定比例喷射注入，混合后点火燃烧与爆轰，如液体火箭发动机采用的双元液体推进剂、燃料空气炸药，在燃烧爆轰中利用一个局部空间，通过扩散将氧化元素和可燃元素进行预混。将此类的火炸药视为**双元扩散预混状态火炸药**。

以上三者仅是一个大致上的划分，相互之间可以交叉。有关火炸药中氧化元素和可燃元素在后面的章节叙述。

凡是在一个体系中同时含有氧化元素和可燃元素时，均可以称为火炸药。

2.2 火炸药元素化学与特性

火炸药由各种不同的元素组成，主要是 C、H、O、N，在有些情况下，还包括 Cl、F 和 Al、Mg、Pb 等金属元素。在火炸药组分的化合物中，各个元素也有不同的特性，其氧化性、可燃性不同，在分子中能态、化学键的形态也各异。

2.2.1 相关元素

1. 元素氢(H)

氢的原子序数为1，化学符号为H，在元素周期表中位于第一位。其相对原子质量为1.00794，是最轻的元素，也是宇宙中含量最多的元素，大约占据宇宙质量的75%。主星序上恒星的主要成分是等离子态的氢。而在地球上，自然条件形成的游离态的氢单质相对罕见。氢仅有1个s层核外电子，通常失去1个电子，使核外电子轨道全空，呈稳定态，这时氢呈+1价态，其电负性为2.1。当与电负性较小的原子如锂(Li)、铍(Be)等结合时，将得到1个电子，使核外电子轨道全充满而呈稳定态，此时氢呈-1价态。当2个氢原子结合成气体分子时，2个s电子为2个氢原子所共有，此时氢呈0价态。这样氢可以有3种价态，即-1、0、+1价态。

氢原子可以得到1个电子成为阴离子(以H^-表示)，构成氢化物，也可以失去1个电子成为阳离子(以H^+表示，氢离子)，但氢离子实际上以更为复杂的形式存在。除与稀有气体外，氢与几乎所有元素都可形成化合物，存在于水和几乎所有的有机物中。它在酸碱化学中尤为重要，酸碱反应中常存在氢离子的交换。氢作为最简单的原子，在原子物理中有特别的理论价值。对氢原子的能级、成键等方面的研究在量子力学的发展中起了关键作用。

氢气(H_2)最早于16世纪初被人工合成，当时用的方法是将金属置于强酸中。1766—1781年，Cavendish发现氢气是一种与以往所发现气体不同的气体，在燃烧时产生水，这一性质也决定了拉丁语"Hydrogenium"这个名字("生成水的物质"之意)。常温常压下，氢气是一种极易燃烧、无色透明、无臭无味的气体。氢原子具有极强的还原性。在高温下氢非常活泼。

在碳、氢、氧、氮的火药体系中，氢与碳、氧、氮相结合，由于它们的电负性都比氢大，所以氢一般呈+1价态。固体发射药元素组成通常为负氧平衡，因此在燃烧产物中一般以水、氢分子、氢原子和羟基等游离基团形式存在，这时氢的价态未发生改变或得到1个电子成为0价态。所以在燃烧过程中氢被还原，为氧化元素。但在含有金属元素的体系中，如铝(Al)的电负性小于氢，所以氢可以得到1个电子而使轨道全充满，呈-1价态，燃烧爆轰反应产物仍然是水或者氢气，这样氢元素成为还原性元素。

2. 元素氧(O)

氧的原子序数为 8，化学符号为 O，外层电子轨道为 $2s^22p^4$，L 层中有两个未配对的电子。氧的电负性为 3.5，相对原子质量为 15.9994。在元素周期表中，氧是氧族元素的一员，它也是一个高反应性的第 2 周期非金属元素，很容易与几乎所有其他元素形成化合物(主要为氧化物)。在标准状况下，2 个氧原子结合形成氧气，是一种无色无味的双原子气体，化学式为 O_2。如果按质量计算，氧在宇宙中的含量仅次于氢和氦；在地壳中，氧则是含量最丰富的元素，氧约占水质量的 89%，约占空气体积的 20.9%。

氧的非金属性和电负性仅次于氟，除了氦、氖、氩、氮外，所有元素都能与氧起反应，生成相应的氧化物。一般而言，绝大多数非金属氧化物的水溶液呈酸性，而碱金属或碱土金属氧化物则呈碱性。此外，大多数有机化合物可在氧气中燃烧生成二氧化碳与水蒸气(如酒精、甲烷)。部分有机物不可燃，但也能与氧气等氧化剂发生氧化反应。

氧的化合价：氧的化合价很特殊，一般为 -2 价和 0 价。而氧在过氧化物中通常为 -1 价，在超氧化物中为 -1/2 价，在臭氧化物中为 -1/3 价，这里的化合价称为表观化合价，就是表面上看出来的化合价，没有实际的含义。超氧化物中氧的化合价只能说是超氧根离子，不能单独地看每个原子，因为电子是量子化的，即不连续的，不存在 1/2 个电子，自然化合价也就没有 1/2 的说法，臭氧化物也一样，在过氧根中相当于是有 2 个电子组成了电子对，这 2 个电子不表现出化合价，所以过氧根离子整体呈 -2 价。而氧的正价很少出现，只有在含氟的化合物二氟化氧、二氟化二氧和氟铂酸氧(O_2PtF_6)中为 +2 价和 +1 价以及 +1/2 价，在中学化学中只要记住氧没有正价。

氧在元素周期表中属于ⅥA 族元素，化合价一般为 0 价和 -2 价。大多数元素在含氧的气氛中加热时可生成氧化物。有许多元素可形成一种以上的氧化物。氧分子在低温下可形成水合晶体 $O_2 \cdot H_2O$ 和 $O_2 \cdot H_2O_2$，后者较不稳定。氧气在水中的溶解度是 4.89mL/100mL 水(0℃)，是水中生命体的基础。氧在地壳中丰度占第一位。干燥空气中氧的体积分数为 20.946%，水中氧质量分数为 88.81%。

在碳、氢、氧、氮火药配方体系中，氧的电负性最大，它一般是以 -2 价态形式存在。而呈 0 价态的氧分子，为最佳的氧化剂，目前还没能作为一种凝聚态火炸药组分，在燃料空气炸药中利用了空气中的氧作为其氧化剂。在零氧平衡或正氧平衡的液体发射药配方中，燃烧产物中有氧分子存在。氧原子失去电子，化学价态升高，被氧化成氧分子，起到了可燃元素的作用。在实际配方中这是不可能的，往往以接近零氧平衡状态应用在单元发射药中才有实用价值。

显然，氧原子在现在实用的火炸药配方中既不是氧化元素也不是可燃元素。这与人们传统认为氧原子作为氧化元素的概念是不一致的。这也是本章要叙述元素化学的重要原因。

3. 元素氮(N)

氮的原子序数为7，化学符号为N，它的核外有7个电子，K层中有2个s轨道电子，最外层L层中有5个电子，其中2个占据s轨道，另外3个电子分别占据3个p轨道。因此氮的核外电子轨道可写为$2s^22p^3$。这样氮原子最多有可能获得3个电子，使L层电子轨道全充满，这时它呈-3价态；氮原子最多可能失去全部L层轨道的5个电子，使L层电子轨道全空，这时它呈+5价态。实际上氮原子有可能是-3到+5价态中的任何一种化学价态。

氮原子的价电子层结构为$2s^22p^3$，即有3个成单电子和1对孤电子对，以此为基础，在形成化合物时，可生成如下三种键型：

(1) 形成离子键。

N原子有较高的电负性(3.04)，它同电负性较低的金属，如Li(电负性0.98)、Ca(电负性1.00)、Mg(电负性1.31)等形成二元氮化物时，能够获得3个电子而形成N^{3-}离子。

N^{3-}离子的负电荷较高，半径较大(171pm)，离子型氮化物尚稳定，但在水溶液中迅速水解，生成氨和金属氢氧化物。

(2) 形成共价键。

N原子同电负性较高的非金属形成化合物时，形成如下几种共价键：

①N原子采取sp^3不等性杂化态，形成3个共价键，保留1对孤电子对，分子构型为三角锥形，例如NH_3、NF_3、NCl_3等。

N原子也可形成4个共价键，分子构型为正四面体形，例如NH_4^+离子。

②N原子采取sp^2不等性和等性杂化，可形成2个共价双键和1个单键，并保留有1对孤电子对，分子构型为三角形，例如Cl—N=O。(N原子与Cl原子形成1个σ键和1个π键，N原子上的1对孤电子对使分子成为三角形。)

在HNO_3分子中N原子是sp^2等性杂化与3个氧原子形成3个σ键，呈平面三角形分布。此外，氮原子上余下的一个未参与杂化的p轨道与2个非羟基氧原子的p轨道相重叠，在O—N—O间形成三中心四电子键Π_3^4。在硝酸根NO_3^-离子中的氮原子除了以sp^2杂化轨道与3个O原子形成σ键外，还与这些O原子形成一个四中心六电子的大π键Π_4^6。

这种结构使硝酸中N原子的表观氧化数为+5，由于存在大π键，硝酸盐在常温下是足够稳定的。

③N 原子采取 sp 杂化，形成 1 个共价叁键，并保留有 1 对孤电子对，分子构型为直线形，例如 N_2 分子和 CN— 中 N 原子的结构。

(3) 形成配位键。

N 原子在形成单质或化合物时，常保留有孤电子对，因此这样的单质或化合物便可作为电子对给予体向金属离子配位，例如 $[Cu(NH_3)_4]^{2+}$。

氮能形成一氧化二氮（N_2O）、一氧化氮（NO）、三氧化二氮（N_2O_3）、二氧化氮（NO_2）、四氧化二氮（N_2O_4）、五氧化二氮（N_2O_5）、亚硝基叠氮（N_4O）和三硝基酰胺（$N(NO_2)_3$）9 种分子氧化物。它们对热不稳定，容易分解成元素。现在还存在着另一种可能的氧化物是芳香环氧杂四唑（N_4O），但尚未合成。

下面是氮原子在化合物中表现为不同价态的例子：

化合物	HNO_3	NO_2	HNO_2	NO	N_2O	N_2	H_2NOH	N_2H_4	NH_3
价态	+5	+4	+3	+2	+1	0	-1	-2	-3

氮还有一个价态为 1/3，这在化合物 NaN_3 中有所表现，这种情况较为少见。

在发射药配方及其化合物中，氮原子有如下成键特征：

①氮原子有较高的电负性。氮原子的电负性为 3.07，在碳、氢、氧、氮发射药配方体系中，其电负性小于氧。当氮与氢成键时，氮将获得电子，呈负价态；氮与氧成键时，氮将失去电子，呈正价态。

②氮原子有很强的共价倾向。氮原子采取不等性的 sp^3 杂化，使得 1 对孤电子形成 3 个共价键，例如 NH_3 等。氮原子采取 sp^2 不等性杂化，可形成 1 个共价单键和 1 个共价双键，其结构式为 —N=，如 Cl—N=O 和 $\overset{O}{\underset{O^-}{\overset{\|}{N^+}}}\!\!-Cl$。

氮原子采取 sp 等性杂化，可形成 1 个共价叁键，其结构式为 N≡，如 N_2。氮原子有 +5 价的化学价态，1 对孤电子仍可参与键的形成。它参与定域或不定域 π 键的形成，如 —N 或 =N 的结构。当与电负性高的氧原子成键时，这种成键的氮原子呈 +5 价态，其例子有硝酸和硝酸盐。

③氮原子在形成化合物时可以用氮分子为结构基础。

打开 1 个 π 键可以形成具有 —N=N— 结构的化合物；打开 2 个 π 键可以

形成具有 N—N 结构的化合物。

在火药及其组分的有机和无机化合物中,氮原子以多种价态形式存在:

+5 价态,如硝酸盐(NO_3^-)和硝酸酯($R—O—NO_2$)。

+4 价态,如硝胺化合物($\diagdown$N—NO_2)。

+3 价态,如硝基化合物($R—NO_2$)。

-1 价态,如羟胺及其化合物(NH_2OH)。

-2 价态,如肼(N_2H_4)。

-3 价态,如叔胺及其盐 $\left(\begin{array}{c} R_1 \\ R_2—N \\ R_3 \end{array} \text{ 或 } \begin{array}{c} R_1 \\ R_2—NH^+ \\ R_3 \end{array} \right)$。

在火炸药及其组分中,氮原子多以+5、+4、+3 价态的形式存在。在火炸药燃烧爆炸产物中,氮以 N_2 形式存在,为 0 价态,所以氮在火炸药中是一种氧化性元素。

4. 元素碳(C)

碳的原子序数为 6,化学符号为 C,它的核外有 6 个电子,K 层中 2 个 s 轨道电子,呈正反两个方向旋转,最外层 L 层中有 4 个电子,其中 2 个占据 s 轨道,由洪特规则推断,另外 2 个电子分占 3 个 p 轨道中的 2 个。因此碳的核外电子轨道可写为 $2s^2 2p^2$。碳原子的电负性为 2.5。在碳、氢、氧、氮火药配方体系中,碳的电负性比氢大,比氮和氧小。因此,在无机或有机的化合物中,当碳与氢成键时,碳将从氢获得电子,呈现负价态,而当碳与氮或氧成键时,碳将失去电子呈正价态。碳原子最多有可能获得 4 个电子,使 L 层电子轨道完全充满,这时它呈-4 价态;碳原子有可能失去全部 L 层轨道的 4 个电子,使 L 层电子轨道全空,这时它呈+4 价态。这样碳原子的化学价态有可能是-4 到+4 中的任何一种价态。下面是碳原子在化合物中表现为不同价态的例子。

碳元素的化合价有 -4、-3、-2、-1、0、+1、+2、+3、+4 价。其中:-4 价,如甲烷;-3 价,如乙酸中甲基的碳;-2 价,如乙烯;-1 价,如碳化钙;0 价,如单质;+1 价,如乙醛中醛基的碳;+2 价,如一氧化碳;+3 价,如三氧化二碳;+4 价,如二氧化碳。

碳具有多种同素异形体,如图 2-2-1 所示。

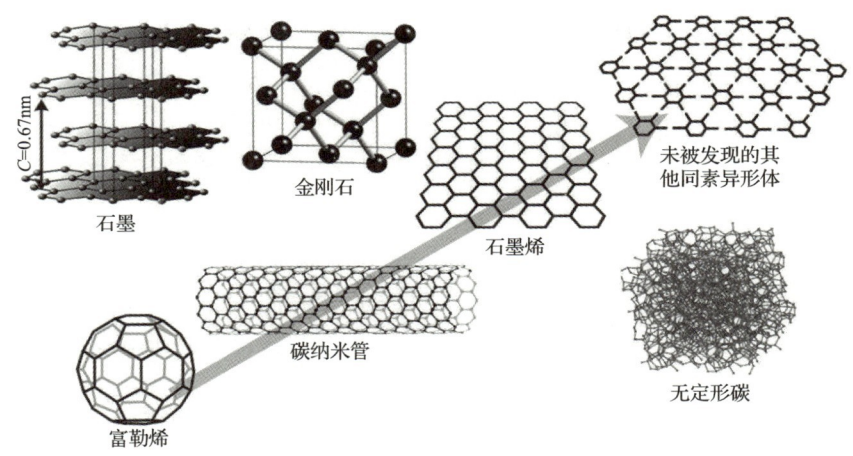

图 2-2-1　碳同素异形体

碳以无烟煤(一种煤炭类型)、石墨和金刚石的天然形式存在，更容易得到的是煤和木炭。

在火炸药燃烧爆炸产物中，碳以 CO 或 CO_2 形式存在，呈 +2 价态或 +4 价态，总体价态升高，所以碳为可燃元素。

由此看出，在碳、氢、氧、氮四种元素组成的发射药中，碳为可燃元素，氮为氧化元素，氢可能为可燃元素，氧既非氧化元素也非可燃元素。

5. 元素铝(Al)与硼(B)

元素周期表中第ⅢA元素包括硼、铝、镓、铟、铊五种元素，又称为硼族元素。硼族元素外层电子结构均为 ns^2p^1，因此它们一般形成氧化值为 +3 价的化合物，随着原子序数的增加，形成氧化值 +1 价化合物的趋势逐渐增强。

用于火炸药的硼族元素目前仅有铝、硼两种。

铝，化学符号 Al。相对原子质量 26.981539。铝是一种轻金属，原子序数为 13。铝元素在地壳中的含量仅次于氧和硅，居第三位，是地壳中含量最丰富的金属元素，其蕴藏量在金属中居第二位。在金属品种中，仅次于钢铁，为第二大类金属。

铝位于元素周期系典型金属元素与非金属元素交界区，既有明显的金属性，也有非金属特性，为两性元素。铝的单质及其氧化物既能溶于酸生成相应的铝盐，又能溶于碱生成相应的铝酸盐。在含铝化合物中铝的氧化值一般为 +3 价。铝的化合物有共价型也有离子型。

铝为银白色轻金属，有延展性，商品常制成棒状、片状、箔状、粉状、带状和丝状。在潮湿空气中能形成一层防止金属腐蚀的氧化膜。铝粉在空气中加热能猛烈燃烧,并发出炫目的白色火焰。铝易溶于稀硫酸、硝酸、盐酸、氢氧化钠和氢氧化钾溶液,难溶于水。铝的相对密度为2.70,熔点为660℃,沸点为2327℃。

铝在火炸药中的应用已有数十年的历史,最早是将铝粉直接加入火炸药中,因为铝可以与氧生成稳定、高放热性的三氧化二铝(Al_2O_3),使炸药的爆热有显著的增加。进一步对铝粉进行纳米化表面处理,可以使其效率更高。近些年研究者致力于研究氢化铝(AlH_3)以作为火炸药的高效燃料。

硼在地壳中含量较少。硼元素具有一般非金属元素的反应性能。硼原子可以在 sp^2 或者 sp^3 杂化轨道,与其他元素原子形成 σ 键,例如,硼可以与氢形成系列含三中心键(氢桥)的缺电子化合物,如乙硼烷(B_2H_6)、戊硼烷(B_5H_9)、己硼烷(B_6H_{10})等硼氢化合物,这类化合物的性质与烷烃相似,故又称为硼烷。目前的硼烷有20余种。但是硼烷均为有毒气体,在火炸药中无法应用。单质硼粉可以直接加入,但热值要低于铝粉。

6. 元素氯(Cl)和氟(F)

氯单质为黄绿色气体,密度(3.214g/L)比空气大,熔点为-101.0℃,沸点为-34.4℃,有强烈的刺激性气味。氯气分子由2个氯原子组成(如图2-2-2所示),20℃时1L水可溶解2.15L的氯气,成为氯水。氯易溶于碱液、四氯化碳、二硫化碳等有机溶剂。氯有26种同位素,其中只有 ^{35}Cl 和 ^{37}Cl 是稳定的,其余同位素均具有放射性。

氯的电子构型为 $3s^23p^5$,氧化态化合物分别有-1、+1、+3、+4、+6、+7价。氯相当活泼,特别是含水的氯更为活泼。氯获得1个电子变为-1价的氧化态 Cl^- 离子,是氯在化合物中典型的存在状态。氯具有强氧化性,主要表现在:(1)除氟、氧、氮、碳和惰性气体以外,氯与所有元素直接成为氯化物,其中大多数金属氯化物为离子型晶体;(2)氯能与许多无机化合物直接化学反应,与有机物进行加成和取代反应。

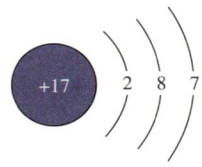

图2-2-2 氯原子结构示意图

氧原子半径为 100pm；

晶体结构为斜方晶系；电负性为 3.16（Pauling 标度）；第一电离能为 1251.2kJ/mol。

氟在标准状态下是淡黄色气体，液化时为黄色液体，在 -252℃ 时变为无色液体。

由于氟的特殊化学性质，导致其物理性质的测定难度较大，一些数据的准确性并不是很高，下面的数据采用了参考资料中的最新数据或时间相近数据中有效数字位数较多者。原子半径为 71pm(F-F)、64pm(F-C)，离子半径为 133pm，密度为 1.696g/L（温度为 273.15K 时），熔点为 -219.66℃，熔化热为 (510.36±2.1)J/mol，沸点为 -188.12℃。

氟是已知元素中非金属性最强的元素，这使得其没有正氧化态。氟的基态原子价电子层结构为 $2s^2 2p^5$，且氟具有极小的原子半径，因此具有强烈的得电子倾向，具有强的氧化性，是已知的最强的氧化剂之一。氟不能单独作为火炸药组分。目前，含氟化合物作为火炸药组分的也不多。

7. 元素镁(Mg)

镁是一种化学元素，化学符号为 Mg，原子序数为 12，是一种银白色的碱土金属。镁是在地球的地壳中和宇宙中第八丰富的元素，约占 2% 的质量。相对原子质量为 24.3050，核外电子数为 12，核外电子层数为 3，核外电子排布为 2-8-2，外围电子排布为 $3s^2$，电负性为 1.31，第一、二电离能分别为 737.7kJ/mol 和 1450.7kJ/mol。

镁属于元素周期表上的 ⅡA 族碱土金属元素。镁为银白色金属，略有延展性。镁的密度小，离子化倾向大。在空气中，镁的表面会生成一层很薄的氧化膜，使空气很难与它反应。镁能够和醇、水反应生成氢气。粉末或带状的镁在空气中燃烧时会发出强烈的白光。在氮气中进行高温加热，镁会生成氮化镁（Mg_3N_2）；镁可以与卤素发生强烈反应；镁也能直接与硫化合。

在火炸药的组分中，特别是作为起爆药、烟火药的组分中含有多种金属元素，关于其特性不一一介绍，详见有关无机化学的参考书。

2.2.2 元素氧化性、可燃性和反应性

火炸药及其组分中有氧化元素和可燃元素，前者如 +5 价的氮元素，后者如 -3、-2 和 -1 价的碳元素。对于一个化合物来说，如何判断它是氧化剂还是燃料呢？以前的火药学教材中提出的氧系数和氧平衡并不能作为判断化合物

作为氧化剂或燃料的标准。氧系数是说明火药配方中氧化元素和可燃元素化学配比情况,从而估计火药配方的放热情况。氧平衡则是描述火药及其组分缺氧或富氧情况。为了确定某火药组分是氧化剂还是燃料,需引入一个氧化态变化数的概念。为了说明该问题,下面先叙述氧系数和氧平衡。

1. 氧系数和氧平衡

氧系数指火药中氧化性元素的量与火药中可燃元素氧化需氧化性元素的量之比,即

$$\Phi = \frac{[\sum N_i V_j]_O}{[\sum N_i V_j]_F} \quad (2-2-1)$$

式中:N_i 为火炸药中元素 i 的摩尔原子数;V_j 为元素 j 的原子价数(氮除外,因为氮燃烧后生成氮气);下标 O 和 F 分别为氧化元素和可燃元素。当 $\Phi=1$ 时为化学当量配比,$\Phi<1$ 时为缺氧配比,$\Phi>1$ 时为富氧配比。

氧平衡是指对于仅以氧为氧化剂的火药及其组分,氧将所含可燃元素完全氧化所需氧量的差值,以百分数来表示。氧平衡为正时为正氧平衡,反之为负氧平衡。

由上述氧系数和氧平衡的定义可以看出,首先是将氧作为氧化元素,碳和氢作为可燃元素,将氮作为惰性元素;其次,氧系数与氧平衡仅与元素的组成有关,而与化合物的分子结构无关。这些情况与火药在燃烧反应中的电子得失、价态变化是不相符合的。从本质上讲,火炸药中的氧化元素是氮原子,可燃元素是碳原子。在大多数情况下,元素氢和氧在产物为水和二氧化碳的假设下,价态不会发生变化,所以一般是惰性元素。

如何评价火药组分的氧化性和可燃性呢?这里引入氧化态变化数的概念。

2. 氧化态变化数

对于碳、氢、氧、氮火药及其组分,首先要考虑在燃烧反应中的价态变化。绝大多数氢和氧在火药及其组分化合物中分别是以 +1 价和 -2 价氧化态的形式存在。只有极少数化合物例外,例如过氧化氢,其中的氧以 -1 价的氧化态存在。在完全燃烧条件下,即燃烧产物为水、二氧化碳、氮气,四种元素的价态变化为

$$H(+1) \rightarrow H_2O(+1) \quad \text{无价态变化}$$
$$O(-2) \rightarrow CO_2 \text{ 和 } H_2O(-2) \quad \text{无价态变化}$$
$$C(x) \rightarrow CO_2(+4) \quad \text{价态升高}$$
$$N(y) \rightarrow N_2(0) \quad \text{价态降低或升高}$$

其中，x 可以是 -4、-3、-2、-1 和 0 等价态；y 可以是正价，也可以是负价，根据化合物的结构而定。

氧化态变化数是指单位质量火炸药在燃烧反应中元素的价态变化总和。这里按照元素电负性的大小决定其价态的正负值，反应产物中的氢为 $+1$ 价，氧为 -2 价，碳为 $+4$ 价，氮为 0 价，在燃烧反应过程中各元素的氧化态变化的总和为

$$Q = \sum \Delta m_i N_i \qquad (2-2-2)$$

式中：Q 为火药或其组分化合物的氧化态变化数；Δm_i 为第 i 种元素在燃烧反应中氧化态变化值；N_i 为第 i 种元素的含量（mol/kg）。

氧化态变化值由高到低为负，由低变高为正。当 $Q<0$ 时，为氧化性火炸药或其组分化合物，称为氧化剂；当 $Q>0$ 时，为可燃性或其组分化合物，或称燃料。由 Q 的定义可知，氧化态变化数不但取决于火炸药或其组分化合物的元素组成，而且与其分子结构有关。

如果火炸药由 H_2 和 O_2 组成，计算氢气和氧气的氧化态变化数。在燃烧反应中，$2H_2 + O_2 = 2H_2O$，氢气中氢元素的氧化态由 0 价上升到 $+1$ 价，氧气中氧元素的氧化态由 0 价下降到 -2 价，所以

$$Q(H_2) = 1 \times 2 \times 1000/2.0158 = 992.16 (\text{mol/kg}) > 0 \qquad (2-2-3)$$

$$Q(O_2) = -2 \times 2 \times 1000/31.998 = -125.008 (\text{mol/kg}) < 0 \qquad (2-2-4)$$

由此看出，氢气和氧气分别具有可燃性和氧化性，即氢气为燃料，氧气为氧化剂。

再计算硝基甲烷、硝化甘油的氧化态变化数。硝基甲烷的摩尔质量为 61.04 g/mol，燃烧时，$CH_3NO_2 + O_2 \rightarrow 4CO_2 + H_2O + N_2$。其中氢和氧两种元素的价态不变，碳元素由 -2 价上升到 $+4$ 价，氮元素由 $+3$ 价下降到 0 价，所以硝基甲烷的氧化态变化数为

$$Q = (6-3) \times 1000/61.04 = 49.14 (\text{mol/kg}) > 0 \qquad (2-2-5)$$

即硝基甲烷具有可燃性，可作为燃料。

硝化甘油的摩尔质量为 227.084 g/mol，完全燃烧时，$C_3H_5N_3O_9 \rightarrow CO_2 + H_2O + N_2$。其中氢和氧两种元素的价态不变，碳元素中有 2 个由 -1 价上升到 $+4$ 价，1 个由 0 价上升到 $+4$ 价，3 个氮元素由 $+5$ 价下降到 0 价，所以硝化甘油的氧化态变化数为

$$Q = [2 \times 5 + 1 \times 4 + 3 \times (-5)] \times 1000/227.084 = -4.404 (\text{mol/kg}) < 0 \qquad (2-2-6)$$

即硝化甘油具有氧化性，作为氧化剂。

表 $2-2-1$ 给出了可能作为火炸药组分的化合物氧化态变化数。

表 2-2-1　可能作为火炸药组分用化合物的氧化态变化数

物质名称	分子式	结构式	摩尔质量/(g·mol^{-1})	氧平衡值/%	氧化态变化数/(mol·kg^{-1})	绝对氧化态变化数/(mol·kg^{-1})
氢气	H_2	H—H	2.01	-73.68	+992.16	992.16
氧气	O_2	O—O	31.99	+100.00	-125.01	125.01
碳	C	C	12.00	-266.41	+333.03	333.03
硝酸铵	NH_4NO_3	NH_3HNO_3	80.04	+20.00	-24.98	99.99
梯恩梯	$C_7H_5O_6N_3$	(结构式)	227.13	+105.67	+44.03	44.03
黑索今	$C_3H_6O_6N_6$	(结构式)	222.13	+26.89	+0.00	134.45
硝酸	HNO_3	(结构式)	63.01	+63.47	-79.35	79.35
过氧化氢	H_2O_2	H—O—O—H	34.01	+47.03	-58.80	58.80
硝化甘油	$C_3H_5N_3O_9$	(结构式)	227.08	+3.52	-4.40	83.67
硝化乙二醇	$C_2H_4N_2O_6$	(结构式)	152.07	0.0	0.0	131.52
硝化二乙二醇	$C_4H_8N_2O_7$	(结构式)	196.11	-40.79	+50.99	152.97
硝基甲烷	CH_3NO_2	H_3C-NO_2	61.04	-39.31	+49.14	147.44
凡士林	$C_{13}H_{28}$	$CH_3(CH_2)_{11}-CH_3$	184.36	-347.11	+433.92	433.92
水	H_2O	H—O—H	18.01	0.0	0.0	0.0
二氧化碳	CO_2	O=C=O	44.00	0.0	0.0	0.0

从表2-2-1中可以看出，氢气和氧气的氧化态变化数分别为最大的正值和最小的负值，在实际应用中它们分别是现有的最佳燃料和最佳氧化剂。

3. 绝对氧化态变化数和实际氧化态变化数

对于火药或火药组分，分子结构中可能既含有氧化性元素又含有可燃元素，这样在计算氧化态变化数时它们之间会相互抵消。例如，表2-2-1中的水和硝化乙二醇，它们的氧化态变化数都为0。作为火药的原料而言，它们两者有本质上的区别。水可以作为火药的组分，同时也是燃烧产物，而硝化乙二醇能单独成为火药或火药用原材料，具有一定的能量释放能力。所以，氧化态变化数的大小只能说明一种化合物是氧化剂还是燃料，而不能反映其燃烧反应能力的强弱或大小。为此引入了绝对氧化态变化数的概念。

氧化态绝对变化数是指单位质量火炸药在燃烧反应中元素的价态变化的绝对值总和。碳、氢、氧、氮四种元素的价态分别为+4、+1、-2、0价时，在燃烧反应过程中各元素的绝对氧化态变化的总和为

$$Q^* = \sum |\Delta m_i| N_i \qquad (2-2-7)$$

式中：Q^*为火药或其组分化合物的绝对氧化态变化数；$|\Delta m_i|$为第i种元素在燃烧反应中氧化态变化值的绝对值；N_i为第i种元素的含量(mol/kg)。

由Q^*的定义可知，当火药或其组分化合物仅有可燃元素时，Q^*与Q数值相同；当仅有氧化元素时，Q^*与Q绝对值相同；当既有可燃元素又有氧化元素时，Q^*与Q数值则完全不同。

例如，计算水和硝化乙二醇的绝对氧化态变化数。水在燃烧反应后，所有元素的氧化态不变，因此绝对氧化态变化数Q^*为零。

硝化乙二醇燃烧反应后，氢和氧的氧化态不变，元素碳的氧化态由-1价上升到+4价，元素氮的氧化态由+5价降低到0价，所以绝对氧化态变化数为

$$Q^* = [|2\times(-5)| + 2\times 5] \times 1000/152.07 = 131.518 (\text{mol/kg})$$

$$(2-2-8)$$

两者的绝对氧化态变化数是不同的，硝化乙二醇的燃烧反应能力大于水的燃烧反应能力，当然水是不燃烧的。但是氧化态变化数两者都为0，说明它们既非氧化剂也非可燃物。几种常用的火炸药组分用化合物的绝对氧化态变化数也列在表2-2-1中。

绝对氧化态变化数同氧化态变化数一样，都是假定碳、氢、氧、氮元素的化学价态分别为+4、+1、-2和0价。在实际情况下往往达不到这种状态，为表述火药或其组分在实际燃烧过程中元素氧化态变化情况，引入实际绝对氧

化态变化数概念。

实际绝对氧化态变化数是指单位质量的火药或其组分化合物在实际燃烧反应中，元素的氧化态变化绝对值的总和为

$$Q^{**} = \sum |\Delta m_i|_{实际} N_i \qquad (2-2-9)$$

式中：Q^{**} 为火炸药及其组分化合物的实际绝对氧化态变化数；其他符号含义与绝对氧化态变化数相同。

从式中看出，Q^{**} 值的大小不仅取决于燃烧反应体系的组成，而且取决于化合物的分子结构。按化学当量配比的火药体系，Q^{**} 值与 Q^* 值相同，在其他情况下两者是不同的。当仅有可燃元素或氧化元素时，Q^{**} 值为零。Q^{**} 值的大小从一定程度上反映了火炸药及其组分化合物在实际燃烧过程中反应能力的大小。

例如，计算硝基甲烷的实际绝对氧化态变化数。设硝基甲烷的燃烧反应为

$$CH_3—NO_2 \rightarrow \frac{1}{2}N_2 + CO + H_2O + \frac{1}{2}H_2$$

于是

$$Q^{**} = [|-5| + |(-2)| \times 1] \times 1000/61.04 = 114.68 (mol/kg)$$
$$(2-2-10)$$

4. 氧元素在火炸药及其组分中的作用

从表 2-2-1 中可以看出，对于大多数火炸药组分化合物的氧平衡和氧化态变化数是相互一致的，都能确定其是否具有氧化性或可燃性。从这两个定义看出，氧平衡是将氧元素作为氧化性元素，碳、氢元素作为可燃性元素。氧化态变化数则是火药组分化合物在燃烧反应中的氧化态变化，实际情况是氢、氧元素在燃烧反应中并无电子得失，其氧化态不发生变化，视为惰性元素。因此，氧化态变化数从本质上说明了某种火药及其组分化合物的氧化或可燃的能力。显然，绝对氧化态变化数和实际绝对氧化态变化数更具有物理化学意义，能表达一种火药或其组分潜在的和实际的反应能力。

氧元素的电负性最大，无论是在火炸药或其组分中，还是在燃烧产物中，都呈 -2 价，在燃烧反应中没有电子得失而没有价态变化。氧元素在火炸药及其组分中的作用是什么？对于碳、氢、氧、氮的发射药体系，其组分中的含能基团常常是硝酸酯（R—O—NO_2）、硝胺（R—N—NO_2）、硝基（R—NO_2）和硝酸根（NO_3^-）等。组分中含氧量的多少反映了含能基团的多少，也反映了火炸药或其组分的反应能力。在碳、氢、氧、氮发射药体系中，氧元素是使燃烧过程进行能量释放的必要条件。因为电负性较大的氮、氧元素中，氮元素不具备反应活性能力，更趋于还原成氮气。只有氧的存在才能使元素碳、氢反应并生成可

能产物中能量最低、放热量最大的二氧化碳和水。氮在火炸药及其化合物中一般是和氧元素相伴存在的，所以含氧量在一定程度上也体现了含氮量。因此，氧平衡能真实反映氧化元素中的氧化态变化数，使碳、氢、氧、氮发射药表现出某些特性。

氧元素也可以作为一种氧化剂，如氧气和过氧化氢。过氧化氢已被作为液体火箭推进剂使用，其中氧元素分别为 0、-1 价态，都能作为氧化元素。从表 2-2-1 中可以看出，氧气的氧平衡可达到 100%，是现有氧化剂中效率最高的。

2.3 含能化合物化学与特性

2.3.1 含能基团与特性

含能化合物与其他化合物相比有几个特殊的基团，正是这些特殊基团的存在，使得火炸药具有特殊能源的基本属性。这些基团主要包括硝基基团（—C—NO_2）、硝酸酯基团（—O—NO_2）、硝胺基团（—N—NO_2）、叠氮基团（—N_3）等。

1. 硝基基团（—C—NO_2）

硝基基团对应的是各类硝基化合物，—C—NO_2 中 C—N 键能较大，断裂需要较高的能量，因此该类化合物稳定性高。特别是在苯环中的硝基，由于苯环结构电子云分布形成一个闭合的 π 轨道，处于该轨道中电子高度离域而分布均匀，从而使能态降低。苯分子具有极好的稳定性。TNT 成为"黄色"炸药的始祖是一种偶然中的必然。

—C—NO_2 中因为 C 原子的存在，在稳定化合物中的含氧量均不高，作为主要的含能化合物的能量也就不高。

2. 硝酸酯基团（—O—NO_2）

硝酸酯基团在火炸药含能化合物中出现较早，因为醇类硝化在含能化合物的制备中工艺较为简单。该含能基团含氧量最高，以基团为单位计其氧化性最强，但由于—O—键的存在，其化合物的能量水平不是太高，一般在火药中使用。典型的化合物有硝化纤维素、硝化甘油等。

同样，由于—O—键的存在，硝酸酯基容易发生水解，并且容易自催化分解。

3. 硝胺基团(—N—NO₂)

硝胺基团对应的是硝胺化合物，N—N 键能较高，并且该键断裂的活化能较高，致使该类化合物稳定。所以，硝胺炸药成为当今高能炸药的代表，典型的化合物有 RDX、HMX、CL-20 等。

4. 叠氮基团(—N₃)与其他高能氮基团

三个氮原子以线型共振结构相互连接，构成叠氮基团(图 2-3-1)，该基团具有很强的电负性，与金属原子以离子键结合可以成为金属盐类，如叠氮化钠(NaN_3)、叠氮化铅($Pb(N_3)_2$)等。与氮、碳等非金属原子以共价键结合，成为有机叠氮类化合物，如 CH_3N_3 称作叠氮甲烷或甲基叠氮化合物。因为叠氮基团含有三个氮原子，共轭分子轨道电子云分布不均匀，所以该基团键能较高、化学性质活泼，光照或加热分解成为氮烯，后者可发生多种反应。大多数叠氮化合物为易爆含能化合物。

$$[\text{N}–\text{N}–\text{N}]^-$$

图 2-3-1　叠氮基团

N_5^- 和 N_5^+ 基团比—N_3 的能量要高很多，实验已经证实了这类化合物的常温下稳定存在。

2.3.2　含能化合物的分子设计方法简介

1. Hartree–Fock 方法(HF 方法)

量子化学是理论化学的分支和核心，它运用量子力学基本原理和方法，在电子微观层次上研究物质(原子、分子、晶体)的结构与性质。在量子化学方法中，分子轨道理论和密度泛函理论是应用最为普遍的理论方法。基于分子轨道理论的所有量子化学计算方法都是以 HF 方法为基础的，鉴于分子轨道理论在现代量子化学中的广泛应用，HF 方法可称作现代量子化学的基石。下面简要介绍 HF 方法。含 n 个电子体系的总能量 Hamilton 算子可写成

$$\hat{H} = -\frac{h^2}{2m}\sum_i \nabla_i^2 - \sum_{i,p}\frac{Ze^2}{r_{i,p}} + \sum_{i,j}\frac{e^2}{r_{i,j}} \quad (2-3-1)$$

式中：右边第一、第二和第三项依次对应于电子动能、核和电子相互作用能以及电子间相互作用能。由于第三项的缘故，使得 H 无法分解成单电子算子。为了解决多电子体系 Schrödinger 方程近似求解的问题，Hartree 在 1928 年提出假设：将每个电子看作是在其他所有电子构成的平均势场 V 中运动的粒子。即电子 1 的势能为

$$V(1) = \sum_{j=2}^{2} \int \frac{e^2 |\varphi_1|^2}{r_{i,j}} d\tau_j - \frac{Ze^2}{r_{i,j}} \quad (2-3-2)$$

于是总 Hamilton 算子可分解成单电子贡献 $h(1)$ 和电子间相互作用能 V，从而可以达到单电子的 Schrödinger 方程为

$$\left(\frac{h^2}{2m}\nabla_1^2 + V(1)\right)\varphi(1) = \varepsilon_1 \varphi(1) \quad (2-3-3)$$

体系多电子波函数可近似为单电子波函数的乘积，即

$$\varphi = \sum_i^n \varphi(i) \quad (2-3-4)$$

体系的总能量等于每个单电子能量的总和减去多计算的库仑积分 j，即

$$E = \sum_{i=1}^n \varepsilon_i - \sum_{i>j}^n J_{i,j} \quad (2-3-5)$$

这就是 Hartree 方程。但由于 Hartree 方程没有考虑电子波函数的反对称要求，所以该方程实际上并不完全成功。

1930 年 Fock 和 Slater 对此进行改进，提出考虑 Pauling 原理的自洽场迭代方程和单行列式型多电子体系波函数，进而导出了 Hartree‒Fock 方程：

$$\hat{F}\varphi_i = \varepsilon_i \varphi_i \quad i = 1, 2, \cdots, n \quad (2-3-6)$$

式中：$\hat{F}$ 为 Fock 算符，不仅包括库仑积分算符 j，还包括交换积分算符 $\hat{K}$，即

$$\hat{F} = \hat{h}(1) + \sum_j (2\hat{J}_j - \hat{K}_j) \quad (2-3-7)$$

Hartree‒Fock 方法是求解多粒子问题的一种近似方法。它用单个 Hater 行列式构造近似的波函数，通过对该行列式波函数变分极小来确定具体的波函数形式，成为其他高级分子轨道理论方法的基础。1951 年 Roothaan 将原子自洽场方法推广到分子，基于分子轨道（单电子波函数）、原子轨道（基函数）线性组合（LCAO）而成，导出 Hartree‒Fock‒Roothaan(HFR)方程：

$$\sum_v (F_{\mu,v} - \varepsilon_i S_{\mu,v}) c_{\mu,i} = 0 \quad (2-3-8)$$

将上式表达为矩阵形式，则为

$$Fc = Sc\varepsilon \quad (2-3-9)$$

这是一个广义本构方程，F 为 Fock 矩阵；S 为重叠积分矩阵；ε 为本征值（分子轨道能量）矩阵；c 为分子轨道系数矩阵。HFR 方程需要采用自洽场方法迭代求解。该方程是分子体系量子化学计算的最基本方程。

2. **密度泛函理论**

密度泛函理论（DFT）是目前使用最广泛也是本书运用最多的量子化学计算方法，它以电子密度作为基本量来描述和确定体系的性质。最初由 Thomas 和

Fermi 提出电子气模型，随后 Hohenberg-Sham 定理为其提供了坚实的理论依据，而 Kohn-Sham 方法的提出则使 DFT 方法实现了普遍的应用。

Hohenberg-Kohn 理论可以概括为两个基本定理：(1)不计自旋的全同费米子系统的外势 $V(r)$ 是基态电子密度 $\rho(r)$ 唯一的泛函；(2)对粒子数确定的体系，基态能量为基态密度泛函 $\rho(r)$ 下取得的极小值。Hohenberg-Kohn 理论虽然证明了 Thomas-Fermi 方法的正确性，但没有找到满足密度函数的方程。Kohn-Sham 方法的中心思想不是直接导出动能的表达式，而是引入非相互作用参考系来得到一组轨道，从而精确计算体系中动能的主要部分。其总能量为

$$E(\rho) = T(\rho) + \int V(r)\rho(r)\mathrm{d}r + \frac{1}{2}\iint \frac{\rho(r)\rho(r')}{|r-r'|}\mathrm{d}r\mathrm{d}r' + E_{xc}(\rho)$$

(2-3-10)

式中：右边第一项为体系中无相互作用时的动能；第二项为核与电子之间的势能；第三项是静电作用能；第四项是交换关联能。

将上式中能量密度对电子密度进行变分，即得到 Kohn-Sham 方程

$$\left[-\frac{1}{2}\nabla^2 + V_{\mathrm{eff}}(r)\right]\varphi_i(r) = \varepsilon_i\varphi_i(r)$$

(2-3-11)

式中：$V_{\mathrm{eff}}(r)$ 为 K-S 有效势能。

因此只要有了 $E(\rho)$ 的关系式，就可以通过 Kohn-Sham 方程精确地求解出体系的能量和密度，并推导出其他所需参数。Kohn 和 Sham 提出了局域密度近似(LDA)，其基本思想是在局域密度近似下，对变化平缓的密度函数，通过利用均匀电子气密度函数替代非均匀电子气的相关交换泛函，从而精确地求解体系的能量和密度。人们为了改进局域密度近似而采用了多种方法进行修正，广义梯度近似(GGA)是目前常用的一种方法。

DFT 泛函的种类有很多，B3LYP 杂化方法是常使用的方法之一，它将浅 Beck 三参数杂化方法和非定域相关泛函 Lee-Yang-Parr 相结合，加快了计算速度。

DFT 奠定了将多电子问题转化为单电子方程的理论基础，给出了单电子有效势能计算的可行方法。DFT 在计算化学、计算物理、计算材料学等许多领域均取得巨大成功。1998 年 DFT 的奠基人 Kohn 与分子轨道方法的奠基人 Pople 获得了诺贝尔化学奖。

3. Moller-Plesset 微扰法

MP 微扰法是由量子化学家 Moller 和 Plesset 在 1934 年提出的，所以这一方法以二人的名字缩写 MP 表示，MPn 表示的是多体微扰 n 级近似。

MP 微扰法是一种基于分子轨道理论的高级量子化学计算方法。这种方法

以获得 HF 方程的自洽解为基础，应用微扰理论，获得考虑了电子相关能的多电子体系法的近似解，其计算精度与组态相互作用(CI)方法的 CID 接近，但计算量远小于 CID，是应用比较广泛的高级量子化学计算方法。

MP 微扰法要求将复杂体系的 Hamilton 算子分解为可精确求解项和微扰项两部分；在多体微扰理论中，引入 Hartree–Fock 的 Hamilton 算子概念，即

$$\hat{H}_0 = \sum_{i=1}^{n} \hat{F}_i \qquad (2-3-12)$$

显然，Hartree-Fock 方程解得的单一电子波函数（分子轨道）所构成的 Slater 行列式波函数是 $\hat{H}_0$ 的本征函数；构成 Slater 行列式的各分子轨道能的代数和是 $\hat{H}_0$ 的本征值。

将多电子体系 Hamilton 算子分解为 Harter–Fock 的 Hamilton 算子和微干扰项的代数和，即

$$\hat{H} = \hat{H}_0 + \hat{V} \qquad (2-3-13)$$

则由式(2-3-13)可得到微扰算符为

$$\hat{V} = \hat{H} + \hat{H}_0 \qquad (2-3-14)$$

式(2-3-14)根据微扰理论，能量的一级校正 $E_0^{(1)}$ 为

$$E_0^{(1)} = <\psi_0^{(0)} | \hat{V} | \psi_0^{(0)}> \qquad (2-3-15)$$

将式(2-3-14)代入式(2-3-15)，得到

$$E_0^{(0)} = E_0^{HF} - \sum_i^n \varepsilon_i \qquad (2-3-16)$$

因此，经过能量的一级校正后体系能量为

$$E = E_0^0 + E_0^1 = \sum_i^n \varepsilon_i + E_0^{EF} - \sum_i^n \varepsilon_i = E_0^{EF} \qquad (2-3-17)$$

经过二级校正后，体系的基态能量为

$$E = E_0^{HF} + \sum_{a<b, r<s} \frac{|<\chi_a \chi_b || \chi_r \chi_s>|^2}{\varepsilon_a + \varepsilon_b - \varepsilon_r - \varepsilon_s} \qquad (2-3-18)$$

由于式(2-3-18)中 ε_r 和 ε_s 是体系未占据分子轨道的轨道能，在基态其能量高于 ε_a 和 ε_b，所以体系能量的二级微扰是一个负值。因而考虑二级微扰后，体系能量低于 Hartree–Fock 方程得到的体系能量，这一差异来自电子相互作用。

考虑二级校正的多体微扰计算简称 MP2。更高级的校正以较低级校正为计算基础。随着校正级别的提高，计算量也急剧增加。从理论上讲，随着校正级别的提高，最终体系能量会逐渐逼近真实值。目前的计算方法最高可以进行

MP5 计算，即体系能量的五级校正。

多体微扰理论方法是一种量子化学高级计算方法。在考虑相关能的计算方法中，多体微扰理论方法的计算量最小。MP1 可达到 HF 方程的计算精度；MP 一般可以求得 60% 的相关能，与 CID 方法相当，但计算过程仅需要计算少量双电子积分，远远小于 CID；MP4 一般可以求得 85% 的相关能。

MPn 方法是一个大小一致的方法，精度是相同的。这一特性使得 MPn 可对电子数不同的体系进行计算。由于 MPn 方法以 HF 方程为基础，特别适合进行化学反应的计算研究。但方程不能很好地处理体系，因而受到 HF 方程的局限，对于应用 HF 方程如非限制性开壳层体系，MPn 方法也不能很好处理。

4. 基于体积的热力学方法

基于体积的热力学（VBT）方法是利用物质的单位体积来估算其热力学性质的一种方法。离子晶体的总体积 V_m 由化合物体系中阴离子和阳离子体积的简单相加而得到。

基于 Kapustinskii 晶格势能公式，Mallouk 等研究并证明了简单二元离子固体的晶格势能与其单位体积立方根的倒数相关。为了避免复杂的计算，对原 VBT 方法晶格势能的计算公式进行了修正和简化，VBT 方法的扩展晶格势能修正公式为

$$U_{pot} = \gamma (V_m)^{1/3} + \delta \tag{2-3-19}$$

式中：γ 和 δ 为校正系数。通常可用式（2-3-19）计算离子盐的晶格能。Jenkins 对 VBT 方法进行了一系列的修正，很大程度上推动了离子盐热力学性质的研究。同时对标准摩尔生成熵进行了校正，即

$$S^0 = kV_m + c \tag{2-3-20}$$

式中：k 和 c 为化合物自身的特性常数。

式（2-3-19）和式（2-3-20）构成 VBT 方法的核心。通过 Born-Haber 能量循环，可以确定离子盐的生成热，进而求得其他热力学性质。

5. 基组及其选择

基组对应体系的波函数，是对体系分子轨道（MO）的数学描述，即基函数的线性组合构成 MO。将基组代入 Schrödinger 方程能解出体系的本征值（能量）。基组越大，对轨道的描述和相应的计算结果就越准确，但耗时和计算量也随之增大。在量子化学计算中，基组的选择很大程度上影响计算用时及结果的精确度。因此，基组选择极为重要。基组的选择也与体系和所处化学环境有关，如选择不当，无论方法多精确，都无法求得精确的化学结构。如对负离子体系

和一些特殊体系(低价态金属原子体系、含氢键和官能团的体系等),则需要增加极化函数或弥散函数。基组的选择原则是,在保证达到自己研究所需精度的前提下尽可能地选取较小基组。

1) 极小基组

极小基组又称 STO-NG 基组,指该基组中所包含的基函数数目是描述每一个原子所必需的最少数目。STO 是 Slater 型原子轨道的缩写,NG 表示每个 Slater 型原子轨道由 N 个高斯型初始轨道函数线性组合而成。如 STO-3G,表示用 3 个 Gauss 函数的线性组合来描述一个 STO,是规模最小的压缩 Gauss 型基组。STO-3G 基组规模小,计算精度相对差,但是计算量最小,适合于较大分子体系的计算。

2) 劈裂价键基组

劈裂是通过增加每个原子基函数的数量来增大基组的一种方法。劈裂价键基组是由原子的内层与价层轨道和初始轨道函数线性组合而成。常见的劈裂价键基组有 3-21G、4-21G、4-31G、6-31G、6-311G 等,其特点是用两个或两个以上的基函数描述每一个价轨道。在这些表示中,前一个数字表示构成内层电子原子轨道的 Gauss 型函数数目,"-"以后的数字表示构成价层电子原子轨道的 Gauss 型函数数目。如 6-31G,表示每个内层电子轨道是由 6 个 Gauss 型函数线性组合而成,而每个价层电子轨道则会被劈裂成两个基函数,分别由 3 个和 1 个 Gauss 型函数线性组合而成。劈裂价键基组比 STO-NG 基组能更好地描述体系波函数,但计算量也比极小基组有显著的增大。

3) 极化基组

劈裂价键基组对于电子云的变型等性质不能较好地描述。为了解决这一问题,以便较准确描述强共扼体系,可在劈裂价键基组的基础上引入新的函数,构成极化基组。极化基组是在劈裂价键基组基础上添加更高能级原子轨道所对应的基函数。劈裂价基组用来增大轨道的大小(尺寸),而极化函数则是通过添加轨道角动量来改变轨道的形状。如在第一周期的氢原子上添加 p 轨道波函数,在第二周期的碳原子上添加 d 轨道波函数,在过渡金属原子上添加 f 轨道波函数等。这些新引入的基函数虽然经过计算没有电子分布,但实际上会对内层电子构成影响,因而考虑了极化基函数的极化基组能够比劈裂价键基组更好地描述体系。极化基组的表示方法基本沿用劈裂价键基组,所不同的是需要在劈裂价键基组符号的后面添加 * 号以示区别,如 6-31G** 就是在 6-31G 基组基础上扩大而形成的极化基组,两个 * 符号表示基组中不仅对重原子添加了极化基函数,而且对氢等轻原子也添加了极化基函数。

4）弥散基组

弥散基组是对劈裂价键基组的另一种扩大。弥散基组就是在劈裂价键基组的基础上添加弥散函数的基组。弥散函数是对 s 轨道和 p 轨道的扩大。允许其占据更大的空间。弥散函数适用于负离子体系、共轭体系、有孤电子对的体系和激发态体系等。这些体系必须用弥散函数才能得到较准确的描述。在 6-31G 基组中给重原子添加弥散函数得到 6-31+G，在 6-31+G 基础上给 H 原子加上弥散函数得到 6-31++G。

5）高角动量基组

高角动量基组是对极化基组的进一步扩大，它在极化基组的基础上进一步添加高能级原子轨道所对应的基函数，这一基组通常用于在电子相关方法中描述电子间相互作用。

现使用的较大基组，是在分裂基组基础上增加多个角动量。比如 6-31G(2d) 就是在 6-31G 基础上增加 2 个 d 轨道的函数，而 6-311++G(3df，3pd) 则增加了更多的极化函数，包括 3 个分裂的价键基组、在重原子和氢原子上加的弥散函数、d 函数和 1 个 f 函数、在氢原子上加的 3 个 p 函数和 1 个 d 函数。这样的基组在电子相关方法中对于描述电子之间的作用有很重要的意义。

这些基组一般不用于 HF 方程计算。一些大的基组根据重原子的周期数而增加不同的极化函数，如 6-311+(3df，2df，p) 基组是在第二周期及以上都采用 3 个 d 函数和 1 个 f 函数的极化。而对第一周期采用 2 个 d 函数和 1 个 f 函数的极化。注意，一般从头算方法中所说周期是指没有氢原子所在的周期，如碳处于第一周期。

6. 原子化方法

单纯地运用从头算和 DFT 等第一性原理方法只能求得分子的总能量，无法直接得到化合物的生成热。运用前文中 NG 或 MPn 等高水平的计算方法虽然能精确地算出分子生成热，但只适合于原子数较少的小分子体系。这类计算方法对计算机要求很高，对原子数较多或体系复杂的化合物计算量和耗时均极大。这就需要使用其他辅助反应来计算所研究物质的生成热，如原子化反应等。原子化方法是计算生成热最简单且使用最普遍的一种方法。以分子式为 $A_xB_yC_z$ 的化合物为例，其原子化反应式为

$$A_xB_yC_z(g) \rightarrow xB(g) + yB(g) + zC(g) \qquad (2-3-21)$$

该反应在 298K 下的标准生成热为

$$\Delta H_{298} = \sum \Delta_f H_p - \sum \Delta_f H_R = x\Delta_f H_A + y\Delta H_B + z\Delta H_C$$
$$(2-3-22)$$

$$\Delta H_{298} = \Delta E_0 + \Delta E_{ZPE} + \Delta H_F + \Delta nRT \quad (2-3-23)$$

式中：$\sum \Delta_f H_R$ 和 $\sum \Delta_f H_p$ 分别为298K下反应物和生成物的标准生成热之和；$\Delta_f H_A$、$\Delta_f H_B$、$\Delta_f H_C$ 分别为298K时原子A、B和C的标准生成热，这些原子的标准生成热都可以从手册中查到；ΔH_0 为0K时生成物与反应物的能量差；ΔH_{ZPE} 为0K时生成物与反应物的零点振动能之差。

7. 等键反应方法

高能化合物的生成热是其基本的热力学性质，但生成热难以实测且危险性较高，所以采用理论方法进行预测成为行之有效的方法。对高能化合物进行结构优化和能量计算后，借助于合理的等键反应，可以在简化计算的同时减小系统误差，从而得到准确的生成热。

2.3.3 典型含能化合物与特性

含能化合物是一类在适当外部能量激发下，能发生自行维持的极快速的放热分解反应，并放出大量的热和气体的单一分子结构物质。含能化合物分子内同时含有氧化性基团和可燃性元素。氧化性基团包括—C≡C、＝C—X、—N＝C、—N＝O、—NO$_2$等，可燃性元素包括碳、氢、硼等。

一般地，含能化合物应具备的特点：一是化合物自身所含的各元素处于较高能态，当一个分子中同时具有可燃和氧化性元素，在无外界物质参与下可发生自身分解反应释放能量，含能化合物能量来源于分子中可燃元素氧化的反应热，或者具有高的正生成焓分子结构分解为小分子物质所释放的分解热；二是化合物所蕴含的能量在发生分解反应时，能够以足够快的速度释放出来，即具有爆轰反应；三是化合物分解反应具有体积膨胀效应，即反应产生较大量的气体，具有较强的对外界做功能力；四是化合物具有比较高的密度，由于受到弹体容积的限制，弹药装药应该尽可能地提高装药密度，这就要求作为火炸药配方主要组分的含能化合物拥有足够高的密度；五是化合物自身具有一定的安定性和安全性。

含能化合物大致有两种分类方式：一种是按功能和性能特点分类，如高能炸药、钝感炸药、含能增塑剂、含能催化剂等；另一种是按结构特点分类，如硝胺化合物、呋咱化合物、硝酸酯化合物等。值得注意的是，有些化合物含有多种含能基团，在分类上可能有交叉的地方，如2,4,6-三硝基苯甲硝胺

(Tetryl，特屈儿），既属于硝胺类又属于硝基芳烃类。从化学合成的角度看，以结构特点分类更为直观、全面。

因为化学元素和分子轨道多样性，致使含能化合物的种类繁多，但直至目前为止，实用与常用的含能化合物也就是有限的几种。目前，应用于火炸药配方的主要含能化合物如表 2-3-1 所列。

表 2-3-1 一些现用含能化合物和新含能化合物的性能

	缩写	化学名称	应用领域	密度 /(g·cm^{-3})	氧平衡 /%	生成能 /(kJ·mol^{-1})
现用含能化合物	TNT	2,4,6-三硝基甲苯	HX	1.65	-74.0	-45.4
	RDX	环三亚甲基三硝胺	HX,RP,GP	1.81	-214.6	92.6
	HMX(β)	环四亚甲基四硝胺	HX,RP,GP	1.96	-21.6	104.8
	PETN	季戊四醇四硝酸酯	HX	1.76	-10.01	-502.8
	NTO	3-硝基-1,2,4-三唑-5-酮	HX	1.92	-24.6	-96.7
	NG	硝化甘油	RP,GP	1.59	3.5	-351.5
	NC	硝化棉(13%N)	RP,GP	1.66	-31.8	-669.8
	AN	硝酸铵	RP,HX	1.72	20.0	-354.6
	AP	高氯酸铵	HX,RP	1.95	34.0	-283.1
新含能化合物	TNAZ	1,3,3-三硝基氮杂环丁烷	HX,RP,GP	1.84	-16.7	26.1
	CL-20 (HNIW)	六硝基六氮杂异伍尔兹烷	HX,RP,GP	2.04	-11.0	460.0
	FOX-7	1,1-二氨基-2,2-二硝基乙烯	HX,RP,GP	1.89	-21.6	-118.9
	ONC	八硝基立方烷	HX	1.98	0.0	465.3
	ADN	二硝酰胺铵	RP,HX,GP	1.81	25.8	-125.3

注：HX——炸药；RP——固体火箭推进剂；GP——发射药

按照结构特性、用途，含能化合物可以划分以下各类。

1. 晶体炸药类含能化合物

炸药含能组分大致经过梯恩梯（TNT）→黑索今（RDX）→奥克托今（HMX）→CL-20 的过程。这期间也有其他含能化合物出现，但由于各种原因未能成为炸药的主体成分。

1）梯恩梯（TNT）与芳香族系列含能化合物

中文名梯恩梯，英文名 2,4,6-Trinitrotoluene，化学式 $C_6H_2CH_3(NO_2)_3$，

相对分子质量 227.133，代号为 TNT。

Wilbrandt 于 1863 年在接近沸点的温度下采用硝硫混酸硝化首先制得了三硝基甲苯，并逐步研究确定了 TNT 的爆炸性能及其制造工艺条件。由于综合性能优越，TNT 在炸药中逐步取代苦味酸，至第二次世界大战时期，已发展成最主要的军用单质炸药。

TNT 中的 3 个—NO_2 基团可以处于不同位置，所以有 $\alpha \rightarrow \eta$ 六种异构体，军用 TNT 要求—NO_2 基团均匀对称分布的 α-异构体。不是特殊情况，一般 TNT 均是 α-异构体结构。

TNT 的熔点介于 80.6～80.85℃ 之间，80.85℃ 为纯 α 结构的凝固点。纯品为无色针状晶体。根据使用要求，将 TNT 的纯度划分为不同等级：

Ⅰ级，熔点 80.3℃。

Ⅱ级，熔点 80.0℃。

Ⅲ级，熔点 76.0℃。

熔点的降低主要是其中含有一定量的其他不对称 TNT 和未完全硝化的二硝基甲苯(DNT)以及水分。Hass 采用 X 射线衍射法测得 TNT 的密度为 $1.651g/cm^3$，并且得到密度随温度的变化关系。熔点为 81.0℃ 时，TNT 液体密度为 $1.464g/cm^3$。

TNT 与许多硝基和硝酸酯化合物互溶互熔，并形成低熔点共熔物。TNT 与 RDX 的混合物具有实用意义，熔点为 81.0℃ 的 TNT 与 2.5% RDX 的低共熔点为 78.6℃。

TNT 为中性物质，与各种金属和非金属具有良好的相容性。TNT 的对称与苯环结构决定了其稳定性相当高，对热作用的安定性非常高，200℃ 以下可以长时间地加热而不发生分解。TNT 具有较强的毒性，特别是苯环结构对环境有严重的毒害与污染作用，这是 TNT 被逐渐淘汰、弃用的根本原因。

苦味酸、2,4,6-三硝基苯酚是苯系炸药的一种，缩写为 TNP、PA，纯品室温下为略带黄色的结晶。它是苯酚的三硝基取代物，受硝基吸电子效应的影响而有很强的酸性，名字由希腊语的 πικρος——"苦味"得来，因其具有强烈的苦味。

苦味酸可以形成各种盐类，这些盐同样具有含能属性与爆炸特性，例如苦味酸铵在美国为 D 炸药。

三硝基苯中有各种衍生物被发现是一类低敏感炸药，如 TATB 和六硝基芪(HNS)，几种硝基含能化合物的分子结构式见图 2-3-2。

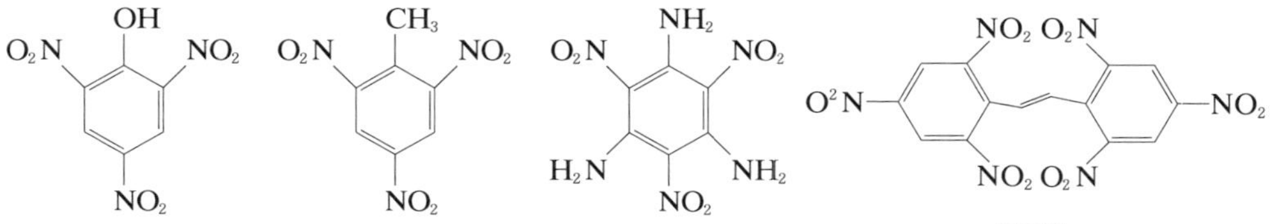

图 2-3-2　几种硝基含能化合物的分子结构式

2）黑索今（RDX）与硝胺类含能化合物

黑索今由 Hexogen 音译而来，化学名称为环三甲基三硝胺，或者 1,3,5 三硝基-三氮杂环己烷。化学式 $C_3H_6O_6N_6$，相对分子质量 222.13。为方便起见，一般以 RDX 为其代号。

1899 年 Henning 首先作为医药合成出 RDX。1916 年，Brunswig 对 RDX 进行制备、表征，指出 RDX 在 110℃ 条件下加热 152h 未发现失重，说明其热安定性极好。1922 年，von Herz 首次发现 RDX 是一种有价值的炸药。1925 年，Hale 以乌洛托品为原料合成出 RDX，使 RDX 的工业制备成为可能。因为其原料为乌洛托品，且 RDX 性能优良，作为炸药的重要性逐渐凸显，在第二次世界大战及其以后，RDX 逐步替代 TNT 作为炸药主装药被研究和应用。

RDX 的爆速高，爆轰感度好，早期主要用于雷管副装药和导爆索，随后经过处理压制成为传爆药以替代先前的特屈儿。因为 RDX 的机械感度较高，不如 TNT 适合直接用于弹药装药。经过一个阶段的研究，RDX 经过钝化处理或者与其他低熔点、低感度、装药工艺性能好的炸药（如 TNT）混合，其作为炸药主装药逐渐被广泛应用。

RDX 作为较高含能化合物目前已经应用于炸药、火药，如推进剂、发射药的配方。

RDX 为无臭无味白色晶体，晶体密度为 $1.816g/cm^3$，工业品的堆积密度为 $0.8 \sim 0.9g/cm^3$，熔点为 $204.5 \sim 205℃$。

RDX 的热安定性较 TNT 要好。

RDX 是一种有毒但不被禁用的苯环类化合物。

3）奥克托今（HMX）

奥克托今是 Octogen 的音译，以 HMX 为其代号，HMX 化学名称为环四亚甲基四硝胺，分子结构式见图 2-3-3。HMX 在化学结构上与 RDX 属于同系物，化学式为 $C_4H_8O_8N_8$，相对分子质量 296.17。生成焓为 74.04kJ/kg，单位质量的能量与 RDX 相同，但是较 RDX 密度高，晶体密度达到 $1.91g/cm^3$，因此其爆速与爆炸威力药高于 RDX。HMX 的另一个特点是热安定性好，熔点为 278℃，分解温度高达 300℃以上。HMX 有 α、β、γ、δ 四种晶型，其中 β 室温下为稳定晶型。HMX 是 1941 年在制备 RDX 时被发现的，Barkmann 假定其结构式为 1,3,5,7-四硝基-1,3,5,7 四氮杂辛烷，此结构后来被 G. F. Wright 证实。随着 RDX 制备的研究发展，HMX 逐渐被重视并被专门研究。

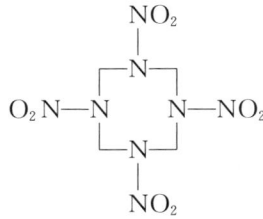

图 2-3-3 奥克托今(HMX)分子结构式

HMX 与 RDX 的特点基本相同，机械感度较高，作为炸药装药需要进行钝化处理，可以按 RDX 的方式进行炸药装药应用。因为 HMX 的制备成本是 RDX 的 4 倍以上，所以一般情况下不采用 HMX 作为炸药主装药。

4) 六硝基六氮杂异伍兹烷(HNIW，代号 CL-20)

1987 年美国首先合成出 HNIW，是含能化合物的一个历史性突破。HNIW 可以看作为 2 个五元环、1 个六元环、2 个七元环组成的笼形硝胺，每个桥氮原子上个带有 1 个硝基。它的学名是 2,4,6,8,10,12-六硝基-2,4,6,8,10,12-六氮杂四环十二烷，分子结构式如图 2-3-4 所示。

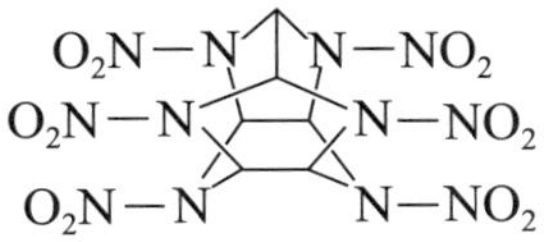

图 2-3-4 六硝基六氮杂异伍兹烷分子结构式

其分子式为 $C_6H_6N_{12}O_{12}$，相对分子质量为 438.28，元素组成为 16.44％C、1.36％H、38.35％N，氧平衡为 -10.95％(HMX 为 -21.60％)。HNIW 是白色结晶，易溶于丙酮、乙酸乙酯，不溶于脂肪烃、氯代烃及水。HNIW 是多晶型物，常温常压下已发现有四种晶型(α、β、γ、ε)，其中 ε 晶型的结晶密度可达 2.04～2.05g/cm³，爆速可达 9.5～9.6km/s，爆压可达 42～43GPa，标准生成焓约 +394.5kJ/mol，采用 Ornells 方法测定的爆热为 6090kJ/kg。以圆筒实验测得的能量释放速率，ε-HNIW 比 HMX 约高 14％。由 DSC 法(升温速度 10℃/min，氮气氛)测得的 HNIW 的热分解峰温为 244～250℃。HNIW 的撞击感度及摩擦感度与粒度及颗粒外形有关,通常情况下,HNIW 的撞击感度要高于 HMX,电火花感度与太安(PETN)或 HMX 不相上下。

HNIW 已在 PBX 炸药和作为高能固体填充物在推进剂领域进行了多年的应用研究,但是由于成本与相关性能,特别是使用安全性的原因,至今未见用于武器装备的相关报道。

5)八硝基立方烷(ONC)

2000 年,美国芝加哥大学的 Mao-XiZhang 和 Philip. Eaton 与美国海军研究实验室的 Richard Gilardi 合作,成功地合成了八硝基立方烷(ONC),它是一个带硝基的立方形分子。立方烷的每个角上均带有 1 个硝基。ONC 的分子式是 $C_8(NO_2)_8$,其碳原子上的 8 个硝基,使其环状结构具有很高的张力,因而分子的内能高。ONC 分子为立方形,使得其中碳原子彼此的键角约 90°。化学结构式见图 2-3-5。

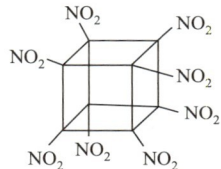

图 2-3-5 八硝基立方烷化学结构式

目前,ONC 只是一类停留于实验室合成阶段的炸药,它的爆炸性能甚至在它的母体合成出来以前很多年就被人预测过。采用各种理论计算方法计得的 ONC 的密度为 1.99~2.2g/cm³。其他硝基立方烷的密度见表 2-3-2。

表 2-3-2 硝基立方烷的密度

分子	计算密度/(g·cm⁻³)	实测密度/(g·cm⁻³)	DSC 起始分解温度/℃
立方烷	1.29	1.29	—
1,4-二硝基立方烷	1.66	1.66	257
1,3,5-三硝基立方烷	1.77	1.76	267
1,3,5,7-四硝基立方烷	1.86	1.81	277
1,2,3,5,-五硝基立方烷	1.93	1.96	—
八硝基立方烷	2.13	1.98	—

与其他常规炸药(如 TNT、RDX 和 HMX)相比,即使在较低密度下,ONC 的能量也可与 HMX 比肩。如果 ONC 的密度能达到其最大的理论计算值,即 2.2g/cm³,则它的能量水平会超过现在已知能量水平最高的炸药 CL-20。

20世纪90年代,化学研究人员致力于将硝基引入碳基的立方烷分子。1997年,在这方面取得了一个里程碑式的进展,合成了含4个硝基的立方烷,即四硝基立方烷,它的爆炸性能相当于RDX。从化学发展的角度而言,是Philip E Eaton领导的研究小组在合成领域做出的卓越贡献使ONC的合成最后得以成功,这是一个里程碑式的成就。人们由文献可以看到,几乎每年都向立方烷中引入了一个新的硝基。近年合成的ONC是相当复杂和困难的,需要经过很多的中间步骤,包括制备其中间体四硝基立方烷(表2-3-2)。直至今日,ONC还只限于供应实验室制得的微量产品,其价格高于黄金。

ONC是否能达到理论预测的、含能材领域所期待的高密度呢?答案是未知的。ONC的实测密度是1.979g/cm³,密度值高但只接近理论计算值的下限。因此,ONC并未能突破含能化合物高密度的纪录。目前,ε型CL-20的密度仍居新合成的有机化合物之首。

2. 多氮与全氮化合物

由于氮元素原子轨道的特殊性,可以形成多种价键形式而产生繁多的化合物种类,从能量的角度,多氮与全氮化合物是今后超高含能化合物合成的发展与探索的方向。

(1)有机叠氮化合物的分子结构中含有—N_3基团,被认为是含能黏结剂和增塑剂,是用以改善固体推进剂、发射药及混合炸药能量水平及其他技术性能的实际途径之一,自20世纪70年代以来便引起了人们极大的关注,很多国家已经开发了很多可用于高性能固体推进剂的叠氮黏结剂和增塑剂。有机叠氮化合物的优点是能量水平高,每摩尔叠氮基(—N_3)可提供约356kJ的正标准生成焓;叠氮基是良好且丰富的氮气源,燃烧产物相对分子质量低,较少产生烟雾,很适用于低特征信号推进剂;相当一部分有机叠氮化合物的撞击感度和摩擦感度相对较低,且大多数有机叠氮化合物的热安定性能满足使用要求,可达到双(2-氟-2,2-二硝基乙醇)缩甲醛(FEFO)的水平;原料来源广泛,制造工艺简单。一些常见的有机叠氮类化合物分子结构式见图2-3-6。

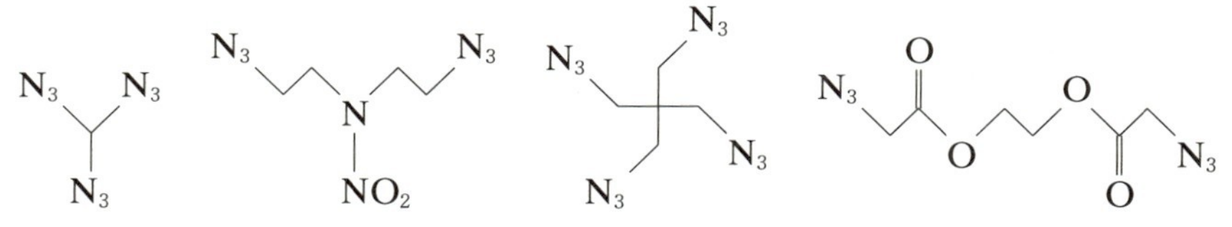

图2-3-6 一些常见有机叠氮类化合物分子结构式

（2）全氮化合物又称为多氮化合物，是一类主要由氮氮单键及少量氮氮双键构成的氮原子簇化合物。全氮化合物密度高，理论计算密度最高可达 $3.9g/cm^3$，并且具有很高的能量水平，可达数倍甚至十几倍 TNT 当量。其爆炸分解产物主要是氮气，因此也是一种洁净能源。全氮化合物中的氮原子主要以单键连接，形成以氮原子为骨架的材料，其高能的本质在于：全氮化合物爆炸后，单键氮原子将全部转化为稳定氮气分子，单键和三键之间存在巨大的键能差，从而可以释放出大量的能量；固体全氮化合物转化为相对分子质量较低的氮气时将带来巨大的熵变；全氮型化合物张力状态和氮气分子无张力状态之间存在显著的势能差。图 2-3-7 为一些常见全氮类化合物的分子结构式。

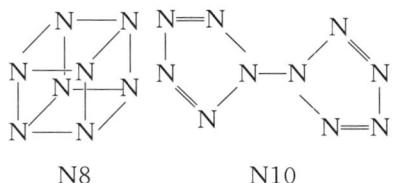

图 2-3-7　一些常见全氮类化合物分子结构式

（3）呋咱环是一个含有 2 个氮原子和 1 个氧原子的五元环，又称为噁二唑环。它是一个含能基团，具有生成焓高、热稳定性好和环内存在活性氧的特点。由于呋咱环内的 5 个原子分布在同一平面上，因此呋咱类化合物大多具有较高的密度（$\geqslant 1.8g/cm^3$）。此外，取代呋咱化合物不含氢原子，所以又称为"无氢炸药"或"零氢炸药"，在低特征信号推进剂中也会发挥重要的作用。呋咱环被氧化后生成氧化呋咱环，氧化呋咱环形成一种"潜硝基"内侧环结构，一个环内含有 2 个活性氧原子，含氧量的分子的结晶密度更高，很适合作为高能材料的结构单元。研究表明，一个氧化呋咱基团取代一个硝基，化合物晶体密度可提高 $0.06\sim 0.08g/cm^3$，爆速可提高 300m/s 左右。另外，呋咱环上的 2 个氮原子也可以与金属离子配位形成金属配位呋咱化合物。图 2-3-8 为一些常见呋咱类化合物的分子结构式。

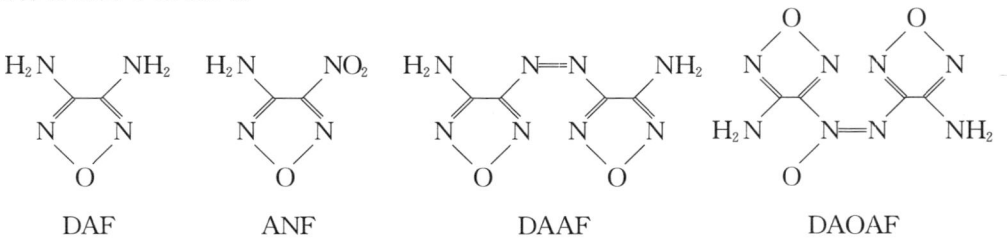

图 2-3-8　一些常见呋咱类化合物分子结构式

3. 非晶体火药用含能化合物

火药与炸药除了分别以爆轰和燃烧方式释放能量以外,另外一个很大的不同点是火药需要较长时间进行功能转化作用,武器与使用人员的空间距离要近,所以对使用过程的安全性要求很高,同时要求火药要有足够的力学强度。火药一般是以高分子材料为力学骨架体系,加入含能化合物组分和必要的功能添加剂构成。

1) 硝化纤维素(NC)

硝化纤维素又叫硝化棉,英文 Nitrocellulose,缩写 NC,是单基发射药、双基发射药、三基发射药、改性双基推进剂、交联改性双基推进剂及复合改性双基推进剂的主要组分,也是部分混合炸药的添加剂,因此 NC 是火药最重要的原材料之一,是火药使用最多的含能黏合剂。就应用范围、需求数量及在航天和军工领域中发挥的作用而言,NC 在发射药和推进剂领域中占有极其重要的位置,其性能优劣将直接影响武器的射程和威力,其物理化学指标又决定了火药产品的加工成型、储存和使用性能。

NC 是纤维素与硝酸进行酯化的产物。1833 年 Braconnot 首次报道了硝化棉的制备方法,从此关于它的研究逐渐深入。NC 属于线型高分子聚合物,是一种白色或微黄色固态纤维状材料。仅从外观上看,硝化棉与硝化纤维素原料并没有太大的差异,仍保存了纤维的管状结构。其密度与含氮量紧密相关,且随含氮量的增大而略有增大,密度一般为 $1.65 \sim 1.67 \text{g/cm}^3$,比热容为 1.674J/(g·K)。

2) 硝化甘油(NG)及其他硝酸酯

1846 年意大利人 Sobreno 合成出硝化甘油(NG),NG 分子结构式如图 2-3-9 所示。

图 2-3-9 硝化甘油分子结构式

硝化甘油(NG)学名为丙三醇三硝酸酯,化学式 $C_3H_5O_9N_3$,相对分子质量 227.09,纯 NG 在常温下为无色透明液体,对机械撞击、摩擦的感度很高。NG 是目前在火炸药配方应用中具有真正意义的氧化剂之一,主要是在火药中作为硝化棉的增塑剂使用,形成一类双基火药。作为炸药的组分,早期瑞典人 Nobel 将其吸收于硅藻土之中,成为著名的代那买特炸药。后来因为 NG 的安全性问题,在炸药中基本不再采用。

所有具有 R—O—NO$_2$ 结构的化合物,称为硝酸酯类化合物,也是一类含能化合物,对硝化棉均具有增塑作用,并且与 NG 混合使用,可以使玻璃化转变温度降低,从而提高火药的低温力学强度。典型实用的硝酸酯有一缩二乙二醇硝酸酯(DEGN)、二缩三乙二醇硝酸酯(TEGN)和三羟甲基乙烷三硝酸酯(TMETN)等。

4. 系列氧化剂

作为氧化剂的化合物种类繁多,但目前在火炸药中使用的氧化剂并不多见。实际常用的非金属固体氧化剂仅有高氯酸铵和硝酸铵两种。

1)高氯酸铵(AP)

高氯酸铵,英文名 Ammonium Perchlorate,缩写 AP,密度 $1.95g/cm^3$,熔点约 350℃(分解),相对分子质量 117.49,为白色的晶体,有吸湿、潮解性。AP 是强氧化剂,与有机物、易燃物混合易发生燃烧爆炸反应,与强酸接触有引起燃烧爆炸的危险。AP 可用于制作炸药、焰火,并用作分析试剂等。用金属镁引发氧化,进而引发 AP 分解产生大量气体,可用于火箭发射,也可用于制造 AP 炸药、镂刻剂及人工防冰雹剂等。

高氯酸的其他金属盐(如钾、锂等)也可以作为氧化剂,但其能量效率远不如 AP,可以作为烟火的氧化剂。

氧化剂是复合推进剂的主要组分,其质量分数超过 70%。氧化剂应具备以下特性:与其他组分相容性好、含氧量高、生成热高、密度高、热稳定性高和吸湿性低;应为非金属,以便在燃烧时能生成大量的气体;加工安全。此外,选用氧化剂时,还必须考虑其具有长的储存寿命,即在储存中不发生相变。表 2-3-3 列出了用于复合推进剂的氧化剂及其主要特点。

表 2-3-3 用于复合推进剂的一些氧化剂及其主要特点

氧化剂	分子式	密度/(g·cm^{-3})	氧含量/%	突出特点
硝酸铵(AN)	NH$_4$NO$_3$	1.73	19.5	廉价。32.5℃时发生相变伴随体积的变化,这是不利的
高氯酸铵(AP)	NH$_4$ClO$_4$	1.95	34.0	常用的氧化剂
高氯酸钾(KP)	KClO$_4$	2.52	46.2	燃速高,但排气中含固体颗粒
高氯酸锂(LP)	LiClO$_4$	2.43	60.1	价格高,吸湿性好
高氯酸硝酰(NP)	NO$_2$ClO$_4$	2.22	66.2	与黏结剂不相容,吸湿性好

AP 能满足大部分使用要求,是世界范围内使用最广泛的复合推进剂氧化剂。在过去的几十年里,人们积累了与 AP 基推进剂相关的丰富经验和大量信息,这使人们更加确信该氧化剂的性能。人们也详细研究了其他非金属氧化剂,但尚未发现其他合适的选择。在 20 世纪 70 年代初期,研究人员对高氯酸硝酰

(NP)进行过广泛研究,发现其生成热为正值,极有利于氧平衡,但由于吸湿性很强,在空气中放置很快便会发生水合作用,因其性能不稳定而被放弃。

虽然 AP 是使用最广泛的复合推进剂的氧化剂,但它不环保,会产生酸雨并损耗臭氧层。此外,其排气信号能使火箭或导弹被发现并被探测和跟踪。

许多研究团队的研究目标是用高能化合物替换 AP,几种不含氯的高能化合物已成为潜在竞争者。人们首先研究的是 NC、NG、PETN、RDX 和 HMX 等含有硝基或硝酸酯基的高能化合物。然而,由于这些化合物对冲击、摩擦和温度敏感,排除了这些氧化剂在大型火箭发动机中应用的可能性。随后人们将关注焦点转移到正氧平衡、生成热为正值、分解时释放更多热量和感度较低的氧化剂,如 AN、ADN、HNF、HNIW(CL-20) 和 TNAZ 等新型氧化剂,这些化合物能满足对氧化剂的主要要求,适合作为推进剂配方中 AP 的选择。

2) 硝酸铵(AN)

硝酸铵(AN),化学式为 NH_4NO_3,化学结构如图 2-3-10 所示,是无色无臭的透明结晶或呈白色的结晶,易溶于水,易吸湿结块,受热易分解,遇碱分解。AN 是一种氧化剂,应用于化肥和化工原料,颗粒状 AN 有 5 种晶型,其代号分别为 α(四方晶体)、β(斜方晶体)、γ(斜方晶体)、δ(四方晶体)、ε(正方晶体)。每种晶型仅在一定温度范围内稳定,晶型转变时伴有热效应和体积变化。特别是当环境温度在 32.1 ℃ 上下变动时,会发生 β 斜方晶体到 γ 斜方晶体的晶变,伴随明显的体积变化和热效应。有几种防结块方法,例如,在 AN 中加入约 1% 的硫酸铵与磷酸氢二铵混合物用硝酸镁作为 AN 的防结块剂。

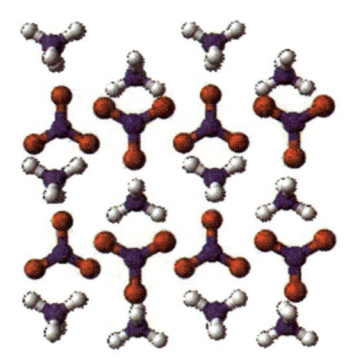

图 2-3-10 AN 化学结构图示

1659 年,德国人 Glauber 首次制得 AN。19 世纪末期,欧洲人用硫酸铵与智利硝石进行复分解反应生产 AN。后由于合成氨工业的大规模发展,AN 生产获得了丰富的原料,于 20 世纪中期得到迅速发展,第二次世界大战期间,一些国家专门建立了 AN 工厂,用以制造炸药。20 世纪 60 年代,AN 曾是氮肥的领先品种。中国在 20 世纪 50 年代建立了一批 AN 工厂。20 世纪 40 年代,为了防止农用 AN 吸湿和结块,用石蜡等有机物进行涂敷处理,但曾在船运中发生过因火种引爆的爆炸事件。因此,一些国家制定了有关农用 AN 生产、储运的管理条例,有些国家甚至禁止 AN 的运输和直接作肥料使用,只允许使用它与碳酸钙混合制成的 AN 钙。开始时,AN 钙氮含量 20.5%,相当于 AN 含量约 60%。现在含量增加到氮含量 26%，相当于 AN 含量 75%。后来由于掌握了 AN 的使用规律，一些国家，如法国、美国和英国，允许 AN 直接用作肥料，但对产品的安全使用制定了标准。例如，美国肥料协会规定固体农用 AN 的 pH 值不得低于 4.0(10% AN 水溶液的 pH 值)；C 含量不得超过 0.2%；S 含量不得超过 0.01%；Cl 离子含量不超过 0.15% 等。

AN 赋予推进剂较慢的燃速，但生成气体量多，适用于要求生成较大量气体的推进剂。AN 的氧平衡约为 20%，密度约为 $1.739g/cm^3$，在大气压力下的分解吸热能 365.04kJ/mol。与 AP 基推进剂相比，AN 基推进剂的燃速和比冲较低。AN 用于推进剂时也存在一些重大技术挑战，其最大缺点是在室温下发生固态相转变并伴随着明显的体积变化。后来出现了许多防晶变、防吸湿结块的方法和技术途径，但其根本问题至今没有得到解决。

很久以前，AN 就被认为是对环境友好的、可替代 AP 的氧化剂，但其在低温下存在多重相转变以及能量较低等缺点，阻碍了其应用。总而言之，AN 基推进剂是潜在的环境友好型推进剂，其燃烧产物无毒且不排放黑烟，但其在能量和燃烧速率方面无法与 AP 基复合推进剂相比。此外，出于安全因素考虑，AN 的高压力指数和不稳定燃烧，也阻碍了其在大型火箭中的应用。

为了找到高性能的、环境友好的氧化剂，研究人员在该领域开展了持续 20 多年的广泛研究，研发出了二硝酰胺铵(ADN)和硝仿肼(HNF)两种氧化剂，这两种氧化剂已成为 AP 在复合推进剂中的强大竞争者。

3)二硝酰胺铵(ADN)

ADN 是俄罗斯 Tartakowsky 教授于 1993 年在 ICT 年会上首先公开的。同年，美国的 Pak 建议将 ADN 作为固体推进剂的新氧化剂。ADN 是俄罗斯 Zilinsky 研究院合成和研制的，用作战术火箭的固体火箭推进剂，俄罗斯以吨级规模生产。但据推测，目前俄罗斯生产 ADN 的设备已经破损或者拆除，或将不再存在。除俄罗斯外，ADN 曾长期不为外界所知。很长一个时期，西方世界既不知道大规模生产 ADN 的设备，也不知道 ADN 在战术火箭中的应用。自 ADN 被公开后，西方研究者曾致力于重复俄罗斯有关 ADN 的研制工作，生产可实际应用的产品，但至今没有相关应用的报道。

ADN 是密度高($1.82g/cm^3$)、正氧平衡(25.8%)、生成热为负值($-150.60kJ/mol$)的高能材料，上述三项指标均高于 AP 和 AN。ADN 呈针形结构，但与 AN 不同，它没有任何相变和体积变化。目前，可以采用 N_2O_5 和四氟硼酸硝鎓(NO_2BF_4，以 N_2O_5 制备)合成 ADN。Venkatachalam 等人发表了一篇综述，概述了 ADN 的不同合成路线及其性能，得出的结论是 Langlet 等人发明的方法是最适合于放大化生产的。在 Langlet 的方法中，ADN 是用氨基磺酸盐衍生物(如 $NH(SO_3H)_2$、$NH_2SO_3NH_4$、NH_2SO_3H 或 $NH(SO_3NH_4)_2$)，与混合酸硝化剂(HNO_3/H_2SO_4)反应制备(见反应式)。

$$NH_2SO_3NH_4 \xrightarrow[(2)NH_3]{(1)NHO_3/H_2SO_4} H_4N-N\begin{matrix}NO_2\\\\NO_2\end{matrix}$$

反应在 -40℃下于发烟 HNO_3(＞98%)和 H_2SO_4(98%)溶液中进行。随后发表的文献公开了上述工艺的试验细节。这是目前合成 ADN 的最主要的途径，也适合进一步放大生产。该方法由瑞典国防研究局(FOI)化学家研发，目前经 FOI 特许，瑞典 EurencoBofors 已经实现了 ADN/其他二硝酰胺的工业化生产。一些报告表明，目前，EurencoBofors 是世界范围内唯一的商业 ADN 制造商。表 2-3-4 列出了 ADN 的物理性能、热性能和爆炸性能。

表 2-3-4　ADN 的物理性能、热性能和爆炸性能

性能	数据
熔点/℃	92.0
密度/(g·cm^{-3})	1.80～1.84
分解温度/℃	127.0
点火温度/℃	142.0
生成焓/(kJ·mol^{-1})	-150.6
摩擦感度/N	64～72
撞击感度/(N·m)	3.0～5.0
静电放电/J	0.45
真空安定性(80℃×40h)/(cm^3·(5g)$^{-1}$)	0.73

与 AN 相比，ADN 的吸湿率高，临界相对湿度低(25℃时，ADN 约为 55.2%，而 AN 约为 61.9%)，因此，要防止 ADN 在加工、储存和处理过程中吸收水分，环境相对湿度必须低于 55%。本书在后续有关章节中将简要阐述 ADN 与 HNF 在最终应用方面的某些主要特性。

ADN 是环境友好型推进剂的一个高性能氧化剂，现被视为替代 AP 的合适候选者。ADN 用于复合固体推进剂，消除了传统火箭发动机中 AP 基推进剂排放气体中的含氯物质，并且 I_{sp} 提高了 5～10s。

4) 硝仿肼(HNF)

硝仿肼，化学式为 $N_2H_5C(NO_2)_3$，也是一种高效氧化剂，是由肼 N_2H_4 和

硝仿或三硝基甲烷 $HC(NO_2)_3$ 合成的盐，是欧洲航天局（ESA）航天推进产品部及其子承包商 TNO - PML、代尔夫特（Deflt）理工大学和特拉华（Delaware）大学潜心研究的成果。最早报道合成出 HNF 是在 1951 年，当然，那时没有使用 N_2O_5 来合成，而是通过使硝仿和肼之间发生酸碱反应然后沉淀制得，制取反应式为

$$N_2H_4 + HC(NO)_3 \rightarrow N_2H_5C(NO_2)_3$$

由于合成 HNF 是强放热反应，反应条件要求严格，温度应控制在 5℃，以二氯乙烯为反应介质。HNF 是黄 - 橙色针状单斜晶体，晶体学结果表明，$[N_2H_5]^+$ 离子与相邻的 $[C(NO_2)_3]^-$ 离子以氢键连接。HNF 高温下溶于水，它也可以按预离解形态处于平衡状态。

合成 HNF 最关键的一步是硝仿的制备，已报道过在该制备中发生的多起事故。还有文献详细报道了在 ESA、TNO-PML 和 FOI 所进行的广泛研究中，所得到的有关 HNF 的诸多性能，包括合成、表征、（物理化学和爆炸）性能、热行为和毒性等。

HNF 晶体的粒径为 $5\sim10\mu m$，采用 HNF 重结晶方法，可将产物粒径控制在 $200\sim300\mu m$。HNF 的稳定性取决于其纯度，纯 HNF 的稳定性较高，ESA 于 1993 年建立了航天推进产品（APP）的生产工厂，以满足优质 HNF 日益增长的需求。目前，试点工厂的最大产能约为每年 300kg。欧洲所有市售的 HNF 都是该工厂生产的。有报道称，欧洲开发出了一种以叠氮缩水甘油醚聚合物（GAP）为黏结剂的 HNF 基新型推进剂，它具有两个明显优势：

（1）相对 AP/Al/HTPB 推进剂的性能大幅提高（约 7%）；

（2）燃烧产物中无氯。

HNF 的熔点为 115~124℃，取决于其纯度。HNF 适用于推进剂配方的加工工艺。因为复合推进剂的固化反应是在高温下进行，所以氧化剂的熔点是一个重要指标。需要指出的是，目前还没有测量 HNF 吸湿性的方法。

由于 HNF 有可能中和不饱和黏结剂（如 HTPB）中的双键，因此可能导致气体缓慢放出而使推进剂膨胀，这是 HNF 实际使用中的主要障碍。然而，HNF 与最近才报道的高能黏结剂，如 GAP、聚 NIMMO、聚 GlyN 和聚 BAMO 等相容性良好。HNF 与 GAP、聚 GlyN 和聚 NIMMO 等黏结剂结合使用，不仅增强了固体火箭推进剂的性能，而且由于其排放物中无氯而对环境友好。HNF/Al/GAP 推进剂的摩擦感度和撞击感度是可以接受的，可与目前现役的其他推进剂媲美。

欧洲国家最近的研究表明，聚 NIMMO/HNF 推进剂是最有应用前景的推

进剂。该配方由铝燃料、异氰酸酯固化剂、燃速调节剂（BRM）和黏结剂等组成。固化剂与黏结剂分子交联形成聚氨酯网络。燃速调节剂用于调节燃速，其调节幅度大于改变固体颗粒粒径所能调节的范围。黏结剂也有固体润湿剂的作用，提高了黏结剂与氧化剂之间的黏结强度。HNF 和 HNF 基推进剂的燃速压力指数较高，未催化的 HNF/Al/聚 NIMMO 基推进剂的压力指数 n 约为 0.85，而常规火箭推进系统的压力指数 n 小于 0.6。降低这些推进剂的压力指数 n 可采用两种方法：(1)用 AP 替换部分 HNF；(2)使用燃速调节剂。以前进行了很多研究，发现许多催化剂与 HNF 不相容，但最近研制出的几种燃速调节剂与 HNF 的相容性良好。对于 HNF 基推进剂而言，有机黏结剂主要有氮杂环丙烷类、环氧类和甘油磷酸酯类三类。对此进行的研究发现，环氧类黏结剂在改善力学性能及与 HNF 相容性方面效果最佳。然而，相关文献中没有披露最佳燃速调节剂和环氧黏结剂的名称。此外，HNF 基固体推进剂用于军事上，可消除现役 AP/Al/HTPB 基推进剂的尾烟。对短程导弹（反坦克导弹、战术弹道导弹、地空导弹）和火箭弹而言，这种尾烟是一个非常严重的战术缺陷。不过，为了大幅度增加导弹的射程，含铝推进剂有适量尾烟也是可以接受的。

这些氧气使燃料的燃烧产生了更多的能源量，这有益于提高混合物的性能。换言之，HNF 基单组元推进剂在两个主要方面非常有吸引力。

(1)优异的性能，添加燃料后的 HNF 的 I_{sp} 高达 295s，即 HNF 固体比 ADN 具有更高的性能。

(2)无毒和对环境友好，具有良好的处理和操作性能。

ADN 和 HNF 是固体推进剂的两个主要高能氧化剂，它们能增强 AP 基推进剂的 I_{sp}，且对环境友好。欧洲的两家先行研究机构（瑞典斯德哥尔摩的 FOI 和荷兰的 TNO-PML）分别对 ADN 和 HNF 进行了比较研究，并得出如下结果：

(1)合成 ADN 和 HNF 时生成针形晶体。为了制备高固体装填量的推进剂，希望合成低长宽比的球形颗粒。

(2)ADN 密度为 $1.823g/cm^3$，HNF 密度为 $1.846\sim1.869g/cm^3$。ADN 的熔融分解温度为 92.7℃；由于 HNF 在熔融时发生分解，因此不能测试 HNF 的熔融焓和起始放热温度。

(3)ADN 的点火温度为 167（无反应）~174℃（两个反应）；HNF 的点火温度为 115（无反应）~120℃（四个反应）。

(4)在 70℃时，HNF 比 ADN 的真空安定性好。令人感兴趣的是，ADN 在

60℃时的稳定性比 70℃/80℃ 低，目前尚不能解释此现象。可能需要采用稳定剂来进一步提高 ADN 和 HNF 的热稳定性。

(5) ADN 极易吸湿，HNF 不吸湿。因此，在使用或测试之前，需要在 40℃ 下真空环境中对 ADN 进行干燥，其吸湿点为 94%，目前尚无衡量 HNF 吸湿性的方法。

(6) 以 16.7% 引爆概率为判断标准时，ADN 和 HNF 的撞击感度大致相同；然而，以 50% 引爆概率时，ADN 撞击感度低于 HNF。FOI 和 TNO - PML 获得的撞击感度的详尽数据表明，与常规炸药 RDX 和 HMX 相比，ADN 和 HNF 更为敏感。此外，HNF 的摩擦感度大约是 ADN 摩擦感度的 10 倍。HNF 达不到联合国的安全摩擦感度标准，因此，在运输时需要采取特殊的预防措施。

5) 五氧化二氮

五氧化二氮(N_2O_5)又称硝酐，为白色斜方晶体，相对密度为 $1.642g/cm^3$ (18℃)，熔点为 30℃。微溶于水，水溶液呈酸性，溶于热水时生成硝酸。

N_2O_5 易升华、易分解、很容易潮解挥发，极不稳定。挥发时分解为 NO_2 和 O_2，有时随分解发生爆炸。固态时成为硝鎓离子硝酸盐 $NO^+NO_3^-$ 的结构，熔点很高。气体 N_2O_5 分子结构如图 2-3-11 所示。

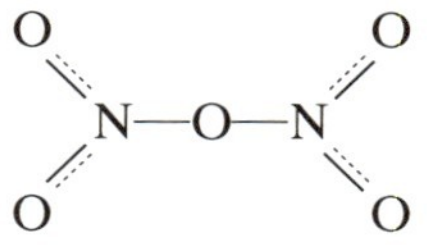

图 2-3-11　N_2O_5 分子结构式

N_2O_5 分子中主要为 sp^2 杂化，含有 6 个 σ 键和 2 个 π_3^4 键。N_2O_5 为强氧化剂，可以使氮氧化为 NO_2，能与很多有机化合物激烈反应。

5. 高效燃料

1) 液态氢

液态氢的储存要求很高，必须确保在 -250℃ 之下才会保持液态，否则会汽化并蒸发，但液态氢的能量密度比高压气态氢(压缩到 700bar(1bar=10^5Pa))多出 75%，因此采用液态氢的车辆可实现相对较长的续驶距离。

采用液态氢的核心技术难题是如何保持它的超低温。Hydrogen7 的一项核心技术，就是它的液态氢燃料罐。氢对于新技术的应用日益重要。用液态氢形成超低温以制得超导体，或进行发电机的低温冷却；氢的等离子流能产生高温，氢与氧燃烧放出大量的热，其唯一产物是水，是最理想的无污染燃料；在空间技术方面，液态氢与液态氧或氟可作为一级火箭的燃料，将来有希望成为新一代火箭的推进剂。

2) 三氢化铝

三氢化铝（AlH_3）又称为铝烷，其标准生成焓为$-11.8kJ/mol$。AlH_3含氢量达到10.08%，具有含氢量高、燃烧热高、无毒等特点。

AlH_3结构如图2-3-12所示。有七种晶型，其中α-氢化铝的性能最为稳定，无挥发性，是一种六方晶体。在空气中不易发生分解与自燃，在水中缓慢分解。在室温下可储存较长时间。在温度为150℃左右时会发生分解，成为金属铝和氢气。AlH_3的几种晶型中，β和γ晶型经过加热可以转化为α晶型。而α'晶型、ε晶型、δ晶型的热力学稳定性要比α晶型差，不能转化为α晶型。

图2-3-12　AlH_3化学结构图示

AlH_3是一种强还原性化合物，在具有足够的氧元素时，可以生成Al_2O_3和H_2O而释放大量热量。AlH_3可以作为推进剂、炸药的组分以增加爆热，是目前火炸药大力发展的新型高效燃料。但由于性能稳定性和成本的原因，其在武器方面应用的报道很少。

3) 金属粉

金属粉包括Al、Mg等，其氧化产物的生成焓为较大负值，是一类火炸药燃料的良好选择。将其粉碎成微米以下的粉状，便可作为火炸药的组分。

Al、Mg等在空气中均容易氧化，给原料和火炸药产品制备带来很大难度。在原料制备过程中一般进行表面包覆保护处理。Al的氧化层薄且致密，具有自保护特点。同时火炸药燃烧爆轰产物为Al_2O_3，可以释放较高的热量，目前火炸药中大量使用Al作为组分，如RDX/Al的含铝炸药、端羟/AP/Al复合固体推进剂。

2.4　能量与计算方法

火炸药能量在热力学上为状态函数，如果知道组成及其含量，根据有关原理与方法，可以计算出燃烧爆轰的产物组成和相应压力条件下的温度。进一步地，根据有关热力学数据，可以对各个能量状态函数进行计算。

2.4.1 能量状态函数与相关参数

热力学状态函数是在一定条件下，系统的性质不随时间而变化，由其状态而确定，系统状态由一系列物理量来表征。一般指内能、焓、Gibbs自由能、Helmholtz自由能四个具有能量量纲的热力学函数。状态函数表征和确定体系状态的宏观性质。

在相关热力学数据已知的条件下火炸药的能量状态函数可以通过理论计算而得，涉及初始状态的组成和燃烧产物终态的有关数据。

能量状态函数主要是内能，表达火炸药内能的特征函数是爆热。

爆热是指在298K或者标准温度下，单位质量火炸药（物质）在没有其他物质参与条件下，爆轰（或者燃烧）以后，产物变为起始温度过程中对外释放的热量。爆热的大小与火药燃烧前后的状态有关，也与反应过程有关。定容和定压热力学过程分别称为定容爆热和定压爆热。

定容爆热是单位质量火炸药在规定初温、隔绝氧和定容条件下进行燃烧，并使反应物冷却到起始温度时所放出的热量（一般水为液态）。

$$Q_V = \sum_{j=1}^{n} X_j \Delta u_j^0 - \sum_{i=1}^{m} Y_i \Delta u_i^0 \qquad (2-4-1)$$

式中：X_j、Δu_j^0 分别为单位质量火炸药中第 j 种组分的质量分数和内能值；Y_i 和 Δu_i^0 分别为燃烧产物中第 i 种组分的燃烧产物内能值。

采用式(2-4-1)计算 Q_V 值并不方便，原因是在化学热力学数据库（表）中知道的通常为标准生成焓 ΔH_f^0，常常是先计算定压爆热后再换到定容爆热。计算 Q_V 值时，假定火药燃烧产物在放热过程中降低温度时组分之间并不发生化学反应和物理变化，即冻结假设。考虑定压条件下对外释放的热量——定压爆热：

$$Q_p = \sum_{j=1}^{n} X_j \Delta H_{f,j}^0 - \sum_{i=1}^{m} Y_i \Delta H_{f,i}^0 \qquad (2-4-2)$$

式(2-4-1)中的 Δu_i^0 和 ΔH_i^0，需要按照下式进行计算：

$$\Delta u_i^0 = \int_{T_0}^{T_V} Y_i c_{V,i} \mathrm{d}T \qquad (2-4-3)$$

$$\Delta H_i^0 = \int_{T_0}^{T_p} Y_i c_{p,i} \mathrm{d}T \qquad (2-4-4)$$

式中：T_p 和 T_V 分别为等压和等容绝热火焰温度；$c_{p,i}$ 和 $c_{V,i}$ 分别为第 i 种燃烧产物的比定压热容和比定容热容。

这里有未知数 Y_i 和 T_V 或 T_p，需要通过有关热力学关系进行封闭而求解。

火炸药燃烧爆轰产物在对外做功过程中,环境的压力与自身的温度都将发生变化。在不同的温度与压力条件下,燃烧产物的组成也将因化学平衡、化学反应过程而发生改变。一般情况下,在压力达到 10^2 MPa 数量级时,产物的组成由热力学化学平衡决定,对于炸药爆轰和身管武器发射时适用,这种状态为化学平衡状态。压力在几兆帕的条件下,化学反应的速度达不到化学平衡的状态,一般认为产物的组成是燃烧的初始状态,将这种状态认为是产物的化学冻结状态,这种状态对于火箭发动机中的火药燃烧产物适用。

2.4.2 能量示性数计算基础

火炸药燃烧爆轰的未知数 Y_i 和 T_V 或 T_p 虽然简单,但并不能解析得到。下面首先介绍在能量示性数计算方面的几个基础方程。

1. 守恒方程

火炸药燃烧爆轰过程应满足如下几个守恒方程。

1)组分守恒方程

燃烧过程中火药的元素是不发生变化的,即在火药组成和燃烧产物中各种元素的总数保持不变,即

$$\sum_{i}^{m} N_{i,j} Y_i = N_j (j = 1, 2, \cdots, l) \tag{2-4-5}$$

$$N_j = \sum_{i}^{n} A_{i,j} X_j (j = 1, 2, \cdots, l) \tag{2-4-6}$$

式中:$A_{i,j}$ 为第 i 种组成中第 j 种元素的数目(mol/kg);$N_{i,j}$ 为火药燃烧产物中第 i 种组成中第 j 种元素的数目;N_j 为第 j 种元素的数目(mol/kg);X_j 为第 j 种组成的百分数;Y_j 为燃烧产物中第 j 种组成的物质的量(mol/kg);m 为火药燃烧产物组分数;n 为火药组成数目;l 为火药中元素的数目。

式(2-4-5)和式(2-4-6)表示在燃烧过程的起始和终止时元素是守恒的,当然质量也是守恒的。

2)能量守恒方程

在火药的能量示性数计算中通常假定燃烧过程是绝热的,即 $\Delta Q = 0$。对于燃烧过程,热力学第一定律可表示为

$$\Delta u = -\Delta W \tag{2-4-7}$$

在定容条件下(相当于在密闭容器中燃烧),因为 $\Delta V = 0$,则 $\Delta W = 0$,式(2-4-7)成为

$$\Delta u = 0 \qquad (2-4-8)$$

在定压条件下(相当于在火箭发动机中燃烧),因为 P 为常数,则 $W = -PV$,代入式(2-4-7),有

$$\Delta u = -\Delta(PV) \qquad (2-4-9)$$

理想气体条件下,即

$$\Delta h = 0 \qquad (2-4-10)$$

将定容绝热过程内能守恒和定压绝热过程内焓守恒问题简化,则是定容爆温和定压爆温计算的热力学依据。可以得到

$$\int_{T_0}^{T_V} \sum_i Y_i c_{V,i} \mathrm{d}T + \sum_i Y_i \Delta u_i^0 - \sum_i x_i \Delta u_i^0 = 0 \qquad (2-4-11)$$

和

$$\int_{T_0}^{T_p} \sum_i Y_i c_{p,i} \mathrm{d}T + \sum_i Y_i \Delta h_i^0 - \sum_i x_i \Delta h_i^0 = 0 \qquad (2-4-12)$$

式(2-4-11)和式(2-4-12)分别为计算 T_V 和 T_p 的基本方程。在实际计算中还必须预先知道温度 T_V 或 T_p、不同压力 P 条件下的燃烧产物 $Y(Y_1, Y_2, \cdots, Y_m)$。

2. 化学平衡态假设

在火炸药燃烧爆轰产物构成的化学体系中有几种组分 $Y(Y_1, Y_2, \cdots, Y_m)$,当外界条件(如温度、压力)发生变化时,有可能发生化学反应:

$$\sum_{j=1}^{m} v_{j,i} B_i = 0 \quad (j = 1, 2, \cdots, s; m > s) \qquad (2-4-13)$$

式中:B_i 为第 i 种反应物或分子;$v_{j,i}$ 为第 j 个化学反应中第 i 种分子数目(反应物为正,产物为负);m 为反应物即燃烧产物数目;s 为化学反应数目。

化学反应通常是在一定的时间内完成的,经历一个化学动力学历程。要详细考虑该历程是极其复杂的,为简化起见,假定化学反应足够快,相对其他物理过程所经历的时间可以不计。化学反应往往是可逆的,这样式(2-4-13)表示的化学反应就成为化学平衡。可以用平衡态热力学关系来描述温度、压力变化时所引起的化学组成变化。对火箭发动机喷口流动和火炮膛内温度、压力变化引起的化学组成变化作计算,认为压力和温度较高时,膛内化学过程可以近似地作为平衡过程。

当式(2-4-13)达到平衡时,有

$$\sum_i^m v_{j,i} \mu_i = 0 \qquad (2-4-14)$$

式中:反应计量系数 $v_{j,i}$ 为第 j 个反应中所需组分 i 的个数;μ_i 为第 i 种反应物

即燃烧产物的第 i 种组分的化学势。将火药燃烧产物看成是理想气体,对于固体组分另作考虑,则化学势为

$$\mu_i = \mu_i^0(T) + RT\ln(PY_i/N) \qquad (2-4-15)$$

式中:$\mu_i^0(T)$ 为仅与温度 T 有关的函数;$N = \sum_i Y_i^{(g)}$ 为燃烧气体物质的摩尔量。

将式(2-4-15)代入式(2-4-14),得

$$\sum_i^m v_{j,i}[\mu_i^0(T) + RT\ln(PY_i/N)] = 0 \qquad (2-4-16)$$

经变换得到

$$\prod_i (PY_i/N)^{v_{j,i}} = \exp(-\sum_i v_{j,i}\mu_i^0(T)/RT) = K_{a,j} \qquad (2-4-17)$$

式中:$K_{a,j}$ 为第 j 个化学平衡的平衡常数,它可以由各组分在温度 T 时的已知化学势 $\mu_i^0(T)$ 求出,它为温度的函数。这样就得到了燃烧产物组成与平衡常数之间的关系。

3. 最小自由能原理

对于有几种燃烧产物组成的封闭化学体系,在系统状态发生变化时,组分之间可能发生的化学反应如式(2-4-11),根据 Gibbs 原理,自发的化学反应必有

$$\sum_i v_{j,i}\mu_i < 0 \qquad (2-4-18)$$

即反应只能自发地朝自由能减小的方向进行。当体系处于化学平衡状态时,已没有自发的化学反应发生。处于这样的状态体系的自由能是可能状态中最小的一个,即平衡状态的自由能达到最小值

$$\min G = \min(\sum_i Y_i \mu_i) \qquad (2-4-19)$$

这就是平衡态自由能最小原理,它是求取火药燃烧产物组成的重要依据。

4. 化学反应独立性

火药燃烧产物中可能发生的化学反应究竟有多少,首先是独立化学反应,即在一组化学反应中任何一个都不能用其他化学反应加、减组合而成。即矩阵 $v_{j,i}$ 的秩等于 l。下面的任务是如何确定 l。

设火炸药的燃烧产物中有 m 种组分,称为物种数。有 k 种化学元素,称为独立组分数。根据物理化学规则,体系中的独立化学反应数目为

$$l = m - k \qquad (2-4-20)$$

式(2-4-20)表明火药燃烧产物中组分数必须大于元素数目,否则体系是不完

整或者不完全的。同时还指定了可能发生的独立化学反应的数目。

例如 C、H、O、N 火炸药体系，考虑的燃烧产物为 CO_2、CO、H_2O、H_2、N_2 5 种，$k=4$，$m=5$，所以 $l=1$，即仅存在一个独立的化学反应

$$CO+H_2O \rightleftharpoons CO_2+H_2$$

火药燃烧产物中的独立化学反应只限于 C、H、O、N（$k=4$）火药体系（其他火药体系相似地进行考虑），现在主要有 10 种燃烧产物 CO、CO_2、H_2O、H_2、N_2、H、OH、O_2、O、NO。这样 $m=10$，由上述化学反应式独立的化学反应数有 6 个，表达如下：

$$CO_2+H_2 \rightleftharpoons CO+H_2O \tag{1}$$

$$H_2 \rightleftharpoons 2H \tag{2}$$

$$H_2O \rightleftharpoons H_2/2+OH \tag{3}$$

$$CO_2 \rightleftharpoons CO+O \tag{4}$$

$$H_2O+N_2/2 \rightleftharpoons H_2+NO \tag{5}$$

$$CO_2 \rightleftharpoons CO+O_2/2 \tag{6}$$

另外，还有反应

$$H_2+O \rightleftharpoons H_2O \tag{7}$$

$$H_2+O_2 \rightleftharpoons 2HO \tag{8}$$

$$N_2+O_2 \rightleftharpoons 2NO \tag{9}$$

$$H_2+O_2 \rightleftharpoons H_2O+O \tag{10}$$

还可以列举很多，但不管有多少，其中最多只有 6 个是独立的，其他都可以由这独立的 6 个组合而得。例如，反应(7)就可以由反应(1)和(6)综合而成。在以后的计算中，为方便，有可能选择反应(7)～(10)中的一个或几个来代替反应(1)～(6)中的一个或几个。

5. 有关的热力学数据

在火药能量示性数的计算中需要有关火药组分、燃烧产物的有关化学热力学数据。

1) 组分的化学热力学数据

对于火药的组分所需要的数据有分子式、相对分子质量以及标准生成焓 ΔH_f^0，由分子式和相对分子质量可以推算出单位质量（一般为 1kg）组成中每一个元素的物质的量。有关火炸药组分的这些数据列于表 2-4-1 中。由于篇幅所列数目有限，更为详细的数据可在有关文献中查阅。

表 2-4-1　火炸药能量计算化合物的有关数据

化合物名称	分子式	相对分子量	$\Delta H_f^0/$ (kJ·kg^{-1})	组成/(mol·kg^{-1})				其他
				C	H	O	N	
硝化甘油	$C_3H_5O_9N_3$	227.09	-1639.79	13.210	22.017	39.631	13.210	
硝化二乙二醇	$C_4H_6O_{11}N_4$	286.12	-2182.46	20.396	40.791	35.692	10.198	
硝化三乙二醇	$C_6H_{12}O_8N_2$	240.17	-2629.22	24.982	49.964	33.309	8.327	
TMETN	$C_4H_6O_{11}N_4$	243.11	-1739.50	16.453	37.019	37.019	12.340	
叠氮硝胺	$C_4H_8O_2N_8$	200.14	+2756.0	19.987	39.973	9.993	39.973	
黑索今	$C_3H_6O_6N_6$	222.13	+277.06	13.506	27.012	27.012	27.012	
梯恩梯	$C_7H_5O_6N_3$	227.13	-276.31	30.819	22.013	26.416	13.208	
硝基胍	$CH_4O_2N_4$	104.07	-892.53	9.609	38.434	19.217	38.434	
二硝基甲苯	$C_7H_6O_4N_2$	182.13	+315.18	38.433	32.943	21.962	10.981	
CL-20	$C_6H_6O_{12}N_{12}$	438.18	+948.24	13.693	13.693	27.386	27.386	
苯二甲酸二丁酯	$C_{16}H_{22}O_4$	278.34	-2980.85	57.484	79.041	14.371	0.000	
二苯胺	$C_{12}H_{11}N$	169.22	+690.57	70.915	65.006	0.0	5.910	
一号中定剂	$C_{17}H_{20}ON_2$	268.35	-406.94	63.351	74.351	3.727	7.453	
二号中定剂	$C_{15}H_{16}ON_2$	240.29	-254.22	62.424	66.585	4.162	8.323	
乙酸乙酯	$C_4H_8O_2$	88.10	-5437.32	45.403	90.806	22.701	0.000	
丙酮	C_3H_6O	58.08	-4271.86	51.653	103.306	17.218	0.000	
乙醇	C_2H_6O	46.07	-6012.16	43.414	130.242	21.707	0.000	
乙醚	$C_2H_{10}O$	74.12	-3770.19	53.967	134.916	13.492	0.000	
樟脑	$C_{10}H_{16}O$	152.23	-2146.53	63.691	105.105	6.569	0.000	
凡士林	$C_{18}H_{38}$	254.48	-1998.28	70.730	149.322	0.000	0.000	
石墨	C	12.01	0.000	83.264	0.000	0.000	0.000	
硝酸铵	$H_4O_3N_2$	80.03	-4606.58	0.000	49.981	37.486	24.991	
高氯酸铵	H_4O_4NCl	117.50	-2471.95	0.000	34.034	34.034	8.511	8.511(Cl)
铝粉	Al	26.98	0.000	0.000	0.000	0.000	0.000	37.06(Al)
聚氨酯			-3472.72	51.200	95.800	16.900	1.400	
聚乙二烯丙烯酸			-376.56	68.100	111.40	3.240	0.000	
端羧聚丁二烯			-1100.39	72.713	108.804	1.062	0.000	
聚氯乙烯			-122.34	32.000	48.000	0.000	0.000	16.00(Cl)

注：CL-20 为六硝基六氮杂异伍兹烷；TMETN 为三羟甲基乙烷三硝酸酯

固体火炸药在加工成型工艺过程中，组分之间主要是物理作用，一般忽略混合热效应。这样火炸药的总生成焓可以看成是各组分生成焓的总和，即 $\Delta H = \sum \Delta H_{f,i}^0$。

2)燃烧产物热力学数据

火药的燃烧产物都为简单分子或离解基团。各组分中的元素数目是显而易见的。在能量示性数的计算中关于它们的标准生成焓 $\Delta H_{f,j}^0$、比定压热容 $c_{p,i}$、标准自由能 μ_i^0 是重要也是关键的。上述 10 种燃烧产物的热力学数据来源于美国陆军火炸药燃烧数据库。其中给出了各种不同的燃烧产物的标准生成焓 $\Delta H_{f,i}^0$ 在不同温度下的 $c_{p,i}(T)$ 和 $\mu_i^0(T)$ 值。为了计算中使用方便,本书将 $c_{p,i}(T)$、$\mu_i^0(T)$ 在温度为[1500K,4500K]范围内用最小二乘法处理成温度的三次函数:

$$c_{p,i}(T) = A_{1i} + A_{2i}T \times 10^{-3} + A_{3i}T^2 \times 10^{-6} \qquad (2-4-21)$$

$$\mu_i^0(T) = B_{1i} + B_{2i}T \times 10^{-3} + B_{3i}T^2 \times 10^{-6} \qquad (2-4-22)$$

各产物的 $\Delta H_{f,j}^0$、$c_{p,i}$、μ_i^0 值见表 2-4-2。这里要说明的一点是,关于火药能量示性数的计算结果,一方面仅是一个理论参考值,另一方面除了与计算方法有关外,更重要的是与计算中所采用的热力学数据密切相关。不同文献中的热力学数据往往有一定的差异,使计算结果有些许不同。

表 2-4-2 火炸药燃烧产物热力学数据

燃烧产物	标准生成焓 $\Delta H_{f,j}^0$/(kJ·mol^{-1})	$c_p = a + bT \times 10^{-3} + cT^2 \times 10^{-6}$/(J·mol·K^{-1})			$\Delta\mu^0(T) = a + bT \times 10^{-3} + cT^2 \times 10^{-6}$/(kJ·mol^{-1})		
		a	*b*	*c*	*a*	*b*	*c*
O	-110.529	28.0161	6.2174	-1.0502	-111.2275	-90.9518	1.7447
CO$_2$	-393.522	44.1035	12.2863	-2.0815	-395.8901	0.0	0.0
H$_2$O	-241.827	26.0036	17.8761	-2.6631	-248.3413	55.0322	0.6778
H$_2$	0.0	24.8153	6.0417	-0.6527	0.0	0.0	0.0
N$_2$	0.0	36.4008	0.0	0.0	0.0	0.0	0.0
HCl	-92.312	25.3216	7.4705	-1.1652	-94.5333	-6.4936	0.2218
O$_2$	0.0	31.2628	3.9727	-0.3577	0.0	0.0	0.0
H	217.995	20.7861	0.0	0.0	222.1788	-55.6326	-1.0146
OH	39.037	24.7274	6.9057	-0.9686	38.3673	-15.4243	0.3787
O	249.195	20.920	0.0	0.0	256.9394	-64.4587	-0.5397
NO	86.596	29.4946	5.4225	-0.9205	90.6045	-12.8888	0.0565
C	0.0	3.9000	1.5080	-0.2630	0.0	0.0	0.0
N	112.500	4.9680	0.0	0.0	114.986	-16.2885	-0.1875
Al$_2$O$_3$	-397.50	25.555	4.7820	-0.532	-381.298	50.5735	5.4235

2.4.3 能量示性数计算方法

火药能量示性数计算的任务是在已知火药化学组成、给定有关的化学热力学数据、燃烧条件(主要是压力)的条件下,求出火药燃烧产物的组成、爆温(T_V或T_p)以及相关的能量示性数。可以归结为如下数学问题的求解。

式(2-4-5)、式(2-4-6)和式(2-4-11)或者式(2-4-12)构成了质量与能量守恒方程组,其中N_{ij}、A_{ij}、c_{pi}、ΔH_i^0、$\Delta H_j^0 X_j$等预先给定。需求解的未知数有Y_1,Y_2,…,Y_m,$T_p(T_V)$等$m+1$个,现在已有的方程有$s+1$,一般地,$s<m$。上述方程组不封闭,不存在唯一的数学解。为了使方程组封闭,即方程组中方程式数目与所求未知数相同,还须引入$m-s$个新的独立方程,引入的方法有多种。对于式(2-4-11)或式(2-4-12),求解的方法也可以有所不同,从而形成了火药能量示性数多种多样的计算方法。现有的计算方法有简化基本法、内能法、平衡常数法和最小自由能法等。这些方法都适用于固体火药能量示性数的计算。在计算机广泛应用的今天,其计算还是比较容易的。

在平衡常数法和最小自由能法中,都需引入$m-s$个新的独立方程,这些方程有些项要涉及未知数T_V或T_p,例如平衡常数法中的平衡常数$k_{a,j}(P)$和最小自由能法中的自由能$\mu_i(T)$。并且$k_{a,j}(P)$,$\mu_i(T)$与温度的关系较为复杂,所以使能量计算方程组没有显式数学解。现在一般采用的方法是迭代、逐次逼进求解,具体步骤如下:先给定一个T_V^0或T_p^0,用式(2-4-11)和新引入的$m-s$个方程求解出一组燃烧产物组或$Y(Y_1,Y_2,…,Y_m)$进而由式(2-4-11)或式(2-4-12)求出$Y(Y_1,Y_2,…,Y_m)$条件下的T_V或T_p。比较T_V^0和T_V或T_p^0和T_p。如果满足

$$|(T_V^0-T_V)/T_V|\leqslant\varepsilon_0 \qquad (2-4-23a)$$

或者

$$|(T_p^0-T_p)/T_p|\leqslant\varepsilon_0 \qquad (2-4-23b)$$

式中:ε_0为预先给定的精度值,一般小于10^{-2}。

计算完毕所得的Y_1,Y_2,…,Y_m,$T_V(T_p)$,即为此时的火药燃烧爆轰产物和爆温,并由它们进一步校正其他能量示性能。否则,由T_V或T_p代替T_V^0或T_p^0,重复上述计算,直到满足式(2-4-23a)或式(2-4-23b)为止。

2.4.4 有关计算结果的讨论

现在的火炸药均由两种以上化合物组成,最多时可以达到近10种。最简单的是单基火药,由硝化棉(NC)与二苯胺组成。采用平衡常数法对目前

几类典型火炸药的能量理论计算结果见表 2-4-3。其中,双芳-3 为一种标准火药配方,其配方组成为硝化棉(NC,12.5N%)/硝化甘油(NG)/第恩梯(DNT)/邻苯二甲酸二丁酯(DBP)/二号中定剂(C_2)/凡士林 = 56.5/26.5/9/4.5/3/1 被认定为标准火药,其火药力 960kJ/kg,爆热 3180J/g,上述数据通过实验验证的结果。

表 2-4-3 典型火炸药能量计算结果(压力 200MPa)

火炸药	组成	能量示性数					产物组成	
		T_V/K	f/ $(J \cdot g^{-1})$	Q_V/ $(J \cdot g^{-1})$	c_p/c_V	N	OB/%	$CO+H_2$
单基发射药	NC^1/二苯胺 = 98/2	3093	1041	4033	1.230	40.5	-35.4	55.6
	NC^1/DNT/二苯胺 = 90/8/2	2925	1022	3739	1.238	42.0	-41.5	63.0
双基发射药	NC^1/NG/中定剂 = 83.5/15/1.5	3391	1100	4486	1.223	39.0	-28.6	48.0
	NC^1/NG/中定剂/DBP 钝感外加 = 83.5/15/1.5/3	3175	1069	4293	1.230	40.5	-34.3	54.9
	双芳-3	2510	965	3160	1.260	46.2	-53.5	71.4
三基发射药	NC^3/NG/C_2 = 55/43/2	3534	1136	4725	1.220	38.7	-24.3	42.8
	NC^3/NG/NQ/C_2 = 28/24.5/47/1.5	3034	1081	4095	1.239	42.9	-27.5	39.4
	NC^3/NG/RDX/C_2 = 40.5/23/35/1.5	3637	1210	4830	1.231	40.0	-25.8	43.3
AN发射药	NC^3/AN/二苯胺 = 78/20/2	2851	995	3978	1.228	42.0	-31.2	48.5
	NC^3/AN/二苯胺 = 58/40/2	2953	1012	4406	1.214	41.2	-19.4	19.4
	NC^3/AN/二苯胺 = 38/60/2	3008	1015	4752	1.203	40.6	-8.0	28.9
叠氮发射药	NC^3/NG/DIANP/C_2 = 60/28/10/2	3280	1134	4345	1.235	41.6	-34.7	54.1
混合酯发射药	NC^3/NG/TEGN/C_2 = 60/28/10/2	3400	1130	4040	1.224	40.0	-30.0	48.9
	NC^3/NG/TMETN/C_2 = 60/28/10/2	3560	1160	4300	1.220	39.3	-22.6	44.8

注:NC^1 为 NC 含氮量 13.2%;NC^2 为 NC 含氮量 12.9%;NC^3 为 NC 含氮量 12.6%

对于理论计算结果采用了压力为 100MPa 的理想气体状态。

最小自由能计算结果与平衡常数法结果相差不大，在 2% 以内，相比实验测试误差要小得多。采用二阶维里状态方程的计算结果也相差不大。但对于爆轰，压力达到 10^4 MPa 数量级时，结果将有较大的变化。同样的 RDX，在 10MPa 时的定压爆热为 4.1×10^3 kJ/kg，压力为 10^4 MPa 时，定压爆热为 4.75×10^3 kJ/kg，相差 15.8%。

现在实用的火炸药配方，均为负氧平衡，能量水平均不高。如果火炸药为 $2H_2+O_2$，燃烧成为 H_2O。很容易知道，定压爆热 Q_p 达到 14225kJ/kg，如果是原子态的 H 和 O，则将达到 5.57×10^4 kJ/kg。如果是原子态的 H，燃烧产物为 H_2，则定压爆热为 10.8×10^4 kJ/kg。这是最高能量的火炸药。现有火炸药的等容爆热一般不超过 6×10^3 kJ/kg。如果火炸药为 $C+O_2$，燃烧成为为 CO_2。很容易知道，定压爆热 Q_p 达到 8943kJ/kg，也远高于现有的火炸药。

所以，目前工程实践所使用的火炸药在能量水平上处于一个较低的水平，在高能含能化合物和应用技术不断突破的基础上，还有很大的上升空间。

硝酸铵（AN）作为一种固体氧化剂，可以用于民用炸药和发射药之中，在铵油炸药、乳化炸药中已得到广泛应用。在火药配方中进行过试验，因为晶变与吸潮的问题，实用性受到限制。在表 2-4-3 中看到随着 AN 的增加，发射药的爆温变化不大，但爆热线性增加，氧平衡提高，燃烧气体中 $CO+H_2$ 大幅度地降低，这是发射药所希望的结果。

硝化甘油在火药中兼具增塑剂和氧化剂的作用，因为低温力学强度的限制和身管武器寿命两个方面的原因而含量不能过高。解决该问题的方法是采用混合增塑剂的方法，目前，有混合硝酸酯和叠氮硝胺的增塑剂。从表 2-4-4 中可以看到在能量性能方面没有明显的差别。其优劣取决于武器对火药的其他方面性能的要求。

表 2-4-4 不同压力有关推进剂能量理论计算结果

火炸药组成	压力/MPa	爆温/K	爆热/$(J\cdot g^{-1})$	火药力/$(J\cdot g^{-1})$	比冲/s	$K=c_p/c_V$
双基火药 NC(12.6%N)/NG/ 二号中定剂 =58.5/40/1.5	7.0	3226	4227	1056	200.0	1.2256
	10.0	3258	4280	1065	205.7	1.2249
	20.0	3319	4381	1080	217.2	1.2236
	100.0	3454	4601	1113	239.2	1.2211
	200.0	3505	4685	1125	249.5	1.2203

2.4.5 关于炸药的能量计算

炸药爆轰压高达几十吉帕，比燃烧反应的压力高出 1~2 个数量级，所以理想气体状态方程已经完全不能适用，采用平衡常数法和最小自由能法计算失去了准确性，为此各种计算方法不断出现。

能量的计算首先需要确定产物的组成。例如，TNT($C_7H_5O_6N_3$)中仅有 6 个氧，却有 7 个碳、5 个氢，在最小自由能和平衡常数计算后结果与实验测试结果相差较大。所以，一般采用 Brinkley-Wilson 方法（B-W 方法），基于以下假设：对于 C、H、O、N 炸药，O 可以完全氧化 H 为 H_2O，多余的 O 完全氧化 C 为 CO_2，未经氧化的 C 以固态游离碳存在，产物中无 CO 形成，即

$$C_aH_bO_cN_d \rightarrow \frac{1}{2}dN_2 + \frac{1}{2}bH_2O + \frac{1}{2}(c-b)CO_2 + \left(a - \frac{1}{2}c - \frac{1}{4}b\right)C$$

$$(2-4-24)$$

这种方法的优点是比较简便，适于对各种类型（氧平衡不同）的炸药确定爆炸反应方程式，越接近于理论密度，结果就越接近于产物的平衡组分，所以相对密度较大时结果较好，按照 B-W 方法计算爆热，然后与实验结果进行比较，再对产物进行修正，逐步逼近。该方法也适用于混合炸药。表 2-4-5 给出几种炸药爆轰产物的预设值。

表 2-4-5 几种炸药爆轰产物与相关能量数据

炸药	分子式	相对分子质量	密度/($g \cdot cm^{-3}$)	ΔH_f/($kJ \cdot mol^{-1}$)	产物	爆热/($J \cdot g^{-1}$)	爆速/($m \cdot s^{-1}$)	爆压/GPa
TNT	$C_7H_5O_6N_3$	227.1	1.65	-73.5	$2.5H_2O + 1.75CO_2 + 1.5N_2 + 5.25C$	4190	6970	19.80
RDX	$C_3H_6O_6N_6$	222.1	1.81	+66.5	$3H_2O + 1.5CO_2 + 3N_2 + 1.5C$	5684	8800	34.90
HMX	$C_4H_8O_8N_8$	296.2	1.90	+75.2	$4H_2O + 2CO_2 + 3N_2 + 2C$	5819	9150	39.40
TATB	$C_6H_5O_6N_5$	258.2	1.84	-154.2	$2.5H_2O + 1.75CO_2 + 2.5N_2 + 2.5C$	4241	8000	31.20
CL-20	$C_6H_6N_{12}O_{12}$	438.3	2.04	+394.5	$2.5H_2O + 3CO_2 + 3.5CO + 6N_2$	6331	9700	44.40

需要说明的是,火炸药能量性能的理论计算,是至今关于理论计算最为接近试验值的一种。其他的分析、计算方法绝大多数均仅能得到定性的结果。而就能量计算的结果来看,因为计算方法、热力学数据来源等本身的原因,组分纯度、微量杂质、含量测试误差、参照对比样、测试仪器本身误差等方面的原因,结果具有一定的差别。所以不同的文献中关于火炸药理论计算,结果也存在一定差异。但总体上,计算结果的参考价值是足够的。

2.5 火炸药能量设计方法

2.5.1 概述

设计一般意义上指人们在选定目标后有计划地进行技术性和创造性的活动。

因为火炸药的主要属性为能源,所以对火炸药的设计通常以能量为主。因为火炸药的能源用途,也就是功能性有很多,所以设计的方法与思路也随之具有多样性。火炸药的能量释放主要有燃烧和爆炸两种,其设计方法也将不同;火炸药的形态、尺度、使用环境随其用途的不同,也将采用不同的方法。

所有的设计均是一个优化选择过程,即对各种可能因素进行综合考虑,得到最优的结果。对于火炸药,能量为优化设计的目标函数,在各种约束条件下,到达能量示性数的最大(最佳)值。所以归结为

$$\begin{cases} \text{Max} E(x_1, x_2, \cdots, x_m) \\ \sigma_i(x_1, x_2, \cdots, x_m) \geqslant \sigma_{i,0} \end{cases} \quad (2-5-1)$$

式(2-5-1)包含若干个本构问题,如能量、燃烧、力学、安定、安全等问题。能量本构问题已经基本解决,给定的配方组成、能量诸示性数均可理论计算,并与实验测试结果较为一致;其他本构问题目前尚处于实验和经验阶段,就是说 $\sigma_i(x_1, x_2, \cdots, x_m)$ 目前没有完全的理论表达,仅有的是定性的预测和有关实验测试结果。

实际的火炸药根据使用的要求,设计的主要程序基本按照功能性选择→主体能量成分选择与确定→功能成分选择与确定的步骤进行。

2.5.2 功能性选择与设计

对于火炸药这一类特殊化学能源(材料),前面已经将其划分为火药和炸药两个大类,就其功能性而言,可以划分为发射药、推进剂、炸药、点火药、烟

火药、起爆药、传爆药等；按能量作用的时间顺序，可以划分为起始能源、中继能源、发射与推进能源、毁伤能源等。

因为功能性不同，对火炸药设计的思路、方法、设计结果将会完全不同。

具体反映到式(2-5-1)表达完全不同。首先是目标函数 $E_i(x_1, x_2, \cdots, x_m)$ 的不同。对于发射药，目标函数可以是火药力 $f(x_1, x_2, \cdots, x_m)$ 或者是爆热 $Q_V(x_1, x_2, \cdots, x_m)$；对于推进剂，目标函数可以是爆热或者是比冲；对于炸药，目标函数可以是爆热或者是爆速。而对于其他种类，作为能源的功能性将要弱化，其他的功能性将要凸显。

作为起爆药，要求的是适当的机械感度或者是电能感度与冲击波强度；作为点火药，要求的是在适当感度的条件下具有点火热点粒子；作为烟火药，要求的是在一定温度条件下的具有颜色的凝胶粒子与分布等。因为功能性的改变，设计的目标函数将由能量特性变化为其他特性。不同的功能性，选择的目标函数不同，同时约束条件，即 $\sigma(x_1, x_2, \cdots, x_m) \geqslant \sigma_0$ 也将随之发生变化。

对于发射药，属于 C、H、O、N 元素系列，其设计的目标函数选择为能量示性数，如爆热 Q_V 或火药力 f。考虑到枪炮身管的使用寿命，通常对爆温提出限制，即 $T_V \leqslant T_{V0}$，因为发射药一般都在 300MPa 高压力环境下使用，对其力学强度(-40℃低温下抗冲击强度)均有要求，即 $GB(x_1, x_2, \cdots, x_m) \geqslant GB_0$，GB 为其断裂单位面积所需的功($kJ/m^2$)，对于一般发射药，GB 值要求在 6.0$kJ/m^2$ 以上；对于高膛压火炮，发射药的 GB 值要求在 8.0kJ/m^2 以上。所以发射药的设计成为

$$\begin{cases} \text{Max} Q_V(x_1, x_2, \cdots, x_m) \\ GB(x_1, x_2, \cdots, x_m) \geqslant GB_0 \\ T_V(x_1, x_2, \cdots, x_m) \leqslant T_{V,0} \end{cases} \quad (2-5-2)$$

对于作为火箭发动机的推进能源，因为其使用压力环境较低(一般小于10MPa)、大尺寸、小(或单一)样本的原因，对力学性能的要求比发射药要低得多，即 GB 值要小。同时对其膨胀系数、燃烧压力指数、线性燃烧速率、内部缺陷等方面提出要求。归结到式(2-5-1)中约束条件 $\sigma(x_1, x_2, \cdots, x_m) \geqslant \sigma_0$ 将与发射药完全不同并且是多个，可以表达为

$$\begin{cases} \text{Max} I_{sp}(x_1, x_2, \cdots, x_m) \\ GB(x_1, x_2, \cdots, x_m) \geqslant GB_0 \\ n(x_1, x_2, \cdots, x_m) \leqslant n_0 \\ \alpha(x_1, x_2, \cdots, x_m) \leqslant \alpha_0 \end{cases} \quad (2-5-3)$$

式中：α 为推进剂线性热膨胀系数(Coefficient of Linear Thermal Expansion，

CLTE 线胀系数），$\alpha = \Delta L / (L \times \Delta T)$（也可以是体积热膨胀系数 $\gamma = 1/V$）。

对于炸药，作为爆炸毁伤能源，从能源的本质属性，其能量示性数依然是爆热 Q_V，但从实际工程应用效果出发，通常认为是做功的效果，如猛度、爆速、爆压、水中爆炸气泡能等。所以式(2-5-1)中的目标函数可选取不同的物理参数，同时另外的物理参数可能成为约束条件。对于 C、H、O、N 炸药，以爆热作为目标函数是一般的选择，因为爆热高的炸药，一般情况下爆速、爆压、猛度也相应地高。所以，设计归结为

$$\begin{cases} \text{Max} Q_V(x_1, x_2, \cdots, x_m) \\ \text{GB}(x_1, x_2, \cdots, x_m) \geqslant \text{GB}_0 \\ H_T(x_1, x_2, \cdots, x_m) \leqslant H_{T,0} \\ J(x_1, x_2, \cdots, x_m) \leqslant J_0 \end{cases} \quad (2-5-4)$$

式中：H_T 为特性落高，是考虑炸药抗撞击感度的特征参数；J 为考虑炸药成本的特征值。

对于起爆药、烟火药等，能量示性数将不成为设计的目标函数，约束条件随之发生变化，在此不予列举。

随着武器信息化、使用环境绿色、安全等方面的发展，对火炸药的原材料、燃烧爆炸产物的物理化学特性将提出越来越多的要求，并随之成为火炸药设计的约束条件。

2.5.3 能量主体设计与基本原则

1. 火炸药关键组分

火炸药能源的基本属性决定了其能量是设计的核心关键。

火炸药作为一种物质产品形态呈现，每一次的发展与进步均与关键的含能化合物的发现、合成与应用有关。新一代的高能量化合物、高效氧化剂或者是燃料的应用，都将诞生新一代的火炸药。

火炸药的能量主体由关键化合物决定。也就是说，火炸药的设计是从选择主体化合物开始的。

火炸药的功能性不同，能量示性数与约束条件各异，选择主体化合物的方法也将不同。固体火药以燃烧的方式将化学键能转化为热能，持续时间相对较长，其使用环境在一定压力条件之下。为了使燃烧稳定地进行，要求火药具有结构上的完整、均匀性，所以固体火药首先是选择具有力学骨架作用的黏结剂，在此基础上再考虑其他能量组分的加入。

原始的发射药为黑火药，能量低，结构不具完整性，燃烧稳定性差，同时期

的枪炮初速、发射安全性、使用勤务性能等均处于初级阶段。硝化纤维素（NC）通过溶剂胶化并成型而成为火药，开创了无烟火药的时代。至今 NC 作为火药，特别是在发射药中作为关键材料仍然无法取代。以 NC 为力学骨架的双基推进剂和进一步加入固体材料的改性双基推进剂，仍然还是固体推进剂的重要种类。所以，无论是发射药还是推进剂的火药，力学骨架体系都是关键组分。

炸药以爆轰形式将化学键能转化为热能、动能，因为反应的快速与瞬时性，对其力学性能的要求与火药有许多的不同。为了保证在弹药发射、运载过程中的安全性，对炸药宏观结构的完整性也有相应的要求。

理论上所有含能化合物、氧化剂、燃料均有爆炸特性，世界上最初级的炸药是黑火药。自从 TNT（三硝基甲苯）被发现、合成和应用，成为一代黄色炸药，并作为熔铸炸药的主体，也是关键组分，至今仍然被作为熔铸炸药载体使用。随后 RDX 和 HMX 相继被发现、合成和应用，成为新一代高能炸药。目前具有更高能的单分子化合物有 CL-20、DNTF 等也处于试验阶段。虽然其间有无数种含能化合物被发现、合成和试验，但作为关键组分的也就是有限的几种。

随着用途的不同，炸药能量的主体将不是设计的目标函数，而是安全性、经济性等目标函数，其关键材料也随之变化。例如，民用炸药主要考虑安全、成本、环保等因素，硝酸铵（AN）成为其关键组分。

2. 能量设计基本原则

1）氧平衡能量最大原则

火炸药的能量本质上是化学键的重排，元素核外电子云能态的变化由电子势能转化为热能。在现有的火炸药元素组成中，氧与氯的电负性最大，特别是氧元素与碳、氢和金属类元素成为完全氧化物，可以达到最低能态，其生成产物最为稳定。所以，在关键组分选择确定后，需要遵循**火炸药设计原则，应该尽可能设计为最接近氧平衡状态**。

目前可以作为火炸药关键组分的含能化合物并不多，实用的固体氧化剂仅有硝酸铵（AN）、高氯酸铵（AP），另一种固体氧化剂 ADN 的实用性正在研究之中。硝化甘油为一种液体氧化剂，仅作为一种硝化棉的增塑剂采用，而作为火药组分，并且在一定含量限制以内。考虑到力学、安定性、安全性、储存稳定性等，目前的火炸药基本为负氧平衡。如单基发射药的氧平衡低于 -30%，双基火药低于 -20%。对于高能炸药 RDX，氧平衡也低于 -20%。

近氧平衡原则也建立在另外一个基本规律之上。火炸药作为武器发射、推进与毁伤能源，在高温、高压条件下释放能量与转化，同时作用于大气环境，除了主要的功能以外，伴随的物理化学效应，如烟、焰、噪声、残渣等，对武器的性能均是有害的。科学原理与试验验证均证明降低有害现象最有效的技术途径是提高火炸药的氧平衡。

2）能量二组分原则

火药的配方可以由多个成分组成，这些成分可划分为氧化剂和燃料两类。这种划分是根据成分氧平衡高低而进行的，具有正氧平衡或者相对高氧平衡的化合物为氧化剂，否则为燃料。由化学键本质与数学原理，可以得到如下结论：**决定火药能量的组分最多不超过两个，并且这两个组分中一个是氧化剂，另一个是燃料。**而其他的成分是根据火药的物理化学性能、安定性、燃烧特性而选择加入的，当两种成分确定之后，它们之间的相对比例将决定火药的能量性能，并且存在唯一的比例，使火药的能量示性数达到最大值，该比例值将随其他成分的加入及其含量的变化而变化，简称二组分原则。为了证明上述结论的正确，首先说明火药能量示性数与火药成分的关系应有如下几方面的关联：

（1）火炸药组分与能量示性数 $E = E(X_1, X_2, \cdots, X_m)$ 解的唯一性。即当 $(X_1, X_2, \cdots, X_m)$ 给定时，因为方程式是封闭的，所以 E 是唯一的。这实际上是一个数学解的唯一性，在数学上是一个公理，无须证明。

（2）对于二组分火药体系，存在唯一的配比，使能量示性数达到最大值。本质是 $\mathrm{Max} E(X_1, X_2)$ 解的存在性与唯一性。

这里仅需说明问题的唯一性。火炸药能量示性数与组分关系在热力学上是确定的，唯一性也无须证明。

如果火炸药的组成超过两个组分，考虑三组分的火炸药体系，现在的能量目标函数为 $\mathrm{Max} E(x_1, x_2, x_3)$。该体系可以认为是 $\mathrm{Max} E(x_1, x_2)$、$\mathrm{Max} E(x_1, x_3)$、$\mathrm{Max} E(x_2, x_3)$ 三种可能的二组分体系的一个组合（或者是混合）。在数学上的三个解均存在并且唯一，而且三个最大的能量示性数可以进行排序比较得到另一个最大值。按照近氧平衡能量最大原则，可能的三个体系混合的热力学能量增值可以不计。因此，三组分体系的能量还是由其中两个组分决定。三个以上组分的火炸药体系，按照上述推理，结论也是如此。

3）功能组分最少原则

能量二组分原则证明火炸药的能量最多由两个组分确定，由此得到以下推论：

推论 1：火炸药中的任何第三组分对于能量而言均是多余的。

这个推论对于 C、H、O、N 体系的火炸药具有完全性。下面以火药为例加以说明。

对于以硝化纤维素为力学骨架的火药，硝酸酯、苯系列化合物也可以成为良好的含能增塑剂。

硝酸酯中，硝化甘油（NG）是目前唯一实用的氧化剂，同类的增塑剂有三羟甲基乙烷三硝酸酯（TMETN）、一缩二乙二醇（DEGN）、二缩三乙二醇（TEGN）、叠氮硝胺（1,5-二叠氮-3-硝基-杂氮戊烷，DIANP）、二硝基甲苯（DNT）等含能增塑剂。

当硝化纤维素含氮量为 13.2% 时，采用 15% 的增塑剂，其能量性能分别如表 2-5-1 所列。

表 2-5-1 不同增塑剂发射药能量特性比较

发射药配方	单基发射药	NG发射药	TMETN发射药	DEGN发射药	TEGN发射药	DIANP发射药	DNT发射药
硝化棉 NC	98.5	83.5	83.5	83.5	83.5	83.5	83.5
硝化甘油 NG	—	15	—	—	—	—	—
TMETN	—	—	15	—	—	—	—
DEGN	—	—	—	15	—	—	—
TEGN	—	—	—	—	15	—	—
DIANP	—	—	—	—	—	15	—
DNT	—	—	—	—	—	—	15
中定剂	1.5	1.5	1.5	1.5	1.5	1.5	1.5
火药力 $f/(\mathrm{J \cdot g^{-1}})$	1047	1094	1089	1062	1028	1072	1007
爆温 T_v/K	3144	3376	3242	3110	2926	2990	2804
$Q_V(g)/(\mathrm{J \cdot g^{-1}})$	3360	3392	3852	3670	3427	3457	3511
$Q_V(l)/(\mathrm{J \cdot g^{-1}})$	4117	4461	4339	4147	3889	3834	3170
$k = c_p/c_V$	1.229	1.223	1.227	1.231	1.236	1.246	1.249
氧平衡	-33.8	-28.6	-32.6	-35.3	-39.2	-41.2	-46.3

表中可以看到，NG、TMETN 以及 DEGN 是对 NC 骨架火药具有能量（$Q_V(z)$）增值的组分。其他增塑剂对能量贡献均为负值。其中，同样的增塑剂，对能量（$Q_V(z)$）的贡献大小顺序为 NG>TMETN>DEGN>TEGN>DIANP>DNT。由此也进一步说明能量二组分原则的正确性。同时说明在火炸药中的诸多组分是因为功能性的需要而加入的。

推论 2：任何火炸药的第二种以外的组分均被视为功能性组分。

目前已经被武器装备和工程实践应用的火炸药中，组分最多的是双芳-3发射药，其组分包括 NC、NG、DNT、DBP、C_2、凡士林六种。该火药采用非溶剂法加工，制作成为单孔管状 18/1 药型，火药力为 960J/g，爆热为 3180J/g，爆温为 2510K，是一种标准火药。下面说明该火药的设计思路。

目前的组分 NC/NG/DNT/DBP/C_2/凡士林，就能量而言，NC/NG 为关键组分，NC 的含氮量为 12.6%（皮罗棉），当 NC/NG = 8/92 时，接近氧平衡（化学当量配比），此时的火药力、爆热和爆温分别为 1390J/g、6960J/g、5160K，现在实用的比例在 60/40 左右，理论的火药力、爆热和爆温分别为 1151J/g、4380J/g、3670K。两者的能量差距很大，均远远高于现在双芳-3发射药。所以，另外三种组分对于该种发射药的能量为负贡献而完全多余。同时，进一步表明火炸药关键组分——硝化棉的重要性。

结论：火炸药中对能量贡献为负值的所有组分都视为火炸药功能助剂。

推论 3：火炸药的功能组分数与含量按最少和最低原则选择。

实际的火炸药产品中，除了能量关键组分以外，其他的功能组分也是不可或缺的。例如组分最为简单的单基发射药，除了 NC 以外，必须加入一定量的二苯胺，以保证其储存安定性。二苯胺为功能成分。加入二苯胺对能量的贡献为负值，如加入 1%，爆热将降低 2% 左右。对单基发射药进行表面钝感，采用樟脑、EDMA 等钝感剂，钝感的结果是使发射药具有燃烧和能量释放渐增特性，但其能量也随之降低。这里的樟脑、EDMA 视为功能组分。同样，双芳-3发射药中的 DNT、C_2、凡士林等均是功能组分，每一种组分的加入，对体系的能量贡献均是负值。

对于 NC 力学骨架体系火药，加入氧化、同时又是增塑剂的 NG，构成能量的关键主体。前面提到，到达能量最高的 NC/NG 比例为 8/92，但该组成的火药因为力学、储存性等多方面的原因而不能成为工程应用的产品。在力学方面，采用混合硝酸酯增塑剂的方法以降低其玻璃化转变温度，从而提高火药的低温力学（抗冲击）强度。但从能量角度看来，混合硝酸酯中的 TEGN 等均对能量为负贡献，应该归类为功能组分。

对于 RDX、HMX、DNTF、CL-20 等高能化合物的火药，如果加入至 NC/NG 体系的火药之中，以能量的角度，这一类化合物的能量均高于 NC，所以此类火炸药的组成中高能化合物/NG 成为能量的二组分，NC 成为力学骨架的功能组分。

这个推论对炸药、推进剂、起爆药等同样适用。

对于金属类(或者化合物)组分的加入,如 Al 粉、AlH_3 等,因为燃烧爆炸产物中有凝聚态的金属氧化物,对火炸药的做功能力有影响作用,这一类火炸药的能量单从爆热来表达不具完全特征性,需要从火炸药的能量与做功效率综合评价(在第 5 章中叙述)。

在火炸药组分中,除去两个以内的能量关键组分以外,其余的功能组分对能量的贡献为负值,在保证火炸药功能的条件下,应该是种类越少越好,含量越低越好。

4) 低碳、高氢、高氮原则

在 C、H、O、N 火药体系中,N 是主要的氧化元素。在实际中氧化剂与燃料的相对比例计算却是以氧平衡为标准的,因为火炸药在燃烧爆炸过程中,O 的电负性最大,极易与电负性较小的 C、H 元素化合成为氧化物,这也是火药能量获得的来源。能量优化设计结果表明,火药体系为零氧平衡(也称为按化学计量配比)时有最高的爆温。

火药燃烧产物中的碳以 CO 或 CO_2 的分子形式存在,其相对分子质量大,燃烧产物的气体组分摩尔数相对降低。特别是设计发射药时,考虑到火炮烧蚀,对爆温 T_V 进行限制,所以能量必须由燃气总物质的量来获得。在火药燃烧气体产物中主要成分为 CO、CO_2、H_2O、H_2 和 N_2,它们的相对分子质量分别为 28.011、44.011、18.016、2.010 和 28.016,其中 CO、CO_2 和 N_2 的相对分子质量较大。从这一单因素考虑,在爆温 T_V 一定时,要使燃气的物质的量较大,就必须使含碳量较小。

同时,火药燃烧时,烟雾的主要成分是游离碳,据此,低含量的碳元素火药有利于发射烟雾和推进剂特征信号的降低。

随着超高速发射与推进技术的发展,火药燃烧气体的逃逸速度将成为制约因素,H_2 的逃逸速度最高,是未来武器发射、运载的首选能源载体与传递介质。

关于氢元素化学,也是人类高效、绿色能源的未来方向与发展领域。

因此,火炸药设计应该遵循高氢、低碳原则。

关于氮,由于核外分子轨道的原因,可以与各类元素组成不同的化学键而成为不同的化合物。N 最为稳定的状态是 N_2,也是自然中含量最为丰富、人类赖以生存的重要物质之一。限于科学认知和技术手段的支持,目前 N 元素在含能化合物中以硝基、硝酸酯、C—N 杂环和叠氮(—N_3)等形式存在。分子轨道设计结果认为,超过四氮的全氮化合物将具有高能量特征,并且为一种绿色火炸药,这是未来火炸药的一个方向。

因此,火炸药设计应该遵循低碳、高氢、高氮原则。

2.5.4 固体力学完整性与强度设计

固体火炸药在使用之前,以一定的形状、尺寸和固体状态存在,而在使用过程中受到高温、高压、高过载的力学环境影响,所以要对火炸药成型以后的完整性与力学强度提出特别的要求,此方面与通常的材料力学问题同类。所有的力学问题都可归结为材料分子化学结构的内部结构缺陷,在材料主要组分选定以后,需考虑在使用过程中的高温、高压、高过载的力学环境与控制方法。

火炸药的力学问题与一般结构材料的力学问题有不同的特点,最终归结为内部缺陷使能量过程异常而造成的使用安全性问题。可以分两类,一类是以爆轰进行能量释放的炸药,另一类是以燃烧进行能量释放的火药。

炸药的力学设计主要考虑的是在运载过程中,由于过载而使缺陷被绝热压缩引起炸药装药异常爆轰,为能量异常始发。火药设计主要考虑的是在点火和燃烧过程中,由于缺陷或者是破碎而燃烧面积突跃性增加,而造成燃烧室压力异常,产生不安全性因素甚至发生事故。

目前任何一种火炸药产品不可能是单一组分的。

为了提高火炸药的结构完整性和力学强度,从功能组分的添加、原材料的处理、加工工艺三个方面进行设计。后两个方面将在火炸药制备与工艺方法中阐述,这里仅说明与组分有关的问题。

炸药装药要解决其完整性问题,压装与熔铸有不同的设计方法,压装炸药首先将其制作成造型粉,需要加入一定量的非含能化合物,如高分子、蜡类物等;熔铸炸药中采用低熔点炸药为载体,典型的 RDX/TNT 组成的 B 类炸药,该类炸药中,TNT 已经不是能量主体成分,除了是由工艺方面的因素,TNT 也是保证力学完整性的添加剂。

解决火药力学强度,重点考虑的是提高低温抗冲击强度,在力学骨架选定条件下,加入增塑剂以降低玻璃化转变温度、提高低温韧性。例如,在 NC/NG 火药体系中,加入另外一种硝酸酯与 NG 组成混合增塑剂,就是一种提高火药力学强度的有效方法。而另外一种硝酸酯,就能量而言,对体系的能量是负贡献,完全是火药力学设计的结果。

2.5.5 其他性能设计

在进行火炸药设计时,首先考虑其作为能源的功能性,同时,为了满足作为一种物质或者材料的其他性能要求,需要加入对能量贡献完全是负值的组分。

1. 安定剂

任何物质在大气中均与氧气发生化学反应，称为"老化"，纸张"变黄"是最常见的化学反应现象。火炸药的能量组分均有—NO_2、—O—NO_2 等基团，分解具有自催化作用，所以火炸药中通常需要加入安定剂，特别是在含硝酸酯的火药中，安定剂是必加组分，常用的安定剂有二苯胺、1号和2号中定剂等。

2. 加工助剂

火炸药的成型加工大多为物理成型过程，均与物理流变有关，为了增加物料的流变性，必须加入适量的加工助剂。凡士林、蜡类物等是常用的加工助剂。

在发射药溶剂法加工中，残留在产品中的溶剂也可视为一类加工助剂。

3. 燃烧催化剂

在火箭发动机中，由于火炸药单一样本和大尺寸的特征，能量释放规律需要通过火药的线性燃烧速率 $u = u_1 p^n$ 中的燃速系数和压力指数来控制，所以需加入燃烧催化剂。目前，铅、铜、铁等盐类化合物及其化合物是成熟的催化剂。关于火药燃烧催化机理将在第3章中阐述。

4. 消焰剂

火药在火炮、火箭发动机中燃烧产物流入大气中将产生火焰，流体反应动力学认为有一次火焰和二次火焰之分，其中燃烧气体在与空气混合再次燃烧的二次火焰是火焰的主要部分。加入含钾的盐类可以有效地降低二次火焰的产生。KNO_3 是目前最为有效的消焰剂，但其具有水溶性和吸潮性，不宜采用内加方法。当前，研究人员正在尝试采用有机消焰剂。这方面的反应动力学机理已经被公认，技术也较为成熟。

火炸药产品中根据其他使用的要求还有多种成分需要加入，这里不一一列举。

参考文献

[1] 莱纳斯·鲍林. 化学键的本质[M]. 卢嘉锡，黄耀曾，曾广植，等译. 上海：上海科学技术出版社，1996.

[2] 张续柱，肖忠良. 液体发射药[M]. 北京：中国科学技术出版社，1993.

[3] Jail Prakash Agrawal. 高能材料[M]. 欧育湘，韩廷解，芮久后，译. 北京：国防工业出版社，2013.

[4] 罗运军，庞思平，李国平. 新型含能材料[M]. 北京：国防工业出版

社，2015.

[5] Ulrich Teipel. 含能材料[M]. 欧育湘，译. 北京：国防工业出版社，2009.

[6] 周起槐，任务正. 火药物理化学性能[M]. 北京：国防工业出版社，1981.

[7] 张熙和，丁来欣，朱广军. 炸药实验室制备方法[M]. 北京：兵器工业出版社，1997.

[8] 欧育湘，刘进全. 高能量密度化合物[M]. 北京：国防工业出版社，2004.

[9] 吕春绪. 硝化理论[M]. 南京：江苏科学技术出版社，1993.

[10] 余从煊，欧育湘. 物理有机化学[M]. 北京：北京理工大学出版社，1991.

[11] 欧育湘，杨志军. 物理与机理有机化学[M]. 北京：北京理工大学出版社，1992.

[12] 欧育湘，周智明. 炸药合成化学[M]. 北京：兵器工业出版社，1998.

[13] 乌尔班斯基. 炸药的化学与工艺学（第三卷）[M]. 欧育湘，秦保实，译. 北京：国防工业出版社，1976.

[14] 王乃兴. 高氮高密度含能化合物的合成[D]. 北京：北京理工大学，1993.

[15] 孙荣康. 猛炸药的化学与工艺学[M]. 北京：国防工业出版社，1983.

[16] 孙国祥. 高分子混合炸药[M]. 北京：国防工业出版社，1985.

[17] 汪旭光. 乳化炸药[M]. 北京：冶金工业出版社，1986.

[18] Tore Brinck. 绿色含能材料[M]. 罗运军，李国平，李霄羽，译. 北京：国防工业出版社，2017.

[19] 欧育湘. 炸药学[M]. 北京：北京理工大学出版社，2014.

[20] 宋纪蓉，陈兆旭. 3-硝基-1,2,4-三唑-5-酮(NTO)钾配合物的制备、晶体结构和量子化学研究[J]. 化学学报，1998，56(3)：270-277.

[21] 董海山. 高能量密度材料的发展及对策[J]. 含能材料，2004(A01)：1-12.

[22] 杨介甫. 反物质的物理基础和微观特性[J]. 湖南师范大学自然科学学报，2001，24(2)：33-36.

[23] 李志敏，张建国，刘俊伟，等. 1,5-二氨基四唑含能配合物的制备、表征及其催化性能研究[J]. 固体火箭技术，2011，34(1)：79-85.

[24] Vikas D G, Radhakrishnan S. Theoretical studies on nitrogen richenergetic azoles[J]. Journal of Molecular Modeling，2011，17(6)：1507-1515.

[25] Ravi P, Girish M G, Surya P T, et al. ADFT study of Aminonitroimidazoles[J]. J Mol Model，2012，18：597-605.

[26] Mikhail I E, Alcxander G G, Ivan A T, et al. Single-bonded cubic

form of nitrogen [J]. Nature Materias, 2004, 3(8): 558-563.

[27] Dreger I A. Static Compression of Energetic Materials [M]. Berlin Heidelberg: Springer, 2018.

[28] Smirnov A, Lempert D, Pivina T, et al. Basic Characteristics for Estimation Polvnitrogen Compounds Effciencv [J]. Central European Journal of Energetic Materials, 2011, 8(4): 233-247.

[29] Guy J. Joel Renouard New progress in pentazolate chemistry [C] 43th International Annual Conference of ICT, Karlsruhe 2012.

[30] Sara W, Henric O, et al. High Energy density materials efforts to synthesize the pentazolate anion: part 1 POI-R-1602-SE, 2005. 3.

[31] Silvera I F, Deemyad S. Pathways to metallic hydrogen [J]. Low Temperature Physic, 2009, 35(4): 318-325.

[32] Dias R, Silvera I F. Observation of the Wigner Huntington Transition to Solid Metallic Hydrogen[J]. Science, 2017, 355(6326): 715-718.

[33] Anderson S R, Am Ende D J, Salan J S, et al. Preparation of an Energetic cocrystal using Resonant Acoustic Mixing [J]. Propellants Explosives Pyrotechnics, 2014, 39(5): 637-640.

[34] Coburn M D. Picryiamino-substituted heterocycles [J]. Heterocycle Chem, 1968, 5: 83-87.

[35] 李加荣. 呋咱系列含能材料的研究进展[J]. 火炸药学报, 1998, 21(3): 56-59.

第 3 章
能量释放规律与控制方法

火炸药通过化学反应进行元素重新组合和化学键重排,先将内能转化为热能,以产物为介质,实现对外做功;然后将热能转化为动能,或者进行动量传递,实现对目标的毁伤。按照热力学原理,热力学系统对外做功的大小,一方面取决于能量的多少,另一方面取决于做功过程,对于火炸药决定做功过程的就是能量释放过程,即能量释放规律。

燃烧与爆轰是火炸药能量释放的主要方式。在经典物理学范围内,能量释放规律在时间与空间维度下表达。与时间有关的因素有线性燃烧或者爆炸速率和即时燃烧爆轰反应面积;能量释放规律与空间关系是能量在传递、作用时的矢量属性,取决于(炸药)装药结构。

本章将从燃烧爆轰流体反应动力学本质出发,对燃烧爆轰速率进行理论预估、计算方法的阐述,对其各种影响因素和调节与控制方法予以介绍;然后通过不同的应用对象与环境条件,对能量释放规律性与能量利用的效率进行理论分析,通过对适时的燃烧爆轰反应速率或者面积以及空间的变化,提出对能量释放规律控制的方法和有关技术途径。

3.1 燃烧与爆轰理论概要

燃烧与爆轰本质上是一个反应流体动力学的过程,包括质量、动量、能量组分在内的守恒方程、本构方程和边界与初始条件。对于特殊问题,可以进行简化定性求解。

3.1.1 控制方程

1. 普适性守恒方程

连续方程

$$\frac{\partial \rho}{\partial t} + \nabla \cdot (\rho \boldsymbol{v}) = 0 \tag{3-1-1}$$

动量守恒方程

$$\frac{\partial \boldsymbol{v}}{\partial t} + \boldsymbol{v} \cdot \nabla \boldsymbol{v} = -(\nabla \boldsymbol{p})/\rho + \sum_{i=1}^{N} Y_i \boldsymbol{f}_i \tag{3-1-2}$$

能量守恒方程

$$\rho \frac{\partial u}{\partial t} + \rho \boldsymbol{v} \cdot \nabla u = -\nabla \boldsymbol{q} - \boldsymbol{p} : \left(\nabla \boldsymbol{v} + \rho \sum_{i=1}^{N} Y_i \boldsymbol{f}_i \cdot \boldsymbol{V}_i \right) \tag{3-1-3}$$

组分守恒方程

$$\rho \frac{\partial Y_i}{\partial t} + \rho \boldsymbol{v} \cdot \nabla Y_i = w_i - \rho Y_i \nabla \boldsymbol{v}_i \tag{3-1-4}$$

式中：$i = 1, 2, \cdots, N$。

在方程(3-1-2)中，压力张量为

$$\boldsymbol{p} = \left(p + \left(\frac{2}{3} \mu - k \right) (\nabla \cdot \boldsymbol{v}) \right) \boldsymbol{U} - \mu (\nabla \boldsymbol{v} + (\nabla \boldsymbol{v})^{\mathrm{T}}) \tag{3-1-5}$$

在方程(3-1-3)中，当忽略辐射热传导时，热矢量为

$$\boldsymbol{q} = -\lambda \nabla T + \rho \sum_{i=1}^{N} h_i Y_i \boldsymbol{V}_i + R^0 T \sum_{i=1}^{N} \sum_{j=1}^{N} \left(\frac{X_i D_{T,i}}{W_i D_{i,j}} \right) (\boldsymbol{V}_i - \boldsymbol{V}_j) \tag{3-1-6}$$

在方程(3-1-3)和方程(3-1-4)中，$\boldsymbol{V}_i$ 表达为

$$\nabla X_i = \sum_{j=1}^{N} \left(\frac{X_i X_j}{D_{i,j}} \right) (\boldsymbol{V}_i - \boldsymbol{V}_j) + (Y_i - Y_j) \left(\frac{\nabla p}{p} \right) + \left(\frac{p}{\rho} \right) \sum_{j=1}^{N} Y_i Y_j (\boldsymbol{f}_i - \boldsymbol{f}_j)$$

$$+ \sum_{j=1}^{N} \left(\frac{X_i X_j}{\rho D_{i,j}} \right) \left(\frac{D_{T,i}}{Y_i} - \frac{D_{T,i}}{Y_i} \right) \left(\frac{\nabla T}{T} \right) \tag{3-1-7}$$

方程(3-1-5)—方程(3-1-7)出现了输运系数，外力 $\boldsymbol{f}_i$ 为给定值，方程(3-1-4)中的 w_i 为唯象化学动力学表达式

$$w_i = W_i \sum_{i=1}^{M} (v''_{i,k} - v'_{i,k}) B_k T^{a_k} \mathrm{e}^{-\frac{E_k}{R^0 T}} \prod_{i=1}^{N} \left(\frac{X_i \rho}{R^0 T} \right) v'_{j,k} \tag{3-1-8}$$

式中：$i = 1, 2, \cdots, N$。

方程(3-1-1)—(3-1-8)是一个方程组。式(3-1-1)—(3-1-4)中有 $N+5$ 个独立变量，为 Y_i，p，T 和 $\boldsymbol{v}$，在这种情况下，其余变量通过有关本构方程和相关恒等式关联。

Virile 气体状态方程

$$p = \sum_{i=1}^{N} Y_i RT (1 + B\rho + C\rho^2 + D\rho^3 + \cdots) \tag{3-1-9}$$

热力学恒等式

$$u = \sum_{i=1}^{N} h_i Y_i - \frac{p}{\rho} \quad (3-1-10)$$

状态热方程

$$h_i = h_i^0 + \int_{T^0}^{T} c_{p,i} \, dT \quad (3-1-11)$$

式中：$i=1, 2, \cdots, N$。

以及恒等式

$$X_i = \frac{(Y_i/W_i)}{\sum_{i=1}^{N}(Y_i/W_i)} \quad (3-1-12)$$

式中：$i=1, 2, \cdots, N$。

在方程(3-1-1)—(3-1-7)中使用了向量和张量符号，∇ 为梯度算符，U 为单位张量，式(3-1-3)中的两点表示张量运算两次，上标 T 为张量的转置。各个符号含义如表 3-1-1 所列。

表 3-1-1 符号含义

符号	含义	备注
B_k	第 k 个反应的频率因子中的常数	*
$c_{p,i}$	第 i 个组元的比定压热容	*
$D_{i,j}$	组元 i 与组元 j 二元扩散系数	*
E_k	第 k 反应活化能	*
f_i	作用在第 i 个组元上的外力	*
h_i	第 i 个组元的热焓	+
h_i^0	第 i 个组元在温度 T_0 时的热焓	*
M	发生反应的总数	*
N	出现化学组元的总数	*
p	静压力	+
$\boldsymbol{p}$	压力张量	+
$\boldsymbol{q}$	热矢量	+
R^0	通用气体常数	*
T	温度	+
T^0	固定参考温度	*
u	混合气体比内能	+
V_i	组元 i 的扩散速度	+
v	混合气体质量平均速度	+
W_i	组元 i 的相对分子质量	*

(续)

符号	含义	备注
w_i	通过化学反应,组元 i 的生成速率	+
X_i	组元 i 的摩尔分数	+
Y_i	组元 i 的质量分数	+
α_k	第 k 个反应确定的频率因子对应的指数	*
κ	总体黏性系数	*
λ	热导率	*
μ	剪切黏滞系数	*
$\nu'_{i,k}$	反应物在第 k 个反应中的第 i 个组元化学计量系数	*
$\nu''_{i,k}$	产物在第 k 个反应中的第 i 个组元化学计量系数	*
ρ	密度	+

注:* 为必须给定参数;+ 为通过求解得到的量

该方程适用于所有流体动力学过程;但是涉及参数多、过程复杂,诸多参数至今无法获取,一般情况下均加以简化,进行定性或者定量解析。

2. 简化一维方程组

在许多情况下,为了更直观地表达,忽略流体的黏性(无黏流体)、采用静态压力替代压力张量,不计组分扩散和外力作用,并认为是理想气体,仅在一维坐标下考虑问题。方程(3-1-1)~(3-1-4)成为以下方程组。

连续方程

$$\frac{\partial \rho}{\partial t} + \frac{\partial \rho v}{\partial x} = 0 \quad (3-1-13)$$

动量守恒方程

$$\frac{\partial v}{\partial t} + v \frac{\partial v}{\partial x} = -\frac{1}{\rho} \frac{\partial \rho}{\partial x} \quad (3-1-14)$$

能量守恒方程

$$\rho \frac{\partial u}{\partial t} + \rho \frac{\partial u}{\partial x} = -\frac{\partial q}{\partial x} \quad (3-1-15)$$

在方程(3-1-15)中,以焓 $h = u + p/\rho$ 替代内能 u 更为方便,式(3-1-15)成为

$$\rho \frac{\partial}{\partial t}\left(h + \frac{v^2}{2}\right) + \rho v \frac{\partial}{\partial x}\left(h + \frac{v^2}{2}\right) = -\frac{\partial q}{\partial x} \quad (3-1-15a)$$

组分方程

$$\rho \frac{\partial Y_i}{\partial t} + \rho v \frac{\partial Y_i}{\partial x} = w_i \quad (3-1-16)$$

式中：$i = 1, 2, \cdots, N$。

3. 定常状态

定常状态是指所有的物理变量不随时间变化，即 $\partial/\partial t = 0$，由此，方程 (3-1-13)~(3-1-15a)变得极为简单。

连续方程的解

$$\rho v = 常数 \quad (3-1-13a)$$

动量方程的解

$$\rho v^2 + p = 常数 \quad (3-1-14a)$$

能量方程的解

$$\rho v \left(h + \frac{v^2}{2} \right) + q = 常数 \quad (3-1-15b)$$

组分方程成为

$$\frac{\mathrm{d}}{\mathrm{d}x}(\rho Y_i v) = w_i \quad (3-1-16a)$$

式中：$i = 1, 2, \cdots, N$。

有的时候，定常状态对某种特定情况的定性表达很有用处。

3.1.2 Rankine-Hugoniot 关系

对于无限平面一维定常流动，选取一个与波相对静止的坐标系，假定流动在 $+x$ 坐标方向，在垂直 x 轴的平面内流动性质均匀，上游条件($x = -\infty$)以下标"0"标记，下游条件($x = +\infty$)以下标"∞"标记，图 3-1-1 对流动进行了示意说明。

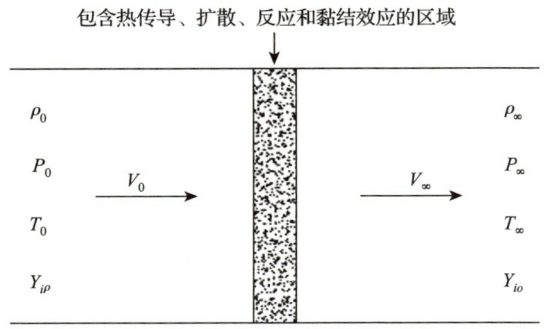

图 3-1-1 爆震波和爆燃波示意图

相关物理量的关系表达示如下：

连续方程(3-1-13a)成为

$$\rho_0 v_0 = \rho_\infty v_\infty = m \tag{3-1-17}$$

式中：m 为单位面积上的质量流率。

由于 dv/dt 在 $x \to \pm \infty$ 时趋于零，所以动量方程(3-1-14a)成为

$$\rho_0 v_0^2 + p_0 = \rho_\infty v_\infty^2 + p_\infty \tag{3-1-18}$$

在 $x = \infty$ 处(在 $x = -\infty$ 处有固定参数)的一系列满足式(3-1-17)和式(3-1-18)的状态，通常称为瑞利线，由于热流量 q 与温度和浓度梯度成正比，当 $x \to \pm \infty$ 时，$q \to 0$ 时，由此能量方程(3-1-15b)成为

$$h_0 + v_0^2/2 = h_\infty + v_\infty^2/2 \tag{3-1-19}$$

其中使用了式(3-1-17)。同时，组元守恒方程(3-1-16a)提供一个附加要求

$$w_{i,\infty} = 0 \tag{3-1-20}$$

式中：$i = 1, 2, \cdots, N$。

$$w_{i,0} = 0 \tag{3-1-21}$$

式中：$i = 1, 2, \cdots, N$。

以及相应的状态方程

$$f(p_0, \rho_0, T_0, Y_{i,0}) = f(p_\infty, \rho_\infty, T_\infty, Y_{i,\infty}) \tag{3-1-22}$$

状态热方程

$$g(p_0, \rho_0, T_0, Y_{i,0}) = g(p_\infty, \rho_\infty, T_\infty, Y_{i,\infty}) \tag{3-1-23}$$

对于理想气体混合物，利用关系式 $h = u + p/\rho$，可以对式(3-1-17)~(3-1-19)进行整合处理。式(3-1-17)与式(3-1-18)可以合并为

$$\rho_\infty v_\infty^2 - \rho_0 v_0^2 = m^2(1/\rho_\infty - 1/\rho_0) \tag{3-1-24}$$

再利用方程(3-1-19)，得

$$\frac{p_\infty - p_0}{(1/\rho_\infty) - (1/\rho_0)} = -m^2 \tag{3-1-25}$$

由此确定了在 $(p_\infty - p_0)$ 对 $(1/\rho_\infty - 1/\rho_0)$ 平面上的一条负斜率的直线，称为瑞利线。利用方程(3-1-17)将 v 表达成为 m 和 ρ 的函数为

$$h_\infty - h_0 = -\frac{1}{2}m^2(1/\rho_\infty^2 - 1/\rho_0^2) \tag{3-1-26}$$

该式可以用方程(3-1-25)消去 m^2，上式成为

$$h_\infty - h_0 = \frac{1}{2}(1/\rho_\infty + 1/\rho_0)(p_\infty - p_0) \tag{3-1-27}$$

这就是在燃烧爆轰理论中著名的 Hugoniot 方程。该方程的显著特点是方程

中仅含流体的热力学参数。

3.1.3 Rankine-Hugoniot 方程的简化

对于一个特殊的简化系统，Hugoniot 方程将更具直观性。考虑理想气体混合物，对于组分和热力学参数做出以下假设：

(1) 沿 Hugoniot 曲线最后的平衡组元是常数，即 $Y_{i,\infty}$ 是固定的。

(2) 最终组元与初始组元的相对分子质量相同，即

$$\left(\sum_{i=1}^{N} Y_{i,\infty}/W_i\right)^{-1} = \left(\sum_{i=1}^{N} Y_{i,0}/W_i\right)^{-1} = \overline{W} \quad (3-1-28)$$

(3) 初始温度 T_0 和沿 Hugoniot 曲线任意的最终温度 T_∞ 之间，组元的比定压热容为常数。即

$$\sum_{i=1}^{N} Y_{i,\infty} c_{pi,\infty} = \sum_{i=1}^{N} Y_{i,0} c_{pi,0} = c_p (\text{常数}) \quad (3-1-29)$$

由此，状态方程简化为

$$\frac{p_\infty}{\rho_\infty T_\infty} = \frac{p_0}{\rho_0 T_0} = \frac{R^0}{\overline{W}} \quad (3-1-30)$$

对组分的热焓在 $[-\infty, +\infty]$ 内积分求解，结果为

$$h_\infty - h_0 = \sum_{i}^{N} (Y_{i,\infty} - Y_{i,0}) h_i^0 + \int_{T_0}^{T_\infty} \left(\sum_{i}^{N} (Y_{i,\infty} - Y_{i,0}) c_{p,i}\right) dT$$

$$(3-1-31)$$

定义混合物的反应热为

$$q = \sum_{i}^{N} \left[(Y_{i,0} - Y_{i,\infty}) h_i^0 + \int_{T_0}^{T_\infty} Y_{i,0} dT \right] \quad (3-1-32)$$

考虑到式(3-1-28)，q 为单位质量混合物的总放热量。进一步得到

$$h_\infty - h_0 = -q + \int_{T_0}^{T_\infty} \sum_{i}^{N} Y_{i,\infty} c_{p,i} dT$$

$$= -q + c_p (T_\infty - T_0) \quad (3-1-33)$$

利用理想气体状态方程和式(3-1-27)，可以将上式中温度项消去，因为理想气体中具有关系式 $c_V = c_p - R^0/\overline{W}$，自然有

$$c_p/(R^0/\overline{W}) = c_p/(c_p - c_V) = \gamma/(\gamma - 1) \quad (3-1-34)$$

其中，$\gamma = c_p/c_V$，称为气体比热比。

在此变化下，热焓表达式为

$$h_\infty - h_0 = -q + \frac{\gamma}{\gamma - 1}\left(\frac{p_\infty}{\rho_\infty} - \frac{p_0}{\rho_0}\right) \quad (3-1-35)$$

Hugoniot 方程(3-1-26)与反应放热的关系式为

$$\frac{\gamma}{\gamma-1}\left(\frac{p_\infty}{\rho_\infty}-\frac{p_0}{\rho_0}\right)-\frac{1}{2}\left(\frac{1}{\rho_\infty}+\frac{1}{\rho_0}\right)(p_\infty-p_0)=q \qquad (3-1-36)$$

这时的 Hugoniot 方程包含已知常数 γ、q、p_0、ρ_0 和变量 p_∞、ρ_∞。q 值可以是外界对混合气体输入热量。方程(3-1-35)是在混合气体放热反应或者外界输入热量时，压力与密度的变化关系，当其中一个物理量确定后，另一个物理量将计算得到。引入无量纲形式，结果更为明朗。

无量纲压力

$$p = p_\infty/p_0 \qquad (3-1-37)$$

无量纲比容或者是密度比，也是速度比

$$v = p_\infty/p_0 = v_\infty/v_0 \qquad (3-1-38)$$

无量纲反应热

$$\alpha = q\rho_0/p_0 \qquad (3-1-39)$$

无量纲热流率

$$\mu = m^2/\rho_0 p_0 \qquad (3-1-40)$$

很明显，对物理上可以得到的解，p、v、μ 必须是正的，通过适当变化，得到

$$\left(\frac{\gamma}{\gamma-1}\right)(pv-1)-\frac{1}{2}(v+1)(p-1)=\alpha \qquad (3-1-41)$$

其解为

$$p = \frac{[2\alpha+(\gamma+1)]/(\gamma-1)-v}{[(\gamma+1)/(\gamma-1)]v-1} \qquad (3-1-42)$$

这是 Hugoniot 方程的无量纲表达式。动量方程(3-1-25)被 $\rho_0 p_0$ 除，有

$$\frac{p-1}{v-1} = -\mu \qquad (3-1-43)$$

3.1.4　Hugoniot 曲线变化规律

1. Hugoniot 曲线性质(图解分析)

由方程(3-1-42)给出的 Hugoniot 曲线对 $\gamma=1.4$ 对应在图 3-1-2。所有曲线都渐近地趋于 $v=(\gamma-1)/(\gamma+1)$ 和 $p=-(\gamma-1)/(\gamma+1)$ 两条线。因而，整个压力比范围 $0\leqslant p\leqslant\infty$ 都可以发生，但比容比要限制在一个区间中，即

$$(\gamma-1)/(\gamma+1)\leqslant v\leqslant 2\alpha+[(\gamma+1)/(\gamma-1)] \qquad (3-1-44)$$

它的上限相当于 $p\rightarrow 0$，见方程(3-1-42)。

相应的 Hugoniot 曲线和通过点(1,1)有斜率 $-\mu$(方程(3-1-43))的直线

的交点确定了系统的终态。由于 $\mu>0$，这条直线的斜率是负的。终态落在图 3-1-2 阴影象限中是没有物理意义的。因而每条 Hugoniot 曲线都分成两个不重叠的分支，上面的分支叫爆轰分支，$1+(\gamma-1)\alpha\leqslant p\leqslant\infty$，$(\gamma-1)/(\gamma+1)\leqslant v\leqslant 1$，下面分支叫爆燃分支，$0\leqslant p\leqslant 1$，$1+(\gamma-1)\alpha/\gamma\leqslant v\leqslant 2\alpha+(\gamma+1)/(\gamma-1)$，见方程(3-1-36)。燃烧波又称为爆轰波或爆燃波，是按着其终态条件所落的 Hugoniot 曲线的那个分支而定的。

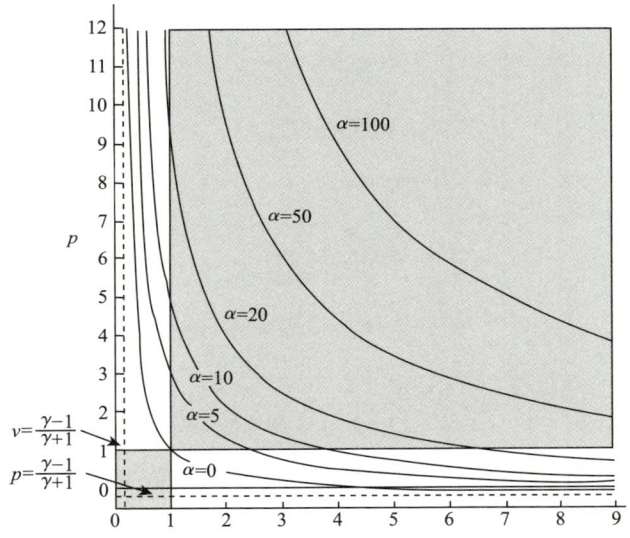

图 3-1-2　对于 $\gamma=1.4$ 的无量纲压力与密度关系图示

爆轰和爆燃之间差别的理解最好是通过对比彼此的特征来获得。通过爆轰波时气体缓慢下来，它的压力和密度都增加；而在通过爆燃波时，气体速度上升并膨胀，同时压力减小。爆燃与爆轰这两类波之间有明显差别。

2. 爆轰分支的分析

从图 3-1-2 很容易看到，通过点 $(1,1)$ 的唯一直线是与 Hugoniot 曲线的爆轰分支相切。考虑下面的方程，就可以正式地证明这点。

$$dp/dv = (p-1)/(v-1) \tag{3-1-45}$$

其中 $p(v)$ 和 dp/dv 可从 Hugoniot 方程(3-1-42)计算而获得其值。方程(3-1-43)说明 Hugoniot 曲线在某点的斜率等于从该点到点 $(1,1)$ 的直线的斜率，该方程表明只有一个解 $(p+,v+)$ 落在爆轰分支上，爆轰分支上的这点 $(p+,v+)$ 称为上 Chapman-Jouguet 点，具有这个终点条件的(图 3-1-3 所示的 Hugoniot 曲线上的 B 点)波是 Chapman-Jouguet 爆轰。

若通过点(1,1)的直线的斜率小于爆轰分支的由点(1,1)引的切线的斜率,则该直线与爆轰分支的任何地方都不相交;反之,则该直线与爆轰分支有两个交点,图 3-1-3 说明了这点,它指出了落在爆轰分支 $A-B-C$ 上的典型的解。因而方程(3-1-37)包含着对爆轰分支有一个 μ 的最小值(也就是最小的传播速度),它相应于 Chapman-Jouguet 终点条件(图 3-1-3)上的 B 点。当 μ 值超过其最小值 μ_+ 时,爆轰波存在两个可能的终态条件,其中一个落在 $A-B$ 线上(强爆轰),另一个落在 $B-C$ 线上(弱爆轰)。

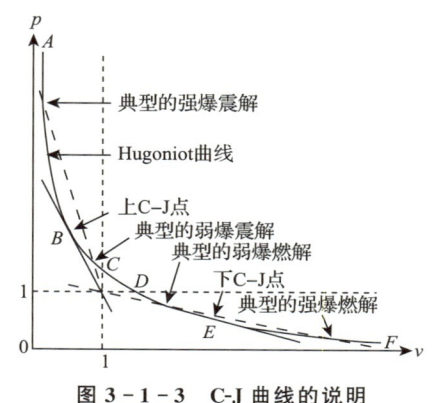

图 3-1-3　C-J 曲线的说明

对给定的 μ 值,实验条件决定了观察到的是强爆轰还是 Chapman-Jouguet 波或是弱爆轰。在大多数实验条件下,爆轰将是 Chapman-Jouguet 波,其中包含着波结构的概念。

图 3-1-3 表明,越过强爆轰的压力比和速度变化将超过弱爆轰的压力比和速度变化,具有 $p=\infty$ 的强爆轰和等容($v=1$)弱爆轰,都以无限大的速度($v=\infty$)传播,这表明极限情况不能达到。

3. 爆燃分支的分析

与上面给出的关于 Hugoniot 曲线爆轰分支完全类似的叙述可以用于爆燃分支。图 3-1-2 或方程(3-1-36)都表明,通过点(1,1)唯一的直线与爆燃分支(图 3-1-3)上的 $D-E-F$ 在 (p_-,v_-) 相切,这个切点称为下 Chapman-Jouguet 点(图 3-1-3 上的 E 点)。具有终点 E 的波称为 Chapman-Jouguet 爆燃波。

假若通过点(1,1)的直线的斜率大于由点(1,1)引向爆燃分支的切线的斜率,则二者不相交;反之,该直线与爆燃分支在两个点上(一个在 $D-E$ 上,另一个在 $E-F$ 上)相交。因此,Chapman-Jouguet 爆燃波具有一切爆燃波的极大波速($\mu=\mu_-$)。图 3-1-3 清楚地说明,极大爆燃波速小于极小爆轰速度($\mu_-<\mu_+$),这个结果可以从方程(3-1-36)推出。

终态落在 $D-E$ 上的是弱爆燃，落在 $E-F$ 上的是强爆燃。通过强爆燃波的压力和速度变化超过弱爆燃波。极限情况是 $p=0$ 强爆燃波，具有有限（非零）传播速度和以零速度传播（$p=0$）的等容弱爆燃波（$v=1$）。

从燃烧波结构的因素来考虑，强爆燃波不能发生。因而，Hugoniot 曲线有物理意义的分支是 $D-E$。事实上，大多数爆燃波都接近于等压。

4. Chapman-Jouguet 波的性质

Chapman-Jouguet 波在许多系统中，特别是在包含爆轰波的系统中是特别重要的，因而更详细地研究 Chapman-Jouguet 点的性质是有意义的。

对方程(3-1-36)微分，有

$$\frac{\mathrm{d}p}{\mathrm{d}v} = -\frac{[(\gamma+1)/(\gamma-1)]p+1}{[(\gamma+1)/(\gamma-1)]v-1} \tag{3-1-46}$$

代入方程(3-1-38)，在每一个 Chapman-Jouguet 点都有

$$p = v/[(\gamma+1)v-\gamma] \tag{3-1-47}$$

将这个关系代入方程(3-1-37)，可以看出，在 Chapman-Jouguet 点上有

$$\mu = \gamma p/v \tag{3-1-48}$$

根据无量纲量 μ、p、v 的定义，从无量纲形式方程(3-1-48)可以看出

$$m^2 = \gamma p_\infty \rho_\infty \tag{3-1-49}$$

它暗示着

$$v_\infty = \sqrt{\gamma p_\infty/\rho_\infty} \tag{3-1-50}$$

由于理想气体中的声速 $a_\infty = \sqrt{(\partial p/\partial \rho)_{s/\infty}} = \sqrt{\gamma p_\infty/\rho_\infty}$，方程(3-1-41)意味着在两个 Chapman-Jouguet 点的下游马赫数 $M_\infty = v_\infty/a_\infty$ 都是 1。更透彻的分析表明，对弱爆轰和强爆燃波，下游气体相对于波的速度大于声速（$M_\infty > 1$），而对强爆轰和弱爆燃则小于声速（$M_\infty < 1$）。也可以证明，沿着 Hugoniot 曲线只是在 Chapman-Jouguet 点上熵取局部极小值；并且沿着由方程(3-1-37)给出的切线（瑞利线），在 Chapman-Jouguet 点上熵取当地极大值。对 Chapman-Jouguet 波，无量纲下游性质的显式表达很容易推出（表达成 α 和 γ 的函数）。例如，方程(3-1-41)对 α 求解，有

$$v = \gamma p/[(\gamma+1)p-1] \tag{3-1-51}$$

这个结果代入方程(3-1-43)，得到一个 p 的二次方程，其解为

$$p_\pm = 1 + \alpha(\gamma-1)\left\{1 \pm \sqrt{\left[1+\frac{2\gamma}{\alpha(\gamma^2-1)}\right]^{\frac{1}{2}}}\right\} \tag{3-1-52}$$

上边的符号"+"代表爆轰分支，下边的符号"−"相当于爆燃分支。将方程(3-1-52)代入方程(3-1-51)，有

$$v_\pm = 1 + \alpha\left(\frac{\gamma-1}{\gamma}\right)\left\{1 \pm \sqrt{\left[1 + \frac{2\gamma}{\alpha(\gamma^2-1)}\right]^{\frac{1}{2}}}\right\} \quad (3-1-53)$$

将方程(3-1-51)和方程(3-1-52)代入方程(3-1-48)，发现

$$\mu_\pm = \gamma + \alpha(\gamma^2-1)\left\{1 \mp \left[1 + \frac{2\gamma}{\alpha(\gamma^2-1)}\right]^{\frac{1}{2}}\right\} \quad (3-1-54)$$

温度比可以从 $T_\infty/T_0 = pv$ 计算，在两个 Chapman-Jouguet 点上，下游温度超过上游温度。方程(3-1-54)可用于计算 Chapman-Jouguet 波的初始马赫数。

5. Hugoniot 曲线性质总结

表 3-1-2 概括了许多 Hugoniot 曲线的性质。在表 3-1-2 中，用 +、−、1、max、min 标记的量是固定常数，由混合物的初始状态确定。M_0 是指最终混合物的平衡声速，对所有不等式（除了在括号中）的界限都是代表最大下限和最小上限。表 3-1-2 给出了明确的解释。

表 3-1-2 Hugoniot 曲线的性质

	图 3-1-3 中所在部分	压力比 $p=(p_\infty/p_0)$	速度与密度比 $v=(v_\infty/v_0)=(\rho_0/\rho_\infty)$	传播马赫数 $M_0=(v_0/a_{f,0})$	下游马赫数 $M_\infty=(v_\infty/a_{e,\infty})$	注
强爆轰	$A-B$ 线	$p_+ < p < \infty$	$v_{min} < v < v_+$ ($v_{min} > 0$)	$M_{0+} < m_0 < \infty$	$M_\infty < 1$	很少观察到；要求特殊实验设备
上 C-J 点	B 点	$p=p_+$ ($p_+>1$)	$v=v_+$ ($v_+<1$)	$M_0=M_{0+}$ ($M_{0+}>1$)	$M_\infty=1$	对管道中传播的波，常观察到
弱爆轰	$B-C$ 线	$p_1<p<p_+$ ($p_1>1$)	$v_+<v<1$	$M_{0+}<m_0<\infty$	$M_\infty>1$	很少观察到；要求很特殊的气体混合物
弱爆燃	$D-E$ 线	$p_-<p<1$	$v_1<v<v_-$ ($v_1>1$)	$0<M_0<M_{0-}$	$M_\infty<1$	经常观察到；在多数实验中 $p\approx 1$
下 C-J 点	E 点	$p=p_-$ ($p_-<1$)	$v=v_-$ ($v_->1$)	$M_0=M_{0-}$ ($M_{0-}<1$)	$M_\infty=1$	观察不到
强爆燃	$E-F$ 线	$0<p<p_-$	$v_-<v<v_{max}$ ($v_{max}>\infty$)	$M_{0min}<M_0<M_{0-}$ ($M_{min}>0$)	$M_\infty>1$	观察不到；通过考虑波的结构是不允许存在的

3.1.5 燃烧与爆轰的物理意义

从理论上讲,燃烧与爆轰并没有数学与物理意义上本质的区别,可以认为是在化学反应放热(或者是外加能量)情况下,使气体产物压力、温度和密度的变化。Hugoniot 方程清晰地表达这种关系,Hugoniot 曲线划分为两个不同的区域,即爆燃区和爆轰区。两者之间的区别最为明显的是爆轰区为高压区,爆燃区为低压区。反应热($\alpha = q\rho_0/p_0$)越大,Hugoniot 曲线从爆轰高压区过渡到低压爆燃区越短。

实际上,燃烧的速率低于爆轰速率 3 个数量级以上,实践中超高(线性)燃速(100MPa 以下大于 10m/s)与超低的爆速(小于 1000m/s)很少见到。这种现象可以从两个方面加以解释:第一,化学反应机理与机制的不同,燃烧一般由点火开始,以热量的传递、组分的分解、反应稳定、以层次推进的方式进行;爆轰以冲击波引发开始,组分分解、反应,其释放能量将冲击波稳定、持续地在组分中传递进行。第二,两者之间的反应压力环境完全不同,燃烧可以在大气压力环境内稳定进行,也可以在特定约束(密闭环境)条件下进行,目前的燃烧压力环境可以到达 100MPa 数量级。而爆轰是冲击波引发、传递的原因,化学反应的压力可以到达 100MPa 数量级以上。如果将环境压力提高至该数量级,燃烧与爆轰的状态将趋于一致。也可以是燃烧转爆轰的一个物理化学解释:一般意义上的燃烧是以火焰与放热为现象特征,爆轰是以冲击波对空气压缩产生声响为现象特征。从 Hugoniot 曲线来理解,两者之间本质上均是一个放热的流体动力学过程,差别在于爆轰必须在高压条件下完成,燃烧在低压条件下完成,在一定条件下两者之间可以相互过渡。

Hugoniot 方程是对混合理想气体极为简化的数学解,对燃烧、爆轰的基本规律性具有定性分析说明的作用和理论依据。对于火炸药,目前工程实践应用的绝大多数为固体类型并且结构、种类繁多,其燃烧与爆轰过程复杂,需要从组成的化学分解、中间产物、反应机理与动力学来对能量、组分等守恒方程进行处理;对于燃烧爆轰一般在较高压力下进行,产物的状态方程也与理想气体完全不同,仅能进行定性的描述表达。在工程实践中所采用的有关燃烧与爆轰参数,往往需要通过实验测试获取。

火炸药的燃烧爆轰理论是其科学的内涵,是对能量释放本质属性的一种探索与认知,前人对此已有许多研究结果。下面主要对火炸药的线性速率的理论计算和有关规律进行介绍。

3.2 火炸药燃烧爆轰化学反应

第2章中已经看到火炸药的组成的基本特点,其中有高分子化合物、有机与无机化合物,各种特征基团(如—O—NO_2、—NO_2、—N_3、NO_3^-、ClO_4^- 等)。燃烧与爆轰从化合物分解反应开始,进一步进行放热化学反应,以对外做功结束,伴随各种物理化学现象和作用效果。这里对火炸药化学反应的内容进行简要介绍。

3.2.1 分解反应机理

火炸药无论是燃烧还是爆轰,均是从化学分解反应开始,接着进行放热反应,以稳定、持续状态,对外界放热、做功结束。所以,对火炸药的化学反应机理的探索是揭示其燃烧爆炸过程的起点。火炸药一般是凝聚相,大多数为固体,这里主要对固体火炸药的一般的分解、产物之间的化学反应进行描述。

所有的反应均是在一定能量的初始激发条件下的某一个化学键断裂。即使在常温条件下,稳定化合物也存在老化,是其分子链与空气中的氧发生慢反应的结果。燃烧爆轰反应的开始与稳定化合物老化反应在本质上是一致的,不同的仅仅是反应条件的不同,时效性差异很大。

火炸药被视为封闭体系,考虑反应仅针对组成的自身的分子链,有能量引发、断裂、进一步反应等步骤。与一般的慢反应不同,火炸药燃烧爆轰是强放热、高压热力学过程。

火炸药的燃烧爆轰反应从受热分解开始,对于C、H、O、N类火炸药,热分解都是从分子中最不稳定的化学键开始断裂,生成分子碎片和气体分解产物 NO_2。

$$火炸药分子 \longrightarrow 分子碎片 + 氮氧化物$$

火炸药热分解过程与爆炸变化一样是放热过程,形成气体产物。因为分解速度随温度不同而有快慢变化,所以在常温、常压下分解反应可在较长时间下进行,并且产生的 NO_2 可以被检测出来。

对于分子预混的火炸药,其分解是从燃料组分和氧化剂组分分别开始的。氧化剂组分包括高氯酸铵(AP)、硝酸铵(AN)、二硝酰胺铵(ADN)等。AP热分解分两个阶段,第一阶段有 N_2O 和少量 NO,第二阶段有 N_2O、NO 和 HCl。AN 的分子中同时存在氧化基和还原基,因而分子间的氧化还原反应可以生成 N_2O、N_2、NO、NO_2。ADN 的主要分解产物有 N_2O、NH_4NO_3、H_2O、NO_2、NH_3 和 NO。燃料组分主要分解为

$$R_1-R_2 \rightarrow R_1 \cdot + R_2 \cdot$$

可以看到，无论火炸药组成如何，燃烧爆轰的反应均是从最弱的化学键断裂开始，分解为具有氧化性和还原性(燃料)小分子或者基团。

3.2.2 主要放热化学反应

燃烧与爆轰的稳定进行，主要是能量的平衡，于是火炸药化学反应中的放热反应成为主要的化学反应，该类反应主要为

$$R \cdot + NO_2 \rightarrow CO_2 + H_2O + N_2$$

因为 CO_2、H_2O、N_2 能使元素 C、H、O、N 的能态处于最低，所以反应居于强放热反应。一般的固体火炸药，在等容绝热条件下，放热达到 3000J/g 以上，甚至超过 5000J/g。其大小取决于 R—NO_2 中 R 的结构与组成、元素种类与所处的能态。

3.2.3 催化化学反应

催化化学反应是所有化学反应中一种特别的方式，就是在反应系统中加入另外一种或几种物质，使反应速率发生改变，在同样的环境条件下，反应速率变慢或者加快。加入的物质称为催化剂。

催化化学反应一般在低压条件下的作用效果较为显著，所以在火炸药中，由于爆轰压力很高，发射药燃烧的环境压力也高达 100MPa 以上，因此在炸药与发射药中目前尚未使用催化剂。目前，仅在推进剂配方中采用催化剂，用以调节燃速系数与压力指数，从而达到调节燃速的目的。

催化化学反应具有以下一般特征：第一，催化剂在反应过程中，始态与终态不变；第二，催化剂的加入仅改变反应过程的途径，不改变反应的终极状态，即产物的状态不因催化剂的加入而改变；第三，因为前两个原因，催化剂的加入不改变反应始态与终态的热焓(ΔH)；第四，根据反应加速或者减速的需要，催化剂具有选择性。

催化化学反应的机理很复杂，目前对其共识性的认知是催化剂改变了反应途径，而降低了反应表观活化能。

对于 A+B→AB 的反应如图 3-2-1 所示，因为催化剂 K 的加入，反应可能成为

$$A + K \rightarrow AK$$
$$AK + B \rightarrow AB + K$$

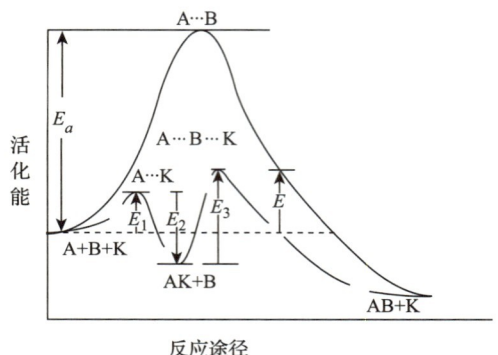

图 3-2-1 催化化学反应原理简图

在推进剂中经常采用的燃速催化剂有铅、铜等金属氧化物或者盐类，碳也可作为一种催化剂，催化剂也可以复合使用。相关的催化化学机理可以在化学教科书中找到。需要提及的是，催化剂可以在较大范围内对推进剂体系的燃速进行调节、控制，但对能量及其能量效率是负作用，如加入1%的催化剂，能量将损失1%～2%。

3.2.4 化学链(式)反应

化学链反应(chemistry chain reaction)又称为自由基链反应(radical chain reaction)，是对一种化学反应过程的定义，表明该反应过程的历程、机理是以高活性的自由基为链载体、借自由基的传播而进行的链式化学反应，又称连锁反应。反应过程由大量反复循环的连串反应所组成，是一种具有特殊规律的常见的复合反应。化学链反应由链的引发、链的传递和链的终止三步反应组成。化学链反应是分子之间发生的反应形式之一，例如自由基共聚合反应、离子聚合反应、各种爆炸反应等，由于机理的不同又有直链反应和支链反应之分。

在火炸药的燃烧爆轰反应中，被认为化学链反应的典型是 $2H_2 + O_2 \rightarrow 2H_2O$ 链式反应。反应过程可大致推断如下：

$$O_2 + h\nu \rightarrow 2O\cdot \qquad 链引发$$
$$H_2 + h\nu \rightarrow 2H\cdot$$
$$H\cdot + O_2 \rightarrow OH\cdot + O\cdot \qquad 链传递$$
$$O\cdot + H_2 \rightarrow OH\cdot + H\cdot$$
$$OH\cdot + H_2 \rightarrow H_2O + H\cdot$$
$$……$$
$$OH\cdot + H\cdot \rightarrow H_2O \qquad 链终止$$
$$……$$

其中，$h\nu$ 表示频率为 ν 的光量子能量，表示在有 H_2 和 O_2 的系统中，在受到能量激发下，分别离解成为激发态，然后相互碰撞，传递能量，生成稳定化合物或者继续进行链传递。

化学链反应对于火炸药燃烧爆轰机理与规律的研究十分重要，特别是在火箭、火炮发射以后的烟焰效应的原理与抑制技术的研究中，是不可回避的化学反应过程。

3.3 爆轰机理、爆轰速率与能量释放过程控制

爆轰是炸药对外释放能量并做功的一种基本方式，爆轰本质上是一个反应流体动力学的过程。所以，爆轰理论基础必然建立在反应流体动力学之上，是各种不同守恒、本构方程和边界条件的解析与结果表达。

1881 年，Berthelot、Vieille、Mallard 和 Lechatelier 在研究火焰在管道中的传播时，发现了气体爆轰现象。后来，Berthelot 提出了爆轰理论，并在物理学和热力学基础上讨论了爆轰波传播规律，提出用温度表示爆轰波传播速度公式。1845 年，Sobrero 发明硝化甘油，而后发现凝聚态炸药的爆轰现象。1860 年，Noble 首先研究成功雷管，使人类方便地观察到并广泛应用爆轰现象，促进了爆轰理论的发展。1893 年，Schuste 首先提出爆轰波与 Riemann 波（不发生反应的冲击波）的相似性，为研究爆轰过程提出了新思路。1890 年，Мехальсон 奠定了现代流体反应动力学爆轰理论基础，发表了这一理论的主要原理。1899 年和 1901 年，Chapman 和 Jouguet 相互独立地提出了爆轰稳定传播的 C－J 条件，为定量研究爆轰过程提供了依据。Crussard 和 Hugoniot 对这一理论也有贡献。

炸药爆轰不仅释放热能以反应产物为介质对外做功，更为重要的是爆轰所产生的爆轰波，具有矢量（方向）特性，对能量的引发、转换和对目标的毁伤均有别于一般的能量作用。本节将从爆轰机理出发，对线性爆轰速率的控制、爆轰波形状、能量传递、转换等方面予以阐述。

3.3.1 炸药爆轰反应机理

1. 波与冲击波

在一定条件下，物质（气、液、固态）均以一定状态存在，如果由于外部的作用使物质的某一局部发生状态变化，如压力、密度等的改变称为"扰动"，这时物质由平衡向不平衡状态变化。在弹性介质中，某个局部受到作用后，由于

物质质点的相互作用，其扰动将由近及远地传播，这种扰动在介质中的传播称为"波"。在波的传播过程中，介质的原始状态与被扰动的交界面称为波阵面。波阵面在一定方向上的位移速度就是波传播速度，简称波速。

使介质密度增加的波称为压缩波，反之为膨胀波。

将扰动往复进行，介质质点在固定位置振动，波向在一定介质中左右传播，这种波称为声波。它是一种压缩波和膨胀波的合成，其传播速度为声速。经过简单推导，声速的表达式为

$$c = \sqrt{(dp/d\rho)_s} \tag{3-3-1}$$

声音传播过程可以认为是绝热的，即等熵的。声速与介质的特性（如密度）、环境条件（温度、压力）有关。如声速在标准状态下的空气中为 333m/s，在水中为 1430m/s，在钢铁材料中为 5050m/s。

声波的基本特性有：

(1)声波是弱扰动的压缩波和膨胀波的合成；(2)介质质点仅在平衡位置振动，不发生位移；(3)声速为弱扰动的传播速度，取决于介质的状态，与波的强度（振幅、频率）无关，为无限振幅波；(4)声波的波阵面参数变化无限小，$dp \rightarrow 0$。

如果波的振幅大于一定数值，对相邻质点的扰动将影响到参数的变化，这种波称为有限振幅波，有限振幅波的叠加可以形成冲击波。

冲击波是波阵面以突跃的形式在弹性介质传播的压缩波。压缩波形成叠加的条件是波速大于声速，使前面的介质受到压缩而形成冲击。

对于气体绝热压缩冲击波传播过程的压力—密度变化，就是方程(3-1-42)中的 $\alpha = 0$，

$$p = \frac{(\gamma+1)/(\gamma-1) - \nu}{[(\gamma+1)/(\gamma-1)]\nu - 1} \tag{3-3-2}$$

图 3-1-2 中最左边的曲线，对于空气而言，形成冲击波需要波阵面有一定压力差 Δp，即无量纲量 p 值越大，形成的冲击波将越显著，波阵面传播速度也就越大。

冲击波相当于在 Hugoniot 曲线沿着 $\alpha = 0$ 的曲线从右向左移动，这是一个熵增大的过程。

2. 爆轰过程定性描述——Berthelot 爆轰理论

Berthelot 根据实验认为，传爆药爆炸时所产生的气体产物对炸药装药产生机械冲击作用，由于这种冲击迅速压缩邻层炸药，冲击能转化为热能传递给炸药层，引起该层中的炸药温度上升而发生放热爆炸化学反应，产生高压而作用

于下一层炸药，由此传递延伸，使爆炸延续，这种延续现象综合称为爆轰(炸)波。Berthelot认为，爆轰波是化学反应波和爆炸产物冲击波复合作用的结果，其稳定性与传播由爆炸化学反应热来支持和保证。

3. 流体反应动力学理论

流体反应动力学理论认为，爆轰波是冲击波在炸药中传播而引起的。冲击波在炸药中的传播可能有两种不同情况：一种与在惰性介质中传播的冲击波相似，即不引起炸药中的化学反应，这种过程如果无外部因素作用，则不可能持续传播，这是因为冲击波阵面通过时，介质受到不可逆压缩，熵增加，引起能量的损失，冲击波必然在传播中衰减。另一种是由于冲击波压缩炸药而引起炸药的快速放热化学反应，化学反应所释放的能量支持冲击波的传播，可以维持冲击波稳定、持续地进行。这种有放热快速化学反应的冲击波称为爆轰波，爆轰就是爆轰波在炸药中持续传播的过程。

20世纪40年代，Zeldovich、von. Neumann和Doring分别独立提出的炸药爆轰波模型，被称为经典ZND爆轰模型。该模型首先给出了一个爆轰波的结构(图3-1-1)，当炸药爆轰时最前沿是冲击波，处于前沿冲击波阵面的炸药压力由原始压力p_0突跃为p_1，受到压缩温度升高而发生化学反应。化学反应时压力下降直至反应结束时的p_2，由化学反应开始至结束的区域称为化学反应区，对于凝聚态炸药反应区的宽度为0.1~1.0mm。例如，TNT密度为1.63g/cm³时，反应区的宽度为0.6mm左右。反应结束后反应产物发生等熵膨胀，压力下降。

化学反应区内的化学反应，实质上是一种高温、高压条件下的快速、氧化还原、放热的化学反应，提供足够的能量，支持爆轰波的持续、稳定传播。

这是一个理想的，也是经典的爆轰波模型，最先源于气体爆轰，后来用以描述凝聚态炸药爆轰。由于凝聚态炸药存在多相结构与结构不均匀性而造成状态参数的多变性。后人进行了多种修正与改进。

4. 凝聚态炸药爆轰波反应机理

在爆轰波传播过程中，炸药首先受到其前沿冲击波的冲击压缩作用，使炸药的压力与温度骤然升高，在高温高压下炸药被引发而发生极为快速的放热化学反应。对于一般凝聚态炸药，这种反应在$10^{-6} \sim 10^{-8}$s时间内完成，实验发现爆轰反应机理随炸药的化学结构和装药物理结构的不同而各有差异。

1) 整体反应机理

在强冲击波的装药下，波阵面上的炸药受到强烈的绝热压缩，被压缩的炸药层各处温度将均匀地升高，因而化学反应在反应区整个体积内进行，故称为整体反应机理。

能进行整体反应的一般是均质炸药，整体反应是依靠冲击波压缩使被压缩层的炸药温度均匀升高，一般要在1000℃以上才能发生快速化学反应，而凝聚态炸药的压缩性较差，它在绝热压缩时，温度升高并不明显，所以必须有较强冲击波才能引起凝聚态炸药的整体化学反应。并且，凝聚态炸药的密度越高，压缩性就越差，引起整体反应就越困难，需要的冲击波强度就越大，与之对应要求具有高的起爆冲击波爆速。

2) 表面反应机理

在冲击波作用下，波阵面上的炸药受到强烈压缩，但在被压缩层中温度上升不是均匀的，因而化学反应首先是从热点中心开始，然后加入整个炸药层。热点中心是由于炸药的物理结构缺陷而存在的，缺陷的形式如空隙、气泡、晶体晶格和表面缺陷等。这种反应机理称为表面反应机理。

对于固体粉状炸药、晶体炸药、含有气泡的液体与胶体炸药，在爆轰时符合表面反应机理。与整体反应机理相比，表面反应机理所需冲击波强度要低得多。

3) 混合反应机理

混合反应机理是物性不均匀的混合炸药所具有的，爆轰过程的化学反应不是完全在反应区整个体积内完成，有部分反应在分界面或者其他区域内完成。

混合炸药至少有两种以上组分，首先各自分解或者反应，然后分解反应产物混合，继续反应而生成最终的爆轰反应产物。其爆轰速度是各组分爆速的加权平均。

由氧化剂和燃料构成的炸药，也属于这种反应机理，反应过程要复杂得多。首先是各自分解，然后分解产物经过扩散混合而发生放热的化学反应。一般地，整体反应机理条件下的爆速要低一些。典型的有 AN/燃料与 AP/黏结剂/铝粉炸药。

3.3.2 爆轰传播速率(爆速)计算与估计

1. 理想气体状态下爆速

将炸药爆轰过程中化学反应产物视为理想气体，在方程(3-1-36)中，对于强爆轰波，$p = p_\infty/p_0 = p_\infty$，对爆轰波速度，利用质量流率代入，可得到理想气体条件下的爆轰速度与爆轰压力。

爆速为
$$D = \sqrt{2(k^2-1)Q_V} \tag{3-3-3}$$

爆压为
$$p_{爆} = \rho_0 D^2/(k+1) \tag{3-3-4}$$

从上面两式可以看到，影响爆轰过程的主要因素有：第一，爆速、爆压与炸药在等容绝热条件下的反应热——爆热 Q_V 的平方根成正比；第二，爆压与炸药密度之成正比；第三，炸药爆轰反应产物分子的热容比 $k = c_p/c_V$，平均分子越小的（轻）气体，爆速越高，爆压越低。

2. 对高压气体状态方程的修正

凝聚态炸药是指固体或者液体炸药，对于该类炸药的爆轰波传播，ZND 模型是适用的。前面的理论推导，对于爆轰燃烧产物采用了理想状态方程。实际的凝聚态炸药爆炸时爆压高达几万兆帕，爆轰产物的密度可达 $2.0\mathrm{g/cm^3}$ 以上，超过炸药的本身密度。在这种情况下，爆轰产物各分子的自身体积基本占据大部分自由空间，产物之间相互作用势能对压力的影响已经相当明显，理想气体状态方程已经不适用于描述爆轰过程的高温、高压气体状态。

高温高压条件下的爆轰产物状态表达，目前尚未有准确和实用的方程，主要采用经验或者半经验的方程，其中多个参数由实验的方法进行反求确定。所有的经验与半经验气体状态方程，其实均是 Virial 状态方程的各种变例。该方程为

$$p = \rho NRT(1 + B\rho + C\rho^2 + D\rho^3 + \cdots) \tag{3-3-5}$$

式中 B，C，$\cdots$ 分别称为第二，第三，$\cdots\cdots$ Virial 系数。它们都是温度 T 的函数，并与气体本性有关。Virial 系数通常由实测的数据拟合得出。当压力 $p \to 0$，密度 $\rho \to 0$ 时，Virial 方程还原为理想气体状态方程。Virial 方程是一个无穷级数方程。统计力学指出，第二 Virial 系数反映了两个气体分子间的相互作用对气体 PVT 关系的影响，第三 Virial 系数则反映了三分子相互作用引起的偏差。该方程由 Kammerlingh-Onnes 于 20 世纪初作为纯经验方程提出。考虑有以下方面。

1）Abel 状态方程

考虑气体分子的自身体积，Abel 提出采用余容 α 来修正理想气体状态方程，表达式为

$$p = \rho NRT/(1-\alpha\rho) \quad (3-3-6)$$

爆轰波参数计算为

$$D = \frac{\rho}{1-\alpha\rho}\sqrt{2(k^2-1)Q_V} \quad (3-3-7)$$

对于密度不高的，一般小于 0.5g/cm³ 凝聚态炸药，该状态方程的符合程度还是不错的，另外在火药作为发射药被采用，压力一般在几百兆帕时，该状态方程具有适用性。

2) Tayler–Virial 展开方程

在 Maxwell–Boltzmann 光滑球形分子动力学理论和 Boltzmann 密度展开式的基础上，Tayler 采用了 Virial 四项展开方程：

$$p = \rho NRT(1 + b\rho + 0.625 b^2\rho^2 + 0.287 b^3\rho^3 + 0.193 b^4\rho^4) \quad (3-3-8)$$

式中：b 为分子余容，是分子体积的 4 倍乘以阿伏伽德罗常数，且有

$$b = \sum_{i=1}^{N} n_i b_i \quad (3-3-9)$$

该方程与 Abel 状态方程类似，只是将余容考虑的更为充分与具体。Tayler 给出常见的爆轰产物的余容 b_i 值，见表 3-3-1。

表 3-3-1 高温气体余容 b_i 值

气体	$b_i/(\text{cm}^3\cdot\text{mol}^{-1})$	气体	$b_i/(\text{cm}^3\cdot\text{mol}^{-1})$
氨	15.2	一氧化氮	37.0
二氧化碳(转动)	63.0	氮	34.0
二氧化碳(不转)	37.0	一氧化二氮	63.0
一氧化碳	33.0	水蒸气	7.9
氢	14.0	甲烷	37.0
氧	35.0		

该方程用于常见炸药(如太安、梯恩梯、黑索今)，计算得到的爆速与实验测试值的误差在 15% 以内，该方程中参数采用理论计算，无须实验测定，使用方便；并且内能仅为温度的函数，用于炸药膨胀做功计算特别方便。

3) BKW 状态方程

Becker 在 1922 年提出一个爆轰产物的状态方程，其余容为指数函数

$$p = \rho NRT(1 + b\rho e^{\rho b} - \alpha\rho^2 + \beta\rho^7) \quad (3-3-10)$$

后两项表示分子之间远距离的相互作用。后来 Kistiakowski、Wilson、Halford 又将该方程发展为余容作为密度和温度的函数，称为 BKW 状态

方程

$$p = \rho NRT(1 + \chi e^{\beta \chi}) \quad (3-3-11)$$

$$\chi = K \sum n_i k_i \rho (T + \theta)^\alpha \quad (3-3-12)$$

在有关参考文献中可以得到相关参数。BKW方程对于C、H、O、N炸药的计算与实验值相当接近,因此应用广泛。

4)LJD状态方程

1937年Lenard、Devonshile、Jones将爆轰产物当作液体,提出了状态方程

$$(p + dN/V^2)(V - 0.7816(Nb)^{\frac{1}{3}} V^{\frac{2}{3}}) = RT \quad (3-3-13)$$

式中:V为摩尔体积;N为所用的基本单元粒数;b为分子余容,是分子体积的4倍;d为液体中相邻分子中心之间的平均距离。

该方程对于密度低于1.3g/cm³的炸药计算较为适用,对于密度高的凝聚态炸药计算值与实验值差距较大,一般很少采用。

5)Ландау和Станюкобич状态方程

Ландау和Станюкобич首先将炸药爆轰产物视为固体结晶。固体的能量一种是原子与原子、分子与分子之间相互作用的弹性能量,另一种为原子或分子在平衡位置上振动的热能,一般的状态方程为

$$p = \phi(\rho) + f(\rho) T \quad (3-3-14)$$

式中:$\phi(\rho)$为由于分子相互作用的压力,仅与密度有关;$f(\rho)T$为与分子热运动和振动有关作用力,当分子间距离小时,既有引力也有斥力。

关于$\phi(\rho)$的计算

$$\phi(\rho) = a\rho^n - b\rho^m \quad (3-3-15)$$

式中:$a\rho^n$为斥力;$b\rho^m$为引力。

凝聚态炸药爆轰产物密度大,分子间距离短,斥力远大于引力,则状态方程简化为

$$p = A\rho^\gamma + f(\rho) T \quad (3-3-16)$$

在压力大时,$f(\rho) = B\rho$,式中B为体积的函数,压力大时,B为常数,压力小时,$B \to R$,由此得到的状态方程为

$$p = A\rho^\gamma + B\rho T \quad (3-3-17)$$

压力小时,$f(\rho) = R\rho$。

该状态方程物理意义明确,但是各个参数确定较为繁琐并有不确定性。

3.3.3 爆轰速率与参数近似计算

目前对于炸药爆轰的理论计算仍然处于定性的阶段,其根本原因在于炸药的分子结构与化学反应、物理结构对反应速率的影响没有准确的定量本构关系。准确的爆轰参数仍然来源于实验测试结果。所以对爆轰参数的近似推算成为研究中的一种数据来源。

1. 经验推算法

依据 Ландау - Станюкобич 状态方程,忽略 $f(\rho)T$ 项,状态方程成为

$$p = A\rho^\gamma \quad (3-3-18)$$

式中:A 和 γ 与炸药的性质有关。

一般情况下,γ 取为 3,在该取值时,凝聚态炸药的爆轰参数近似如下:

爆速 $\qquad D = 4\sqrt{Q_V} \quad (3-3-19)$

爆压 $\qquad p_2 = \rho_0 D^2/4 \quad (3-3-20)$

爆轰产物密度 $\qquad \rho_2 = \dfrac{4}{3}\rho_0 \quad (3-3-21)$

爆轰产物速度 $\qquad u_2 = \dfrac{1}{4}D \quad (3-3-22)$

爆轰产物声速 $\qquad c_2 = \dfrac{3}{4}D \quad (3-3-23)$

2. Kamlet 经验公式

1968 年,Kamlet 等提出了 C、H、O、N 炸药的爆压、爆速的半经验计算公式(适用于炸药装药密度大于 $1.0 \mathrm{g/cm^3}$ 的情况)。

$$p_2 = 15.58\varphi\rho_0^2 \quad (3-3-24)$$
$$D = 1.01\varphi^{1/2}(1 + 1.30\rho_0) \quad (3-3-25)$$
$$\varphi = NM^{1/2}Q_V^{1/2} \quad (3-3-26)$$

式中:D 为爆速(以 $10^3 \mathrm{m/s}$ 计);ρ_0 为炸药装药密度(以 $\mathrm{g/cm^3}$ 计);p_2 为爆压,C-J 爆轰压力(以 $10^3 \mathrm{Pa}$ 计);Q_V 为爆热;N 为爆轰气体产物每克摩尔数;M 为爆轰产物平均相对分子质量。

该经验公式对常用 C、H、O、N 炸药的估算精度较高,与实验测试值误差在 3% 以内。但是对于含其他元素的炸药爆轰产物的计算需要借助于其他计算方法,以提高计算准确度。

3. 氮当量估算公式

我国的张厚生、国迁贤等提出了爆速、爆压估算公式

$$D = (690 + 1160\rho_0)\sum N \text{(m/s)} \quad (3-3-27)$$

$$p = 1.092(\rho_0 \sum N)^2 - 0.547 \quad (3-3-28)$$

式中：$\sum N = 100\sum x_i N_i / M$ 为炸药氮当量；N_i 为第 i 种组分氮当量系数；ρ_0 为炸药装药密度（以 g/cm³ 计）；x_i 为单位质量炸药生成第 i 种组分摩尔分数；M 为炸药相对分子质量。

该公式简单、方便，不需要炸药的爆热，但准确性不够。后来又有人对该公式中的氮当量计算进行了修正，使公式的准确度有所提高，但计算时需要有一定的数据库支持，计算并不简单。

3.3.4 爆轰作用与效果

炸药爆轰完成以后，是一个以反应产物为介质的局部高温、高压状态。在没有约束条件下，对外膨胀做功。在有约束的条件下，与边界进行能量传递、转换。

1. 爆轰产物的直接破坏作用

炸药爆轰形成的爆轰产物和冲击波（或应力波）对目标弹丸爆炸时，形成高温—高压气体，以极高的速度向四周膨胀，强烈作用于周围邻近的目标上，使之破坏或燃烧。由于作用于目标上的压力随距离的增大而下降很快，因此它对目标的破坏区域很小，只有与目标接触爆炸才能充分发挥作用。

以上是弹药（炸弹）的普通作用效果，其作用效果可以采用绝热膨胀物理化学过程表达。

如果球状炸药从圆心爆轰，则为最理想的炸药利用膨胀做功过程。压力与膨胀半径（距离）之间存在如下关系：

球状体积 $V = 4\pi R^3 / 3$

圆柱体体积 $V = \pi R^2 L$

立方体体积 $V = L^3$

L 为装药长度，当 L 无限长时，炸药装药直径将趋于零，这时对外做功也趋于零。在临界爆轰装药直径以内，仅仅起到爆轰波传递作用。所以炸药的形状、结构对能量的释放过程与作用效果起到至关重要的作用。

2. 爆轰冲击波的作用

1）爆轰波对正面刚性壁面作用冲量

图 3-3-1 是长度为 L 的圆柱形炸药爆轰波到达右壁面时发生反射形成左

传冲击波的情况，由于凝聚炸药爆轰时气体产物已经被压缩到很紧密的程度，并忽略侧向稀疏波的影响，因此，冲击波传播过后产物的熵值增加很小。本问题仍可近似地按等熵流动处理。

显然，在 $t = L/D$（爆轰波达到刚性壁面）之前为右传中心简单波流场，具有以下关系：

$$\begin{cases} x = (u+c)t \\ u - c = -D/2 \end{cases} \quad (3-3-29)$$

式中：D 为炸药爆轰速度；u 为产物流动速率；c 为声速；t 为时间；L 为装药长度。

而在 $t \geqslant L/D$ 时，形成了从刚性壁面反射回来的左传波系。由于波系是在被 $t=0$，$x=0$ 处发出的右传中心稀疏波扰动过的区域当中传播的，因此在被第一道反射压缩波传过之后的区域是唯一复合波流场，其流动规律在假设反射压缩波仍为弱的等熵波条件下可近似地用一维等熵流动方程组进行一般简化解来描述，可以得到刚性壁面处爆轰产物压力的变化规律

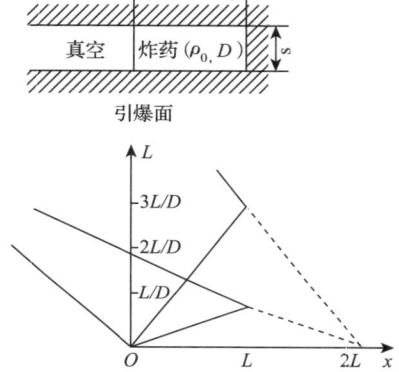

图 3-3-1 爆轰波对迎面刚壁的作用

$$p = \frac{16\rho_0}{27D}\left(\frac{L}{t}\right)^3 \quad (3-3-30)$$

式中：ρ_0 为炸药装药密度；D 为炸药线性爆速；L 为装药的长度。由此可以求出作用在刚性壁面的总冲量

$$I = \int_{\frac{L}{D}}^{+\infty} Sp\mathrm{d}t = \frac{8}{27}SL\rho_0 D = \frac{8}{27}mD \quad (3-3-31)$$

式中：$m = SL\rho_0$ 为炸药装药总质量。

可以看到，炸药爆轰对零距离的刚性作用的冲量与爆速成正比，如果以燃烧的方式作用，则仅有静压力作用。

2）爆轰波对刚性侧壁的作用冲量

长度为 L 的炸药在无限长的刚性管中爆炸，炸药从左侧引爆，如图 3-3-2 所示，现在考虑在 $x = a$ 断面处单位面积上所受到的爆炸作用比冲量。在 $0 \leqslant a \leqslant L$ 范围内，任一断面的比冲量为

$$I(\alpha) = \frac{I_0}{8}\left[1 + 6\alpha(1-\alpha) + \frac{2}{3}\alpha\ln\frac{3-2\alpha}{\alpha} + 6\alpha(1-\alpha)(2\alpha-1)\ln\frac{3-2\alpha}{2(1-\alpha)}\right]$$

(3-3-32)

式中：$\alpha = a/L$；$I_0 = \frac{8}{27}\rho_0 LD$。

可以看到，爆炸对侧壁作用冲量同样与爆速、装药量成正比，但小于正面刚性壁面的冲量。

对于任一 α 值，可以计算出侧壁所承受的比冲量，例如：

$a = 0$, $\quad\alpha = 0$, $\quad I = 0.125 I_0$

$a = L/4$, $\quad\alpha = 0.25$, $\quad I = 0.340 I_0$

$a = L/2$, $\quad\alpha = 0.50$, $\quad I = 0.430 I_0$

$a = 3L/4$, $\quad\alpha = 0.75$, $\quad I = 0.440 I_0$

$a = L$, $\quad\alpha = 1.0$, $\quad I = 0.125 I_0$

3）爆炸驱动作用

爆炸所产生的高温高压产物和冲击波，对一定形状的物体具体推动作用，这是武器弹药的基本原理之一。炸药爆炸所推动的飞片速度可以达到数千米每秒甚至上万米每秒。

例如简单地考虑爆炸对刚性活塞的一维推动作用，如图 3-3-3 所示，对于质量为 M 的刚性活塞，密度为 ρ_0，长度为 L 的炸药装药在左端引爆，关于爆轰波的传播与刚性壁面作用相同。在爆轰波压力与冲击波的作用下，活塞开始运动。根据牛顿力学第二定律，活塞的速度为

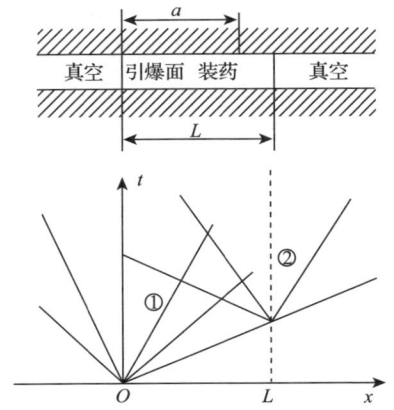
图 3-3-2　一端引爆时产物对刚性侧壁的作用

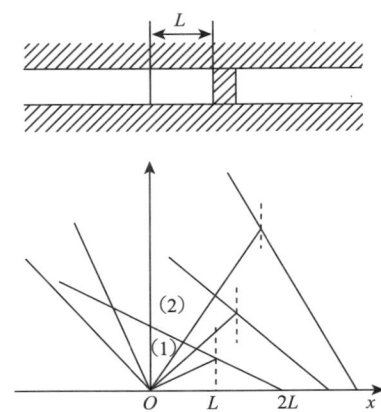
图 3-3-3　爆炸对活塞的一维推动作用

$$S_0 p_b = M\frac{dv}{dt}$$

(3-3-33)

式中：S_0 为刚性活塞截面积；v 运动为速度；p_b 为活塞所受压力。

在简化条件下，可得

$$V = D\left[1 + \frac{\vartheta - 1}{\eta\vartheta} - \frac{I\vartheta}{Dt}\right] \quad (3-3-34)$$

$$\vartheta = [1 + 2\eta(1 - I/Dt)]^{-\frac{1}{2}} \quad (3-3-35)$$

$$\eta = \frac{16m}{27M} \quad (3-3-36)$$

无限长炸药爆炸，$t \to +\infty$，则 $\vartheta = [1 + 2\eta]^{-\frac{1}{2}}$ 为活塞获得最大的速度

$$V_{max}/D = 1 + \frac{\vartheta - 1}{\eta\vartheta} = 1 - \frac{1}{\eta}[\sqrt{1 + 2\eta} - 1] \quad (3-3-37)$$

当装药量无限大，$\eta \to \infty$，$V_{max} = D$，物体抛射速度达到爆速。

冲击波是一种状态参数有突跃的强扰动传播。它是由爆炸时高温—高压的爆轰产物以极高的速度向周围膨胀飞散，强烈压缩邻层介质，使其密度、压力和温度骤然升高并高速传播而形成的。

冲击波波阵面(扰动区与未扰动区的界面)上具有很高的压力，通常以超过环境大气压的压力值表征，称为超压。波阵面后的介质质点也以较高的速度运动，形成冲击压力(称为动压)。当冲击波在一定距离内遇到目标时，将以很高的压力(超压与动压之和)或冲量作用于目标上，使其遭到破坏。其破坏作用与爆炸装药、目标特性、目标与爆心的距离和目标对冲击波的反射等因素有关。通常大药量装药(装药量超过 300g)爆炸的破坏作用以冲击波的最大压力(或称静压)表征；而常规弹药小药量爆炸，由于正压作用时间远小于目标自振周期，属于冲击载荷，故以常用冲量或比冲量表征。破坏不同的目标，需要的超压或冲量也不同。一般对各种建筑物或技术装备，常以破坏半径来衡量冲击波的破坏作用；而对有生目标则以致命杀伤半径表征冲击波的作用范围。目标离爆心近时，破坏作用虽强烈，但受作用的面积小，多为局部性破坏；反之，波阵面压力虽然衰减，但受作用面积大，波的正压作用时间长，易引起大面积、总体性的破坏。

弹药在水中爆炸时，不但产生冲击波，而且水中冲击波脱离爆轰产物后，爆轰产物还会出现多次膨胀、压缩的气泡脉动，并形成稀疏波与压缩波。气泡第一次脉动形成的压缩波，对目标也具有实际破坏作用。

以上可以看到，对于爆轰冲击波，能量释放的控制主要与爆速有关，在炸药配方组成确定之后，主要与装药密度相关。

3.3.5 炸药爆轰过程能量释放控制

装药爆轰作用主要有热能对外做功和动量对作用对象的损伤，这些均与爆

轰的速度、装药的结构有关。

1. 爆轰速度的控制

根据前面对爆轰波传播规律的分析，基于绝热、无限大的尺度假设，决定炸药爆轰速度的主要因素是炸药的组分与组成。实际的炸药装药尺寸是有限的，实际应用的炸药主要是以晶体炸药为主，其微观与宏观物理结构对爆轰速度也有明显的影响。

1）装药直径影响与临界直径

实验证实，对于一定的装药密度的炸药装药，随着装药直径的变化而变化，基本上直径变小，爆速减小。当直径小到一定值后，爆轰将不能稳定传播，将此认为是炸药的爆轰临界直径。但当直径增加到一定值后，爆速不再增加，此时的爆速为炸药的理想爆轰速度。

对于炸药装药直径对爆速的影响，可以做出如下解释：当爆轰波沿着有限尺寸的药柱传播时，爆轰波化学反应区除了化学反应放热外，同时存在能量耗散，这是由于反应区内的压力很高，高压反应产物的膨胀实际上就不是一维地向后传播，同时也侧向膨胀，而侧向的膨胀引起的稀疏波对爆轰波的贡献为负值，可以归结为一种能量耗散。装药直径越小，这种影响就越显著，导致爆轰波不能稳定传播。当直径增大到一定值后，侧向稀疏波引起的能量耗散影响将降低到最小程度。

不同的炸药分子结构与组成有不同的爆轰临界直径 D_k。目前，叠氮化铅具有最小的爆轰临界直径，是最早的雷管起爆药。

对于 C、H、O、N 体系的单质炸药，能量越高，临界爆轰直径越小。表 3-3-2 列出了同样条件下的炸药爆轰临界直径。

表 3-3-2　相同条件下不同炸药爆轰临界直径

炸药	D_k/mm	炸药	D_k/mm	炸药	D_k/mm
$Pb(N_3)_2$	0.01~0.02	苦味酸	6.0	TNT10/AN90	15
太安	1.0~1.5	TNT	8.0~10.0	AN80/Al20	12
RDX	1.0~1.5	TNT21/AN79	10~12.0	AN	100

2）炸药粒度影响

一般情况下，炸药的颗粒度越小，化学反应速率越快。表 3-3-3 列出了不同装药密度和不同颗粒度下的爆轰临界直径。

表 3-3-3　几种炸药粒度的临界直径

炸药	密度/(g·cm^{-3})	颗粒度/mm	D_k/mm
TNT	0.85	0.01~0.05	4.5~5.4
		0.07~0.2	10.5~11.2
太安	1.00	0.025~0.1	0.7~0.86
		0.15~0.25	2.1~2.2
苦味酸	0.70	0.01~0.05	2.1~2.28
	0.80	0.05~0.07	3.6~3.7
	0.95	0.10~0.75	3.9~9.25

3) 装药密度

通常情况下，单质炸药装药密度增加，爆轰临界直径减小。例如 TNT 的炸药密度由 0.85g/cm³ 增加至 1.5g/cm³ 时，爆轰临界直径减小 2/3。

但单质炸药密度接近晶体密度时，爆轰临界直径又呈增加趋势。该现象可以采用爆轰波的热传递点火和空隙热点点火机理加以解释。

对于氧化剂/燃料炸药体系，在一定密度范围内，密度增加，爆轰临界直径增加，这时该类炸药以热传递、分解、扩散反应机理为主。当密度超过一定数值后，临界直径将随密度增加而减小。后者将以热点点火机理为主。

4) 炸药装药密度与爆轰参数关系

(1) 炸药装药密度与爆速的关系。

对于单质炸药，如 TNT、RDX、HMX、钝化太安等，当炸药密度大于 1.0g/cm³ 以后，炸药的爆速与装药密度呈线性关系，即

$$D_\rho = D_{1.0} + M(\rho - 1.0) \quad (3-3-38)$$

式中：$D_{1.0}$ 为密度 1.0g/cm³ 时的炸药爆速，一般为 5000~6000m/s；M 为与炸药有关的系数，对于大多数单质炸药，M 为 3000~4000。几种炸药的爆速的 $D_{1.0}$ 和 M 值如表 3-3-4 所列。

表 3-3-4　几种炸药爆速的 $D_{1.0}$ 和 M 值

炸药	$D_{1.0}$/(m·s^{-1})	M	炸药	$D_{1.0}$/(m·s^{-1})	M
TNT	5010	3225	苦味酸	5225	3045
RDX	6080	3590	硝基胍	5460	4015
HMX	5720	3735	RDX91/石蜡9	5780	4000
特屈儿	5600	3225	太安50/TNT50	5480	3100
太安	5550	3950	硝酸铵50/TNT50	5100	4150
B炸药	5690	3085	RDX73/Al18/石蜡9	4785	4415
			RDX42/TNT40/Al18	4650	3065

对于氧化剂/燃料(如 AN/木粉)混合炸药,在密度低于 $1.2g/cm^3$ 时,爆速随装药密度的增加而增加,而后,其爆速却随密度增加而降低,这与爆轰化学反应机理和能量传递有关。

(2)装药密度与爆压的关系。

一般情况下,爆轰压力与炸药装药密度的平方成正比关系,按照氮当量计算,有

$$p_H = 1.092(\rho \sum N)^2 - 0.572 \qquad (3-3-39)$$

可以看到,当炸药的组分、组成确定以后,无论是炸药的线性反应速率(爆速)还是爆压,均可以通过炸药装药密度来控制。增加密度不仅可以增加炸药装药的总能量,而且可以对能量释放过程进行调节与控制。

2. 炸药爆轰波的形状控制

力学原理与实验证明,爆轰波的传播与光的传播类似,遵从几何光学的 Huygens - Fresnel 原理。

爆轰波传播方向总是垂直于波阵面。对于无限大尺度的炸药爆轰,可以认为是如图 3-3-4 所示的球形爆轰波,该情况下,爆轰波的曲率半径将不断扩展、增加。对于有限直径、足够长度的圆柱形炸药,爆轰波在传播一定距离之后,将稳定成为平面爆轰波的形状如图 3-3-5 所示。

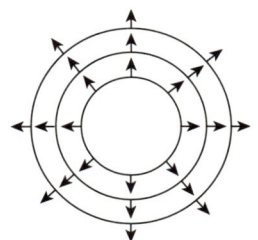
图 3-3-4 球形爆轰波与传播

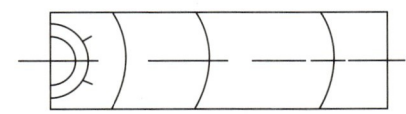
图 3-3-5 圆柱形爆轰波与传播

因为爆轰波传播具有矢量(方向)性、反射、折射等作用,通过这些作用原理可以实现对能量释放过程的控制。

3. 聚能作用与装药

聚能效应通常称为"门罗效应"。

首先观察不同装药结构爆炸后对装甲的不同作用,如图 3-3-6 所示,在同一块靶板上安置了 4 个不同结构形式但外形尺寸相同的药柱。当使用相同的电雷管分别引爆它们时,将会观察到对靶板破坏效果的极大差异:圆柱形装药

只在靶板上炸出了很浅的凹坑(图3-3-6(a));带有锥形凹槽的装药炸出了较深的凹坑(图3-3-6(b));锥形凹槽内衬有金属药型罩的装药,炸出了更深的洞(图3-3-6(c));锥形凹槽内衬有金属药型罩且药型罩距靶板有一定距离的装药却穿透靶板,形成了入口大而出口小的喇叭形通孔(图3-3-6(d))。

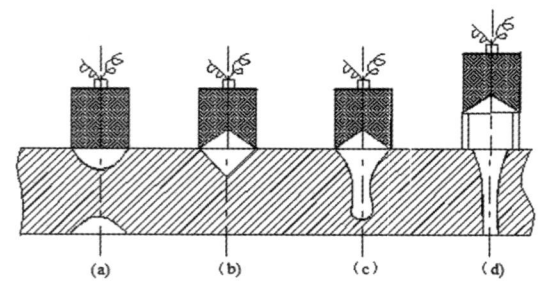

图3-3-6 不同装药结构对靶板的破坏作用效果
(a)圆柱形装药;(b)锥形凹槽装药;
(c)锥形装药;(d)靶板一定距离凹槽锥形装药。

上述现象可以通过爆轰理论来说明。由爆轰理论可知,一定形状的药柱爆炸时,必将产生高温、高压的爆轰产物。在瞬时爆轰条件下,可以认为这些产物将沿炸药表面的法线方向向外飞散,因而在不同方向上炸药爆炸能量也不相同。根据角平分线的方法确定作用在不同方向上的有效装药,如图3-3-7所示,圆柱形装药作用在靶板方向上的有效装药仅仅是整个装药的很小部分。又由于药柱对靶板的作用面积较大(装药的底面积),因而能量密度较小,其结果只能在靶板上炸出很浅的凹坑。

然而,当装药带有凹槽后,情况就发生了变化。如图3-3-8所示,虽然有凹槽使整个装药量减小,但有效装药量并不减少,而且凹槽部分的爆轰产物

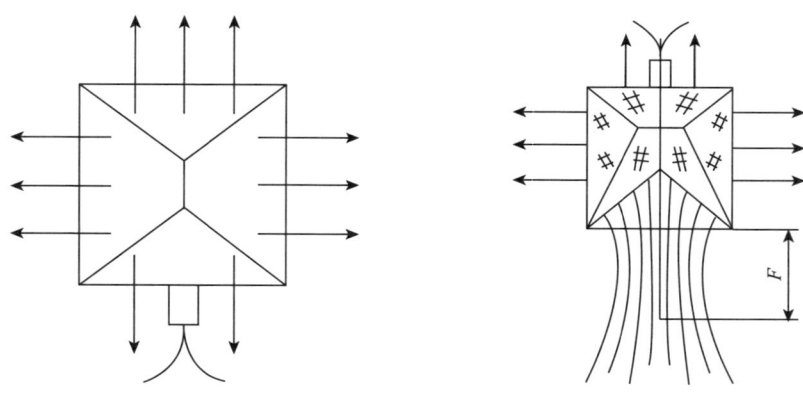

图3-3-7 圆柱形装药爆轰产物的飞散　　图3-3-8 无罩聚能装药爆轰产物的飞散

也将沿装药表面的法线方向向外飞散,并且互相碰撞、挤压,在轴线上汇合,最终将形成一股高压、高速和高密度的气体流。此时,由于气体流对靶板的作用面积减小,能量密度提高,故能炸出较深的坑。这种利用装药一端的空穴使能量集中,从而提高爆炸后局部破坏作用的效应,称为"聚能效应"。

由图 3-3-8 还可以看出,在气体流汇集的过程中,总会出现直径最小、能量密度最高的气体流断面。该断面称为"焦点",而焦点至凹槽底端面的距离则称为"焦距"(图中的距离 F)。不难理解,气体流在焦点前后的能量密度都将低于焦点处的能量密度,因而适当提高装药至靶板的距离可以获得更好的爆炸效果。装药爆炸时,凹槽底端面至靶板的实际距离称为炸高。炸高的大小无疑将影响气体流对靶板的作用效果。至于锥形凹槽内衬有金属药型罩的装药,之所以会提高破甲效果,简单地说,是因为炸药爆炸时,所汇聚的爆轰产物压垮药型罩,使其在轴线上闭合并形成能量密度更高的金属射流,从而增加对靶板的侵彻深度;而具有一定炸高时,金属射流在冲击靶板前进一步拉长,在靶板上形成更深的穿孔。

4. 金属射流的形成

如图 3-3-9 所示,当带有金属药型罩的炸药装药被引爆后,爆轰波将从装药底部向前传播,传到哪里,哪里的炸药就爆轰,并产生高温、高压的爆轰产物。当爆轰波传播到药型罩顶部时,所产生的爆轰产物将以很高的压力冲量作用于药型罩顶部,从而引起药型罩顶部的高速变形。随着爆轰波的向前传播,这种变形将从药型罩顶部到底部相继发生。其变形速度(也称压垮速度)很大,一般可达 1000~3000m/s。可以认为,在药型罩被压垮的过程中,药型罩微元

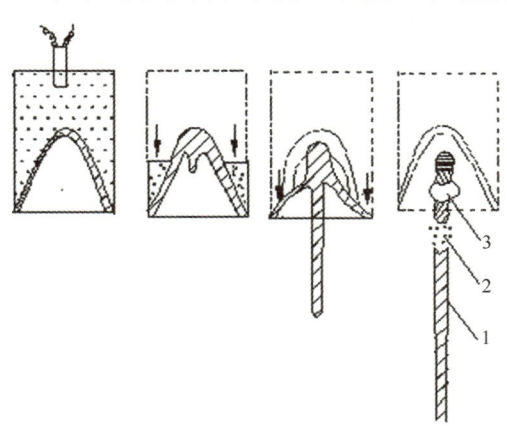

图 3-3-9 金属射流的形成

1—射流;2—碎片;3—杵体。

也是沿罩面的法线方向做塑性流动,并在轴线上汇合(也称闭合),汇合后将沿轴线方向运动。

实验和理论分析都已表明,药型罩闭合后,罩内表面金属的合成速度大于压垮速度,从而形成金属射流(简称射流);而罩外表面金属的合成速度小于压垮速度,从而形成杵状体(简称杵体)。就目前的情况看,射流的头部速度可达 $7000 \sim 10000 \text{m/s}$,而杵体的速度一般为 $500 \sim 1000 \text{m/s}$。

不仅锥形罩能产生聚能作用,其他如抛物线形罩和半球形罩等也能产生聚能作用,这些都属于轴对称聚能装药。锥形罩也有圆锥形、喇叭形、双锥罩等多种形状。有时,药型罩可以做得很长,用以产生一条聚能射流,起切割作用,这种装药称为线型聚能装药或切割索。轴对称和平面对称型聚能装药应用很广,如在军事上,用于对付各种装甲目标;在工程爆破中,可用于土层和岩石上打孔(勘探领域);在野外切割钢板、钢梁;在水下切割构件(打捞沉船时切割船体)。

炸药爆炸聚能作用本质上是利用爆轰波具有矢量(方向)性,可以折射、反射而汇聚,可以认为是一种能量释放在空间维度下的控制。

5. 爆轰波发射器与爆炸逻辑网络

在工程实践中炸药(如弹药)的爆轰是由雷管的爆轰波引发,经传爆药放大,然后主炸药稳定爆轰,完成炸药的能量释放。其中爆轰波的引发是炸药能量释放的起始部分,对主装药的能量释放具有至关重要的影响。

1)爆轰波发射器

通过不同爆速和不同装药结构,可以实现不同结构的爆轰波发射器。

图 3-3-10 是由高、低爆速的两种炸药组合而成的**直线爆轰波发射器**。高爆速炸药为线条状,低爆速炸药为片状,两者平铺在一个平面内。可以由爆速 D_1、D_2 和夹角 α 来确定两束爆轰波同时到达一个界面,即 $\cos\alpha = D_2/D_1$。

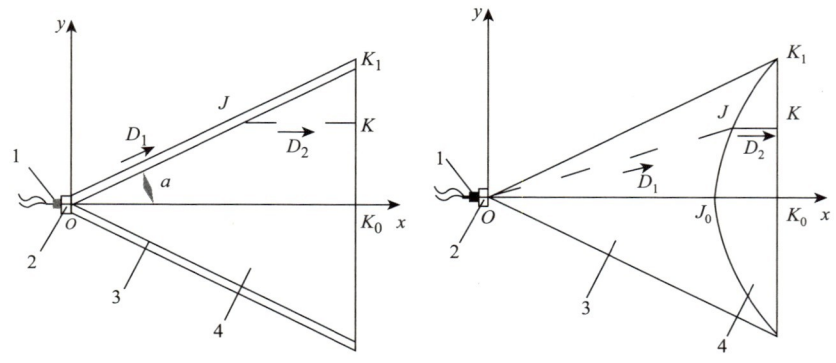

图 3-3-10 直线爆轰波发生器(Ⅰ与Ⅱ)

1—雷管;2—传爆药;3—高爆速炸药;4—低爆速炸药。

将图 3-3-10 结构中高低爆速炸药由条状和片状变成轴对称的回转体、锥状体，即成为**平面爆轰波发射器**。

同样基于爆轰波的传播方向性与时效性，设计如图 3-3-11 所示的轴对称结构，对 D_1、D_2 和 R 进行选择，即为**半球形爆轰波发射器**。

2) 爆炸逻辑网络

逻辑网络是一个提供某种特定功能的结构、路线的网络。

可以认为爆炸逻辑网络是爆轰波按照一定的逻辑路线进行传播，实现时间、空间的起爆或者点火的控制。

逻辑网络可以是二维或者三维，利用爆速与路径的不同，实现在时间上的控制。

塑料导爆索可以在一较大的空间内设计并布置成为一个爆炸逻辑网络，也可以微刻成为微型的起爆或者点火器。

图 3-3-12 为一个平面爆轰波发生器，也是一个简单的爆轰波网络。

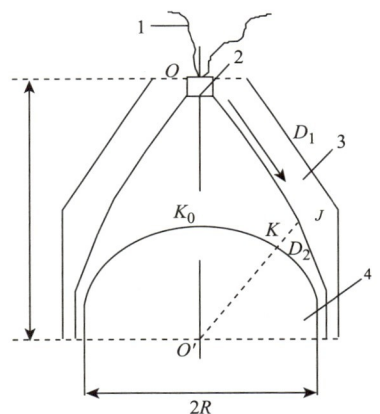
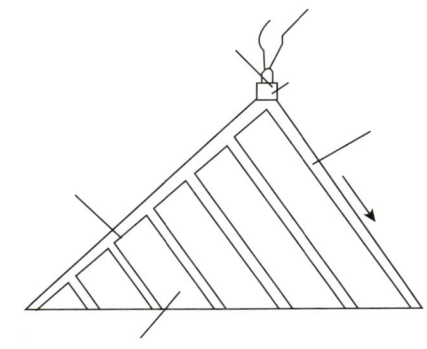

图 3-3-11　半球波爆轰波发生器　　图 3-3-12　简单平面爆轰波网络

1—雷管；2—传爆药；3—高爆速炸药；4—低爆速炸药。

3.4　火药线性燃烧速率

火炸药以燃烧释放能量的称为火药，在火炮中使用时称为发射药，在火箭发动机中使用时通常称为推进剂。本书中以燃烧为内容的部分均以火药称谓。火药的线性燃烧速率是一定压力条件下，指沿火药表面法向在单位时间内所燃烧长度。经过长期的理论研究与实验验证，无论是均质火药还是复合火药，燃烧过程都相当复杂。但是，常用的燃速公式（$u=u_1p^v$或$u=a+bp^v$）很简单，它除了能表明火药燃速与压力有明显的关系以外，所有其他影响火药燃速的因素都被综合为两个系数u_1、v或者a与b。这些关系式虽然能够比较确切地反映不同火药的燃速，但它们不能直接反映火药燃速与火药配方组成和分子结构的关系，这是火炸药本构关系的一类。数十年来，许多研究者为此进行了探索。由于火药的真实燃烧过程相当复杂，特别是在燃烧反应过程中许多化学反应只能假设或者推断，火药的燃烧理论都是在一些假设的前提下，建立简化的火药燃烧模型，推导出火药燃速与其主要的物理化学参数及外部条件的关系式，通过实验进行验证其合理性。这些关系式不仅具有理论分析意义，而且是人类对火药的一种科学认知，同时是火药应用技术的科学基础。

3.4.1 均质火药燃烧初步理论分析

1938年，苏联学者 Я. Б. ЗЕЛЬДОВЦЦ 建立了混合可燃气体稳态燃烧理论。同年 А. Ф. БЕЛЯЕВ 在研究易挥发性火药的燃烧时，发现火药在燃烧时首先蒸发，而后在气相进行燃烧。对于固体均质火药，1942年 Я. Б. ЗЕЛЬДОВЦЦ 根据易挥发性火药燃烧模型类推，提出了均质火药的燃烧模型。假设：

(1) 火药的结构是均质、各向同性的；

(2) 均质火药通过（无热效应）多相反应，首先转变为气态物质，这些物质在靠近均质火药表面的气相中燃烧并放出热量；

(3) 火药分解气体的反应活化能相当大，燃烧在某个很窄的的区间内进行；

(4) 火焰波峰及相界面是平面，即燃烧是一维的；

(5) 火药的燃烧是稳态的，即燃速、温度分布等均不随时间变化。

在这些假设下，Я. Б. ЗЕЛЬДОВЦЦ 设想火药燃烧时的温度分布如图3-4-1所示，图3-4-1中$-\infty<x<0$为凝聚相加热区，该区的温度分布服从米海里松定律，即

$$T=T_0+(T_s-T_0)\exp(-ux/a) \qquad (3-4-1)$$

在$0<x<x_1$区间，火药分解气体被继续加热，但不发生化学反应，此区的温度分布仍然服从米海里松定律，即

$$T=T_s+(T_1-T_s)\exp(-u_g\rho_gc_gx/\lambda_g) \qquad (3-4-2)$$

式中，ρ_g、c_g、λ_g、u_g分别为火药气态分解产物的密度、比热容、导热系数与燃速。

当火药分解产物被加热到T_1时即被点燃，且在$T_1\sim T_f$区间内完成燃烧并

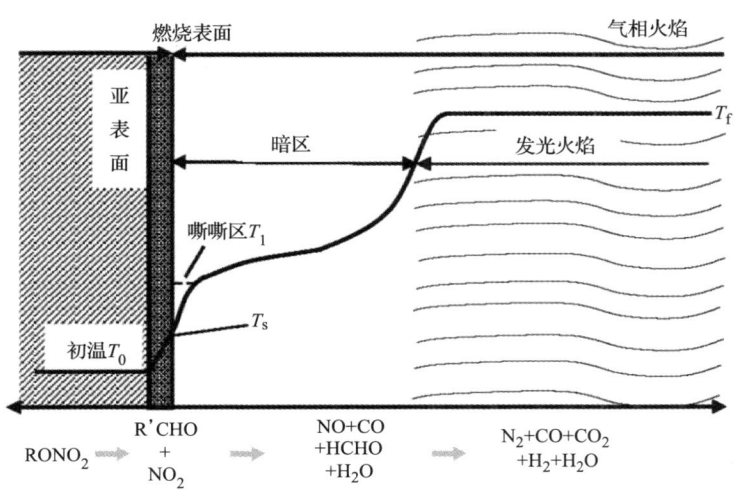

图 3-4-1 均质火药燃烧模型温度分布示意图

释放出全部热量。因此，火药分解气体的燃烧速度取决于这一区间的燃烧过程。由于假定火药是稳态燃烧，所以，火药的燃速也取决于这一区间的燃烧过程。根据这一区间的热平衡条件，可以写出火药气相燃烧速度与各种因素的关系为

$$\frac{d}{dx}\left(\lambda_g \frac{dT}{dx}\right) - \rho_g u_g c_g \frac{dT}{dx} + Q_b W(T, b) = 0 \quad (3-4-3)$$

式中：Q_b 为气相反应的热效应；$W(T, b)$ 为气相化学反应速度；b 为反应产物的气相浓度。

式(3-4-3)中包含着多个未知数，其中 Q_b 是温度的函数。而气相化学反应速度则是温度与反应产物相对浓度的函数。若能求出反应产物浓度与温度梯度(dT/dx)的关系，从而可以求得火药的燃速 u_g。

由动力学可知，若忽略热扩散，则在火焰区中浓度场与温度场具有相似性，这时物质的扩散方程为

$$\frac{d}{dx}\left(D\rho_g \frac{db}{dx}\right) - \rho_g u_g \frac{db}{dx} + W(T, b) = 0 \quad (3-4-4)$$

同样，因为浓度场与温度场相似，$D = \lambda_g/\rho_g c_g$。故可利用式(3-4-3)及式(3-4-4)消去化学反应速度，求得组合变量 $b(Q_b - c_g T)$ 的线性微分方程：

$$\frac{d}{dx}\left(D\rho_g \frac{d(Q_b - c_g T)}{dx}\right) - \rho_g u_g \frac{d(Q_b - c_g T)}{dx} = 0 \quad (3-4-5)$$

由于假定 c_g 不随温度变化，$D\rho_g$ 近似为常数，于是，积分式(3-4-5)可得

$$bQ_b - c_g T = c_1 + c_2 \exp\int_0^x \frac{U_g}{D} dx \quad (3-4-6)$$

当 $x \to \infty$ 时，无论是燃烧产物的浓度还是温度都不会无限增大，而在气相中 $b(Q_b - c_g T) = $ 常数。在 $T = T_f$ 时，原始物质全部燃尽，产物的相对浓度 $b = 1$，于是可得

$$\begin{cases} bQ_b - c_g T = Q_b - c_g T_f \\ b = 1 - c_g(T_f - T)/Q_b \end{cases} \qquad (3-4-7)$$

可见，反应产物的相对浓度确实是温度的函数，在相分界面上，反应产物的相对浓度为

$$b = 1 - c_g(T_f - T_s)/Q_b \qquad (3-4-8)$$

式(3-4-8)中 b 与 T 之间存在一定的关系，可以将 b 表示为温度的函数。

若令 $Q_b W(T, b) = \varphi(T)$ ($\varphi(T)$ 为火焰区的体积放热速度)，则热传导方程可改写为

$$\frac{d}{dx}\left(\lambda_g \frac{dT}{dx}\right) - \rho_g u_g c_g \frac{dT}{dx} + \varphi(T) = 0 \qquad (3-4-9)$$

由于已假定火药分解产物的反应活化能很高，即反应在很窄的区间内进行，这一区间的温度变化很小，因此，消耗于这一区间反应物质的热量可以忽略不计，即在式(3-4-9)中，$\rho_g u_g c_g dT/dx = 0$，于是

$$-\lambda_g \frac{d^2 T}{dx^2} = \varphi(T) \qquad (3-4-10)$$

在反应结束瞬间($T = T_f$)，$dT/dx = 0$，故积分式(3-4-10)得

$$\frac{dT}{dx} = \sqrt{\frac{2}{\lambda_g} \int_{T_0}^{T_f} \varphi(T) dT} \qquad (3-4-11)$$

因为未考虑火药分解消耗的热量，故反应放出的总热量即为单位质量火药的反应热 Q。且它全部传给低温区，即

$$\lambda_g \frac{dT}{dx} = \rho_g u_g Q \qquad (3-4-12)$$

而 $\rho_g u_g = \rho u$，将式(3-4-12)代入式(3-4-11)，得

$$u = \frac{1}{\rho Q \sqrt{2\lambda_g \int_{T_0}^{T_f} \varphi(T) d(T)}} \qquad (3-4-13)$$

因为 $\phi(T) = QW$，假定火焰区内的反应服从 Arrhenius 定律，即

$$W = W_0 \exp(-E/RT) \qquad (3-4-14)$$

式中：W_0 为常数，将式(3-4-14)代入式(3-4-13)并简化，得

$$u = \frac{1}{\rho}\sqrt{\frac{2\lambda_g}{Q} W_0 \frac{RT^2}{E} \exp\left(-\frac{E}{RT}\right)} \qquad (3-4-15)$$

这就是零级反应时火药的燃速方程。适合于固相反应为主燃烧过程描述。对于

一级反应，有

$$W(T,b) = Z_1 \rho_g (1-b) \exp\left(-\frac{E}{RT}\right) = Z_1 \rho_g c_g \frac{(T_f - T)}{Q} \exp\left(-\frac{E}{RT}\right) \tag{3-4-16}$$

$$\int \varphi(T) dT = Z_1 \rho_g c_g \int (T_f - T) \exp\left(-\frac{E}{RT}\right) dT \tag{3-4-17}$$

$$u = \frac{1}{\rho Q} \frac{RT_f^2}{E} \sqrt{2 Z_1 \lambda_g c_g(T) \rho_g \exp\left(-\frac{E}{RT}\right)} \tag{3-4-18}$$

式(3-4-16)已将火药的燃速与火药的密度、爆热、燃气压力及燃气的一些常数联系起来，若已知火药配方的这些参数，则应该可以计算出该火药的燃速。由火药能量示性数的计算可知，火药的爆热、密度等是可以计算的，但是火药分解产物的反应活化能等参数由于不知道燃烧的确切反应则难以准确确定，故 Я. Б. ЗЕЛЬДОВЦЦ 火药燃烧理论仅具有定性作用，还不能用于火药配方的燃速计算。

3.4.2 均质火药稳态燃烧机理与模型

1973 年久保田浪之介和 Summerfield 根据公认的多阶段稳态燃烧理论，对双基推进剂燃烧波结构的认识提出了双基推进剂燃烧的气相—嘶嘶区为主导反应的物理模型，并据此推导出数学模型，得到燃速和燃烧表面温度的表达式。

根据对燃烧波结构各区厚度的分析可知，低压下暗区厚度很大，远远超过其他各区，因而温度梯度很小。火焰区远离燃烧表面，在小于 0.7MPa 时，甚至观察不到火焰区。据此他们认为火焰区向燃烧表面传递的热量可以忽略不计，并提出了双基推进剂燃速由亚表面、表面反应和嘶嘶区所控制的观点，从而把双基推进剂的燃烧区简化成凝聚相反应区和气相—嘶嘶区两个区。为简化燃速公式推导，假设：燃烧过程是一维传播的数学模型，在恒压下稳定燃烧，火焰区对燃烧表面辐射可忽略不计；凝聚相内无热效应，反应集中在燃烧表面为一级反应；火焰区不影响嘶嘶区对燃烧表面的传热；凝聚相和嘶嘶区内均无组分扩散。对气相—嘶嘶区和凝聚相分别建立能量和质量守恒方程最终导出燃速公式

$$u_m = p \sqrt{\frac{\lambda_g Q_g \varepsilon^{*2} \exp\left(-\frac{E_g}{RT_g}\right)}{\rho_g^2 c_p c_g (T_s - T_0) - \frac{Q_s}{c}(RT_g)^2}} \tag{3-4-19}$$

式中：E 为活化能；T 为温度；R 为气体常数；ε^* 为质量分数；λ 为导热系数；c 为比热容；Q 为化学反应热；ρ 为密度；下标 g 表示气体；p 表示推进剂

(火药); s 表示燃烧表面;0 表示初始状态。

气相温度可以由下式计算,即

$$T_g = T_0 + \frac{Q_s}{c_p} + \frac{Q_g}{c_g} \quad (3-4-20)$$

燃速也可以由下式得到,即

$$u_m = A_s \exp(-E_s/RT_s) \quad (3-4-21)$$

用迭代法从上面三式中求得给定压力和初温下的 u_m、T_s 和 T_g。

由久保田浪之介模型所做的分析与计算,与试验结果相当符合,是目前应用最广泛,为后人引证最多的双基推进剂燃烧模型,当然这些都离不开对推进剂物理化学数据正确合理的选择,否则会带来一定的计算误差。

3.4.3 复合火药的稳态燃烧机理与模型

复合火药是在黏合剂基体中分散有氧化剂、金属添加剂、催化剂等组成的非均相固体混合物,凝聚相受热,其燃烧过程也要比双基火药复杂得多。其中包括氧化剂、黏合剂的热分解、升华、熔化等,但就燃烧过程的实质而言,仍然是以分解产物在气相扩散混合和燃烧,所释放出的热量可使燃气温度升高到等压燃烧温度。根据对复合固体火药燃烧过程中燃速控制步骤及火焰结构的不同认识,国内外曾先后提出许多燃烧理论模型,试图解释其燃烧机理和预测燃烧行为。这些燃烧模型可归结为两类:一类是认为气相放热反应为速度控制步骤的气相型稳态燃烧模型;另一类是认为凝聚相放热应为速度控制步骤的凝聚相型稳态燃烧模型。前者有粒状扩散火焰模型(GDF)和方阵火焰模型。后者有BDP多火焰模型和双火焰模型等。

1. 粒状扩散火焰模型

此模型是气相型稳态燃烧模型。Summerfield 于 20 世纪 60 年代初期在总结大量试验研究的基础上提出了复合火药的粒状扩散火焰模型。该模型对燃烧过程提出了如下假设:

(1)火焰是一维的,稳定的火焰不直接接近燃烧表面。

(2)燃烧表面是干燥和粗糙的,因此氧化剂和黏合剂的气体靠热分解或升华直接由固相逸出,以非预混状态进入气相。

(3)黏合剂与氧化剂仅在气相中互相渗混,在固相中两者不发生反应。

(4)黏合剂的热分解产物以具有一定质量的气团形式从表面发射出来。气体的平均质量比氧化剂颗粒的平均质量小得多,但两者的质量成正比,而与压力无关。气体在通过火焰区的过程中逐渐消逝,其消逝的速度取决于扩散混合与化学反应速度。因为渗混的可燃气体在化学反应中放出热量,所以这种燃烧模型称为"粒状扩散火焰"模型。

(5)氧化剂蒸发与黏合剂热解是高温火焰向推进剂表面热量反馈的结果。热量传递的主要形式是热传导,可不考虑热辐射的影响。

(6)气相的输运(包括热传导与扩散)是分子输运,不属于湍流传递。因为气相流动的雷诺数很小,故可认为它处于层流状态。

GDF 燃烧模型如图 3-4-2 所示。

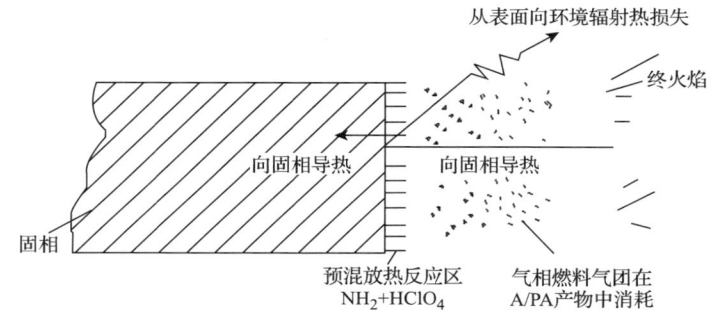

图 3-4-2　含 AP 的复合推进剂燃烧的 GDF 模型

(A/PA 指 $NH_3/HClO_4$ 的火焰)

根据以上假设,Summerfield 将火药的燃烧气相区划分为 Ⅰ、Ⅱ 两部分,如图 3-4-3 所示。并认为在不同压力下,控制燃速的的区域是不同的。低压时,火药组分分解产物的化学反应速度较慢,而气团的扩散速度较快,因此,火药的燃速受化学反应速度控制。高压时,化学反应速度较快,而气体的扩散

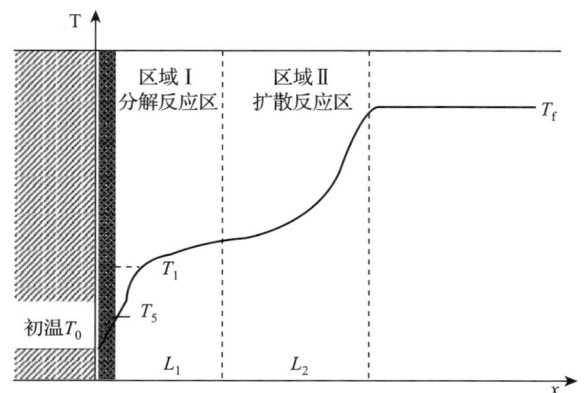

图 3-4-3　复合推进剂燃烧的 GDF 模型区域划分与温度分布

混合速度则较慢，燃速受气团扩散混合速度控制。中等压力时，火药的燃速则由反应速度及气体扩散混合速度控制。为了求得复合火药的燃速 u，可以利用决定燃速区的能量平衡方程进行计算，即

$$\rho u[c(T_s - T_0)] \approx \lambda_g(T_f - T_s)/L \tag{3-4-22}$$

式中：ρ、c 分别为火药的密度与比热容；T_0、T_s、T_f 分别为火药的初温、燃烧表面温度与燃烧温度；λ_g 为燃气的导热系数；L 为气相燃烧区的总厚度。

由式(3-4-22)可知，对于给定的火药，燃速与 L 成反比。故只要求出复合火药气相燃烧区的总厚度 L 即可求得火药的燃速。

Summerfield 根据下列三种情况求气相燃烧区的厚度。

(1) 低压下，气团扩散混合速度大于黏结剂与高氯酸铵的(分解)化学反应速度，复合火药的燃速由化学反应速度控制。这时预混火焰可以看成速度为 v 的气流。由连续方程，有

$$\rho u = v\rho_g \tag{3-4-23}$$

设化学反应时间为 t_γ，则低压下的气相燃烧区厚度为

$$L_1 = vt_\gamma = \rho u t_\gamma/\rho = \rho u/\rho_g(\mathrm{d}\varphi/\mathrm{d}t) \tag{3-4-24}$$

式中：φ 为单位时间内已反应气体的体积分数；$\mathrm{d}\varphi/\mathrm{d}t = 1/t_\gamma$ 为化学反应速度。

若气相反应为二级反应，则

$$\mathrm{d}\varphi/\mathrm{d}t = K(1-\varphi)^2 \tag{3-4-25}$$

$$K = Z\exp(-E/RT_g) \tag{3-4-26}$$

$$L_1 = \rho u/\rho_g(1-\varphi)^2 Z\exp(-E/RT_g) \tag{3-4-27}$$

式中：Z 为指前因子。

将上式中的浓度以体积分数表示换算为以单位体积内的质量分数表示(乘以 ρ_g)，得

$$L_1 = \frac{\rho u}{\rho_g^2(1-\varphi)^2 Z\exp(-E/RT_g)} \tag{3-4-28}$$

因为在低压下，(分解)化学反应速度很慢，当忽略 φ 时，得

$$L_1 = \frac{\rho u}{\rho_g^2 Z\exp(-E/RT_g)} \tag{3-4-29}$$

将式(3-4-29)代入式(3-4-22)并整理得

$$L_1 = \frac{1}{\rho_g}\sqrt{\frac{\lambda_g(T_f - T_s)}{Z[c(T_s - T_0) - Q_s]\exp(-E/RT_g)}} \tag{3-4-30}$$

$$u = \frac{\rho_g}{\rho}\sqrt{\frac{\lambda_g(T_f - T_s)Z\exp(-E/RT_f)}{c(T_s - T_0) - Q_s}} \tag{3-4-31}$$

(2) 高压下，化学反应速度很快，复合火药的燃速由气团扩散速度控制，这

时火药燃烧面的气团直径为 d，质量为 m，则

$$m = \frac{4}{3}\pi\left(\frac{d}{2}\right)^3 \rho_g = \pi d^3 \rho_g / 6 \tag{3-4-32}$$

高压下，气团存在的时间决定于气体向周围扩散的速度，若扩散系数为 D，则扩散时间为

$$t_d \approx d^2 / D \tag{3-4-33}$$

气相燃烧区厚度为

$$L_2 = \frac{\rho u t_d}{\rho_g} = \frac{\rho u \, (6m/\pi)^{2/3}}{\rho^{1/3} D} \tag{3-4-34}$$

将式(3-4-34)代入式(3-4-22)并整理得

$$u = \frac{1}{\rho}\sqrt{\frac{\lambda_g(T_f - T_s)\rho^{1/3} D}{(6m/\pi)^{2/3}[c(T_s - T_0) - Q_s]}} \tag{3-4-35}$$

(3) 中等压力下，火药燃烧受化学反应速度与气团扩散混合速度共同控制，这时有

$$L_3 = L_1 + L_2 \tag{3-4-36}$$

将式(3-4-30)与式(3-4-34)代入式(3-4-36)并整理得

$$L_3 = \sqrt{\frac{\lambda_g(T_f - T_s)}{c(T_s - T_0) - Q_s}} \times \left[\frac{1}{\rho_g \sqrt{Z\exp(-E/RT)}} + \frac{(6m/\pi)^{2/3}}{\rho_g^{1/3} D^{1/2}}\right] \tag{3-4-37}$$

将式(3-4-37)代入式(3-4-22)可得

$$\frac{1}{u} = \rho \sqrt{\frac{c(T_s - T_0) - Q_s}{\lambda_g(T_f - T_s)}} \times \left[\frac{1}{\rho_g \sqrt{Z\exp(-E/RT)}} + \frac{(6m/\pi)^{2/3}}{\rho_g^{1/3} D^{1/2}}\right] \tag{3-4-38}$$

因为 $D \approx 1$ 及 $\rho_g = p/MRT$，再将它们代入式(3-4-38)，则有

$$\frac{1}{u} = \rho \sqrt{\frac{c(T_s - T_0) - Q_s}{\lambda_g(T_f - T_s)}} \times \left[\frac{MRT}{p \sqrt{Z\exp(-E/RT)}} + \frac{(6m/\pi)^{2/3}}{(p/MRT)^{1/3}}\right] \tag{3-4-39}$$

令

$$a = \rho \sqrt{\frac{c(T_s - T_0) - Q_s}{\lambda_g(T_f - T_s)}} \times \frac{MRT}{\sqrt{Z\exp(-E/RT)}}$$

$$b = \rho \sqrt{\frac{c(T_s - T_0) - Q_s}{\lambda_g(T_f - T_s)}} \times \frac{(6m\pi)^{2/3}}{(MRT)^{1/3}}$$

则式(3-4-39)可简化为

$$\frac{1}{u} = \frac{a}{p} + \frac{b}{p^{1/3}} \tag{3-4-39a}$$

或

$$\frac{p}{u} = a + bp^{2/3} \qquad (3-4-39b)$$

这就是著名的 Summerfield 燃烧模型的理论表达式。该式表达了火药燃烧线性速率与压力的关系，其中包括两个参数，均与火药的化学组成、微观物理结构有关。该表达方法也适用于均质固体火药的燃烧，在中等压力下该式预估的燃速与实验值非常接近。Summerfield 没有给出这些参数的理论计算方法。但该理论推导只考虑气相，实际燃烧过程既有凝聚相又有气相，因此仅为一个定性的表达。

2. BDP 多层火焰燃烧模型

在 20 世纪 70 年代前后，Derr 用显微高速照相和 SEM 观察到，AP 复合推进剂的燃烧表面结构形状与压力有着密切的关系。当压力大于 4.12MPa 时，AP 晶粒凹在黏合剂表面以下；当压力等于 4.12MPa 时，AP 的消失速度与黏合剂的消失速度近似相等；当压力小于 4.12MPa 时，AP 的晶粒就凸出在黏合剂表面以上。因此，Derr 认为：在 AP 晶体上方的火焰结构是相当复杂的，初始扩散火焰的影响不容忽视。在全部实验压力范围内，都可观察到在燃烧表面的 AP 晶体上有薄的熔化液层，这表明在复合推进剂的燃烧过程中存在凝聚相反应。

根据以上试验观察，1970 年由 Beckstead、Derr 以及 Price 共同提出了 BDP 模型，其要点如下：

(1)表面上进行的凝聚相反应过程由氧化剂和黏合剂的初始热分解及分解产物间的非均相放热组成。整个表面反应为净放热过程。

(2)气相存在三个火焰。

①初始火焰(PF 焰)，它是 AP 分解产物与黏合剂热解产物间的化学反应火焰，此火焰与扩散混合化学反应都有关系，是一种微观扩散火焰。

②AP 单元推进剂火焰，它是 AP 分解产物 NH_3 与 NH_4ClO_4 之间的化学反应火焰，为一种预混火焰，只与气相反应速度有关，而与扩散混合过程无关。

③最终扩散火焰(简称 FF 焰)，它是黏合剂热解产物与 AP 火焰的富氧燃烧产物之间的化学反应火焰，这一宏观扩散火焰仅与扩散混合速度有关。

BDP 多火焰模型如图 3-4-4 所示。该模型考虑了燃烧表面的微观结构、气相反应中的扩散和化学反应两个过程，也考虑了气相三个微观火焰的反应热以及凝聚相反应热的作用，强调了凝聚相反应的重要性，已被现代实验所证实。该模型首次提出在中、低压强范围内，存在 AP 火焰与初始扩散火焰竞争氧化性组分，构成竞争火焰的概念，这对调节推进剂燃速、降低压强指数有指导意义。

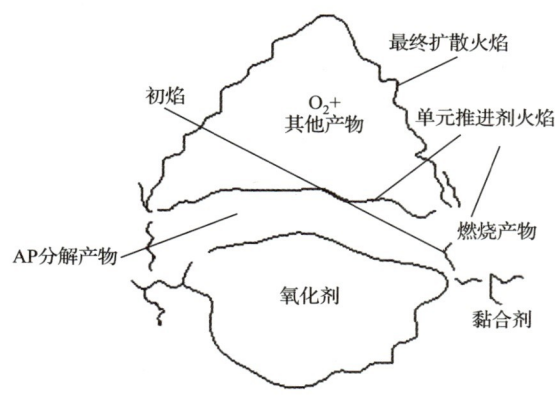

图 3-4-4　BDP 多火焰模型示意图

BDP 多火焰模型计算所求得的表面温度、氧化剂粒度分布对燃速的影响，压力对表面温度的影响以及压力对燃速温度敏感系数和压力指数的影响等数据与实验结果相吻合，受到人们普遍重视并推广使用到 AP、HMX、RDX 等单元推进剂、双基推进剂和硝胺火药之中。

BDP 多火焰模型未考虑表面局部熔化对表面结构和燃速的影响，未对气相反应和凝聚相反应进行细致的分析，只适用于求解球形、单分散氧化剂且不含铝粉和催化剂的火药。

3. 复合改性双基火药燃烧模型

复合改性双基（CMDB）火药是在双基（DB）火药的基础上发展起来的。高氯酸铵和奥克托今（HMX）以及铝（Al）粉的引入，使比冲得到明显提高，含有硝胺（RDX 或 HMX）的 CMDB 推进剂同样具有良好的烟焰特性，因此受到国内外的广泛重视。由于 CMDB 推进剂的燃烧区存在着高度的物理、化学不均匀性，人们对其稳态燃烧机理的研究还远不及双基和复合推进剂那样广泛和深入，尤其是在 AP-HMX-CMDB 推进剂中，影响因素更为复杂。下面简要介绍 AP-CMDB 和 HMX-CMDB 推进剂稳态燃烧模型。

1）AP-CMDB 火药稳态燃烧模型

1976 年久保田浪之介等人对 AP-CMDB 推进剂进行显微照相和温度测量发现：

（1）不掺有 AP 晶粒的双基基体，其火焰结构与一般双基推进剂没有区别。气相反应区仍由嘶嘶区、暗区和发光火焰区构成。

(2) 加入细粒度(18μm)AP 晶体后，观察到暗区有许多来自燃烧表面的发光火焰流束。随 AP 含量的增加，火焰流束数相应增加。当 AP 含量达 30% 时，暗区完全消失，发光火焰取而代之。认为火焰流束是由 AP 在燃烧表面分解后形成的。

(3) 加入大颗粒(3mm)AP 晶体后，在 AP 晶粒上方有不太亮的半透明的浅蓝色火焰出现，同时在此火焰周围又出现淡黄色的发光火焰流束。认为前者是 AP 分解产物 NH_3 和 $HClO_4$ 形成的预混火焰，后者是 AP 分解产物与 DB 基体分解产物间形成的扩散火焰。

(4) AP-CMDB 推进剂嘶嘶区浓度梯度很大，同时暗区温度也高。含有大颗粒 AP 晶体(150μm)的 CMDB 推进剂在嘶嘶区和暗区温度会产生较大的脉动，这是因为单位体积中 AP 颗粒少、粒度大，AP 与 DB 分解产物形成扩散火焰所致。

基于以上试验观察，提出了 AP-CMDB 推进剂火焰结构由 DB 预混火焰、AP 分解火焰和 AP/DB 扩散火焰三部分组成的物理模型，如图 3-4-5 所示。

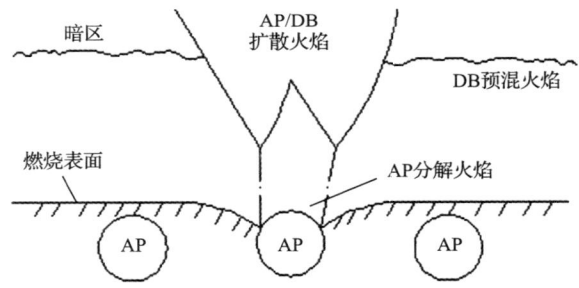

图 3-4-5 AP-CMDB 推进剂燃烧物理模型

为了获得一个简捷的燃速计算的数学表达式，他进一步假设：

(1) 远离 AP 晶粒的 DB 基体表面，由双基火焰的气相区向表面反馈热量，其消失速度与 DB 推进剂的燃速 u_{DB} 相同。

(2) AP 晶粒附近的双基基体表面，反馈的热量来自 AP/DB 扩散火焰，其消失速度近似等于 AP 晶粒的消失速度 u_{AP}。

根据上述假设，由各区所占的体积分数即可写出 AP-CMDB 推进剂的燃速公式为

$$u = \frac{1}{\dfrac{\zeta}{u_{AP}} + \dfrac{(1-\zeta)}{u_{DB}}} \tag{3-4-40}$$

式中：ζ 为 AP 晶粒燃烧的体积分数。

根据实验研究结果可得出，嵌入 DB 基体内的 AP 晶粒的燃速为

$$u_{AP} = \frac{kp^{0.45}}{d_0^{0.15}} \quad (3-4-41)$$

式中：k 为与基体燃速无关的常数。

式(3-4-41)表明 AP 晶粒的燃速与压力成正比，与初始粒子直径 d_0 成反比，而与 DB 基体无关。

利用上述公式即可计算出 AP-CMDB 推进剂的燃烧特性，计算结果与实验数据较为符合。

2) HMX-CMDB 推进剂稳态燃烧模型

通过实验，久保田浪之介观察到 HMX-CMDB 推进剂的稳态燃烧过程与 AP-CMDB 不同之处如下：

(1) 在 DB 基体内加入 HMX 后火焰结构未发生变化。未观察到扩散火焰流束，暗区厚度仍保持不变。

(2) 由于火焰温度高达 3275K，暗区温度约为 1500K，加入的 HMX 使燃烧表面升华或分解，再在 DB 基体的发光火焰区内燃烧，使得该区亮度显著增加。

(3) 加入 HMX 后对 DB 火药的燃速影响不大，当 HMX 加入量小于 50% 时，一般 HMX 含量的增加燃速先降低；当 HMX 含量超过 50% 时，燃速随 HMX 增加而增加。

根据以上实验观察结果，认为 HMX-CMDB 推进剂稳定燃烧状态与双基基体相同，完全可以应用式(3-4-19)来计算燃速，只是要将燃烧表面的净放热量修改为

$$Q_{s,H} = \alpha_H Q_{s,HMX} + (1-\alpha_H)Q_{s,DB} \quad (3-4-42)$$

式中：$Q_{s,H}$ 为含 HMX 的 CMDB 推进剂的表面放热量；α_H 为 HMX 在 CMDB 中的质量分数；$Q_{s,HMX}$ 为 HMX 的放热量。

4. NEPE 推进剂燃烧物理模型

1) NEPE 推进剂的配方特点

NEPE 推进剂与典型的改性双基和复合推进剂既有相同之处，又有不同之处。相同之处在于：

(1) 都含有双基推进剂的基本组分——硝酸酯增塑剂(如 NG 和 BTTN)。

(2) 它们都含有复合和改性双基推进剂常用的 AP 氧化剂，Al 粉燃料和 HMX 高能硝胺炸药。

(3) 所采用的化学安定剂与双基推进剂是类似的。

(4)所采用的铅盐催化剂也与双基推进剂相近。

它们的不同之处在于:

(1)用混合硝酸酯(NG/BTTN)增塑的高分子预聚物聚乙醇(PEG)黏结剂是一种含能的黏结剂,它不仅能赋于推进剂良好的力学性能,还能提供一定的能量。

(2)配方中的 HMX 量为 AP 量的 4 倍左右,因此配方中的氧化剂主要应由 HMX 承担,至少由 HMX 和 AP 共同承担。

2) NEPE 推进剂多层火焰燃烧物理模型

根据 NEPE 推进剂的配方组成特点和火焰摄影、熄火表面观察、快速 FTIR 分析等实验结果,参照文献报道的有关各种推进剂燃烧分解机理,可把 NEPE 高能推进剂的稳态燃烧物理模型初步描述如下:

(1)NEPE 推进剂是由 PEG/NG/BTTN/HMX/AP/Al 六种基本组分构成的异质混合物,它的燃烧过程是一个复杂的物理化学过程,其燃烧波结构比 HTPB 复合推进剂和双基推进剂更为复杂些。

(2)NEPE 推进剂燃烧区和复合推进剂相似,由凝聚相反应区(含表面熔化层和铝粉凝聚粒子)、扩散区和火焰区三部分构成。凝聚相的熔化层是由 HMX 熔化物和含能黏合剂热分解残余物所形成,燃烧表面处还残存一定数量的铝粉熔化后凝聚的液滴(铝凝聚液滴)。随着燃烧面附近各单元氧化剂火焰的形成和燃烧产物的动力作用,铝凝聚液滴被燃气带动逸出燃烧表面进入扩散火焰中,最后在终焰中完全燃烧并释放出全部热量。

Cohen 等根据 BDP 多火焰模型讨论多组分的火焰结构时认为,当有两种不同氧化剂时,至少应考虑有两个氧化剂分解的火焰区单元火药火焰。这两个火焰可以视为两个独立的预混火焰,同时还可考虑为两种氧化剂预混火焰在不同高度形成两个初始扩散火焰。

同理,根据 NEPE 推进剂的组成可知,除分别存在 AP 和 HMX 的两个分解火焰和两个初始扩散火焰外,含能黏合剂在火药中以连续相包围 AP 和 HMX,故应当把它们视为与 HMX 相似的一个氧化剂。于是,认为 NEPE 推进剂气相区存在着 AP、HMX 和含能黏合剂三种物质的两个独立的分解火焰和三个独立的初始扩散火焰是合理的。

在燃烧表面上方,HMX、AP 和含能黏合剂各自进行热分解,形成六个独立的分解火焰和初焰并放出部分的热量。

(3)AP 分解火焰和初焰主要释放出氧化性的气体为

$$NH_4ClO_4 \longrightarrow NH_3 + HClO_4 \longrightarrow$$

ClO_3^+、ClO_4^-、H_2O、ClO_3、ClO_2、NO、N_2O、O_2、HCl、HNO 等
HMX 分解火焰和初焰主要释放出氧化剂的气体为

$$HMX \longrightarrow CH_2 = N \cdot + 2CH_2 = N - NO_2 \begin{array}{l} \longrightarrow HCl \\ \longrightarrow HCHO + N_2O \longrightarrow CO、CO_2、N_2、H_2O、NO \end{array}$$

含能黏结剂分解火焰和初焰，由混合硝酸酯(NG/BTTN)增塑剂和聚醚(PEG)组成，该含能黏结剂还可能溶解一定量的 AP(2%)。因此这种含有大量硝酸酯增塑剂和少量 AP 的含能黏结剂热分解的火焰是一种预混火焰，它在燃烧模型中的作用，比 HTPB 惰性黏合剂单纯分解产生还原性 C/H 碎片和气体要独特得多。

含能黏结剂 $\longrightarrow NO_2$、HCHO、C/H 碎片等

(4) 最终扩散火焰。在离燃烧表面一定距离处，HMX、AP 和含能黏结剂的三个初焰进一步扩散混合并与铝粉进行强烈的化学反应释放大量热量形成发光火焰。NEPE 推进剂的多层火焰燃烧物理模型见图 3-4-6。

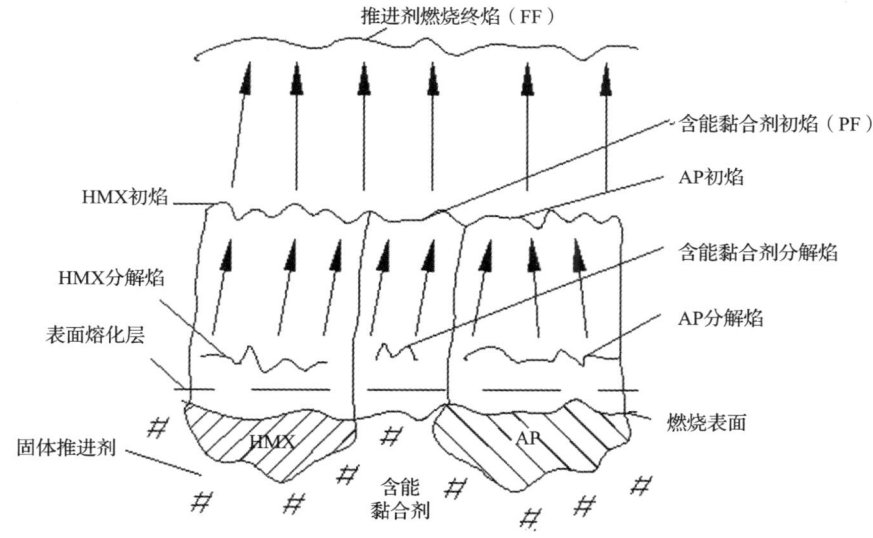

图 3-4-6 NEPE 推进剂多层火焰燃烧物理模型

(5) 讨论：各氧化性和还原性气体的扩散混合是 NEPE 推进剂燃烧的关键性过程。

HMX 含量占 NEPE 推进剂配方 40% 以上，是该推进剂的主氧化剂，因此 HMX 的热分解速率是该推进剂燃速的控制步骤。凡是有利于 HMX 分解的催

化剂都将有利于提高该类推进剂的燃速。

HMX 含量增多,熔化层厚度也增加。由于 HMX 液化(熔化)吸热,因此 HMX 含量增加对提高燃速和降低压力指数是不利的。

AP 在该推进剂中含量虽占 12% 左右,它却是该推进剂燃烧时不可忽视的氧化剂,其含量和粒度的大小对调节燃速和压力指数至关重要,当 AP 含量不变时,用微米级 AP 可以增大推进剂的燃速;增加 AP 含量,特别是 AP 粒度增大能促进形成扩散火焰,有利于降低压力指数。

由以上可见,火药的燃烧不仅与化学组成有关,而且与火药的微观物理结构有关。这些因素对火药线性燃烧速率的调节有重要的参考价值。但其中定量的表达均有很大的不足,因为无论物理数学模型考虑有多么周全,涉及相关物理化学参数都会增加许多。有诸多参数在现有的实现条件下无法获取,需要经验反求。所以,火药燃烧的理论模型发展了一段时间后现处于停滞状态。

3.4.4 宋洪昌火药燃烧模型与计算方法

以往建立火药燃烧模型时主要依据燃烧过程中的能量和质量输运现象,根据实验观测建立物理模型后导出数学模型,对燃烧的化学过程处理得比较简单,因此很难依据火药的化学组成及其燃烧反应建立燃速公式。而从火药的组成含量(包括催化剂)出发,较完整地、定量地描述平台火药(推进剂)超速、平台和麦撒现象的燃烧模型更不多见。

1986 年,我国的宋洪昌提出了非催化火药燃速预估方法及其燃烧模型(宋氏模型)。该理论模型是从分析火药的化学结构与特征反应关系入手,结合质量输运方程,建立了化学—物理—数学模型。模型中将燃速表示为压力和火药组成的函数,避免了计算热传导、反应活化能和热效应等参数。通过分析火药燃烧初期分解产物中相对不稳定基团—CHO 可能的裂解过程,该模型可定性地解释平台火药超速、平台和麦撒现象。其基本模型表达如下。

(1)非催化双基火药燃烧表面附近的气相分解产物主要有 NO_2、H_2O、CHO、CH 和 CO 五大类。前三类为氧化剂、还原剂(燃料)、可裂解自由基(不稳定基团),后两类为中性基团。在特征压力 p^*(9.8MPa)下,1kg 双基火药产生的这五类气体的量可由计算而知,并分别记为 δ'、γ'、q'、β'、α'。这些参数也称为火药的化学结构参数。

(2)将燃烧表面附近气相区域中氧化性气体的摩尔分数记为 $\theta_0(p)$。若令 $\alpha = \alpha'/\delta'$,$\beta = \beta'/\delta'$,$q = q'/\delta'$,$\gamma = \gamma'/\delta'$,则有

$$\theta(p) = \frac{1}{\alpha + \beta + \eta(p)q + \gamma + 1} \qquad (3-4-43)$$

式中：$\eta(p)$ 为描述—CHO 自然裂解程度与压力关系的函数，且有

$$\eta(p) = 2 - \exp(0.693(1 - p/p^*)) \quad (3-4-44)$$

上式表示在压力较小时（$p < p^*$），—CHO 主要以（—CHO）$_n$ 的形式存在于燃烧表面附近区域；当压力在特征压力附近时（$p \approx p^*$），—CHO 主要以 CHO 的形式存在；当压力较大时（$p > p^*$），—CHO 主要以 CO 和 H 的形式存在。

(3) 非催化双基火药的燃速是压力和火药组成的函数。当初温为 20℃ 时，燃速公式为

$$u(p) = 1.709 p \theta_0^2(p) / \rho(p) \quad (3-4-45)$$

式中：p 为燃烧室压力（MPa）；ρ_p 为推进剂密度（g/cm³）。

(4) 经过对多种非催化火药（包括双基推进剂、双基发射药和单基发射药）在不同压力（$0 \leq p \leq 400$ MPa）的燃速进行计算表明，计算值与实测值基本一致，相对误差小于 5%。而且该理论可以扩展并预估非催化的硝胺改性双基火药和高氯酸铵改性双基火药的燃速。

20 世纪 90 年代，宋洪昌及其同事们在 1986 年宋氏模型基础上根据平台火药燃烧表面催化剂之间的相互作用，开展了硝胺对燃烧催化的影响等实验研究并得出了平台燃烧表面附近醛反应的假说，构建了催化的双基和 RDX-CMDB 火药的模型。该类火药燃速计算公式为

$$u(p, x) = 1.709 p \theta_0^2(p, x) h_H / \rho_p \quad (3-4-46)$$

式中：x 为催化剂含量；h_H 为

$$h_H = 1 + 11.73 (\rho_p / \rho_H)^{1/3} d_H \quad (3-4-47)$$

式中：ρ_H 为硝胺密度（g/cm³）；d_H 为硝胺粒度（cm）；ρ_p 为火药中硝胺含量。

将式(3-4-46)等号两边取自然对数，再以 p 为自变量求导，则得平台火药压力指数公式。

上述公式对 10 种平台双基火药和 RDX-CMDB 火药进行验证；计算结果与实测值基本符合，并能定量地、较完整地再现该类火药超速、平台和麦撒燃烧的全过程，说明该模型有关假设是基本合理的。

宋洪昌关于火药燃速的理论计算方法，主要以火药组分分解为控制过程，以中间特征产物浓度为特征参数，并且对常用的火药组分给出了相应的特征值，能够进行快速、简捷的计算。相比其他的理论模型，具有原理、方法上的创新，更具有实用价值。

3.4.5 固体火药燃烧催化理论

1. 双基火药平台催化作用机理

平台或麦撒燃烧特性是双基火药的突出特点，20 世纪 50 年代以来人们为

了开发平台火药对平台燃烧机理做了大量的研究，从不同的角度提出了众多的平台催化作用机理。

1958 年 Camp 等提出的光化学反应理论是最早的凝聚相理论。该理论认为铅化合物能吸收火焰区的紫外线，加速了硝酸酯的降解，提高了火药的燃速，但该理论不能解释低压下无火焰燃烧时的超速作用。1973 年久保田浪之介等提出了等物质量规则（又称为化学当量）移动理论，认为铅化合物使硝酸酯分解历程发生变化，生成的碳增加，醛减少，该理论没有具体说明铅化合物如何改变硝酸酯分解途径，而且不能解释麦撒燃烧。1974 年 Shu-Lenohitz 提出螯合物理论，该理论是从爆热和产物成分分析而间接推论出来的，尚未提供螯合物的形成和加速硝酸酯分解的直接证据。1952 年 Steiberger 首先提出铅—氧化铅循环反应理论，1961 年 Prekel 发表相同的观点，但无实验证据。1968 年 Sinha 提出了自由基理论，该理论没有研究火药燃烧中的实际自由基理论，但不能解释麦撒燃烧，而且许多非铅金属可能与自由基反应，生成烷基金属自由基，但无平台燃烧特性。

1971 年 Hewkin 等提出了铅/碳催化理论，认为铅化合物不仅增加了碳的生成，而且使碳活化，活化的碳是 NO 放热还原反应的固体催化剂。无催化剂时 NO 在暗区的还原反应是很慢的，但是铅催化 NO 和碳的反应使碳消失，这就是燃烧表面温度升高和燃速上升的原因。当压力升高时碳更易被消除，使 NO 还原反应减慢，使推进剂燃速下降，产生平台和麦撒燃烧。该理论基于对实际推进剂燃烧的大量实验研究，有相当的可信度。

1978 年 Eisenreich 等提出了含碳物质/热亮球理论，认为在低压下催化剂加速了燃烧表面下的硝化纤维素分解，催化了燃烧表面上含碳物质的氧化，从而释放出更多的能量，产生超速燃烧。由于含碳和金属的亮球离开燃烧表面而使传导到表面的能量减少，产生平台和麦撒燃烧。该理论虽然未确切证明其化学过程的本质，但暗示了其可能的机理，碳粒上的反应证实了铅/碳催化产生超速燃烧的机理。1979 年久保田浪之介采用低燃速低压平台推进剂进行了更精确的温度分布和照相研究，发现催化剂不改变暗区的反应。不改变表面温度和亚表面凝聚相的放热量。催化剂使嘶嘶区温度梯度在超速段上升，在平台段不变。非催化火药嘶嘶区温度梯度则随压力均匀上升。两种火药嘶嘶区温度梯度变化规律与燃速变化规律一致。嘶嘶区温度梯度与气相固相传热量有关。平台段嘶嘶区的催化活性迅速下降，催化火药嘶嘶区总反应级数为 0，而非催化火药嘶嘶区总反应级数为 1.7，表面温度与压力的关系不受催化剂的影响。这与久保田浪之介以前的结果不同，与 Lenggelle 的结果也不一样，但与 Denisiuk 的结果相同。然而，根据 Denisiuk 的测定，催化剂又不改变表面到最高火焰的距离，这又与久保田浪之介的测量相反。因此，Denisiuk 得出凝聚相催化理论，而久保田浪之介得出气相嘶嘶区催化理论。由于久保田浪之介采用了低压、低燃速和宽平台范围的双基火药，因此实验更精确，结论更令人信服。

2. 复合推进剂催化作用机理

复合推进剂催化作用机理在高氯酸铵热分解中催化剂可能促进质子转换过程，也可能促进电子转移过程。目前较多的实验证据倾向于促进电子转移过程。Kishore 等研究过渡金属氧化物（CrO_3、Fe_2O_3、MnO、Cr_2O_3、CuO 和 Ni_2O_3）对聚硫橡胶—高氯酸铵复合火药燃速影响的作用机理。他们发现这些氧化物在推进剂分解时加速了电子转移过程，因此将会以同样的方式影响燃速。高氯酸铵催化热分解与催化爆燃有很大差别。爆燃的固体表面温度约为 900K，而研究分解的最高温度为 700K，大多数研究是在 525K 左右的温度下进行并产生很大的温度梯度和反应物浓度梯度，燃面有熔化的液层。

在通常的压力下，高氯酸铵爆燃速率与许多高氯酸铵推进剂的燃烧速率在数量级上是相同的，因此，可以认为高氯酸铵的爆燃很可能是推进剂燃速的控制过程。只有在一定压力范围内高氯酸铵才会爆燃，因而出现低压爆燃限和高压爆燃限，目前尚无合适的解释。

Hartman 用共沉淀法制备含杂离子的高氯酸铵，发现 Fe^{3+}、Co^{2+}、Mn^{2+} 对分解速率有显著影响，而相应的催化火药的燃速却基本不变，由此推断：决定燃烧的控制过程在气相反应。Pittmman 也认为催化剂作用发生在气相：高氯酸铵在燃烧表面上发生解离升华，形成 NH_3 和 $HClO_4$，然后 $HClO_4$ 在气相中分解，分解产物与 NH_3 反应放出热量，同时以热传导的方式将热从气相传到燃烧表面，供给表面上的 $HClO_4$ 解离升华，提高了气相 $HClO_4$ 的分解速率。Inami 等人认为，催化剂加速了高氯酸铵分解并促进多相反应中燃料的氧化。Pearson 认为，在火药表面上催化剂粒子的存在加速了 NH_3 和 $HClO_4$ 之间的放热反应，提高了燃速。Kishore 研究聚苯乙烯和高氯酸铵 1∶3 组成的火药，对于含量为 2% 的催化剂（如 Fe_2O_3、Co_2O_3、MnO_2、NH_4F、NH_4Cl、NH_4Br 等），当以催化与未催化火药燃速之比为纵坐标，以它们的热分解速度之比为横坐标时，发现其直线斜率为 1/3。认为凝聚相反应在复合推进剂燃烧中的作用约为 1/3。复合推进剂催化作用机理尚未彻底认清，需要进一步研究。Rostogi 等发现 Ca、Ba、Sr 的碳酸盐抑制高氯酸按的分解是由于生成了金属高氯酸盐，金属高氯酸盐比高氯酸铵稳定。Glazkova 提出了抑制剂抑制高氯酸铵爆燃有三种可能途

径：一是铵盐抑制剂分解释放出 NH_3，使高氯酸铵解离平衡左移，即

$$NH_4ClO_4 \leftrightarrow NH_3 + HClO_4$$

二是有些添加剂与 $HClO_4$ 和（或）高氯酸铵结合变为失去活性的化合物；三是可能某些物质抑制 $HClO_4$ 的分解。但应指出，抑制剂含量很少，高氯酸铵的离解平衡受到的影响很小，但抑制剂对分解的影响却相当大。Bruenner 研究某些季铵盐，在热分解时会释放出某些游离碱，阻缓了高氯酸铵表面上游离 $HClO_4$ 的聚集，阻缓了 $HClO_4$ 向气相扩散，降低气相中 $HClO_4$ 浓度，从而降低 $HClO_4$ 与黏结剂的非均相反应。因此，延长了高氯酸铵的点燃时间，使推进剂燃速下降。这种抑制剂的效率为吸热剂草酸铵的 10 倍，只对高氯酸铵系统适用。对高氯酸钾系统无效。这类季铵盐用于聚氨酯火药时，不但能降低燃速，而且能显著降低燃速压力指数，在 3.5～10.5MPa 压力范围内出现平台燃烧现象。桑原卓雄等通过热电偶测温、热分析、电影摄影和熄火样品扫描电镜的研究，发现端羟基聚丁二烯推进剂中加抑制剂氟化锂（LiF），使气相反应速度降低，气相向燃烧表面传热减少，从而使燃速降低。

最后需要提到的是上述燃烧理论主要适合于较低压力条件，对应用于固体火箭发动机的固体火药，也就是固体推进剂的配方设计、燃烧速度的控制与调节、装药设计等均具有重要的理论指导意义。

3.5 固体推进剂与装药能量释放控制方法

3.5.1 概述

固体火箭发动机的工作原理是将以燃烧的方式释放能量的火药装填于火箭发动机，通过拉瓦尔喷管绝热膨胀，将火药燃烧气体的内能（等压条件下成为热焓）转化火箭的动能。固体火箭发动机如图 3-5-1 所示。该类火药称为推进剂，具有固定形状、尺寸的固体火药称为固体推进剂。

在所有火药中，固体推进剂使用时样本量小，在火箭发动机中采用的样本量基本在 1～20 个之间，一般在 1～3 个之间。构型尺寸也在毫米数量级至米数量级之间。因为考虑发动机壳体材料强度、重量以及安全等方面的原因，发动机的工作压力一般限制在 10MPa 以下。可以认为固体推进剂的装药具有小样本、大尺寸、低压力的特点。

第 3 章 能量释放规律与控制方法

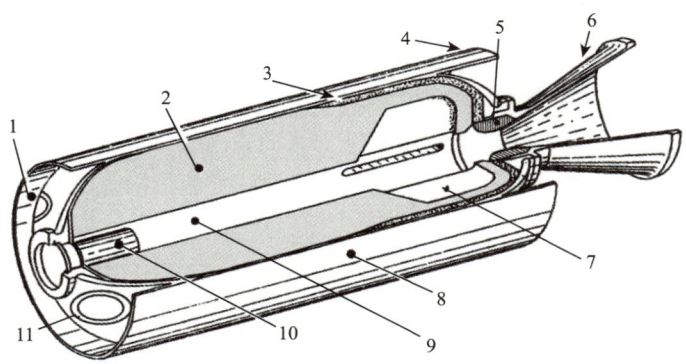

图 3-5-1 固体火箭发动机结构示意图

1—前框；2—推进剂药柱；3—绝热层；4—后框；5—喷管喉衬；
6—喷管出口锥；7—药柱槽道；8—发动机壳体；9—圆柱形药孔；
10—点火器；11—推力终止装置。

火箭的推力来自与固体推进剂燃烧气体热能的转换，在发动机结构情况下确定。推力的大小、能量转化效率、发动机使用的安全性等与推进剂的能量释放过程有关。对于固体推进剂而言，影响能量释放的因素有线性燃烧速率、实时燃烧面积、燃烧气体流场等。

3.5.2 推进剂燃速的调节

1. 双基推进剂及改性双基推进剂燃速的调节

1) 通过调节爆热来调节双基推进剂的燃速

推进剂的燃速随爆热的增加而增大，在双基推进剂中，爆热随硝化甘油的含量、硝化棉含氮量的增加而上升。因此，可以通过改变双基推进剂中 NG 的含量和 NC 的含氮量来调节双基推进剂的燃速。

2) 使用燃速调节剂调节双基推进剂燃速

加少量(1%~5%)不改变或较少改变推进剂其他性能且能大幅度改变推进剂燃速的物质(即引入燃速调节剂)，是调节推进剂燃速的主要方法之一。双基推进剂中经常使用的燃速调节剂有铅的有机或无机盐类。铅、铜化合物可以单独使用，也可以配合使用。配合使用时，具有协同效应，铜盐可以加强铅盐的催化效果。此外，二硝基乙腈盐 $[C(NO_2)_2CN-M_e^+]$ 也是双基推进剂的良好增速剂。它既是双基药的重要组分，又能提高燃速，尤其他的钾盐和钠盐成分，增速效果特别明显，之所以称它为增速剂，是因为其含量相对较大，分子中含有大量的 NO_2，对能量有影响。这种物质存在的缺点是燃烧产物中含有大量的

K^+ 和 Na^+，会衰减导弹的制导信号。

二硝基乙腈盐的增速效果，明显高于普通双基推进剂的燃速值。导弹调节、控制姿态的动力一般是来自于低燃速的燃气发生器，因此推进剂要具备燃速与燃温低、燃气清洁等特点。双基推进剂是这类推进剂的一个理想品种，实现低燃速双基推进剂的技术途径一般是加入草酸盐、聚甲醛或蔗糖醋酸酯之类的物质。

2. 复合推进剂的燃速调节

调节扩大燃速范围是推进剂研究的一项重要内容，是扩大推进剂品种的一种手段。就 HTPB/AP/Al 推进剂而言，除在 5~20mm/s 常用燃速范围内调节以外，目前，应用调节剂可使燃速到达 80mm/s 以上，多孔聚氯乙烯推进剂在 10MPa 燃速可达 700mm/s 以上。当推进剂工作的压力、形状确定以后，调节复合推进剂燃速的主要方法有：改变推进剂组分（主要是氧化剂和黏结剂的种类）；调节氧化剂的用量、粒度及其级配；选用合适的燃速调节剂、嵌入金属丝或金属纤维并与前几种方法组合。

1）改变黏结剂的组成与含量

黏结剂对燃速的影响，主要是它的热分解温度和热分解热量对燃速的影响。例如，PU、PBAA、PS、NC 等黏结剂热分解温度顺序是递减的，其燃速是递增的。黏结剂对复合推进燃烧过程起着重要的作用。它对复合推进剂的燃烧特性、燃速及压力指数都有影响。黏结剂在推进剂燃烧过程中的作用主要是改变了火焰温度、AP 的分解过程、燃烧表面的热平衡、气相反应过程以及推进剂燃烧表面的结构。

2）调节氧化剂的含量与配比

氧化剂的类型不同，所组成的推进剂也有着明显不同的燃速特性。例如 AP 复合推进剂燃速较高，压力指数较低，而硝胺复合推进剂压力指数较高。氧化剂含量的变化同样对推进剂的燃速特性有明显的影响。

3）调节氧化剂的粒径与分布

对于复合推进剂和复合改性双基推进剂，氧化剂的粒度及其分布对其燃烧特性有很大的影响，并且不同类型的推进剂受影响规律明显不同。含 AP 复合推进剂不管使用何种黏结剂，推进剂的燃速都是随 AP 的粒径增加而降低，AP 粒径越小，这一影响越显著。随 AP 粒度降低，压力指数增高，单级配 AP 粒度由 $200\mu m$ 降至 $10\mu m$ 时，n 值从 0.53 增至 0.90。

4）调节铝粉的含量和粒径

在推进剂中常用金属粉（如铝粉）提高能量，其含量与粒径均对燃速有显著的影响。

5）加入金属纤维

加入金属纤维可有效提高推进剂的燃速，但金属纤维的粗细、连贯程度与定向方式会影响燃速和压力指数。一般要求金属纤维在推进剂中定向排列，只有沿金属纤维的轴向才可明显地提高燃速，因此，加入金属纤维的推进剂有各向异性的特点，这不仅限制了装药设计时的药形变化，也给制备工艺增加了很大的难度。

在推进剂中嵌入单根或多根金属丝的方法适合于端面燃烧的药柱，金属丝提高燃速的主要原因是金属丝有大的热导系数，当金属丝的温度升高时，导致金属丝附近推进剂迅速达到点燃温度，也使燃烧面增大。

可选用的金属丝有银、铜、铝等传热性能良好的金属。此外，燃速增幅与金属丝表面的涂层性质有关。一般加入银丝，推进剂装药的燃速可提高 5 倍左右。加碳纤维或石墨纤维（GF）也可不同程度地提高燃速。嵌入石墨纤维的固体推进剂，燃速可达 154.9～228.6mm/s。

6）使用多孔原材料

推进剂密度和结构的变化对其燃速有一定影响，密实的推进剂燃速低，松散的推进剂燃速高，在一定范围内降低密度可以提高燃速，反之降低燃速。双基推进剂在压伸成型之后，由于硝化棉大分子的取向而使推进剂在径向和轴向的燃速不一样。

高氯酸铵在 180～400℃ 的温度范围内加热分解并由斜方晶体变成立方晶体。部分加热分解使其质量损失达 20%～35% 时，高氯酸铵的结晶便成为多孔结构。用这种多孔氧化剂代替部分氧化剂或全部氧化剂，便可以大幅度地提高推进剂的燃速。

可通过 NC 浇铸药粒的孔隙度来调节浇铸双基推进剂的燃速。例如，用含氮量较高的 NC 制成多孔浇铸药粒。其推进剂在 7MPa 和 20℃ 时，燃速为 20～80mm/s。

7）使用其他材料

叔丁基二茂铁等的增速效果优于金属氧化物，因而应用较为普遍，但二茂铁衍生物在推进剂中有缓慢迁移到表面的现象。使用双核二茂铁卡托辛，迁移性能有所降低，而且兼具提高燃速和降低压力指数的效果。

降低推进剂燃速在很大程度上依赖于基础配方的燃速。如硝酸铵/HTPB 和硝胺/HTPB 推进剂基础配方的燃速较低，与 AP/HTPB 推进剂相比，燃速可调得更低。为了将某推进剂系统（如 AP/HTPB 推进剂）的燃速大幅度下调，最主要的方法是在配方中加入高含量粗粒度的氧化剂。并加入燃速抑制剂。燃速抑制剂多为无机盐(如碳酸盐)、碱性氧化物、氟化物、有机铵盐等固态化合物。目前最常用的抑制剂有碳酸钙、草酸铵和季铵盐等。

可以看出,所有铅化物都能降低双基推进剂的压力指数,有的铅化物能使双基推进剂出现平台($n=0\sim0.2$)或麦撒效应($n<0$)。铅—铜催化剂配合使用,可获得提高燃速和降低压力指数的双重效果,已在实际中广泛应用。

3. 复合推进剂压力指数调节

高氯酸铵复合推进剂的压力指数在 0.5 以下。一般是在调节燃速时,通过催化剂的选择既调节燃速,又降低压力指数。例如,在使用双核二茂铁卡托辛调节丁羟复合推进剂的燃速时,压力指数也明显下降。

3.5.3 形状结构设计

1. 结构设计

固体火箭发动机主要由壳体、固体推进剂装药、绝热层、喷管和点火装置五个主要部件组成,如图 3-5-2 所示。

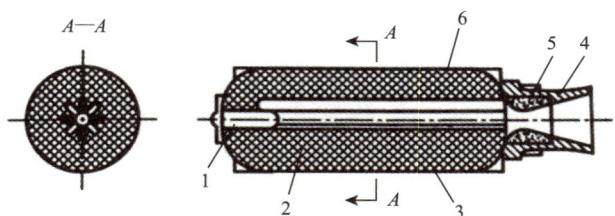

图 3-5-2 固体火箭发动机的基本结构
1—点火器;2—固体推进剂装药;3—壳体;
4—喷管;5—喉衬;6—绝热层。

1) 壳体

固体火箭发动机的壳体是发动机结构中的重要部件之一,是装填固体推进剂存在与燃烧的空间,同时,火箭或导弹的很多零部件都要和它或通过它相结合,因此,它应该安全可靠,具有很好的气密性。能承受推进剂燃烧产生的高压(一般为几兆帕乃至几十兆帕)、高温(一般为 2000~3600K),同时,为了使火箭武器获得尽可能远的射程,其质量应尽可能小,一般采用锻压成型或旋压成型的钢或铝合金壳体。对远程战略导弹,则采用卡夫拉纤维增层的复合材料。所有的火箭发动机壳体都应经过严格的压力测试,具有足够的强度。

2）固体推进剂装药

推进剂装药是决定火箭发动机能否正常工作和实现其技术性能（推力方案、总冲量密度比冲、剩余药量等）的关键因素。常用的装药有自由装填式装药和壳体黏结式装药两种形式。自由装填式装药需要事先制作成一定几何形状的装药，装填入发动机后，通过支撑件固定。壳体黏结式装药是将固化交联之前的推进剂药浆直接浇注到事先贴有绝热层的发动机内固化成型。一般来说，壳体黏结式的装药可以有较大的装填系数，而且在推进剂燃烧过程中，在较长时间内免除推进剂高温、高压燃气对发动机壳体的冲刷。在火箭发动机装药设计中，一般遵循尽可能获得最大装填系数的原则。

3）绝热层

绝热层是保护火箭发动机免受推进剂高温燃气烧蚀而维持正常工作的重要部件。绝热层一般选择热导率和烧蚀率低、质轻和比热容较高的材料，并且使壳体和推进剂两个界面之间均具有良好的黏结性能。

4）喷管

火箭发动机的喷管是将燃烧室内的高温、高压燃气通过膨胀加速，使燃气产物的热能转变为火箭飞行器前进的动能的重要部件。同时，通过喷管临界截面的选择可以控制发动机内的工作压力。它的设计直接关系到燃气膨胀做功的效率和火箭所获推力的大小。它一般由耐热材料（高熔点金属、高强度石墨、硅化石墨）、发汗材料（多孔难熔金属内渗入锂、铜等易"发汗"而带走大量热能的材料）或在高温作用下形成碳化层而起保护作用的抗烧蚀材料（如耐高温的树脂与纤维增强体构成的复合材料）等构成。

5）点火装置

点火装置的作用是为推进剂提供足够的能量以便准确可靠地把主装药点燃，使其按预定的方式和速度进行燃烧。点火装置一般由点火药和发火管组成。对于装药量多达数吨的大型发动机装药的点火，有时需要使用点火发动机以保证瞬时、均匀地将主装药点燃，而且不至于对主装药造成过大的点火冲击，在发动机的压力—时间曲线上不产生过大的点火压力峰值。

2. **装药形状设计与燃烧面积控制**

前面已经提到，火药的能量释放由线性燃烧速率和燃烧面积决定。但在火药配方与工艺确定之后，火药的形状将决定燃烧面积。

对于火箭发动机，推力恒定是通常的要求，由此恒面燃烧是装药形状设计的一个目标要求。各种药形端面形状如图3-5-3所示，对于自由装填的发动机，管状是唯一能够实现恒面燃烧的结构；对于侧面包覆的情况下，端面燃烧和星形燃烧可以实现恒面燃烧，在火箭发动机中这是常用的形状结构，其他异形结构只有在有特殊要求时才采用。

Ⅰ 端面燃烧　　　Ⅱ 管状燃烧　　　Ⅲ 内孔星形燃烧

图 3-5-3　三种固体推进剂端面

通过改变燃速或者改变面积的装药结构设计，可以得到火箭发动机变推力的目的，这也属于能量释放规律控制方法的内容。

包覆在推进剂表面的耐燃材料应具有良好的黏结性能和限制燃烧的作用，用以控制燃面，保证发动机按设计压强和推力工作。复合推进剂包覆层一般由推进剂和相同的黏结剂（如丁羟推进剂用丁羟胶）加入耐燃填料组成。高燃烧温度推进剂的包覆层则由绝热材料（称为绝热层）敷以黏结剂（称作衬层）组成。包覆层常用于固定装填式药柱。

3.5.4　关于侵蚀与不稳定性燃烧

1. 侵蚀燃烧

侵蚀燃烧是指推进剂燃速对平行于燃烧表面的气流状态的敏感性而引起的燃速变化的现象。侵蚀燃烧发生于发动机启动的初期，典型的现象是压强—时间曲线上有一个初始峰值。侵蚀有一个临界气流速度，当气流速度大于一定值时，就产生侵蚀燃烧。侵蚀燃烧有正侵蚀（燃速大于基本燃速）和负侵蚀（燃速小于基本燃速）之分，基本燃速是指燃烧表面无平行（即横向）气流时的推进剂燃速。

侵蚀燃速的变化，将影响火箭推力的变化，一般可以通过内孔通道的设计将该现象降低到最小。

2. 不稳定性燃烧

燃烧不稳定性通常可按燃烧机理或燃烧室内压力振荡频率范围分类。固体火箭发动机燃烧不稳定性按其与燃烧室内声场的关系分为声学燃烧不稳定性和非声学燃烧不稳定性。声学燃烧不稳定性又可根据燃烧与声场的相互作用分为压力耦合和速度耦合声学燃烧不稳定性两类。固体推进剂燃烧面积对压力振荡的响应称为压力耦合,而燃烧面积对燃气流速振荡的响应则称为速度耦合。液体火箭发动机燃烧不稳定性按燃烧室内压力振荡频率分为三类:(1)高频燃烧不稳定性,是燃烧过程与燃烧室声学振荡相耦合的结果,振荡频率通常在 1000Hz 以上。根据燃烧室的声学特性,可分为纵向振型、切向振型、径向振型和组合振型。出现高频燃烧不稳定性时常伴随有强烈的机械振动,并使燃烧室局部传热率急剧增加,从而导致发动机损坏。(2)低频燃烧不稳定性,由推进剂供应系统内的流动过程与燃烧室内燃烧过程相耦合而产生,振荡频率较低,通常在 200Hz 以下。在燃气振荡同时,推进剂供应系统内的流体也随之振荡,导致混合比的急剧变化和发动机性能的降低。(3)中频燃烧不稳定性,燃烧室内的燃烧过程与推进剂供应系统中某一部分流动过程相耦合而引起的振荡,频率范围为 200~1000Hz。燃烧室和推进剂供应系统内压力振荡的频率和相位往往与燃烧室固有声学振型不符。

为了抑制燃烧不稳定性,可以根据不同的耦合机理采取针对性的抑制措施。例如,为了抑制高频燃烧不稳定性,液体火箭发动机采用喷注器面隔板、声学吸收器(声衬或声腔)或改进喷注器的设计以控制能量释放分布规律等。固体火箭发动机可以在推进剂中添加铝粉或金属氧化物以及改变药柱几何形状来抑制高频燃烧不稳定性。

3.6 发射装药能量释放控制方法

3.6.1 发射药装药应用的对象与范围

作为身管武器发射能源的火药称为发射药,以区别于作为火箭发动机推进能源的"推进剂"。身管武器是一类武器的总称,按口径和质量的大小分别以枪、炮称谓。口径、质量小、可单人携带并使用的为枪,口径、质量大的为炮。图 3-6-1 与图 3-6-2 分别身管武器实物图。

(a)　　　　　　　　　　　(b)

图 3-6-1　枪械实物

(a)步枪;(b)手枪。

(a) (b)

图 3-6-2 火炮实物

(a)自行火炮;(b)古代火炮。

身管武器(以火炮为例)的结构如图 3-6-3 所示,由击针的机械作用或者是电能引发底火,底火点燃发射药,在密闭空间内,发射药燃烧产生高温、高压气体;在高压的作用下,弹丸沿炮膛加速运动,直至出膛;发射药燃烧气体膨胀对外做功而使弹丸获得一定的初速。

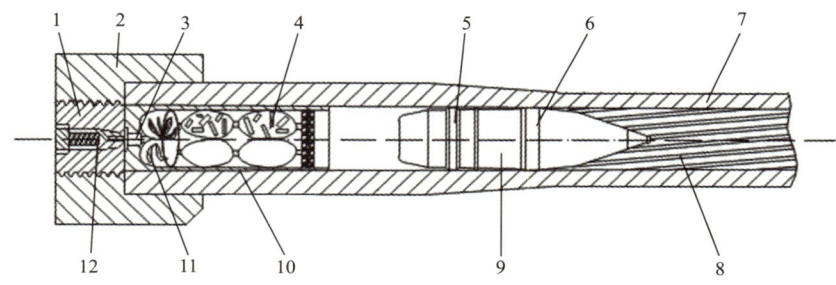

图 3-6-3 身管武器结构示意图

1—闩体;2—炮尾;3—底火;4—发射药;5—弹带;6—定心部;
7—炮管;8—膛线;9—弹丸;10—药筒;11—点火药;12—击针。

发射装药应用的对象就是所有身管武器,其作用是使枪炮弹丸获得动能。

发射药具有尺寸小(毫米量级)、样本量大(10^3 量级)、燃烧压力高(10^2 MPa 量级)的特点,因为高压条件下燃烧的缘故,与用于火箭发动机的固体火药(推进剂)不同,对发射药的线性燃烧速率一般不通过配方和燃烧催化剂加以调节,仅需稳定燃烧即可。对发射药(或者装药)的能量释放规律通过形状尺寸、表面处理和装药结构来加以控制。

3.6.2 理论基础与分析

身管武器的基本原理是发射药燃烧热气体绝热膨胀对外做功,将发射药燃烧所产生的热能转化为弹丸动能。前面已经提到,身管武器发射装药,在热力学意义上,就是选择确定能量状态和释放过程两个热力学函数。那么,对于能量释放过程函数包含哪些参数,对发射装药的内弹道性能有何影响,又该如何通过装药应用来加以优化选择呢?回答上述问题,需要从身管武器发射内弹道学出发。

1. 发射药与装药能量释放过程函数表达

根据零维内弹道学,对发射药与装药能量释放过程的表达式有两个。

$$\frac{\mathrm{d}e}{\mathrm{d}t} = u_1 p^\nu \quad (3-6-1\mathrm{a})$$

令 $z = e/e_1$ 和 $I_k = e_1/u_1$,一般将压力指数认为 $\nu = 1.0$,式(3-6-1a)成为

$$\frac{\mathrm{d}e}{\mathrm{d}t} = u_1 p \quad (3-6-1\mathrm{b})$$

$$\psi = \chi z(1 + \lambda z + \mu z^2) \quad (3-6-2)$$

式中:e 为发射药药粒已燃厚度;u_1 为燃速系数;e_1 为发射药弧厚;p 为压力;ψ 为已燃烧相对质量分数;ν 为压力指数,为方便也与实验测试值相近,发射药一般取值为 1.0;χ、λ、μ 为相关系数。

前面已经叙述,式(3-6-1b)为内弹道学中常用的火药线性燃烧速率公式;式(3-6-2)为著名的几何燃烧定律,是发射药均匀一致和平行层燃烧假定下,燃烧相对质量与已燃烧相对厚度的关系。将式(3-6-2)称为发射药(装药)的能量释放规律的表达。决定发射药(装药)能量膨胀做功效率,在热力学上是一个过程函数。

但实际上,几何燃烧定律与实际的燃烧有较大的差距,但它表达了一种与发射药装药相关的规律性。

2. 能量释放函数性质

1)理想弹道模型

Riefler 等认为,恒压火炮达到最大压力后的平台效应将是一种最优的弹道模型,该模型与发射装药的能量释放规律密切相关。根据简化与推导,理想的能量释放规律为

$$\psi = a_1 z^2 + a_2 z + a_3 \quad (3-6-3)$$

式中:a_1、a_2、a_3 为与发射装药和武器有关的参数,为已知数。

考虑一种特殊情况,当膛压达到最大值时,弹丸并未运动,这相当于点火压力为 p_m。简单推导,便有

$$\psi = z^2 \quad (3-6-4)$$

式(3-6-4)即为抛物线型关系。这恰是管状药外侧面包覆,并且内孔直径趋于零的极限情况。

考虑一般情况,设在膛压达到最大值前,火药形状函数为二项式 $\psi = \chi z(1+\lambda z)$,这样具有平台效应的装药的形状函数应满足

$$\psi = \begin{cases} \chi z(1+\lambda z) & z \leqslant z_m \\ a_1 z^2 + a_2 z + a_3 & z_m \leqslant z \leqslant 1.0 \end{cases} \quad (3-6-5)$$

以 100mm 加农炮为例,取不同的装填密度 Δ,式(3-6-5)中的 $\chi = 0.85$,$\lambda = 0.175$。计算结果中能给出不同 Δ 时的 a_1、a_2、a_3、z_m 以及 p_m、v_g 等。结果如表 3-6-1 所列,结果指出,较大的装填密度 Δ,平台效应的结果将获得较高的初速,膛压达到最大压力时 z_{m_0} 也较小,a_1 值也就较大。

表 3-6-1　火炮平台内弹道计算结果

装填密度 $\Delta/(\text{g}\cdot\text{cm}^{-3})$	燃烧结束点 l_k/cm	最大压力 p_m/MPa	炮口初速 $v_g/(\text{m}\cdot\text{s}^{-1})$	$a_1 z^2 + a_2 z + a_3$			$A_\psi = \int \psi\,dz$	z_m
				a_1	$-a_2$	a_3		
1.20	319.0	309.0	1052.32	0.9718	0.0321	0.0622	0.3654	0.084
1.10	288.9	309.6	1039.87	0.9313	0.0449	0.0834	0.3672	0.105
1.00	260.0	307.0	1016.11	0.9154	0.0589	0.1115	0.3798	0.145
0.90	226.4	306.7	990.64	0.9100	0.0741	0.1486	0.4018	0.217
0.80	196.4	305.6	957.71	0.8601	0.0977	0.1901	0.4325	0.299

理论证明,最优的火炮弹道模型对于火药必须满足的条件是,燃烧时,形状函数具有分段二次式,当点火压力达到 p_m 时,$\psi = z^2$。

就一般情况,采用 $\psi = \chi z(1+\lambda z)$ 二项式,其中 χ 为能量释放规律的特征值,$\chi < 1$ 时能量释放为渐增函数,反之为渐减函数,对于目前所有形状的发射药不可能在整个燃烧过程中达到渐增,而 19 孔、37 孔、表面钝感包覆、变燃速发射药等可以在燃烧起始的一个阶段内具有渐增性。表 3-6-2 以 30mm 杀爆弹为例,理论分析计算 χ 值在同样装药条件和最大压力不变条件下的内弹道性能。其中,弹重 389g,药室容积 125cm³,身管长 2.46m,火药力 1000J/g,余容 1.0cm³/g,发射药绝热燃烧气体温度 T_V 为 2800K。通过调整弧厚,使膛压为 400MPa。其中弹道效率为膛容利用率。

$$e_p = \int_0^{l_g} p\,dl / p_m l_g \quad (3-6-6)$$

式中:e_p 为弹道效率;l_g 为弹丸全行程长度;p_m 为最大膛压。

表 3-6-2 能量释放规律对弹道性能的影响(以 30mm 杀爆弹为例的理论值)

装药量/g	χ 值	初速/$(m \cdot s^{-1})$	燃烧结束点/cm	弹道效率	炮口压力/MPa	炮口产物温度/K	相对弧厚
115	0.70	1043	36.0	0.2945	33.3	1514	404
	0.85	1034	48.1	0.2893	33.8	1538	442
	1.00	1016	73.8	0.2804	34.8	1600	488
	1.20	986	160.0	0.2638	36.4	1650	558
125	0.70	1069	49.3	0.3096	37.2	1548	457
	0.80	1046	78.1	0.2966	38.5	1600	507
	1.00	1015	145.3	0.2777	40.3	1671	615
	1.20	966	燃 93%	0.2495	38.0	1778	650
135	0.70	1078	76.8	0.3150	42.1	1612	519
	0.85	1031	158.0	0.2883	44.9	1712	585
	1.00	971	燃 91%	0.2558	41.4	1836	660

表 3-6-2 中可以看到,随着 χ 值的减小,能量释放的渐增性增加,在膛压不变的情况下,初速增加,燃烧结束点提前,炮口压力减小,燃烧气体温度降低,膛容利用率提高。装药量增加 10g,在保证燃烧渐增性的同时,初速可以继续提高;但如果燃烧渐增性不能保证,将出现燃烧不完全、初速不增反降的情况。说明采用增加装药量的方法提高初速必须以能量释放的渐增性为基本条件。同时提高初速也是有限的,在常规内弹道原理下,对于现有的火炮,在弹道诸元不变时,提高 5% 的初速已经是最大的限度。

2) 表征能量释放规律的特性值 A_ψ

研究火药燃烧规律,一般以密闭爆发器实验为主要手段。对于 $p-t$ 曲线,首先定义相对压力冲量

$$z^* = \int_0^t p \, dt \Big/ \int_0^{t_k} p \, dt \qquad (3-6-7)$$

式中:t_k 为燃烧结束时间。

对于任意的相对压力冲量 z^*,为方便起见,省略 * 号,以 z 表示。根据 Abel 状态方程

$$p = \frac{f \psi \Delta}{1 - \frac{\Delta}{\delta} - (\alpha - \frac{1}{\delta})\Delta\psi} \qquad (3-6-8)$$

火药已燃的相对重量分数 ψ,可以由 p 以及 f、Δ、α、δ 等常数确定。于

是 ψ 与 z 之间能有如下关系，即

$$\psi = f(z) \tag{3-6-9}$$

函数 f 的形式由所采用的装药结构、火药的几何形状等决定。

在内弹道学中，通常采用几何燃烧规律，在该定律下，z 就是火药的相对厚度。对于混合装药，z 即为火药的相对厚度。

定义：火药在区间 $[z_a, z_b]$ 内，其中，$z_a < z_b$，对于任意的 z_1、z_2、z_1^*、z_1^*，其中 $z_2^* > z_2$，$z_2 - z_1 = z_2^* - z_1^*$，若式(3-6-4)中的 $f(z)$ 存在

$$f(z_2^*) - f(z_1^*) > f(z_2) - f(z_1) \tag{3-6-10}$$

则称火药在区间 $[z_a, z_b]$ 内能量释放为渐增的。当 $z_a = 0$，$z_b = 1$ 时，火药在整个燃烧过程中能量释放具有渐增性，否则具有渐减性。

由此定义，可得到如下推论：

推论1：若火药在区间 $[z_a, z_b]$ 内能量释放为渐增的，则 $f(z)$ 在该区间内为 z 的凸函数。

证明：要证明 $f(z)$ 为 z 的凸函数，只要证明 $f'(z)$ 为 z 的增函数即可，按定义式(3-6-10)，两边同时除以 $z_2 - z_1$，并注意 $z_2 - z_1 = z_2^* - z_1^*$，于是有

$$\frac{f(z_2^*) - f(z_1^*)}{z_2^* - z_1^*} > \frac{f(z_2) - f(z_1)}{z_2 - z_1} \quad (z_1^* > z_1) \tag{3-6-11}$$

由于 z 的任意性，令 $z_2^* = z_1^* + \delta$，这样 $z_2 = z_1 + \delta$ 代入上式，并令 $\delta \to 0$，可得到：$f'(z_1^*) > f'(z_1)$，表明 $f'(z)$ 为 z 的增函数。

推论2：在几何燃烧定律下，增面燃烧时能量释放一定为渐增的。

证明：对于几何燃烧定律，按定义

$$d\psi = \frac{s}{\Lambda_1} dz \tag{3-6-12}$$

或者

$$f'(z) = \frac{d\psi}{dz} = \frac{s}{\Lambda_1} \tag{3-6-13}$$

式中：s 为火药在任意时刻的燃烧面积；$\Lambda_1 = \dfrac{V_0}{e_1}$，$V_0$、$e_1$ 分别为起始体积和最大燃烧层厚度，由推论1可得。

推论2说明，能量释放渐增性与增面性在几何燃烧定律下是等价的，以后统称为渐增性。

推论3：若在 $z \in [0, 1]$ 内能量释放呈渐增性，则积分 $A_\psi = \int_0^1 \psi dz$ 小于 $\dfrac{1}{2}$，即 $A_\psi < \dfrac{1}{2}$。

证明：对式(3-6-9)进行分部积分

$$A_\psi = zf(z)\big|_0^1 - \int_0^1 zf'(z)\mathrm{d}z \quad (3-6-14)$$

对于 $f(z)$ 在 $[0, z]$ 内利用 Lagrange 中值定理，注意到 $f(z)\big|_{z=0}=0$，于是

$$f(z) = zf'(\xi) \quad (3-6-15)$$

式中：$0 \leqslant \xi \leqslant z$；$f(z)$ 为 z 的增函数，则有

$$f'(z) > f'(\xi) \quad (3-6-16)$$

将式(3-6-16)代入式(3-6-9)，得

$$A_\psi < 1 - \int_0^1 zf'(\xi)\mathrm{d}z = 1 - \int_0^1 f(z)\mathrm{d}z \quad (3-6-17)$$

从而得到：$A_\psi < \dfrac{1}{2}$。

可以看到，积分 A_ψ 的大小，直接由火药燃烧特性决定。

推论 4：若 $A_\psi < \dfrac{1}{2}$，则至少能找到一点 z^* 和 $a > 0$，使发射药在区间 $[z^*, z^* + a]$ 内能量释放呈渐增性。

证明：用反证法，由推论 3 可证。

可以看到，发射(装)药的能量释放规律可以通过一个函数加以描述，一般通过能量释放的相对分数 ψ 与相对厚度或相对压力冲量 z 的多项式表达，为简便计，常用二项式 $\psi = \chi z(1+\lambda z)$ 表达。在该表达式中，当 $\chi < 1$ 时，函数表现为渐增性。

在实际的发射药装药中，由于发射药几何形状、结构的限制，同时发射药为小尺寸颗粒，在加工时不可避免地存在尺寸误差，在发射药燃烧的后期，分裂成为碎片状。所以后期的能量释放规律均呈强渐减性，为阶段函数

$$\psi = \begin{cases} \chi_1 z(1+\lambda_1) & 0 \leqslant z \leqslant z_s \\ \chi_2 z(1+\lambda_2) & z_s \leqslant z \leqslant 1.0 \end{cases} \quad (3-6-18)$$

7 孔粒状发射药 z_s 在 0.7 左右，19 孔发射药 z_s 在 0.8 左右，对于管状发射药 z_s 可达到 0.9。在 $z \in [0, 1]$ 内对式(3-6-18)积分，目前所有制式发射装药 A_ψ 值均大于 1/2。

3.6.3　能量释放几何形状控制方法

采用物理方法，将发射药制作成不同的几何形状，其能量释放将有不同的规律性。通常的几何形状有带状(方片)、单孔管状、多孔粒状、球状等，

如图 3-6-4 所示。该类发射药的显著特点是均质,即任何一点的特性完全一致,在能量释放规律表达时,认为能量、燃速完全一致,这也是几何燃烧定律基础。

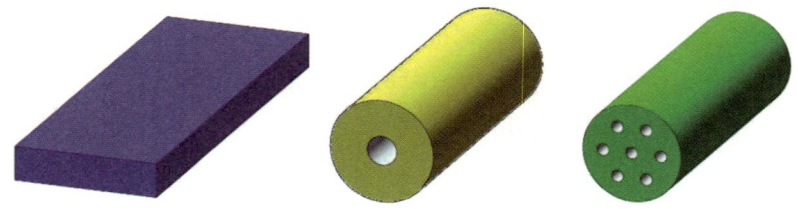

图 3-6-4 几种典型发射药几何形状

以带状发射药为例,根据几何燃烧定律,可以导出简单形状发射药的形状函数。

设 $2b$、$2c$、$2e$ 分别为带状发射药的起始长度、宽度和厚度,与其相应的初始体积为 V_1。按照同时点火和平行层燃烧规律,当燃去的厚度为 e 时,全部表面均向内推进了 e,燃去的体积为 V,利用几何学知识,得到

$$\psi = \frac{V}{V_1} = 1 - \frac{(2b-2e)(2c-2e)(2e_1-2e)}{2b \times 2c \times 2e_1} \quad (3-6-19)$$

令 $\alpha = \frac{e_1}{b}$,$\beta = \frac{e_1}{c}$,即式(3-6-2)

$$\psi = \chi z(1 + \lambda z + \mu z^2)$$

其中,

$$\chi = 1 + \alpha + \beta \quad \lambda = -\frac{\alpha + \beta + \alpha\beta}{1+\alpha+\beta} \quad \mu = \frac{\alpha\beta}{1+\alpha+\beta} \quad (3-6-20)$$

以上推导适合于所有简单形状发射药,例如管状发射药就相当于宽度($2c$)为无限长的情况。对于管状、带状、方片状、方棍状和立方体(球)状 5 种简单形状的发射药,各形状参量如表 3-6-3 所列。

表 3-6-3 简单形状发射药形状特征量

	火药形状	火药尺寸	比值	χ	λ	μ
1	管状	$2b = \infty$	$\alpha = 0$	$1+\beta$	$-\dfrac{\beta}{1+\beta}$	0
2	带状	$2e_1 < 2b < 2c$	$1 > \alpha > \beta$	$1+\alpha+\beta$	$-\dfrac{\alpha+\beta+\alpha\beta}{1+\alpha+\beta}$	$\dfrac{\alpha\beta}{1+\alpha+\beta}$
3	方片状	$2e_1 < 2b = 2c$	$1 > \alpha = \beta$	$1+2\beta$	$-\dfrac{2\beta+\beta^2}{1+2\beta}$	$\dfrac{\beta^2}{1+2\beta}$

(续)

	火药形状	火药尺寸	比值	χ	λ	μ
4	方棍状	$2e_1 = 2b < 2c$	$1 = \alpha > \beta$	$2+\beta$	$-\dfrac{1+2\beta}{2+\beta}$	$\dfrac{\beta}{2+\beta}$
5	立方体（球）状	$2e_1 = 2b = 2c$	$1 = \alpha = \beta$	3	-1	$1/3$

从管状变化到立方体发射药，形状特征参量有规律性地变化。χ 值均大于1，表明形状函数为渐减函数，从管状到立方体（球）状发射药，渐减性越来越强。

对于多孔粒状发射药，其形状函数有所不同，为分段函数。前一阶段为渐增函数，后一阶段为渐减函数。

1. 管状药

设管装药的内外直径分别为 D_0（外直径）、d_0（内直径），长度为 L，则

$$\psi = (1+\beta)z\left(1 - \frac{\beta}{1+\beta}z\right) \tag{3-6-21}$$

式中：$\beta = \dfrac{D_0 - d_0}{2L}$。

式(3-6-21)积分得到

$$A_{\psi(G)} = \frac{3+\beta}{6} \tag{3-6-22}$$

由于 $\beta > 0$，显然 $S_{\psi(G)} > \dfrac{1}{2}$。当 $L \gg (D_0 - d_0)$ 时，$\beta \to 0$，则 $S_{\psi(g)} = \dfrac{1}{2}$。可见管状药的能量释放规律呈弱渐减性。

2. 球状药

$$\psi = 3z - 3z^2 + z^3 \tag{3-6-23}$$

式(3-6-23)积分得到 $A_{\psi(Q)} = \dfrac{3}{4}$，可见球状药的能量释放规律呈强渐减性。

3. 棒状药

设棒状药长度为 L，直径为 D_0，则

$$\psi = \frac{2\beta+1}{\beta}z - \frac{2+\beta}{\beta}z^2 + \frac{1}{\beta}z^3 \tag{3-6-24}$$

式(3-6-24)积分得到

$$A_{\psi(B)} = \frac{2}{3} - \frac{1}{12\beta}$$

式中：$\beta = \dfrac{L}{D_0}$。

当 $L \gg D_0$ 时，有 $\beta \to \infty$，$A_{\psi(B)} = \dfrac{2}{3}$。可见棒状发射药的能量释放规律呈强渐减性。

4. 多孔药

在分裂以前，若定义分裂时 $z = 1$，则有

$$\psi = 1 - \left[\left(1 - \dfrac{2\Pi_1}{Q_1}\beta z - \dfrac{n-1}{Q_1}\beta^2 z^2\right)(1 - \beta z)\right] \qquad (3-6-25)$$

式中：$\Pi_1 = \dfrac{D_0 + nd_0}{2L}$；$Q_1 = D_0^2 - \dfrac{nd_0^2}{L^2}$；$\beta = \dfrac{2e_1}{L}$；$D_0$ 和 d_0 为外直径和内直径；n 为孔数；L 为长度。

对于分裂以后，标准尺寸的发射药有

$$z = 1 + 0.2956\left(1 + \dfrac{d_0}{2e_1}\right) \qquad (3-6-26)$$

利用二次式代替分裂以后的减面阶段有

$$\psi = \chi_s z(1 + \lambda_s z) \qquad (3-6-27)$$

由条件 $\psi|_{z=1} = \psi_s$ 和 $\psi|_{z=1} = 1$ 可确定 χ_s 和 λ_s，这样多孔火药形状函数可表示为

$$\psi = \begin{cases} 1 - \left[1 - \left(\dfrac{2\Pi_1}{Q_1}\beta z - \dfrac{n-1}{Q_1}\beta^2 z^2\right)(1-\beta z)\right] & 0 \leqslant z \leqslant 1.0 \\ \psi_s z(1 + \lambda_s z) & 1.0 \leqslant z \leqslant z_s \end{cases}$$

$$(3-6-28)$$

若将 z 定义在 $(0，1)$ 以内，则上式可重新表示为

$$\psi = \begin{cases} 1 - \left[1 - \left(\dfrac{2\Pi_1}{Q_1}\beta z_s z - \dfrac{n-1}{Q_1}\beta^2 z_s^2 z^2\right)(1-\beta z_s z)\right] & 0 \leqslant z \leqslant \dfrac{1}{z_s} \\ \psi_s z_s z(1 + \lambda_s z_s z) & \dfrac{1}{z_s} \leqslant z \leqslant 1.0 \end{cases}$$

$$(3-6-29)$$

设 7 孔药 $D_0 = L$，$d_0 = e_1$，代入可得到 $A_{\psi(7孔)} = 0.5784$。

以上可以看出，对于目前的制式火药，若把 z 定义在 $[0,1]$ 以内，则在整个能量释放过程中，整体表现为渐减性。

前面已经证明，理想的燃烧规律为 $\psi = z^2$，显然：$A_{\psi(理想)} = \dfrac{1}{3}$。

由上述可以知道，对于一种装药，减面性最强的是球状火药或立方体状火药。

图 3-6-5 中阴影部分最上沿为球状火药 $\psi \sim z$ 曲线，对角线为 $\psi \sim z$ 即恒面燃烧。这样区域 I 为现今制式火药可能的 $\psi \sim z$ 范围。对于区域 II，下沿为 $\psi = z^2$ 曲线，则为增面性燃烧区域。

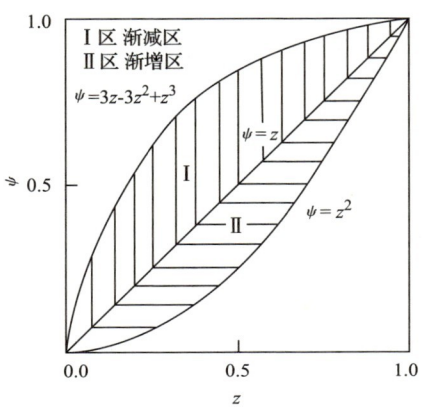

图 3-6-5 $\psi \sim z$ 曲线示意图

3.6.4 混合装药能量释放规律与控制方法

混合装药是指采用两种以上不同形状、尺寸、配方组成发射药进行的装药。在身管武器的实际应用中，经常采用这种装药方法。

任何两种以上混合装药，其能量释放的渐增性不会优于其中一种渐增性较好的装药。

这里，将利用发射药能量释放规律特性来证明这个结论。

首先考虑两种装药，为方便计算，设两种装药有完全相同的化学组成。即除几何形状外，其他因素完全相同。两种装药的相对质量比分别为 y_1、y_2，很明显 $y_1 + y_2 = 1$，$\psi \sim z$ 关系分别为

$$\psi_1 = f_1(z_1) \qquad (3-6-30)$$
$$\psi_2 = f_2(z_2) \qquad (3-6-31)$$

压力全冲量分别为 I_{k_1} 和 I_{k_2}，并有 $I_{k_1} > I_{k_2}$。在正比定律条件下，显然有

$$z_1 / z_2 = I_{k_1} / I_{k_2} \qquad (3-6-32)$$

这样第二种（厚）装药就首先燃烧完。两种装药混合在一起，$\psi \sim z$ 关系成为

$$\psi = y_1 \psi_1 + y_2 \psi_2$$
$$= y_1 f_1(z_1) + y_2 f_2(z_2) \qquad (3-6-33)$$

由于第一种（薄）发射药后燃烧完，则相对厚度应由 z_1 来表示，对式(3-6-24)关于 z_1 积分得

$$A_{\psi(h)} = \int_0^1 (y_1 f_1(z_1) + y_2 f_2(z_2)) dz = y_1 A_{\psi,1} + \int_0^1 y_2 f_2(z_2) dz \quad (3-6-34)$$

由式(3-6-34)可知，当 $z_1 = I_{k_2}/I_{k_1}$ 时，$z_2 = 1$，并且在 $\dfrac{I_{k_2}}{I_{k_2}} \leqslant z_1 \leqslant 1$ 时

$$\int_0^1 f_2(z_2) dz_1 = \int_0^{\frac{I_{k_2}}{I_{k_1}}} f_2(z_2) dz_1 + \left(1 + \frac{I_{k_2}}{I_{k_1}}\right)$$

$$= \frac{I_{k_1}}{I_{k_2}} A_{\psi,2} + \left(1 - \frac{I_{k_2}}{I_{k_1}}\right) \quad (3-6-35)$$

代入式(3-6-34)，得到

$$A_{\psi(h)} = y_1 A_{\psi,1} + \frac{y_2 I_{k_2} A_{\psi,2}}{I_{k_1}} + \left(1 - \frac{I_{k_2}}{I_{k_1}}\right) \quad (3-6-36)$$

显然当 $I_{k_1} = I_{k_2}$、$A_{\psi,1} = A_{\psi,2}$ 时，$A_{\psi(h)} = A_{\psi,1} = A_{\psi,2}$ 为一种装药。将式(3-6-27)变形，得到

$$A_{\psi(h)} = A_{\psi,1} + y_2 \left[\frac{I_{k_2}}{I_{k_1}} A_{\psi,2} - A_{\psi,1} + \left(1 - \frac{I_{k_2}}{I_{k_1}}\right) \right]$$

$$= A_{\psi,1} + y_2 \left[\frac{I_{k_2}}{I_{k_1}} (A_{\psi,2} - 1) + 1 - A_{\psi,1} \right] \quad (3-6-37)$$

若 $A_{\psi,2} \geqslant A_{\psi,1}$，则 $A_{\psi(h)} \geqslant A_{\psi,1} + y_2(1 - A_{\psi,1})\left[1 - \dfrac{I_{k_2}}{I_{k_1}}\right] \geqslant A_{\psi,1}$，这表明采用两种以上不同弧厚的发射药装药，燃烧增面性只能是减弱。对于三种以上的不同弧厚的混合装药情况，用相同的方法也可以得到这个结论，只需要把第 n 种装药和前面的 $n-1$ 种混合装药看成是两种装药的混合即可。

对于两种不同弧厚，不同形状火药的混合装药情况，注意 $\dfrac{I_{k_2}}{I_{k_1}} = 1$ 时，由式(3-6-37)可得

$$A_{\psi(h)} = A_{\psi,2} + y_2(A_{\psi,1} - A_{\psi,2}) \quad (3-6-38)$$

可以看到

$$A_{\psi(h)} > \min(A_{\psi,1} \cdot A_{\psi,2}) \quad (3-6-39)$$

表明积分值 $A_{\psi(h)}$ 总大于两种装药中积分值 $A_{\psi,1}$ 较小的一种，即燃烧渐增性比采用一种具有较强的燃烧渐增性差。

对于不同火药力的情况，设有相同的 I_{k_1} 值，相同的 $\psi \sim z$ 关系，即 $A_{\psi,1} = A_{\psi,2}$，$f_1 > f_2$。若以第二种装药为标准，则

$$\psi = \frac{[y_1 f_1 f(z_1) + y_2 f_2 f(z_2)]}{(y_1 f_1 + y_2 f_2)} \quad (3-6-40)$$

由于 $z_2 = z_1$，则 $A_{\psi(h)} = A_{\psi,1}$，即积分值 A_ψ 不发生变化。即燃烧渐增规

律未发生变化。故相当于一种火药力为 $f = y_1 f_1 + y_2 f_2$ 的装药，但体系的能量对于火药力为 f_1 的装药来说是降低了。

3.6.5 一种特殊的装药方法

火炮膛内压力一直保持为最大压力 p_m 不变，认为是理想的平台发射。但在技术上只能实现使 p_m 达到最大压力以后缓慢下降，这样能得到较大的 $p \sim l$ 曲线下面积，即有较大的初速 v_g，但必要条件是火药在达到最大压力后有较强的燃烧渐增（面）性。前面已经看到采用几何形状方法的效果不是很明显，这里不再述详。

现在设想，当膛内压力达到最大值后，点燃一种新的装药。这种火药的 $\psi \sim z$ 关系和弹道特性将会是什么结果呢？

首先考虑这种设想下的 $\psi \sim z$ 关系。假设有一种相对分数为 y_2 的薄弧厚火药，除形状不同外，它与主装药完全相同。薄弧厚火药在射击初期并不点燃，在达到最大值以后或者在主装药燃烧到 $z_0 \geqslant z_m$ 时才被点燃，并且薄弧厚火药膛内压力还先于主装药燃完。这样装药的能量释放过程函数为

$$\psi = \begin{cases} y_1 \psi_1 & 0 \leqslant z_1 \leqslant z_0 \\ y_1 \psi_1 + y_2 \psi_2 & z_0 \leqslant z_1 \leqslant 1.0 \end{cases} \quad (3-6-41)$$

关于 z_1 积分上式，得

$$A_\psi(y) = y_1 A_{\psi,1} + y_2 \int_0^1 \psi_2 \, dz \quad (3-6-42)$$

考察积分 $A_{\psi,2}{}^* = \int_0^1 \psi_2 \, dz_2$，与上一节类似，在正比定律下，$z_1$ 与 z_2 存在如下关系，即

$$z_1 = \frac{I_{k_2}}{I_{k_1}} z_2 + z_0 \quad (3-6-43)$$

为了保证薄弧厚火药先于主装药燃烧完毕，在 $z_2 = 1.0$ 时，有 $z_1 \leqslant 1.0$，于是

$$z_0 \leqslant 1 - \frac{I_{k_2}}{I_{k_1}} \quad (3-6-44)$$

将式（3-6-44）代入积分 $\int_0^1 \psi_2 \, dz_1$ 中，可有

$$A_{\psi,2}{}^* = \int_{z_0}^{z_0 + \frac{I_{k_2}}{I_{k_1}}} \psi_2 \, dz_1 + \int_0^{z_0} \psi_2 \, dz_1 = \frac{I_{k_2}}{I_{k_1}} A_{\psi,2} + 1 - z_0 - \frac{I_{k_2}}{I_{k_1}} \quad (3-6-45)$$

式中：$A_{\psi,2} = \int_0^1 \psi_2 \, dz_2$。将式（3-6-45）代入式（3-6-42），可得

$$A_{\psi(y)} = y_1 A_{\psi,1} + \left[\frac{I_{k_2}}{I_{k_1}} A_{\psi,1} + 1 - z_0 - \frac{I_{k_2}}{I_{k_1}} \right]$$

$$= A_{\psi,1} + y_2 \left[\frac{I_{k_2}}{I_{k_1}} (A_{\psi,2} - 1) + 1 - A_{\psi,1} - z_0 \right] \quad (3-3-46)$$

若 $A_{\psi,2} = A_{\psi,1}$,则上式成为

$$A_{\psi(y)} = A_{\psi,1} + y_2 \left[\left(1 - \frac{I_{k_2}}{I_{k_1}}\right)(1 - A_{\psi,1}) - z_0 \right] \quad (3-6-47)$$

可以看到,当 $y_2 = 0$ 时,为一种装药的燃烧情况。对于式(3-6-47),满足 $A_{\psi(y)} \leqslant A_{\psi,1}$ 的条件为

$$\left(1 - \frac{I_{k_2}}{I_{k_1}}\right)(1 - A_{\psi,1}) \leqslant z_0 \quad (3-6-48)$$

z_0 的取值范围为

$$\left(1 - \frac{I_{k_2}}{I_{k_1}}\right)(1 - A_{\psi,1}) \leqslant z_0 \leqslant 1 - \frac{I_{k_2}}{I_{k_1}} \quad (3-6-49)$$

由于一般情况下,$A_{\psi,1} > \frac{1}{2}$,则对于 z_0 有一个较大的可以调节选择的范围。只要 z_0 分别满足

$$\frac{1}{4} \leqslant z_0 \leqslant \frac{1}{2} \quad (3-6-50)$$

或者

$$\frac{3}{8} \leqslant z_0 \leqslant \frac{3}{4} \quad (3-6-51)$$

时,就能得到比一种装药有更强的燃烧渐增(面)性的装药。对于 $A_{\psi,2} \neq A_{\psi,1}$ 的情况,也可以有类似的讨论。

3.6.6 几种高渐增性燃烧发射药新方法

近一二十年来出现了多种具有高渐增性燃烧的发射药结构与装药方法。

1. 表面钝感包覆发射药

将发射药的表面包覆一定厚度的缓燃组分,或者缓燃组分以一定梯度分布于发射药的表面层,前者称为包覆发射药,后者称为钝感发射药。

缓燃组分的燃烧速率远小于发射药,发射药在燃烧阶段缓燃层逐步推进到未包覆钝感的发射药部分,可以对发射药的能量释放规律进行控制,并达到能量释放渐增性的效果。

对于球扁发射药钝感结构如图 3-6-6 所示,在 4% 左右的邻苯二甲酸二丁酯(DBP)钝感时的静态燃烧规律如图 3-6-7 所示,明显地,经钝感的发射药

具有能量释放渐增性的效果。

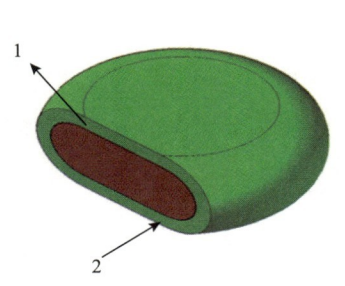

图 3-6-6 包覆钝感球扁发射药图示
1—DBP 钝感层；2—采用高分子包覆层替换。

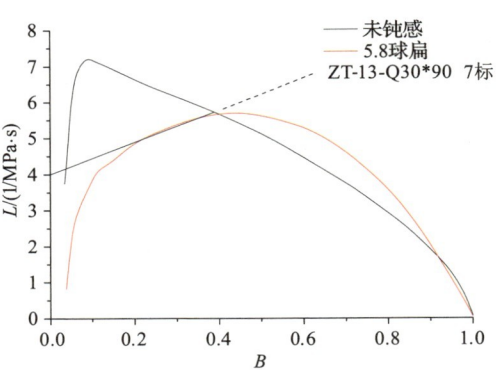

图 3-6-7 DBP 钝感与未钝感球扁发射药燃烧规律比较

2. 超多孔发射药

目前，由于发射药尺寸小、误差大、加工难度大的原因，世界上已经装备应用的仅为限制在 19 孔以下的多孔发射药。理论上粒状发射药的孔数越多越好。王泽山教授研究团队发明了 37 孔和 61 孔的发射药，并已实现工程应用。

图 3-6-8 为 37 孔发射药示意图，与 19 孔发射药比较，能量释放渐增性有显著的提高。

图 3-6-8 37 孔发射药示意图

3. 端面涂覆多孔发射药

端面涂覆多孔发射药是将多孔发射药的表面用一层阻燃或者缓燃材料进行包覆，减少点火阶段的燃烧面积，由内孔燃烧面积渐进扩大实现能量释放的渐增性。37 孔端面包覆发射药设计与实物如图 3-6-9 所示。

(a)

(b)

图 3-6-9 端面涂覆多孔发射药设计(a)与实物(b)图

理论上端面包覆多孔发射药在孔数足够多时，等于一个半径 R_0，起始半径为 r_0 的内孔扩张过程，燃烧规律可以表达为

$$\psi = \frac{\pi(r^2 - r_0^2)}{\pi(R_0^2 - r_0^2)} = \frac{r + r_0}{R_0 + r_0} z \qquad (3-6-52)$$

式中：$z = \dfrac{r - r_0}{R_0 - r_0}$，当 $r_0 \to 0$ 时，式(3-6-52)成为 $\psi = z^2$。

这是一个理想的结果，实际上，发射药在燃烧的初始阶段，内孔存在侵蚀燃烧，与设计的期望值有一定的差距。但(超)多孔发射药是一种利用几何形状对燃烧或者能量释放规律进行控制的有效方法。

4. 变燃速发射药

相同压力条件下，在燃烧过程中线性燃烧速率发生阶跃变化的固体发射药称为变燃速发射药。

一般的固体发射药组分具有均匀一致性，在相同压力条件下，线性燃烧速率相同。将两种以上燃速差较大的发射药组合，使其分阶段燃烧，可以实现对发射药能量释放的控制。在身管武器发射装药应用中，通常采用燃烧速率小的发射药先燃烧、燃烧速率大的发射药后燃烧的结构设计，以实现并控制发射装药能量释放的渐增性。

变燃速发射药原理上可以由 $N(N>2)$ 种不同燃速的固体发射药组合而成。以工程化的角度而言，一般首选两种不同燃速的固体发射药。

变燃速发射药中两种不同燃速发射药的燃速比、质量比可以根据身管武器装药需要进行选择确定。变燃速发射药可以有不同的形状，就制备工艺难易程度而言，一般选择简单形状。常用的变燃速发射药形状有柱状、层状、单孔粒状或管状等。其几何形状变化为由实心柱状(图3-6-10(a))中心开孔变为单孔粒状或管状(图3-6-10(b))，实物图见图3-6-11(a)，实心柱状平面变为层状(图3-6-10(c))，实物图见图3-6-11(b)。

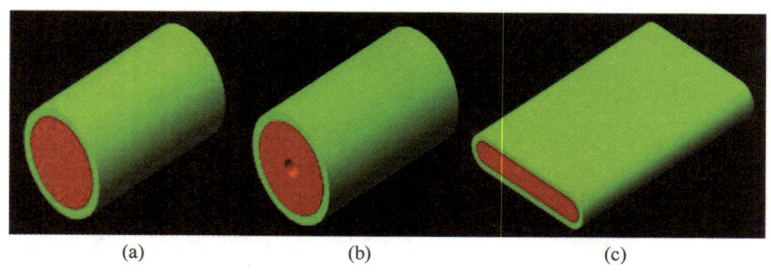

图3-6-10 双层变燃速发射药结构设计图

(a)柱状；(b)单孔粒状或管状；(c)层状。

(a)　　　　　　　　　　　　(b)

图 3-6-11　单孔粒状与层状变燃速发射药实物图

(a)单孔粒状；(b)层状。

变燃速发射药的静态燃烧规律如图 3-6-12 所示，明显地，单孔管状变燃速、层状变燃速发射药的燃烧渐增性较优异。

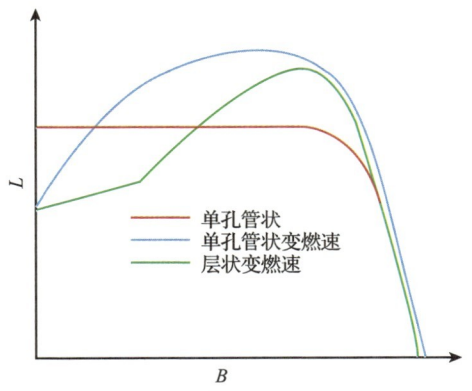

图 3-6-12　变燃速发射药燃烧规律

早期的层状变燃速发射药采用碾压成型工艺制备。现在变燃速发射药的制备可以采用间断或者连续挤压工艺制备，根据发射药的种类可以是溶剂法或无溶剂法，以溶剂法为主。通过活塞(间断)或螺杆(连续)将两种不同燃速的发射药物料分别输送，在一定几何形状的位置两种物料汇合，然后继续挤压成为不同的形状。后续的工艺程序与一般的固体发射药相同。

5. 阶段点火燃烧发射装药

将一种或几种燃烧面积大或者燃速快的发射药延迟点燃，以实现燃烧渐增性的装药方法称为阶段点火燃烧发射装药。

前面已经证明，该方法是实现发射药能量释放渐增性最有效的方法。需满足条件：$z_0 \geqslant z_s$。其中，z_s 为第一种延迟点燃发射药时主装药燃烧的相对厚度，一般取值在 0.4 以上。

延迟点燃发射装药结构如图 3-6-13 所示。在一定阻燃层的条件下，装药质量比为 75/25 情况下的静态燃烧规律如图 3-6-14 所示。可以看到这是一种能量释放阶跃渐增性的表现，采用任何几何形状或者包覆钝感的发射药均不可能达到这种效果。武器试验验证，在发射药装药量增加 15% 的情况下，膛压不变，初速可以提高 10% 以上。

图 3-6-13 延迟点燃发射装药结构

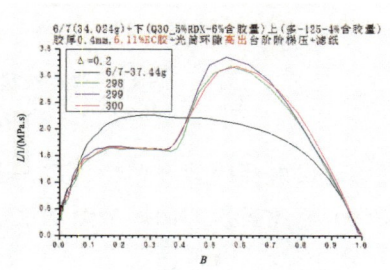

图 3-6-14 延迟点燃装药静态燃烧规律

3.6.7 低温度系数装药方法

根据 Arrheniws 公式，火药的燃速随温度变化而变化，为自然客观规律，温度从 +15℃ 上升至 +50℃，身管武器初速膛压最高到达 20% 以上，对武器的性能带来显著的影响。我国武器的使用温度变化范围可以达到近 100℃，该问题尤为凸显。

降低身管武器的温度系数成为世界军事强国特别关注的问题，并且已经找到多种方法与技术途径实现低温系数装药。例如：采用化学方法提高低温火药燃速是比较简易的办法，但因火炮的高压、变容和压力快速变化（10～700MPa），使这类方法的效果不明显；利用微波、激光、红外等射线能增强发射药的热传导和增加低温发射药的燃速，调节药室的初始容积也有明显效果，但这些方法会使武器的结构复杂；利用发射药高分子特性和微观结构的变化而降低温度系数，是目前已经较为有效、简便和成熟的方法。

1. 原理

发射药的组分分子结构、物理微观结构与高分子材料有相同（似）性，具有不可避免的内部缺陷。随着温度的变化，分子链的强度将随温度的降低而降低，缺陷也随之扩大。所以，越是致密、微观结构完整性的发射药，温度系数将越高。如双基发射药的温度系数高出单基发射药 2～3 倍。

在前面已经看到,对于仅由发射药组成的装药能量释放规律由实时的线性燃烧速率和燃烧面积决定。将实时燃烧的质量速率计为

$$\frac{\mathrm{d}\psi}{\mathrm{d}t} = \frac{s}{\Lambda_0}\frac{\mathrm{d}e}{\mathrm{d}t} \qquad (3-6-53)$$

式中:ψ 为实时已经燃烧的质量分数;s 为适时燃烧面积;Λ_0 为发射药初始体积;e 为已燃厚度。

发射药燃烧速率 $\mathrm{d}e/\mathrm{d}t$ 随温度变化是自然规律,不可以改变,那么可以改变的是实时燃烧面积 s。利用发射药高分子特性,将燃烧面积建立成为一个与温度成反向变化,即温度降低,燃烧面积增加的结构或者体系。发射药与装药的能量释放速率将因温度变化而变化,直至减小到所需要的程度。如图 3-6-15 所示,$\partial(\mathrm{d}e/\mathrm{d}t)\partial T > 0$,$\partial s/\partial T < 0$,相互抵消,而温度对能量释放速率的影响降低到最小,可以称为能量释放温度补偿原理,可以归结为能量释放控制问题。

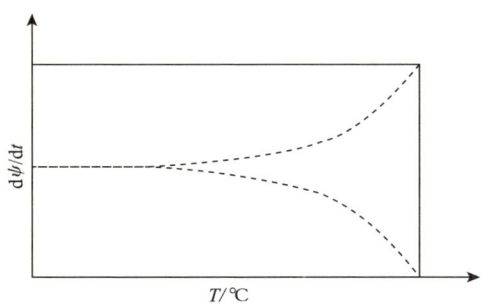

图 3-6-15　能量释放温度补偿原理图示

2. 方法

1) 微观缺陷预置

所有的固体材料均存在微观缺陷。这里的预置缺陷是指采用物理化学的方法,使其缺陷控制有规律地呈现,并且在燃烧的过程中表现。预置的过程在发射药制备工艺中完成。

在单基发射药中,采用乙醇—乙醚混合溶剂塑化,其中有部分 NC 仍处于纤维的形态,成型后发射药的微观物理结构必然存在缺陷。所以,比较均质的双基发射药,其温度系数要小得多,其实就是微观缺陷起到燃烧面积的温度补偿作用。

小尺寸的球形或者球扁形发射药具有压扁工序,可以使其温度系数显著降低,这是因为在压扁时,部分较大尺寸的发射药受力变形时形成了微裂纹,随温度的变化,微裂纹扩大或者缩小,与温度变化呈反向效果,起到温度补偿效

果。该方法已被国内外广泛采用，但仅适用于小尺寸的球形或者球扁形发射药。

2）高分子表面包覆

将高分子涂覆于发射药表面，可以起到减少燃烧起始面积的作用。前面在发射药与装药能量释放规律中已经描述。

这里要阐述的是高分子自身的力学强度与发射药的黏接强度均与温度及其变化有关。其本质属性取决于燃烧起始面积，就是一个温度补偿方法。该方法可以由高分子的结构、涂覆量、涂覆工艺条件等方面决定。

例如，热塑性聚合物对球形发射药、GAP对硝胺发射药、EDMA对单基发射药进行表面包覆后，均有低温度系数的作用效果。

目前，采用高分子表面包覆实现能量释放渐增性并同时具有低温度系数的方法，在较小尺寸的单基发射药中效果最好，在大口径发射药与装药中因效果一般而应用较少。

3）变燃速界面

变燃速发射药由内外两层构成，所以存在一个界面。该界面是一个客观存在的缺陷。同样是发射药的高分子特性，该界面将随温度的变化而变化，也是一个燃烧面积的温度补偿系统，可以通过内外层发射药的组成和工艺条件加以控制。试验验证了该类发射药具有低温度系数的特点。

4）多孔端面闭孔涂覆

将多孔发射药的表面进行涂覆（如图3-6-9所示），但是涂覆层厚度增加，会使端面（部分）孔被封堵，导致药体内形成多个空间小的内孔腔。涂覆层起开关作用，高温时，内孔腔关闭、内孔面隐蔽；低温时，内孔腔打开，内孔面暴露。不同温度范围孔腔暴露的数量不同。起始燃烧具有与发射药燃烧速率呈负向的效应。低温度系数发射药具有在高温时点火冲量小，低温时点火冲量大的特点。低温度系数发射药与高温燃烧快、低温燃烧慢的发射药在一起，可交叉互补，强化了温度/燃烧面积补偿效果。低温度系数装药结构是异质、异型发射药的组合或者混合装药组合，分别形成零梯度装药（高温、常温、低温射程一致）和不同温度区间具有不同温度系数的装药，各类低温感装药应用于不同的火炮和弹药。

本方法特别适合较大尺寸的发射药，解决了大口径火炮的适应性问题。涂覆材料可以采用与发射药组成相同或者相近组分，添加其他适当功能组分，避免了储存过程中稳定性和使用寿命问题。

参考文献

[1] EA 威廉斯. 燃烧理论[M]. 李荫亭,贾文奎,译. 北京:科学出版社,1976.

[2] 陈朗,龙新平,冯长根,等. 含铝炸药爆轰[M]. 北京:国防工业出版社,2004.

[3] 张国伟. 爆炸作用原理[M]. 北京:国防工业出版社,2005.

[4] 周霖. 爆炸化学基础[M]. 北京:北京理工大学出版社,2005.

[5] 王泽山,何卫东,徐复铭. 火炮发射装药设计理论与技术[M]. 北京:北京理工大学出版社,2014.

[6] 肖忠良. 发射装药优化设计与应用研究[D]. 南京:南京理工大学,1988.

[7] 王泽山,徐复铭,张豪侠. 火药装药设计原理[M]. 北京:兵器工业出版社,1995.

[8] 贺晓军,王泽山. 钝感火药和混合装药定容燃烧性能的评价方法[J]. 南京理工大学学报,1996(10):393-396.

[9] 武海顺. 涂覆层-火药界面的理化性能及力学强度[D]. 南京:南京理工大学,1994.

[10] 罗运军. 低温感包覆火药装药技术的理论与实验研究[D]. 南京:南京理工大学,1994.

[11] 刘玉海. 低温感包覆火药装药基本理论与点传火结构[D]. 南京:南京理工大学,1995.

[12] 罗运军,贺晓军,王泽山. 低温感包值火药装药的经典内弹道模型及其解法[J]. 兵工学报,1996(1):8-11.

[13] 应三九. 深钝感发射装药技术研究[D]. 南京:南京理工大学,1996.

[14] 芮久后. 低温度系数包覆火药工艺与性能研究[D]. 南京:南京理工大学,1997.

[15] 宋时育,王泽山. 低温感硝胺发射药混合装药的应用研究[J]. 弹道学报,2000,12(1):11-14.

[16] 宋时育,王泽山. 低温感装药弹道性能的研究[J]. 火炸药学报,2000(2):4-7.

[17] 李上文,刘所恩. 惰性与含能催化剂对 Al-RDX-CMDB 推进剂燃烧性能的影响[J]. 含能材料,1997,6(2):49-54.

[18] 张国涛,周遵宁,张同来,等. 固体推进剂含能催化剂研究进展[J]. 固体火箭技术,2011,34(3):319-323.

[19] 樊学忠,李吉祯,张腊莹,等. NTO 铅铜衍生物对 AP-CMDB 推进剂燃

烧性能和热分解的影响[J]. 含能材料, 2007, 15(4): 315-319.

[20] 王琼琳, 赵少峰, 等. 一种基于密闭爆发器试验的发射药燃烧渐增性定量评价方法[J]. 火炸药学报, 2009, 32(3): 71-74.

[21] 梁泰鑫, 肖忠良, 等. 一种固体随行发射装药方法[J]. 兵工学报, 2009, 32(3): 71-74.

[22] 赵凤起, 陈沛, 罗阳, 等. 含能羟基吡啶铅铜盐用作 RDX-CMDB 推进剂的燃烧催化剂[J]. 火炸药学报, 2003, 26(3): 1-4.

[23] 赵凤起, 高红旭, 胡荣祖, 等. 4-羟基-3,5-二硝基吡啶铅盐在固体推进剂燃烧中的催化作用[J]. 含能材料, 2006, 14(2): 86-89.

[24] Shinde P D, Mehilal, Salunke. Some transition metal salts of 4,6-dinitrobenzofuroxan: synthesis, characterization and e-valuation of their properties[J]. Propellants, Explosives, Py-rotechnics, 2003, 28(2): 77-82.

[25] Chhabra J S, Talawar M B, Makashir P S, et al. Synthesis, characterization and thermal studies of (Ni/Co) metal salts of hydrazine: potential initiatory compounds[J]. Journal of Hazardous Materials, 2003, 99[3]: 11-14.

[26] Singh G, Pandey D K. Studies on energetic compounds part27: Kinetics and mechanism of thermolysis of bis(ethylene-diamine)metal nitrates and their role in the burning rate of solid propellants[J]. Propellants, Explosives, Pyrotechnics, 2003, 28(5): 231-239.

[27] 赵凤起, 李上文, 蔡炳源. 双基系推进剂用生态安全的含铋催化剂[J]. 火炸药学报, 1998(1): 54-56.

[28] 宋秀铎, 赵凤起, 徐司雨, 等. 含2,4-二羟基苯甲酸铋催化剂的双基推进剂燃烧规律[J]. 推进技术, 2006, 27(4): 376-380.

[29] 萧忠良, 贺增弟, 刘幼平, 等. 变燃速发射药的原理与实现方法[J]. 火炸药学报, 2005, 28(1): 25-27.

[30] 萧忠良, 吴晓青, 等. 一种固体变燃速发射药: 中国国防发明专利[P]. 011010916.

[31] 肖忠良. 膛内火药燃烧气体化学热力学计算[J]. 中北大学学报(自然科学版), 1988(4): 13-20.

[32] 肖忠良. 一种高渐增性燃烧的火药装药研究[J]. 中北大学学报(自然科学版), 1989(1): 10-17.

第 4 章 制备与加工工艺

工艺(technics)是指劳动者利用各类生产工具对各种原材料、半成品进行加工或处理,最终使之成为成品的方法与过程。火炸药是以一定形态存在的物质,从化学元素到一定形态需要多个过程来完成,所以将火炸药从原材料到最终产品形成的过程称为火炸药制备与加工工艺。

火炸药为一类特殊能源,由于种类繁多,每一个产品的工艺过程都会不同,如果将所有的工艺一一叙述,篇幅将十分巨大。这里就共性的工艺过程予以概述。就工艺的基本属性而言,可以划分为化学、物理化学与物理工艺三类。

化学工艺是指形成火炸药主要含能化合物的主要化学过程。与通常的化合物的合成在原理与方法、工艺过程方面基本相同。

物理化学工艺是指在已有原材料的基础上,通过物理化学的方法,达到配方设计和产品结构、形状设计的形态的过程,其中部分也包括化学过程,例如,高分子预聚体固化反应过程、表面钝感包覆过程等。

物理工艺是指通过物理的方法,如挤压、切割、熔(融)铸等使原材料成型的工艺,与一般的非金属材料的成型加工基本相同。

火炸药的制备与加工工艺与一般化学品的制备加工有一个显著的不同之处,就是其本身具有燃烧爆轰特性,制备加工过程的安全性成为特殊、关键的问题。在制备加工过程中的物料、能量传输时,温度可调节的范围很小,外界能量的作用需要在阈值范围内控制,为制备加工工艺造成很大的难度。

4.1 含能化合物合成方法与工艺概要

4.1.1 含能化合物合成反应类型

可用于含能化合物合成的有机化学反应种类很多,常用的共性反应有醛胺缩合反应、硝化(硝解)反应以及叠氮化反应等。

1. 醛胺缩合反应

醛胺缩合反应是通过构建 C—N 键分子骨架来合成含能化合物母体的一类重要反应。如制造 RDX 及 HMX 的六亚甲基四胺(乌洛托品)就是氨和甲醛的缩合产物(见反应式(4-1-4));高能量密度化合物 CL-20 的母体六苄基六氮杂异伍兹烷(HBIW)则是由苄胺与乙二醛缩合而成(见反应式(4-1-1))。

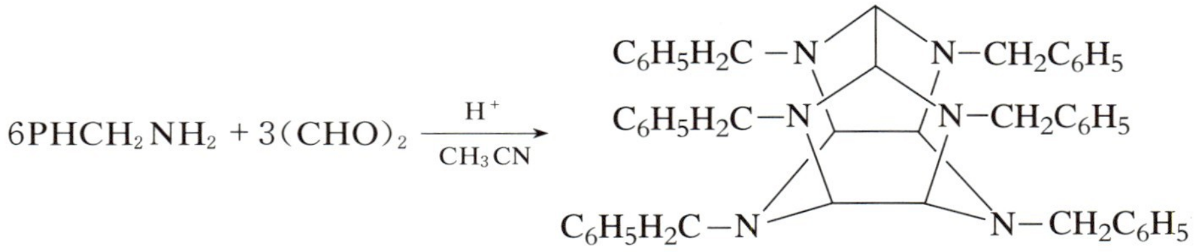

$$6PHCH_2NH_2 + 3(CHO)_2 \xrightarrow[CH_3CN]{H^+}$$ (结构式见图)

反应式(4-1-1)

醛胺缩合反应历程总体分为两步(见反应式(4-1-2)),第一步是胺作为亲核试剂对醛中的羰基进行亲核加成,第二步是脱水。这类亲核加成反应是一种酸性催化反应,但不能用强酸,因为氢离子固然可以和羰基结合成𬭩盐而增加羰基的亲电性能,但氢离子也会与氨基结合形成铵离子的衍生物,这样就丧失了它的亲核能力。

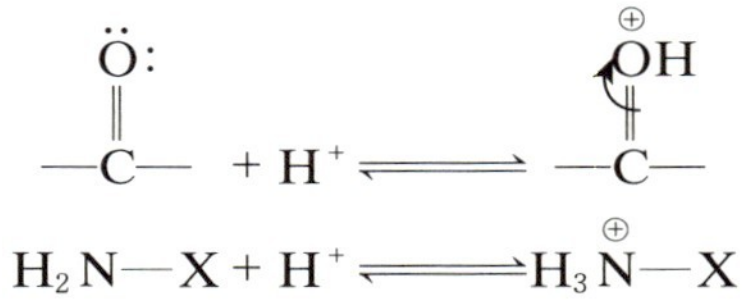

反应式(4-1-2)

在这些催化反应中,并不仅是氢离子发生作用,因为反应在非水溶剂内进行时,氢离子浓度很小,羰基先和整个酸分子以氢键的方式结合,从而增加了羰基的亲电性能,促进了它和游离的氨基衍生物进行亲核加成(见反应式(4-1-3))。

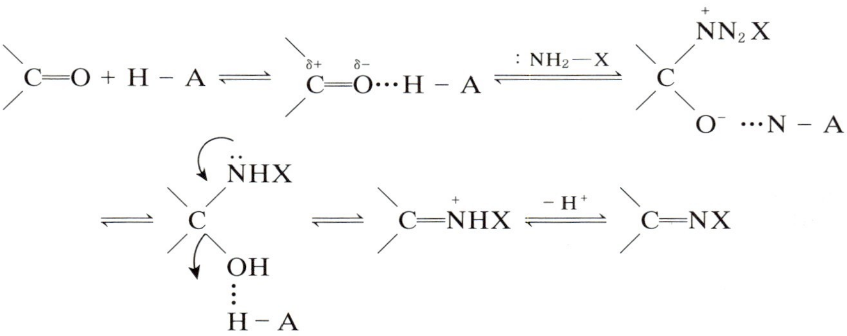

反应式(4-1-3)

影响醛胺缩合反应的主要因素有醛和胺的结构、溶剂、立体化学等,其中醛和胺的结构因素影响最大。伯胺与醛缩合时,得到含 C=N 基的 Schiff 碱,而仲胺与醛缩合通常得不到 Schiff 碱形式的化合物。甲醛和氨反应先生成极不稳定的中间产物,然后再失水聚合,得到乌洛托品(见反应式(4-1-4))。

$$H_2C=O + NH_3 \rightleftharpoons \left[H-\underset{H}{\overset{OH}{C}}-NH_2 \right] \xrightleftharpoons{-H_2O} [H_2C=NH]$$

$$3H_2C=NH \rightleftharpoons \underset{HN\ \ NH}{\overset{H}{\underset{|}{N}}} \xrightarrow[NH_3]{3CH_2O} \text{(乌洛托品结构)}$$

反应式(4-1-4)

2. 曼尼希缩合反应

曼尼希反应(Mannich 缩合反应,简称曼氏反应),也称作胺甲基化反应,是含有活泼氢的化合物(通常为羰基化合物)与甲醛和二级胺或氨缩合,生成 β-氨基(羰基)化合物的有机化学反应。一般醛亚胺与 α-亚甲基羰基化合物的反应也被看做曼尼希反应。反应的产物 β-氨基(羰基)化合物称为 Mannich 碱,简称曼氏碱。通式如反应式(4-1-5)。

$$R-\underset{R'}{\overset{O}{\underset{|}{C}}}-CH_2 + CH_2O + H-N\underset{R''}{\overset{R''}{\diagdown}} \xrightarrow{H^+} R-\underset{R'}{\overset{O}{\underset{|}{C}}}-CH-CH_2-N\underset{R''}{\overset{R''}{\diagdown}}$$

反应式(4-1-5)

在合成含能化合物时,用于曼尼希缩合反应的酸组分可以是硝基化合物、酚、羧酸及其酯、伯硝胺等,醛组分可以是甲醛、乙醛、乙二醛、芳香醛、硝基醛等,胺组分可以是脂肪胺及其盐、酰胺、肼、芳香胺、氨等,以硝基化合物为酸组分的 Mannich 缩合反应在合成炸药中极受重视。

通过 Mannich 缩合反应,合成了许多硝基化合物及硝胺化合物,特别是硝仿系炸药。

(1)以乙二胺、甲醛、硝仿为原料合成 2 号炸药 N,N′-双(β,β,β-三硝基乙基)乙二硝胺,如反应式(4-1-6)所示。

$$\begin{array}{c} CH_2NH_2 \\ | \\ CH_2HN_2 \end{array} + CH_2O + CN(NO_2)_3 \longrightarrow \begin{array}{c} CH_2NHCH_2C(NO_2)_3 \\ | \\ CH_2NHCH_2C(NO_2)_3 \end{array} \longrightarrow \begin{array}{c} NO_2 \\ | \\ CH_2NCH_2C(NO_2)_3 \\ | \\ CH_2NCH_2C(NO_2)_3 \\ | \\ NO_2 \end{array}$$

反应式(4-1-6)

(2) 以氨、甲醛、N，N′-双（二硝基甲基）硝胺合成 1，3，3，5，7，7-六硝基-1，5-二氮杂环辛烷，如反应式（4-1-7）所示。

$$\underset{C(NO_2)_2H}{\overset{C(NO_2)_2H}{O_2N-N}} + CH_2O + NH_3 \xrightarrow{H_2SO_4} \text{（中间体）}$$

$$\xrightarrow[HNO_3/H_2SO_4]{HNO_3/CH_2Cl_2} \text{（产物）}$$

反应式（4-1-7）

3. 硝化（硝解）反应

硝化反应（Nitration）是指向有机化合物分子中引入硝基（—NO_2）的反应。直接硝化反应可分为 C-硝化、N-硝化及 O-硝化，可分别形成硝基、硝胺及硝酸酯三类含能化合物。对于 C-硝化，虽然硝化剂的种类很多，但在芳香族化合物亲电取代硝化反应中，只有硝酰阳离子（Nitronium ion，NO_2^+）具有足够的证据证明它是真正的进攻试剂。通式如反应式（4-1-8）

反应式（4-1-8）

反应机理：硝酸的—OH 被质子化，接着脱去一分子的水形成硝酰阳离子（nitronium ion，NO^{2+}），硝酰阳离子与苯环进行亲电取代反应，形成 σ-络合物，然后脱去氢离子恢复苯环的芳香性。这种机理不仅适用于苯及其衍生物，也适用于所有具有芳香性化合物的亲电硝化。

硝化机理还有自由基机理，烷烃、环烷烃及烯烃的 C-硝化多为自由基反应机理。对于高温气相硝化烷烃的反应是自由基反应。气相硝化的基本过程是形成烷基自由基，以及烷基自由基与硝化剂结合成硝基烷。

形成烷烃自由基的过程大致如下：

$$RH \rightarrow R\cdot + H\cdot \text{ 或者 } HA$$

当以硝酸作为硝化剂时，Johnston 等人研究了无水硝酸在 375～425℃ 的热分解，确定为一级反应，决定硝酸分解速度的步骤是硝酸分子均裂成羟基自由基和 ·NO_2，提出了硝酸在 400℃ 左右的分解机理为

$$HNO_3 \rightarrow \cdot OH + \cdot NO_2$$
$$3RH + HNO_3 \rightarrow 3R\cdot + 2H_2O + NO$$
$$RH + \cdot OH \rightarrow R\cdot + H_2O$$
$$R\cdot + \cdot NO_2 \rightarrow RNO_2$$
$$R\cdot + HNO_3 \rightarrow RNO_2 + \cdot OH$$

分解产生的各种自由基中以羟基自由基最活泼。

$$RH + A \rightarrow HA + R\cdot$$

A 可以为 $\cdot OH$，$\cdot NO_3$，$\cdot NO_2$，帮助烷烃形成烷基自由基的能力为：$\cdot OH > \cdot NO_3 > \cdot NO_2$，因此硝酸作为硝化剂时，主要是 $\cdot OH$ 帮助产生烷基自由基。在高温下以发生 $R\cdot + \cdot NO_2 \longrightarrow RNO_2$ 反应为主。O-硝化是取代醇羟基中的氢原子形成硝酸酯的有机反应，即酯化反应。O-硝化反应机理是硝化试剂对醇中羟基氧的亲电进攻，其反应历程多为离子型历程。许多重要的含能化合物如 PETN、NG、TEGN 等都是通过该反应制得的。

羟基上的反应有两种可能性：一种是羟基中的氢原子被取代，另一种是羟基被取代。当以硝酸为硝化剂时，其反应历程为酰氧键断裂，见反应式(4-1-9)。

反应式(4-1-9)

有些硝酸酯的制备是先将醇溶于硫酸中，再用硝酸或硝硫混酸硝化。其反应是先进行硫酸酯化，生成硫酸酯，硝化时发生酯交换反应生成硝酸酯，其历程为烷氧键断裂历程，见反应式(4-1-10)。

$$HO\text{—}S(O)(O)\text{—}OH + HOR \rightleftharpoons ROSO_3H + H_2O$$
$$ROSO_3H + HNO_3 \rightleftharpoons RONO_2 + H_2SO_4$$

反应式(4-1-10)

N-硝化是以硝基取代氮上氢原子，硝化试剂对氮进行亲电进攻，反应多为离子型反应历程。当以硝酸为硝化剂时，一种是进攻试剂为硝酰阳离子(NO_2^+)，硝酰阳离子与胺类化合物中氮原子进行反应生成铵盐，然后失去氢离子(H^+)，得到硝胺化合物。另一种机理是亚硝酸催化反应历程，此历程先亚硝化而后氧化硝化。

另外，N 的电负性小于 O，对自由电子对的束缚能力弱，因此 N-硝化反应也比 O-硝化反应更容易进行。N-硝化和 C-硝化的作用过程是一样的，但 N-硝化更容易进行，不仅是硝酰阳离子(NO_2^+)，甚至硝酸合氢离子($H_2NO_3^+$)，HNO_3 分子也都可以是硝化剂。在含能化合物制造过程中应用最多的是胺的硝解反应，RDX、HMX、CL-20、TNAZ 等合成过程中的关键反应都是硝解反应。以乌洛托品硝解制造 RDX、HMX 为例，反应过程如反应式(4-1-11)和反应式(4-1-12)所示。

RDX 合成路线：

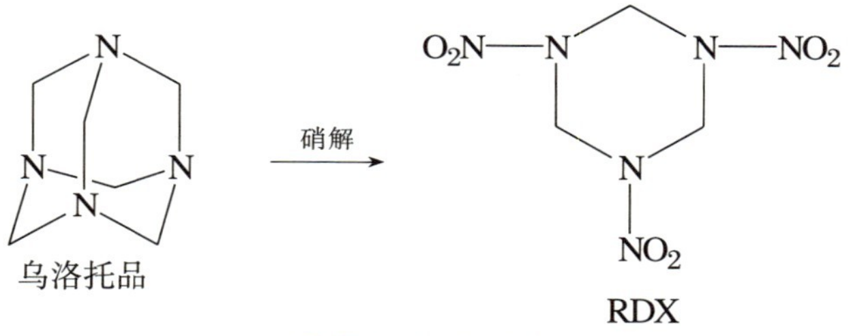

反应式(4-1-11)

HMX 合成路线：

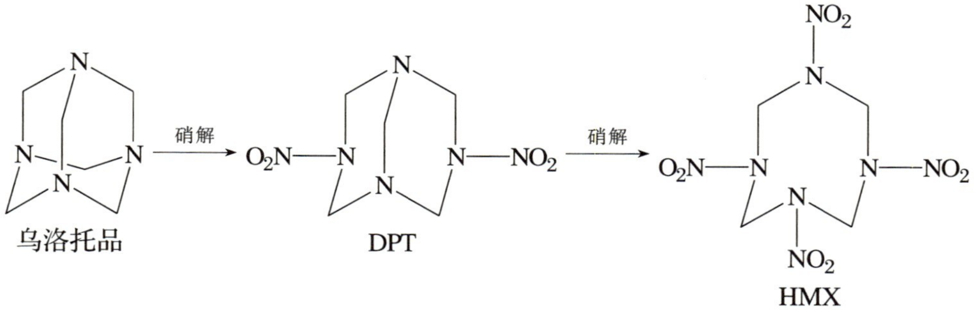

反应式(4-1-12)

4. 引入硝基的其他反应

含能化合物的合成除了直接硝化(硝解)引入硝基外，还可以采用其他有机反应中基团转换的方式合成硝基化合物。

1)氧化反应

采用适当的氧化剂可将芳香胺、脂肪胺、肟、亚硝基化合物、亚硝胺等氧化为相应的硝基化合物。可用于合成一些较难合成的多硝基苯、偕二硝基化合物及叔碳硝基化合物。

常用的氧化剂有过酸酐、过酸盐、过氧化氢、高锰酸钾、硝酸和三氧化铬等,具有代表性的有以80%的过氧化氢和发烟硫酸氧化五硝基苯胺合成六硝基苯。

$$\text{五硝基苯胺} \xrightarrow{80\% H_2O_2 \quad H_2SO_4/SO_3} \text{六硝基苯}$$

反应式(4-1-13)

2)卤代烃与亚硝酸盐合成反应(Victor-Meyer 合成反应)

$$RX + NaNO_2 \longrightarrow RNO_2 + NaX$$

卤代烷与亚硝酸盐的反应是实验室合成伯、仲硝基化合物的重要方法。

一般而言,亚硝基锂、钠、钾盐能与伯、仲烷基溴化物或碘化物反应,生成相应的硝基化合物。而亚硝酸银仅适合与伯烷基溴化物或碘化物反应。在所有这些反应中都有亚硝酸酯的副反应发生。有时当仲、叔卤代物与亚硝酸银反应时,亚硝酸酯成为主要的产物,其反应机理为 S_N1 亲核取代机理。

2-碘辛烷与亚硝酸钠反应,生成 2-硝基辛烷和部分亚硝酸酯(见反应式(4-1-14))。

$$CH_3(CH_2)_5 \underset{I}{CH} CH_3 + NaNO_2 \longrightarrow CH_3(CH_2)_5 \underset{NO_2}{CH} CH_3 + CH_3(CH_2)_5 \underset{ONO}{CH} CH_3$$
$$58\% \qquad\qquad 30\%$$

反应式(4-1-14)

卤代烃与亚硝酸盐若在极性非质子溶剂 DMF 或 DMSO 中或在相转移催化条件下进行反应,往往可以得到较好产率的硝基化合物(见反应式(4-1-15)和反应式(4-1-16))。

$$CH_3CH_2CH=CHCH_2CH_2Br \xrightarrow[r.t]{NaNO_2/DMF} CH_3CH_2CH=CHCH_2CH_2NO_2$$

反应式(4-1-15)

$$n\text{-}C_8H_{17}Br + NaNO_2 \xrightarrow[25\sim40℃]{18\text{-}冠\text{-}6/乙腈} n\text{-}C_8H_{17}NO_2$$

反应式(4-1-16)

3) 重氮基被硝基取代（Sandmeyer 反应）

在中性或碱性溶液中，芳香族重氮盐用亚硝酸钠处理，可生成产率较高的芳香族硝基化合物（见反应式(4-1-17)）。此方法适用于合成特殊取代位置的芳香族硝基化合物。比如邻二硝基苯、对二硝基苯都不能由直接硝化法制备，但它们可由邻硝基苯胺、对硝基苯胺形成的重氮盐与亚硝酸钠反应制备。

$$\text{ArN}_2^+\text{Cl}^- + \text{NaNO}_2 \longrightarrow \text{ArNO}_2 + \text{NaCl} + \text{N}_2$$

反应式(4-1-17)

例如，对二硝基苯的合成，将对硝基苯胺溶于氟硼酸中，在冰浴冷却下慢慢加入亚硝酸钠，得到固体的氟硼酸重氮盐，将其悬浮在水中，加入到亚硝酸钠水溶液及铜粉的混合物中进行反应，即可得到对二硝基苯，如反应式(4-1-18)所示。

对氨基苯胺 + HBF$_4$ $\xrightarrow{\text{NaNO}_2}$ 对硝基重氮氟硼酸盐（95%～99%）$\xrightarrow{\text{NaNO}_2}$ 对二硝基苯（67%～82%）

反应式(4-1-18)

4) Michael 加成反应

Michael 加成反应是指碳负离子对 α、β-不饱和醛、酮、羧酸、酯、腈、硝基化合物等的共轭加成反应。例如在碱催化下，硝基烷与烯烃发生 Michael 加成反应，生成相应的硝基取代衍生物，见反应式(4-1-19)。

$$\text{RCH}_2\text{NO}_2 + \text{R}'\text{CH}=\text{CH}-\text{Y} \xrightarrow{\text{碱}} \underset{\underset{\text{R}'}{|}}{\overset{\overset{\text{NO}_2}{|}}{\text{RCHCHCH}_2}}-\text{Y}$$

反应式(4-1-19)

在 Michael 加成反应中，碳负离子的产生通常用碱催化来实现。常用的催化剂有烷氧化物（如醇钠）、碱性胺（如叔胺）、金属氢化物（如 NaH）和胺基锂（如二异丙胺锂 LDA）等。

在碱催化下，硝基烷与硝基烯烃发生 Michael 加成反应，可得到 1,3-二硝基化合物，见反应式(4-1-20)。

$$RCH_2NO_2 + \underset{R'}{\overset{H}{\underset{|}{\text{C}}}}=\underset{R''}{\overset{NO_2}{\underset{|}{\text{C}}}} \xrightarrow{Et_3N \text{ 或 } K_2CO_3} \underset{NO_2}{\overset{R}{\underset{|}{\text{C}}}}-\underset{}{\overset{R'}{\underset{|}{\text{C}}}}-\underset{NO_2}{\overset{R''}{\underset{|}{\text{C}}}}$$

$$51\% \sim 98\%$$

反应式(4-1-20)

4.1.2 含能化合物的合成过程

化工过程是研究化学工业和其他过程工业(Process Industry)生产中所进行的化学过程和物理过程共同规律的一门工程学科。过程需要由设备来完成,过程设备必须满足过程的要求。化学工程包括单元操作、化学反应工程、传递过程、化工热力学、化工系统工程、过程动力学及化学过程控制等方面。含能化合物的合成工艺与其他有机化工产品合成工艺(如染料、医药及其中间体等)类似,涉及的重要化工过程有流体输送、粉碎、混合、传热、结晶、过滤、干燥、蒸馏、吸收、萃取等。

1. 含能化合物合成工艺过程的特点

含能化合物由于其产品性质的特殊性,决定了其合成工艺过程具有如下特点:

1)强腐蚀性体系

含能化合物合成的典型共性反应是硝化反应,体系常常包含大量的发烟硝酸、发烟硫酸、醋酸等,对仪器设备具有较强的腐蚀作用。这一特点不仅在设备选材方面要给予充分的考虑,而且在工艺研究方面也带来一定的困难。比如基础工艺参数(比热容、热导率、反应热等)的测定、动力学模型的建立等,不能采用常规的分析仪器和方法来研究,而要针对该体系的特殊性建立新的研究装置和方法。

2)强放热过程

含能化合物合成过程的强放热特点体现在两个方面,一是反应放热量大,二是过程放热速度快,所以应在传热方式的选择上予以充分的考虑。

3)低温反应控制

含能化合物合成一般在较低温度下进行,如硝化反应的温度一般不会超过100℃,有时会在-40~0℃下进行反应;N_5^+化合物的合成需要在-180℃的超低温条件下进行。另外,含能化合物及其中间体,甚至一些含能的杂质成分,都有一个分解温度阈值,如果超过此阈值就会引起爆炸分解,因此含能化合物合成过程的低温控制是十分重要的。

4) 极高的安全控制要求

含能化合物因其固有的爆炸性能，对合成工艺过程提出极高的安全控制要求。比如工房建筑物的安全等级、电器的防爆等级、人机隔离操作、自动控制系统的可靠性、紧急情况下的处理方案等，这些都是含能化合物合成过程区别于其他化工产品合成过程最明显的特征。

2. 含能化合物合成工艺进展

目前，针对含能化合物合成过程的特点，还没有完整的工艺研究和设计的平台，也没有定型的设备及自动控制系统可供选择，只能针对具体的品种，应用通用化工工艺的设计模式，参照国家有关安全规范，设计建造生产线。以下简要介绍几种典型含能化合物合成制造工艺，体现本领域技术进展情况。

1）梯恩梯（TNT）制造工艺

目前各国都采用硝化甲苯或硝基甲苯制造梯恩梯。硝化反应在带有机械搅拌的槽式反应器中进行。间断硝化法已经很少应用，而被连续硝化法所取代。其制备过程包括硝化和精制两个部分。

（1）硝化过程。硝化过程是指在甲苯中逐步引入三个硝基的化学反应过程。按生产方式可分为间断硝化法和连续硝化法，现多采用连续硝化法，其工艺流程如图4-1-1所示。

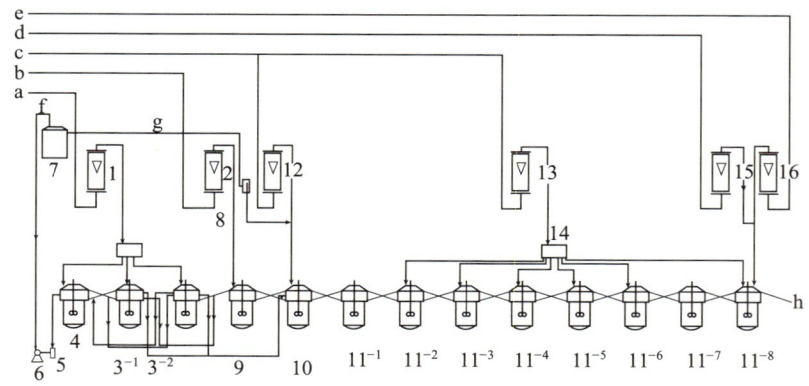

图4-1-1　三段连续硝化法制备梯恩梯的工艺流程

1—甲苯流量计；2—稀硝酸流量计；3^{1-2}—一段硝化机；4—甲苯提取稀释机带分离器；
5—稳压柱；6—废酸泵；7—废酸沉淀槽；8—MNT回收流量剂；9—二段带分离器的提取机；
10—二段带分离器的硝化机；11^{1-8}—三段带分离器的硝化机；12—二段硝化硝酸流量计；
13—三段硝化硝酸流量计；14—三段硝酸分配器；15—硫酸流量计；16—发烟硫酸流量计。

a—甲苯管；b—稀硝酸管；c—浓硝酸管；d—硫酸管；e—发烟硫酸管；
f—稀释后废酸管；g—回收MNT管；h—粗制酸性MNT管。

一段硝化机3由两台并联，一台使用，一台备用。甲苯由转子流量计1，经分配器加入到甲苯提取稀释机4与一段硝化机3^{1-2}中，稀硝酸由转子流量计2加入到提取机9与二段废酸混合，经分离器析出的硝化物返回二段硝化机10，稀硝酸与二段废酸组成的混酸进入一段硝化机3^{1-2}中，甲苯与硝酸反应生成MNT，分离后MNT流入到二段硝化机10，废酸流入到甲苯提取稀释机4，加入预洗废水使废酸稀释，加入甲苯提取废酸中的硝化物与硝酸经分离器，甲苯与被提取的硝化物进入一段硝化机3^{1-2}中，废酸经稳压柱5、泵6送到废酸沉淀槽7，最后送往废酸处理车间。分离出的MNT经回收MNT流量计8，定量地加入到二段硝化机。浓硝酸经流量计12加入二段硝化机10，与三段带分离器的硝化机11^{-1}的废酸混合将MNT硝化成DNT，硝化液经提升分离后，废酸流入二段提取机9，DNT流入三段带分离器的硝化机11^{-1}。三段硝化由八台带分离器的硝化机11^{1-8}串联组成。硫酸与发烟硫酸分别经流量计15、16加入三段带分离器的硝化机11^{-8}，硝酸由流量计13加入到分配器14，再分配到三段带分离器的硝化机11^{-3}、11^{-4}、11^{-5}、11^{-6}、11^{-8}五台硝化机，硝化物、液经提升分离，硝化物逐台向后流，废酸逐台向前流到二段硝化机10。含酸的粗制TNT由三段带分离器的硝化机11^{-8}的分离器流出。第一段主要生成一硝基甲苯，第二段主要生成二硝基甲苯，第三段主要生成梯恩梯。硝化温度：一段20～50℃，二段60～80℃，三段90～110℃。

(2)精制过程。硝化后所得的梯恩梯为粗制品，含有少量的不对称三硝基甲苯及低硝化程度的杂质和酸，这会影响梯恩梯成品的熔点、渗油性以及化学安定性，需予以控制。广泛采用的精制方法为亚硫酸钠精制法，其步骤：①用水煮洗，除去梯恩梯中的水溶性杂质和无机酸；②用亚硫酸钠精制（在梯恩梯熔融状态下），亚硫酸钠水溶液与其中杂质反应，可除去不对称梯恩梯、四硝基甲烷和部分二硝基甲苯、三硝基苯等。亚硫酸钠的精制过程有间断法和连续法两种。

亚硫酸钠精制法的优点是工艺和设备简单、操作安全、产品质量有保证。其缺点是对粗制梯恩梯的质量要求较高，精制后成品得率降低，过程产生大量废液（俗称红水），处理比较麻烦。

另外，也可用硝酸为溶剂精制梯恩梯。硝酸浓度为60%～65%，进行重结晶，然后再用水洗涤产品至酸度合格。

精制后的梯恩梯以熔融状态流入干燥器内，以热风搅拌除去残余的水分，然后再连续流入制片机，冷凝于制片机的辊子上，被刮刀刮下，成为鳞片状的产品，最后进行称量和包装。

2)黑索今(RDX)的制造工艺

黑索今的制造方法很多,包括直接硝解法、醋酐法、硝酸-硝酸铵法(K法)、甲醛-硝酸铵法(E法)、取代六氢化均3嗪法(W法)、R-盐氧化法等,工业上最常采用的生产方法有两种,即直接硝解法和醋酐法。采用直接硝解法制造的黑索今纯度高,成本也低,但需处理大量废酸。采用醋酐法制造的黑索今中含有奥克托今,且成本较高。

(1)直接硝解法 用大倍量(98%或98%以上浓度)的硝酸直接硝解乌洛托品来制造黑索今的方法,叫做直接硝解法。

硝酸与乌洛托品作用生成黑索今的反应见反应式(4-1-21)。

$$(CH_2)_6N_4 + 4HNO_3 \longrightarrow (CH_2NNO_2) + NH_4NO_3 + 3CH_2O$$
反应式(4-1-21)

实际上硝解反应十分复杂。此法为早期的方法,一直沿用至今。生产过程包括:①将原料乌洛托品进行粉碎、筛选和干燥。②在硝化机内使乌洛托品与硝酸进行硝解反应,然后在成熟机内进行补充反应并生成黑索今。硝解反应剧烈并大量放热。③以水稀释硝化液使其温度升高,将不安定的副产物氧化掉,并使黑索今结晶析出,过滤。④将过滤后的黑索今用水漂洗和煮洗以除去残留的酸。⑤用蜡类等钝化剂包覆药粒表面,降低其机械感度。⑥真空干燥获得合格成品。

(2)醋酐法又称贝克曼(Bachmann)法或KA法。此法就是乌洛托品与硝酸、硝酸铵、醋酐在醋酸介质中进行硝解反应而得到黑索今的一种方法见,反应式(4-1-22)。

$$(CH_2)_6H_4 + 4HNO_3 + 2NH_4NO_3 + 6(CH_3CO)_2O \longrightarrow 2(CH_2NNO_2)_3 + 12CH_3COOH$$
反应式(4-1-22)

醋酐法制造黑索今一般分为两步法和一步法。

两步法,首先用稀硝酸与乌洛托品反应得到乌洛托品二硝酸盐(HADN),HADN是一种可溶于水的白色结晶固体,熔点约165℃。将HADN分离出来经干燥后再投入到硝酸、硝酸铵、醋酐和醋酸的混合液中进行下一步的硝解以生成黑索今。

一步法是将乌洛托品直接投入醋酐法的硝解液中进行反应而生成黑索今,不经过制备HADN这一步骤。

3)奥克托今(HMX)的制造工艺

奥克托今合成主要有两类方法,其一是目前通用的工艺方法,即醋酐法或Bachmann法;其二是用小分子合成奥克托今或奥克托今的母体,这种方法自

20世纪70年代初开始研究,直到现在人们对它还很感兴趣。

醋酐法制造奥克托今,从反应过程来看,分两步完成,即先由乌洛托品制得二硝基五亚甲基四胺(DPT),再由DPT进一步硝解制得奥克托今。早期这两步是分开进行的,即先用醋酸酐和硝酸硝解乌洛托品制得DPT,分离后再用醋酸酐、硝酸、硝酸铵硝解DPT制得奥克托今,这种方法得率较低,以1mol乌洛托品制得1mol奥克托今计,得率只有28%左右。后来在反应中不分离DPT,而是一次制备出奥克托今,得率最高可达到60%(连续法)或70%(间断法),这种"一步法"工艺成为以后工业生产中普遍采用的方法。以下重点介绍"一步两段法"连续工艺。

"一步两段法"的基本生产模式:参与反应的物料为三种液料,即乌洛托品醋酸溶液,简称"乌醋"(HA-HOAc),是将乌洛托品溶于冰醋酸配成的溶液;硝酸铵硝酸溶液,简称"铵硝"(AN-NA液),是将硝酸铵溶解于98%以上的浓硝酸中配成的溶液;第三种液料是醋酸酐(Ac_2O)。这种方法投料比一般是 HA:HNO_3:NH_4NO_3:Ac_2O:HAc = 1:(5~5.5):(3.7~4.5):(11~12):(16~23)。溶液浓度:在HA-HOAc溶液中HA含量为10%~30%(质量分数),AN-NA溶液中NH_4NO_3与HNO_3的质量比为0.9~1.0:1.0。

"一步两段法"连续工艺过程如图4-1-2所示。

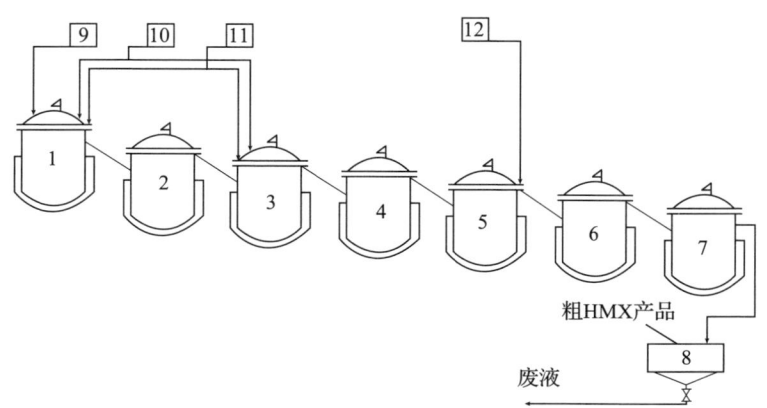

图4-1-2 HMX制备工艺程序

1——一段硝化机;2——一段成熟机;3——二段硝化机;4——二段成熟机;
5,6——热解机;7——冷却机;8——过滤器;9——HA-HOAc高位槽;
10——NH_4NO_3-HNO_3高位槽;11——Ac_2O高位槽;12——水高位槽。

连续投料开始前,先在1、2、3、4号机内加入一定量的冰醋酸底液,使之能覆盖下层搅拌桨液,底液中还加入了冰醋酸量4%左右的醋酸酐。连续硝化时,在一段硝化机连续、按比例地投入三种液料,即乌酸、铵硝和醋酐。一段硝化反应物连续溢流至一段成熟机，进行成熟反应，然后再溢流至二段硝化机。在二段硝化机补加铵硝和醋酐，进行进一步硝解反应后溢流至二段成熟机，即4号机。4号机溢流出来的硝化液依次进入5、6号热解机，在5号机内加入一定量的水（或回收洗涤酸水），并通过升温来热解副产物。热解后的反应物溢流至冷却机进行冷却，然后过滤、洗涤，得到粗制HMX。硝化温度一般为(44 ± 2)℃。热解温度为100～110℃，冷却机温度控制在40℃以下。

精制过程有三个目的，即产物的提纯，奥克托今转晶得到稳定性好的β-HMX，制备具有不同粒度和满足粒度分布要求的产品。

醋酐法制得的粗制奥克托今，其中含有直链硝胺副产物，经过热解工序处理已基本上除去，余下的杂质主要是黑索今（约10%），它们一同从废酸中析出，提纯的主要目的就是除去这些黑索今。提纯的方法有两种：其一是将黑索今破坏，当黑索今含量较少时，可以这样做；其二是将黑索今分离出来，回收再利用。将黑索今分离出来的方法很多，有二甲基亚砜溶剂法、二甲基甲酰胺复合法、环戊酮复合法、废酸结晶法、机械分离法等。

精制的第二步是转晶和重结晶。奥克托今有α、β、γ、δ等多种晶型，能够实际应用的是β-HMX，但一般粗制品为α-HMX（有时为γ-晶型），所以要经过转晶过程将其转变为β晶型。转晶的方法一般在丙酮或含有丙酮的混合溶剂转晶，也可在硝酸溶液中转晶，或用二甲基亚砜重结晶、废酸中转晶。以二甲基亚砜重结晶为例，将粗制奥克托今与回收的二甲基亚砜混合成浆状，再补充一些新的二甲基亚砜，此混合物经蒸发除去水分后，成为奥克托今二甲基亚砜溶液，该溶液可采用控制冷却结晶或加水析晶，由此得到不同粒度分布的β-HMX产品。

4）硝化甘油（NG）的制造工艺

一百多年来，硝化甘油的制造方法经历很多变化和发展，但制造的化学反应和物理过程基本一样。都是甘油通过硝硫混酸的酯化反应来完成，制造工艺包括以下几个步骤：混酸配制、硝化、分离、洗涤、过滤、回收废水中的硝化甘油、后分离、废酸处理。硝化甘油工艺的发展，可分为四个阶段：间断法，以Nathan-Thomson法为代表；连续法，以Schmid法和Biazzi法为代表；Nilssen-Brunnberg喷射硝化法；Hercules管道硝化法。

（1）喷射硝化法。此法最大的特点在于利用一个流体喷射器作为硝化器，有压力的混酸（新混酸和回收废酸的混合物）从喷射器管口处进入，高速通过喷嘴，产生的负压将甘油从管口处吸入，在喷射器内呈湍流混合，进行甘油的硝化反应。喷射硝化法制硝化甘油的流程见图4-1-3。

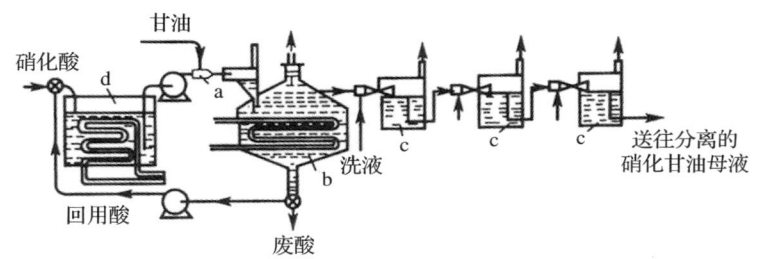

图 4-1-3　喷射硝化法制硝化甘油工艺流程

a—喷射器；b—冷却分离器；c—洗涤装置；d—硝化酸混合及冷却装置。

喷射硝化法除了硝化用喷射器外，其他装置视具体情况而有所不同。如向硝化酸加压的动力可以用泵，也可以用压缩空气，还可将喷射硝化器流出的硝化液先进行冷却，再用高速离心机进行油相和酸相的分离等。喷射硝化法最重要的工艺参数是硝化温度，一般为 45～50℃，硝化温度比其他制造方法高得多，由于硝化液在喷射硝化器中停留的时间十分短暂，高温有利于反应快速完成，时间只有 0.5s 左右，硝化液从喷射器流出后立即冷却到 15℃，再送往分离器分离。硝化液于 45～50℃ 短暂停留没有危险，因为大量硝化酸不但有新配制的酸，还有 1.7～2 倍回收用废酸，它们具有很高的比热容，不致于使整个体系温度升高。喷射硝化法得率为 93% 左右。

（2）管道硝化法。用泵将甘油和经过冷却的硝化酸从 T 形管的两端输入，甘油和硝化酸经混合后由 T 形管中部管进入反应管道（见图 4-1-4）。

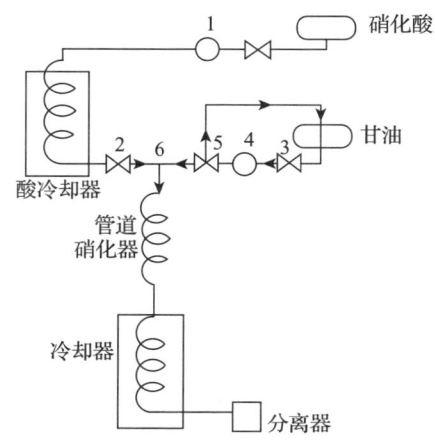

图 4-1-4　管道硝化法工艺流程示意图

1—硝化酸泵；2，3，5—活门；4—甘油泵；6—T 形混合管。

管道硝化时，硝化酸经过泵 1 送入酸冷却器，然后经过活门 2 进入 T 形管 6，甘油则是经过泵 4 通过活门 3、5 从与硝化酸相对的方向进入 T 形管 6。硝化酸和甘油一经进入 T 形管 6，即开始硝化反应，物料再由 T 形管流经管道硝化器以完成硝化，然后经冷却器送往分离以及做后续处理。5 是快开旁路活门，当发生紧急事故时，活门 5 通向 T 形管 6 的通路立即关闭，停止向反应器加入甘油，同时打开旁路，使甘油沿通路返回甘油槽中。管道硝化法也采用离心机分离硝化甘油和废酸。这种方法在硝化反应区管道不进行冷却，硝化温度的控制通过混酸预冷温度和调节甘油与硝化酸料比来控制。

4.1.3 含能化合物合成反应与工艺过程新方法

1. 计算机辅助设计

随着现代理论与计算化学的发展以及计算机技术的突飞猛进，通过计算和模拟，能够比较准确地预测含能化合物的物理化学性能及爆轰性能，进而为高性能含能化合物的分子结构设计提供强有力的手段。使得含能化合物的结构筛选，由大量耗时的合成实验逐步向计算机模拟转变。近年来，对于有机化合物合成路线的辅助设计技术，也已进入了研究开发阶段，将该技术应用于含能材料的合成中，会更进一步提高合成技术人员的工作效率。

由于含能化合物性能的特殊性，传统的合成工艺放大过程仍采取大量实验的研究模式，由百克量级、千克量级、中试量级、工程化量级、工业化量级等逐级放大，研究周期很长。目前，计算机辅助设计已在民用化工领域获得广泛的应用，将该技术引入含能化合物反应过程研究中，辅以安全、控制、设备等方面的特殊约束条件，实现含能化合物计算机辅助设计，将成为未来含能化合物过程研究的重要手段。

2. 清洁合成技术

含能化合物合成过程的传统工艺，会产生大量的"三废"。首先是硝化反应过程产生的废酸，主要是稀硝酸、稀硫酸、稀醋酸或它们的混合物，浓缩、分离处理装置庞大并且能耗高；其次是含能化合物合成工艺中，萃取、结晶、煮洗等后处理过程中产生的废水，比较典型的是 TNT 精制过程产生的"红水"以及硝化棉煮洗过程产生的"黑水"。上述废酸废水目前虽然都有相应的回收处理方法，但由于处理量大，不仅造成生产成本显著升高，而且不可避免地会造成二次污染。随着社会的进步、环境意识的不断提高和环保法规的日益严格，必须从根本上解决含能化合物合成过程的污染问题。

使用清洁合成技术是从源头上解决含能化合物合成过程污染的有效途径。就硝化反应而言，近年来发展的"绿色硝化"技术有气相硝化技术、液相载体硝化技术、五氧化二氮硝化技术等。随着科学技术的不断进步，清洁合成技术将会日益成熟、逐步步入工业生产。

4.2 含能化合物物理化学处理方法

这里的含能化合物是指火炸药产品(或者是制品)的组分，一般也称为原材料。为了使火炸药产品达到所要求(或需要)的物理化学性能，通常要对含能化合物进行物理化学处理，例如结晶与粉碎、高分子乳化与细断、晶体表面钝感处理等。其中关于表面钝感处理将在4.6节叙述。

4.2.1 含能化合物的结晶

晶体类含能化合物是火炸药广泛应用的组分，含能化合物结晶的外部与内部形态，是含能化合物自身质量因素，对火炸药产品性能的影响起着至关重要的作用。晶体外部形态指颗粒形貌、尺寸等，如炸药机械感度随炸药晶体形状的不同而不同。其中形貌为针状或片状的颗粒机械感度最高，柱状或块状的颗粒次之，类球状或球状的机械感度是最低的。这些形貌的炸药颗粒，感度不同的原因在于受到外界机械作用时，炸药晶体之间的内摩擦状况不同。棱角比较多的颗粒，内摩擦大，在尖角处容易形成应力集中，因而形成热点，最终导致机械感度的升高。而类球状或球状颗粒，由于表面光滑没有棱角，因此内摩擦小且不易生成热点，所以机械感度相对会较低。它与炸药的性能有着非常密切的联系。不同晶体形状和尺寸分布，对火炸药产品密度的影响也是很大的，密度变化可达10%。晶体内部组成、结构指火炸药晶体内部裂纹、微孔等缺陷以及晶型、杂质等，含能化合物颗粒的表面形状是火炸药感度的一个非常重要的影响因素。

含能化合物晶体和表面结构还影响并决定火炸药其他性能如力学、燃烧、安全等。其中结晶方法与过程控制是决定晶体结构、质量的关键因素。

从液态(溶液或熔融物)或气态原料中析出晶体物质的过程为结晶过程，是一种属于热量、质量传递过程的单元操作。所有物质(包括含能材料)的结晶产品，其质量和性能，如粒度分布、晶型、纯度、可过滤性、流散性和长储性及与其他化学物质的相容性等，对其应用都有着至关重要的影响，而这些性能中的大多数,都受所采用的结晶工艺影响。同时,结晶所用的溶剂也会影响上述性能。因此,正确选择、设计和改善结晶工艺及设备,使结晶产品满足应用要求是十分重要的。

1. 结晶基本原理

结晶过程可分为晶核生成(成核)和晶体生长两个阶段,两个阶段的推动力都是溶液的过饱和度。晶核的生成有三种形式:初级均相成核,初级非均相成核和二次成核。在高过饱和度下,溶液自发地生成晶核的过程,称为初级均相成核;溶液在外来物(如大气中的微尘)的诱导下生成晶核的过程,称为初级非均相成核;在含有溶质晶体溶液中的成核过程,称为二次成核。二次成核也属于非均相成核,它是在晶体之间或晶体与其他固体(器壁、搅拌器等)碰撞时所产生的微小晶粒的诱导下产生的。最常用的结晶工艺是从溶液中结晶,但也有从熔融态或气相中结晶的。

为了控制结晶过程,首先需要知道四个方面的基础数据信息:①结晶系统的性质;②相平衡数据;③结晶成核与成长动力学数据及特征;④结晶溶液流体力学数据及特征。要了解结晶系统的性质需要知道晶体的特性,晶体的几何结构,以及固体在溶液中的溶解度,特别是必须研究溶解度曲线。图 4-2-1 所示的是几种物质的溶解度与温度的关系曲线。根据溶解

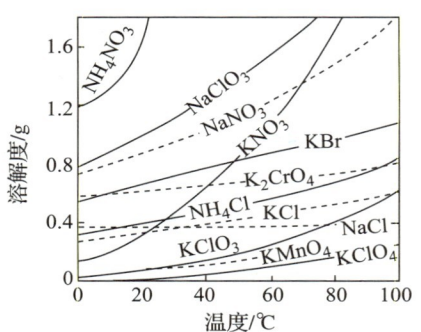

图 4-2-1 几种物质的溶解度曲线

度曲线的类型,可决定采用适宜的结晶工艺。对于结晶物质按其溶解度曲线大致可分为三类:第一类为物质溶解度受温度影响较大,适合冷却结晶。第二类为物质溶解度受温度影响较小,适合蒸发结晶。第三类溶解物质的溶解度与温度的关系若介于以上两类之间,适于采用真空结晶方法。例如,氯化钠水溶液溶解度曲线几乎是水平线,则不能采用冷却结晶工艺,只能采用蒸发结晶。

晶体晶核形成和晶体生长的动力学过程都需要溶液过饱和。这些过程的推动力是由于溶质在溶液中的化学位和溶质处于固态时的化学位不同所提供的。溶质 i 在溶剂中的化学位见式(4-2-1)。

$$\mu_{i,\text{sol}} = \mu_{0,i} + RT\ln\alpha_i \qquad (4-2-1)$$

平衡时,溶质在溶液中的化学位(见式(4-2-2))

$$\mu_{i,\text{sol}} = \mu_{0,i} + RT\ln\alpha_i^* = u_{i,s} \qquad (4-2-2)$$

结晶过程推动力(见式(4-2-3))

$$\Delta\mu_i = \mu_{0,i} - \mu_{0,s} = RT\ln\frac{\alpha_i}{\alpha_i^*} = RT\ln S = RT\ln\frac{c_i}{c_i^*} \qquad (4-2-3)$$

式中:α_i 为组分 i 的活度;S 为过饱和度;c_i 为组分 i 的浓度。

结晶的过程和系统总是力图通过生成晶核和晶核成长以达到热力学平衡。对结晶操作的要求是制取纯净而又有一定粒度分布的晶体。这主要取决于晶核生成速率、晶体生成速率及晶体在结晶器中的平均停留时间。溶液的过饱和度与晶核生成速率以及晶体生长速率都有关系,因而对结晶产品粒度及其分布有重要影响。在工业结晶器内,过饱和度通常控制在介稳区内,此时结晶器具有较高的生产能力,并可得到一定大小的晶体产品。

过饱和溶液中结晶的生长是一个很复杂的过程,至今人们尚未完全了解。其原因是,过饱和溶液是由多种物系单元组成的,具有一定的结构,人们仍然知之不多。根据 Berthoud 和 Valeton 模型,结晶表面生长时,过饱和流体中的物系单元首先通过扩散和对流转移,然后成为结晶结构,即使严格而仔细地控制工艺过程,也难以保证各批的结晶条件完全一样,因而难以使各批产品质量完全相同。

大多数用于含能化合物的结晶工艺是从溶液中结晶而不是熔体结晶。当然,也有例外的情况,像 TNT、AN 及 ADN 的结晶过程就采用了熔体结晶。对于一个特定的产品,选择一个最适宜用于生产的结晶过程,除了其他因素外,最重要的考虑因素是该产品在溶液中的溶解度和对最终产品的质量要求。还有一个重要的问题是,一般含能化合物的热稳定性较低,因而应避免在结晶过程中采用高温处理。

2. 结晶方法

结晶作为一种典型的化工单元操作,在产品的分离精制过程中有着重要的作用。工业结晶一般可以分为溶液结晶、熔融结晶和蒸汽直接结晶三大类。如果按结晶技术分,可分为一般结晶与再结晶两大方面。制备方法应用的是一般结晶,包括间歇的或连续的结晶、单级和多级结晶。

1)溶液结晶

按照结晶过程过饱和度产生的方法特点,溶液结晶主要分为七种基本类型(表 4-2-1)。

表 4-2-1 溶液结晶的基本类型

结晶类型	产生过饱和度的方法
冷却结晶	降低温度
蒸发结晶	溶剂的蒸发
真空结晶	溶剂的闪蒸与蒸发，兼有降温
反应结晶	由于放热效应移去溶剂
其他沉淀结晶	由于外加物质以降低溶解度
加压结晶	改变压力，降低溶解度
等电点结晶	控制 pH 值，降低溶解度

根据火炸药的特点，涉及溶液结晶较多的是冷却结晶和溶剂-非溶剂法沉淀结晶。

冷却结晶是依靠降低温度，产生过饱和度而产生结晶。直接从反应液中制取满足使用要求含能化合物晶体成品的工艺是最经济的方法。反应液对单质炸药有溶解作用，想要制取的单质炸药是反应液中的主产品。由于单质炸药随反应液温度或浓度变化有溶解度差，在一定条件下，黑索今、奥克托今、硝基胍和特屈儿等含能化合物（单质炸药）在反应液中可通过控制结晶直接获得满足使用要求的产品。例如，在特屈儿重结晶精制中采用的方法就是在溶解机内先加入与粗特屈儿同质量的丙酮，然后加入特屈儿，边搅拌边加热到接近丙酮的沸点，使粗特屈儿完全溶解，然后用压缩空气将溶液通过过滤袋送入结晶机，在结晶机中将溶液保温若干分钟后使温度缓慢下降，结晶逐渐析出。排除母液后，用水洗涤数次后进行干燥。

溶剂-非溶剂法沉淀结晶是含能化合物晶形控制最常用的方法之一，是以结晶学原理为依据，制备不同粒径含能化合物的工艺。它是先用一种溶剂 A 将含能化合物溶解，然后选择合适的反溶剂 AS，该反溶剂不溶解含能化合物。溶剂-非溶剂法沉淀结晶采用将反溶剂 AS 缓慢加入到溶解含能化合物的溶剂 A 中，使体系的过饱和度缓慢增加，即可得到大颗粒含能化合物晶体，若将溶解炸药的溶剂 A 迅速加入到反溶剂 AS 中，或将大量的反溶剂 AS 迅速加入到溶解含能化合物的溶剂 A 中，并辅以搅拌分散，即可得到微米量含能化合物（炸药）粉体。溶剂-反溶剂法操作工艺简单，过程易控，安全可靠，产品得率高。但在重结晶过程中，溶剂使用种类多，用量大，如若不回收重复利用会造成经济损失和环境污染。溶剂-非溶剂法重结晶可调节的工艺条件有溶剂种类、重结晶温度、过饱和度、搅拌强度、溶剂滴加速率、晶种及晶形控制剂等。

2)熔融结晶

熔融结晶是一种新型的分离技术,它是根据待分离物质之间凝固点的不同,通过逐步降低初始液态混合物进料的温度达到部分结晶来实现的,结晶析出的固体相具有与残液不同的化学组成,从而达到分离提纯的目的。

按照不同的操作方式,常规熔融结晶过程可以分为层式结晶、悬浮结晶和区域熔炼三类。

(1)层式结晶法是在冷却表面上从熔融体或者熔融体滞流膜中徐徐沉析出结晶层,又称逐步冻凝法或定向结晶法。根据结晶层周围熔融液的流动状态,层式结晶可分为静态层式结晶和动态层式结晶或降膜结晶,层式结晶过程一般由结晶、发汗和熔化三个步骤组成。

(2)悬浮结晶是在带有搅拌的容器中从熔融体中快速结晶析出晶体粒子,该粒子悬浮在熔融体之中,经纯化、熔化,最后作为产品排出。

(3)区域熔炼又称区域熔融法,是通过溶质在液固两相中的分配实现分离的。

层式结晶和悬浮结晶是由结晶器或结晶器中的结晶区产生的粗晶,还需要通过净化器或结晶器中的纯化区来移除杂质而达到结晶的净化提纯。

熔融结晶技术是一种高效低能耗的有机物分离提纯方法,是 20 世纪 60 年代开发、70 年代发展起来的一种新型分离技术,现在正逐渐受到国内外科学界与工业界的关注。这主要有两方面的原因:一是由于社会环保型生产技术的要求。熔融结晶不需要溶剂,因而除去了溶剂回收工序,减少了污染。二是由于工业生产上对有机物纯度的要求越来越高,熔融结晶分离出的产品的纯度很容易达到 ppm 级的要求。相对于常规的分离方法,如精馏等,熔融结晶分离有机物需要的操作温度较低,物质的结晶潜热远低于汽化潜热,因此能耗低,而且还很容易制备高纯或超纯产品。对于很多同分异构体的有机物,其沸点相差很小,精馏法往往不能适用,但它们的熔点通常相差都比较大,利用熔融结晶的方法可以将其分离开来。精馏法也不能用于一些热敏性有机物的分离,因为这些有机物容易在高温下发生分解或聚合,而熔融结晶分离过程的操作温度通常比精馏低,能够很好地将这些物质分离提纯。

在武器战斗部中 TNT 及以 TNT 为主体的混合炸药,一般以熔融态进行装药铸装,实践证明,在熔铸时填加一定量不同粒度分布的结晶状 TNT,能够增大药柱密度,消除缩孔,分散应力,避免裂纹,可有效改善炸药的使用性能,提高武器装备的安全性,根据不同的需要对结晶粒状 TNT 的粒度就有相应不同的要求。对于 HMX、RDX 等含能化合物的粒度控制往往采用溶剂重结晶法,但 TNT 与 HMX、RDX 等其他含能化合物相比,熔点较低(80.9℃),采用熔融过冷法(热水悬浮)进行结晶具有现实可能性,通过控制相应的工艺条件,达到粒度分级的目的。

赵瑞先等采用 TNT 熔融过冷法(热水悬浮)结晶工艺,探索了结晶温度对 TNT 产品粒度的影响和对成核速率的影响,特别是搅拌速度对 TNT 结晶过程的影响。结果发现,提高搅拌速度可加速熔体的扩散,形成较多的结晶中心,提高成核速率;另外可通过增加熔固接触次数、减小晶体表面层流层厚度、消除结晶壁垒,来促进晶体生长。但是搅拌速度的提高对结晶过程的影响也是有限度的,搅拌速度到达一定程度时,再继续提高搅拌速度,不仅对晶体的形成作用很小,反而由于固液接触时间短,不利于晶体生长,并使晶体间由于碰撞剧烈而破碎。通过研究他们认为:运用熔融过冷法(热水悬浮)结晶工艺,可生产出符合用户要求粒度范围的结晶粒状 TNT 产品。与溶剂结晶法相比,该工艺具有原材料成本低,无溶剂回收压力,不产生大气污染的优势,有很好的社会经济效益和产业化前景。

3. 结晶装置

结晶过程不同选用的结晶器也不同,最简单的冷却结晶器是无搅拌的结晶釜,热的结晶母液置于釜中,在开放的容器中放置几小时或几天,自然冷却结晶。所得晶体纯度较差,容易发生结块现象。如果对产品纯度及粒度要求不严格可选用此装置。

冷却结晶采用两种结晶器,一种是间接换热冷却结晶器(见图 4-2-2),是目前应用较广的带搅拌的、外循环式釜式结晶器的形式。冷却结晶过程所需要的冷却条件可由夹套换热或通过外换热器传递实现。另一种是直接冷却结晶器,其原理是依靠结晶母液与冷却介质直接混合致冷。常用的冷却介质是液化的碳氢化合物等惰性液体,如乙烯、氟利昂等,借助于这些惰性液体的蒸发汽化而直接致冷。此外,对于蒸发结晶有蒸发结晶器,真空绝热结晶有真空绝热冷却结晶器。

目前在工业中已经应用了许多具体结构不同的连续操作的结晶器,它们的主要构形可概括为三类:强迫循环型、流化床型及导流筒加搅拌桨型(见图 4-

2-2）。强迫循环型结晶器，生产量很大，产品平均粒度较小，粒度分布较宽，平均粒度在 0.1~0.84mm 之间。

流化床型结晶器，它的主要特点是过饱和度产生区与晶体生长区分别置于结晶器的两处，晶体在循环母液中流化悬浮，为晶体生长提供了较好的条件，能够生产出粒度较大而均匀的晶体。

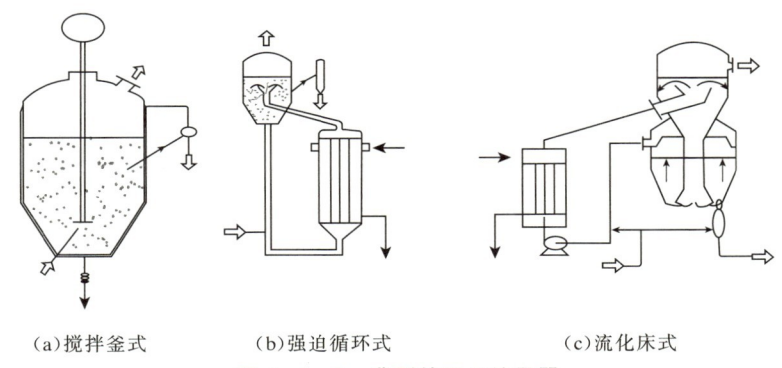

(a)搅拌釜式　　(b)强迫循环式　　(c)流化床式

图 4-2-2　典型的工业结晶器

关于含能化合物另一个重要的问题是，一个新合成的含能化合物是否有进一步研发的必要，由它的热稳定性和热感度决定。但评估含能化合物的这些性能时，所用的试样通常不是在晶体、平均粒径及纯度等方面已经优化了的，这就会影响被评价含能化合物的热安全性及热感度的测试结果，进而会影响所做出的该含能材料是否宜于进一步研发的决定。因此，确定一个结晶工艺是否正确（结晶通常是制造含能化合物的最后一个工序），不仅对进一步改进现有的含能化合物产品，而且对含能化合物的研究都具有重要意义。

与材料的粉碎相比（粉碎时材料晶体承受很高的机械应力），采用结晶过程制备的晶体具有适当尺寸的晶粒，有很大的优越性。结晶时，晶体系慢慢生长，不受外界应力，且产品具有确定的晶形和晶态。

4.2.2　超临界结晶处理方法

许多适用于工业应用的产品，其性能可以通过改变粉末的粒度和粒度分布来进行调整，这对聚合物、药品和无机物粉末等许多领域都适用。提高固体炸药和固体推进剂燃烧性能的原理之一就是将它们中的组分制成更小的粒子，实际上，固体炸药爆炸的最高能量与组分的粒度关系很大。

在工业上，研磨和从溶液中结晶是大量运用的微粉化工艺，然而，这些工艺存在着诸多限制：很难控制粒子的粒度及粒度分布，尤其是非常小的粒子（微米级）；液体结晶时沉淀物（含晶体）还会遭受溶剂污染；喷射研磨不适于对冲击敏感的材料加工。作为传统方法的改进，最近人们发明了多种超临界流体沉析工艺。这些技术克服了前面所述的传统微粉化工艺的局限性。超临界流体 (Supercritical Fluid，SCF)是指处于超过物质本身的临界温度和临界压力状态时的流体。超临界流体具有气液两相的双重特点，一方面具有与液体相接近的密度和溶解能力，同时也具有与气体相接近的黏度及扩散系数，表现出很好的流动与传递性能。这些特性使之成为一种优良的结晶溶剂。表 4-2-2 列出了常用的超临界流体的临界数据。

表 4-2-2 常用的超临界流体的临界参数

溶剂	$T_c/℃$	p_c/MPa	$\rho_c/(kg \cdot cm^{-3})$
CO_2	31.04	7.370	468
H_2O	373.9	22.06	322
CH_3OH	239.4	8.092	272
CH_3CH_2OH	240.7	6.137	276

其中，超临界 CO_2 的应用最为广泛。无毒、不可燃、化学性质稳定、价格低廉、其临界条件温和，这些优点使得超临界流体在处理热敏性、结构不稳定，尤其是由于热敏感等原因使传统方法无法适用的粉体（例如炸药等）方面，具有很大的发展潜力。

人们提出了多种利用超临界流体沉析的加工工艺，Jung 和 Perrut 总结了这些技术的实验工作和理论研究，并对利用这些技术工艺加工的物质进行了综述。

1. 超临界溶液的快速膨胀(RESS)

超临界溶液的快速膨胀是最早提出的基于超临界流体的微粉化工艺。超临界溶液快速膨胀过程的基本原理是将溶质溶于 SCF 中，由于 SCF 的溶解能力与其密度关系很大，其密度对压力的变化很敏感，压力的较小变化会使密度变化较大，因而其溶解能力发生很大变化，变化幅度相差数个甚至数十个数量级，所以将形成的溶液通过一个微孔（例如直径为 $25\sim60\mu m$）快速膨胀减压，可以产生一个很大的过饱和度，处于过饱和状态的溶质就会以固体形式析出，在适当条件下可析出具有一定粒径的超细粉体。由于 SCF 溶液通过微孔的膨胀减压过程进行得非常快，时间为 $10^{-8}\sim10^{-5}s$，减压过程的高频脉动压力波以声速传播,所以在膨胀溶液中瞬时就可达到均匀一致的条件、析出粒径很小且分布均匀的粉体。图 4-2-3 是典型的实验装置的流程示意图。

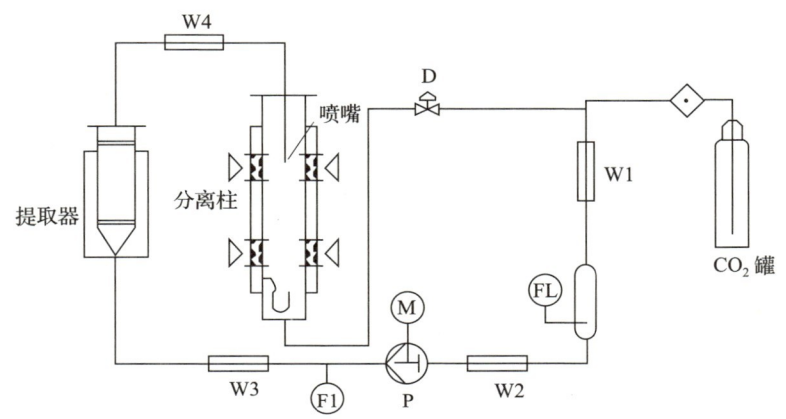

图 4-2-3 超临界溶液快速膨胀实验装置与流程图

W—热交换器;P—隔膜泵;Fl—质量流量仪;FL—液体 CO_2 储槽;D—压力控制器。

利用该技术,有可能获得很高的过饱和溶液,从而可生产超细粒子。一些有关 RESS 的研究工作致力于确定能控制粒子沉淀的工艺参数。控制 RESS 工艺的主要参数是预膨胀温度、预膨胀压力以及膨胀室的温度和压力。

2. 超临界反溶剂沉淀(SAS)

超临界反溶剂沉淀(Supercritical Anti-solvent SAS)可生产可控的微粉化粒子和亚微粉化粒子,是最有发展前途的超临界技术。其原理是将要制成超细微粒的固体溶质溶于某一溶剂(通常为有机溶剂)形成溶液,选择一种超临界流体作为反溶剂。这种反溶剂一般不能溶解溶液中的溶质或溶解度较小,但能与溶剂互溶,当反溶剂与溶液接触时,反溶剂迅速扩散至该溶液,使其体积迅速膨胀,改变溶剂与溶质间作用力,使溶质在溶剂中的溶解度大大下降,在极短的时间内形成很大的过饱和度,促使溶质结晶析出。该过程瞬间完成,形成纯度高、粒径分布均匀的超细微粒。其典型的成核时间为 $10^{-6} \sim 10^{-5}$ s。将预结晶造粒的溶质溶解在选定的溶剂中,使其喷射到超临界二氧化碳中,这时溶剂会像喷雾干燥那样挥发在超临界流体中。超临界流体对溶剂有较大的溶解能力,两者彼此扩散,瞬间形成极高的过饱和度,二氧化碳起到了一种反溶剂的作用。这几种因素共同作用使溶质从溶剂中均匀析出。图 4-2-4 是典型的 SAS 实验装置示意图。

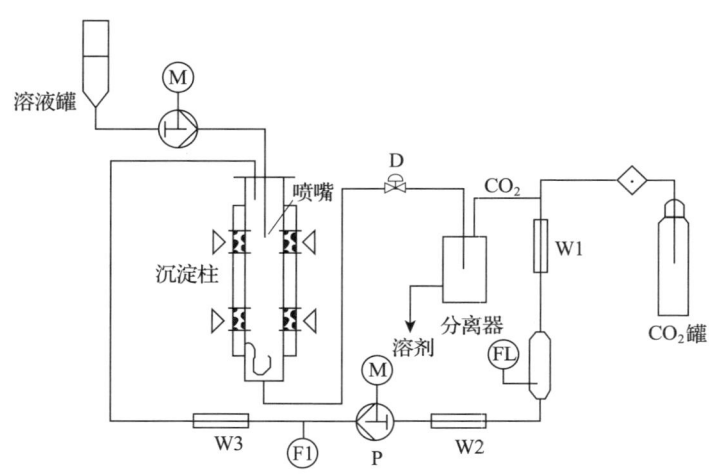

图 4-2-4　SAS 实验装置示意图

W—热交换器；P—隔膜泵；Fl—质量流量仪；FL—液体 CO_2 储槽；D—压力控制器。

通过 SAS 过程可以复合微粒，将溶有包覆剂和中心微粒的溶液通过喷嘴喷入充有超临界流体的沉淀室内，在超临界流体中形成微小的液滴，由于超临界流体对溶剂的溶解，使得作为溶质的包覆剂和中心微粒由于过饱和而被析出。

对于 SAS 过程制备复合微粒，目前也有两种方法。一种是一步法，选取合适的溶剂将中心微粒和包覆剂共同溶解，之后溶液进入沉淀釜发生沉淀，通过操作条件的控制形成包覆剂包覆中心微粒的复合微粒。另一种称为两步法，即先制备出作为中心微粒的颗粒，然后将此颗粒加入到合适的溶剂中形成悬浮液，溶剂不溶解微粒，并且能较好地溶解包覆剂，再将此混合液打入沉淀釜进行复合处理。国内的研究人员尝试采用两步法制备亚微米 HMX/氟橡胶（FPM2602）混合炸药造型粉。第一步制备亚微米级 HMX，第二步将装有超细 HMX 炸药、包覆剂（FPM2602）和乙酸乙酯的悬浮液放入高压釜中，通入高压 CO_2 达到规定的压力，保压一段时间，然后同时打开进气阀和出气阀，调节进气、放气速度，使高压釜内始终维持恒定的压力，一段时间后，关闭进气阀和放气阀，再保压一段时间，最后打开放气阀。在高压釜底部的烧结片上收集到超细 HMX/FPM2602 混合炸药，混合气体中的乙酸乙酯通过冷凝分离装置加以回收。通过实验比对发现，采用 SAS 过程制备的超细炸药为主体炸药的超细混合炸药，HMX 在造粒过程中晶体没有团聚和长大，保持了超细炸药的优异特点，颗粒包覆均匀，产品的流散性好。

利用压缩气体进行结晶仍处于早期研究阶段，还需要在相行为、传质和传热等方面进行基础理论研究，并且还需要获得可靠的工艺图片等实验信息。压缩气体温度和加工条件特性使得它们适合加工敏感物质。通过该方法可生产无缺陷、粒径小、粒度分布窄的晶体粒子，且不包含溶剂，产品不受污染。SAS工艺在含能材料的加工中具有良好的发展前景。

超临界处理方法具有清洁、绿色、环保的特点，是火炸药制备的发展方向。

4.2.3 粉碎细化

1. 粉碎基本原理

所谓粉碎，就是在外界能量的作用下，固体颗粒变得更小。

许多情况下，火炸药因为加工和其他性能的要求，含能化合物和有关组分需要经过粉碎的工艺过程。

为了使固体颗粒粉碎成为更小的粒子，线性断裂必须遍布固体粒子。为使粒子产生线性断裂，必须用研磨工具或者在粒子表面施加载荷。这种外力在粒子内部产生应力场，从而致粒子变形和断裂。

2. 材料性质和断裂行为

固体材料性质大致划分为线弹性、塑性或者黏弹性三类。

对线弹性材料而言，应力与应变是成比例的。应力与应变比例系数称为材料弹性模量，它是材料的特性，是个常数（见式（4-2-4））。

$$\sigma = E \times \varepsilon \qquad (4-2-4)$$

式中：σ 为拉伸应力；ε 为伸长率。

施加外力时，弹性模量大的材料在断裂前变形很小，这类材料归为脆性材料。如果材料的弹性模量小，即使很小的应力也可以产生很大的变形，这类材料被称为弹性—塑性材料。粉碎脆性材料需要的总能量比粉碎弹性物质的总能量要少得多，尽管脆性材料所谓的断裂应力要高，但脆性材料用比弹性材料较少的能量即可粉碎。实际上，材料的行为受加工工艺参数的影响，正如在低温下粉碎弹性—塑性材料更有效。

随着粒子尺寸降低（如约 1μm 的石英粒子），材料出现了从弹性性质到塑性性质的转变。在这个转变过程中，用研磨方法不可能使粒子的尺寸无限减小，因为粒子的可塑性随着粒子破碎几率的降低而增大。

原子和分子水平的构筑方式决定了固体材料的弹性和与之对应的材料性质。大多数的含能材料具有晶体结构。晶体材料相邻原子间的距离是相当精确的，由此形成晶格点阵。氯化钠晶格由 Na^+ 和 Cl^- 组成，其晶格如图 4-2-5 所示，每个离子被 6 个反电荷离子包围。

晶格中离子间的力包括异性离子间的引力和同性离子间的斥力。这些力的总的作用为离子间距离的函数，如图4-2-6所示。

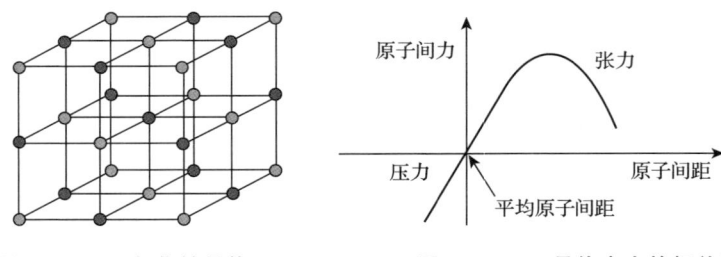

图4-2-5　氯化钠晶格　　　　图4-2-6　晶格中力的相关性

如果离子间的引力和斥力已知，那么可以计算晶格的强度。该晶格的碎裂过程如图4-2-7所示。

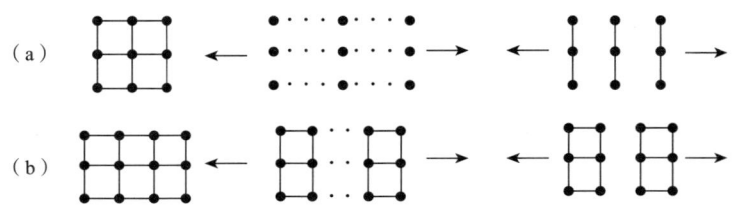

图4-2-7　晶格的破裂

晶体平面上垂直于外力的所有离子键被拉伸，直到这些离子键同时断裂，在此情形下，碎裂所需要的理论能量值远高于实际值。假设只有处于断裂晶体平面中的离子键被拉伸碎裂则所需要的理论能量值远低于实际值。真正的固体是不均匀的，如存在着晶体缺陷、裂纹、空隙或者含有杂质。在这些部位，结合力较小，可能出现局部的应力，存在于这些部位的能量使裂纹扩展。

1) 粉碎能量

可以用来表征粉碎的工艺参数很多，包括：粉碎能（单位质量粉碎能和单位面积粉碎能）、能量利用率、能量效率和粉碎比例。

单位质量粉碎能，即

$$W_M = W/M \tag{4-2-5}$$

式中：W 为外界施加能量；M 为被粉碎材料质量。

单位面积粉碎能，即

$$W_A = W/\Delta A \tag{4-2-6}$$

式中：ΔA 为增加的表面积。

单位面积粉碎能建立了粒子获得的附加能量与粒度粉碎之间的关系。

描述单位质量粉碎能 W_M 与颗粒尺寸之间的关系，有

$$dW/dx = -m(\kappa \times d^a) \qquad (4-2-7)$$

式中：x 为粉碎产物的粒度。

1867 年 Rittinger 提出了一个关于粉碎能量与颗粒尺寸之间的关系，即

$$W/m = \kappa(1/x_0 - 1/x_W) \qquad (4-2-8)$$

式中：x_0 为颗粒初始尺寸；x_W 为颗粒产物尺寸；κ 为材料常数。

其原理是粉碎总面积与粉碎能量的比例是常量，与之相应的是单位面积粉碎能保持常量。只有当外力施加于尽可能小的空间粉碎时，例如施加于裂纹上，此粉碎原理才是正确的。实际需要的粉碎能是单位面积粉碎能的 200～3000 倍。因此，实际上单位面积粉碎能并非保持恒定，至少对于较大粒子粉碎所需单位面积粉碎能是如此。此后，又有 Kick(1885 年)、Bond(1952 年)等对此作出修正。

外界能量（或力）与作用方式包括：通过冲击产生应力，通过压力与摩擦力产生应力、通过压力与剪切力产生应力，通过热、电磁化学感应等产生应力等。

2) 粉碎工艺方法和条件选择

选择粉碎工艺最需要考虑的因素是原材料的性质。不同类型的外力适合不同类型的材料，见表 4-2-3。

表 4-2-3 材料性能和外力类型

材料性能	冲击	压力	剪切	研磨	切削
中等硬度	++	++	-	-	-
软	++	++	-	++	-
剪切	++	++	+	++	-
硬脆	+	+	++	++	++
弹性	-	-	-	+	++
坚硬	-	-	-	++	++
纤维性	+	-	+	+	++
热敏性	-	-	-	++	+

为含能材料选择粉碎工艺时，必须考虑特殊要求，同时必须考虑材料的特性，如摩擦感度和冲击感度等。RDX，HMX 和 CL-20 等高感度含能化合物应该用湿法粉碎，利用悬浮液中的连续相使材料稳定。

另一个必须考虑的因素是，这些高感度含能材料分散在水中时，浓度超过

20wt%的分散体对爆轰敏感。其他不敏感化合物，如高氯酸铵（AP）或者高氯酸钾，则可以用干法研磨（如喷射研磨法）。

粉碎效率也是选择最实用粉碎工艺的标准之一，但很难对粉碎效率完全量化。因此，通常考虑将本体材料粉碎成一定细度粉体所需要的能量输入，并将其与单一粒子粉碎到同样细度所需能量进行比较。由于研磨本体粒子比研磨单一粒子难，所以只能将两者进行粗略比较。基于这一粉碎效果评价，研磨粗糙颗粒（如轧碎）效率高，而将细颗粒粉体进一步粉碎（如流体粉碎和喷射研磨）则效率低。

3. 粉碎工艺

1）（销式）圆盘研磨机

（销式）圆盘研磨机的两个圆盘导向销产生应力。通常情况下，其中的一个圆盘为转子，另一圆盘为定子。但在某些情况下两个圆盘反向旋转。旋转圆盘轴水平安装，因此可以将原料投料到机器正中间并以放射状卸料。大部分设备中，不能根据最终粒度将产品分类。产品的最终粒度取决于圆盘设计、圆盘数目、转速和产能。转子的直径范围是 $100\sim900mm$，转子的线性速率范围是 $60\sim200m/s$，这种类型的研磨机应用在化学工业、制药工业以及食品工业中软、脆和润滑材料的精细研磨工艺中，也可用于含能化合物的粉碎。这类研磨机的转速在 $9000\sim14000r/min$ 之间。

2）喷射研磨机

当粒度要求比圆盘研磨机所得粒子粒度小时，可以采用空气喷射研磨机进行精细研磨。这类研磨机用于生产诸如颜料和石墨等非常精细的粒子，产能范围是 $1\sim1000kg/h$。市场上有许多类型的喷射研磨机，其中扁平喷射研磨机和流化床喷射研磨机最常用。

扁平喷射研磨机粉碎特殊材料基于冲击研磨机理。喷嘴设计以及与之对应的研磨室流动模式对有效粉碎粒子极其重要，因为粒子必须加速成自由流束，自由流束中粒子与粒子之间或者粒子与室壁之间的撞击可以获得需要的粉碎效果。

扁平喷射研磨机示意图见图4-2-8。扁平喷射研磨机的研磨室形状为扁平圆柱形，喷嘴环绕研磨室。本体固体通过注射器进入扁平圆柱形研磨室。研磨室配备了固定数量的注射喷嘴，研磨气体通过这些注射喷嘴进入研磨室，并使本体固体围绕着研磨室形成旋流，粒子被加速成不同的相对速率并互相撞击，最终粉碎。

图 4-2-8 扁平喷射研磨机

注射嘴的设计决定了研磨气体的速率并因此对研磨结果有决定性的影响。通过拉瓦尔喷嘴可以获得超声速流($Ma>1$),喷射研磨机可利用锐角的拉瓦尔喷嘴获得高离心速率。在此工艺过程中,气流把投入研磨室内的物料离心旋转并按照尺寸分离。流体扰动旋转气流并在流体背面边沿形成高速点,流体中相对速率不同的粒子与刚加入的物料引起了粒子与粒子间的有效碰撞,以致于可通过惯性力进行选择性的粉碎。粗糙的粒子在离心力的作用下沿研磨室连续转动,而精细粒子则随旋流迁移到研磨室中央,并最终进入到离心收集器中。大粒子在流体中的承载情况相对较差,因此其碰撞频率相对较小。与此相反,流体中携带小粒子多,导致这些粒子之间的相对速率差别小,所以其碰撞的概率也小。因此,喷射研磨机最佳研磨效率依赖于粒子粒度。

空气喷射研磨机具备很多优点和特性,适合粉碎含能化合物:

①载气具有自冷却效果,阻止了被粉碎材料的温度升高;②粒子在研磨过程中按照粒度分类,材料的内聚被有效消除;③研磨室和产物的尺寸可以非常小,同时研磨过程所用的时间非常短;④生产超精细粒子需要的高粉碎能和表面能通过研磨气体的动能间接提供;⑤空气喷射研磨机无活动部件,如转轴和轴承;⑥设备的磨损非常小。

流化床喷射研磨机从圆柱形研磨室的下方给料。两股或多股气流直接喷射到研磨室中央形成流动层致使粒子高速碰撞。研磨气体将粒子托举到研磨室的顶部,在这里,小粒子通过综合分离器,而大粒子则在离心力的作用下重新回到研磨室。通常使用带有附属过滤器的离心收集器将研磨气体带出的精细粒子进行沉降收集。

3)胶体磨

胶体磨常用于均化、团聚解散以及生产浆体、悬浮液和乳液,并用于大多数软的、非摩擦物料的预粉碎。胶体磨属于湿研磨机械,由高速、异型、圆盘状的转子组成,在高压下使悬浮液通过一个窄缝进入研磨室。由于圆锥状的转子和定子的表面锥度间存在微小差异，导致悬浮液在流动方向上形成环状通道。物料在圆锥状研磨片表面间的液压作用下被研磨粉碎。摩擦力、加速力、高频压力波和气穴现象致使剪切力和横断力升高，得到产品的平均粒径一般约为 100 nm。采用胶体磨对黑索今进行粉碎，可以得到平均直径 $100\mu m$ 以下的细化样品。

4）超声波研磨

声学原理中，超声波被定义为超过可听见声音的频率，如音频超过 20 kHz，其能产生高达几千瓦的能量，因此可用于零部件的清洗、焊接和加工。

普通磁致振动和压电转换可产生超声波，它们将电子振荡转换为同频率的机械振动，然后偶合到介质上。有几种不同途径可将超声波能量传输到流体上，例如，将导角浸入流体中传输能量，或者通过流体中的导管壁传输能量，在后一种情况中，超声波能量传递到相对大的区域，使得能量变弱。

超声波粉碎装备如图 4-2-9 所示，核心部分为高频发生器，通过超声波能量粉碎固体和乳液是利用了气穴效应，气穴效应是由声波压力在所谓的超声波振荡的吸入相内的变化所致。由于流体内的真空形成了小空隙，压力相内的空隙爆裂形成吸入相，在爆裂的瞬间，可产生非常高的速率并迅速消失。动能在很小的体积内转换成热能和势能（如压力），这导致了流体受热，并以球面波的形式振动传播。振动波的量级是声波压力的数倍，可达 10000 bar；此外，局部热点可产生 5000 K 的高温。

在水相中进行超声波研磨是一种非常适合处理含能化合物的手段，特别是，含能化合物在粉碎区不受限制地短暂停留，这对含能化合物非常有利。

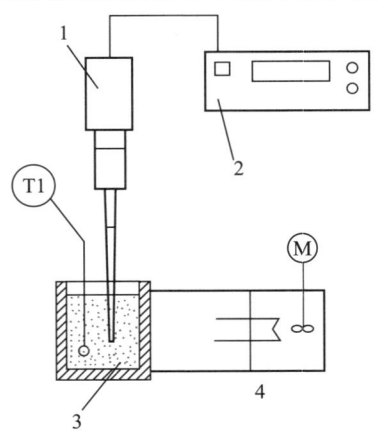

图 4-2-9　超声波粉碎装备示意图

1—转换器；2—高频发生器；3—悬浮室；4—温度调节器。

5) 搅拌球磨机

搅拌球磨机是一种大型的固体研磨设备(如图 4-2-10 所示),当大体积的固体颗粒自由碰撞研磨室内运动的搅拌球时,材料被粉碎。搅拌球磨机在湿法研磨时常常单独使用,如粒子的悬浮液在研磨室中的搅拌研磨过程。这种研磨机也用于油漆和涂料工业的胶体研磨,以及用于制药工业和其他化学工业。投入的物料粒度小于 $100\mu m$,最终产品的粒度小于 $5\mu m$。

研磨室常常由圆柱状容器组成,也有由两个旋转球体间空隙形成的特殊情况。搅拌介质通常为球形。当本体固体受到研磨球或研磨室壁的撞击,或者在研磨球之间受到撞击时,载荷传输给被粉碎材料。负载的类型包括撞击、压缩和剪切。使球运动的能量可通过以下方式输入,如扰动研磨室及扰动整个设备,也可扰动容器内的物料(或者在剪切球磨机的情况下,扰动转子与定子之间的空隙)。由于大多数的能量转化为热量,在加工过程中必须冷却研磨室。

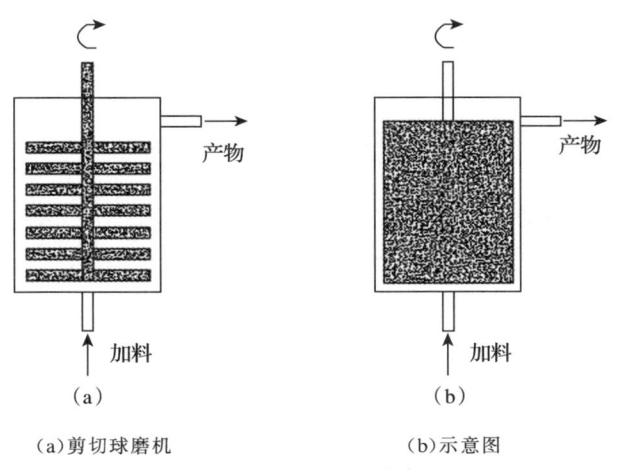

(a) 剪切球磨机 (b) 示意图

图 4-2-10 搅拌球磨机

搅拌球可由不同材料制成,甚至可由与被研磨本体固体相同的材料制成;对相对较软的本体固体而言,搅拌球可用玻璃类简单、经济的材料制成。对于硬的本体固体而言,必须用陶瓷之类的材料制成研磨球,从而避免磨耗。搅拌球的大小要与被研磨的材料匹配,精细产品需使用体积小的搅拌球,在这种研磨机中要获得最精细的粒子,常常可使用直径为 $1\mu m \sim 1mm$ 的搅拌球。搅拌球占据球磨机的研磨室 65%~90% 的空间。

搅拌器是多种多样的,这取决于生产商。搅拌器可以是平滑的、穿孔的、开槽的、凹槽的、齿状的、带棱的或带动叶片的。剪切球磨机的转子是一简单平滑的圆筒,搅拌器旋转速度高达 $4\sim 20m/s$,离心加速度大于 $50g$。搅拌球在搅拌器附近被加速到接近搅拌器速度,当它们撞击到研磨室壁的时候就减速。为了最大程度的研磨,应该在搅拌球磨机中加入尽可能多的研磨材料,以便发生更为有效的碰撞。

搅拌球磨机对含能晶体化合物的粉碎具有局限性,主要是安全性的问题。

4.3 火药挤压加工工艺

4.3.1 概述

挤压成型主要针对以硝化棉为力学骨架的火药,一般包括推进剂和发射药两类。推进剂具有尺寸大、样本量小的特点,而发射药具有尺寸小、样本量大的特点。对于单一的硝化棉,可以采用相关的溶剂,构成可塑化的高分子体系,经塑化后进行挤压成型。对硝化棉也可以加入含能(如硝酸酯)增塑剂,在一定温度下进行塑化,然后挤压成型。其工艺程序为:

$$原材料准备 \rightarrow 塑化 \rightarrow 挤压成型 \rightarrow 后处理$$

其中原材料准备,对于硝化棉需要进行细断工艺,这里不作介绍,详见有关文献。

后处理工序包括切断工序,对于溶剂法工艺,需要进行驱溶、烘干、混同包装等工序,这里也不作叙述。这里只对塑化与挤压两个工序中的要点予以叙述。单基和双基火药的塑化具有诸多不同点,这里将分别予以叙述。

4.3.2 单基火药物料塑化

1. 塑化的目的和原理

塑化的目的是使硝化棉在溶剂的作用下发生溶胀,再在机械的作用下成为可塑性物料。因为硝化棉是一种线型无定形的刚性聚合物,分子间作用力大,分子链柔顺性小,所以仅靠升高温度(硝化棉的软化点高于分解温度)和外力不能使其分子间产生相对的滑移和流动。只有借助加入溶剂以增大其大分子间的距离,降低分子间的作用力,才有可能使高聚物处于黏流状态。

硝化棉在塑化过程中,同时加入安定剂等其他附加物,并使各组分充分混合均匀。

硝化棉与溶剂的作用过程极为复杂,目前人们对其认识尚不清楚,观点也不一致。一般认为,包括如下三个过程:溶剂化过程、溶胀过程和溶解过程。低分子溶剂首先进入硝化棉大分子的空隙中,与大分子链节上的基团——OH、

—O—NO$_2$ 相互作用，发生溶剂化并产生热效应，这个过程称为溶剂化过程。随着进入大分子空间溶剂的增多，硝化棉大分子间的距离增大，大分子链节间的键力逐渐减弱，使硝化棉的体积增大，这个过程称为溶胀过程。

最后，溶剂分子连续渗入大分子间，使大分子间作用力进一步削弱，而后大分子均匀地分散于溶剂中，这个过程为溶解过程。对硝化棉有溶解能力的溶剂很多，常用的有丙酮、乙酸乙酯、醇醚混合溶剂等。我国单基药制造中多采用醇醚混合溶剂。因为醇醚混合溶剂既是硝化棉的良好溶剂，又是安定剂二苯胺的良好溶剂，这对火药的制造加工有利。另外，醇醚混合溶剂在火药成型后易从火药中驱除，并容易回收，残存于火药中的少量醇醚混合溶剂对火药的物化安定性也无有害影响。还有，醇醚混合溶剂的制造容易，原料丰富，价格低廉。

2. 影响塑化的主要因素

1）硝化棉含氮量的影响

硝化棉的含氮量不同，则分子中—O—NO$_2$ 和—OH 的基团数不同，进而硝化棉分子的极性和分子间的作用力就不同，所以在不同溶剂中的溶解度也不相同。如在醇醚体积比为 1∶2 的混合溶剂中，只有含氮量在 10%～12.75% 的硝化棉才有很好的溶解度，而大部分只是溶胀。所以对不同含氮量的硝化棉，需要选择相对应的溶剂。

2）硝化棉黏度和细断度的影响

硝化棉的大分子链越长、聚合度越大，则黏度越大。聚合度大、大分子链长的硝化棉，由于其分子间引力大，运动困难，因此在溶剂中的溶解性能差。

硝化棉的细断度越大，比表面积越小，溶剂渗入纤维腔道内部比较困难，因而需要较多的溶剂和较长的塑化时间。所以硝化棉的黏度和细断度加大，都需增大溶棉比，即溶剂用量变大或压药压力上升。但在混合棉中，2 号硝化棉黏度的变化对溶剂用量和压药压力的影响比 1 号硝化棉显著。而 1 号硝化棉的细断度对溶剂用量和塑化质量影响比 2 号硝化棉显著。这是因为 1 号硝化棉在塑化过程中溶胀微弱，受比表面大小的影响大，而 2 号硝化棉几乎能全部被混合溶剂所溶解，它是决定混合硝化棉醇醚溶解度和塑化质量的主要因素，所以 2 号硝化棉的黏度变化对火药的制造工艺和产品质量都有较大影响。

因此在生产中，在检查混合棉的质量时应特别注意 2 号棉的黏度和 1 号棉的细断度。并要根据这两者来调整溶剂用量。当硝化棉的质量不变时，适当地加大溶棉比而加大药料的可塑性，缩短药料的塑化时间。但如果溶棉比过大，火药的密度过小，成型后便容易变形或破裂，驱除溶剂后收缩率也大，变形会很严重，从而影响火药的弹道性能。通常条件下，溶棉比在60%～80%之间。

3) 塑化温度和外力的影响

因为硝化棉在醇醚混合溶剂中膨润溶解过程是一个放热过程，所以，对塑化机进行冷却，降低温度有利于溶解过程的进行。但当塑化开始后，若温度太低，会使药料黏度加大，扩散变慢，塑化速度变慢。因此，在塑化时，塑化温度通常不高于25℃。

另外，塑化速度还与外力作用(如搅拌速度、捏合时间等)有关。外力增大，溶解过程加快，所需时间就缩短。如缸式塑化机的作用力较小，所以塑化时间就较长（约60min）。双螺杆塑化机的作用力较大，所以塑化时间就较短(16～20min)。

4) 硝化棉中水含量的影响

驱水后的硝化棉中，水的含量在4%以下，有利于调节醇醚混合溶剂的极性和溶解性能而有利于塑化。水含量大于4%时，塑化质量变差，成型压出的药条会出现未被塑化的白斑点。因此必须控制硝化棉中的水含量在4%以下。

3. 塑化设备

目前，单基药生产中常用的塑化机有三种：缸式塑化机(图4-3-1)、双螺杆连续塑化机组和三室式连续塑化机。在塑化过程中将硝化棉、溶剂、二苯胺等组分放在这些设备中，在搅拌器的作用下捏合一定时间，使药料塑化。

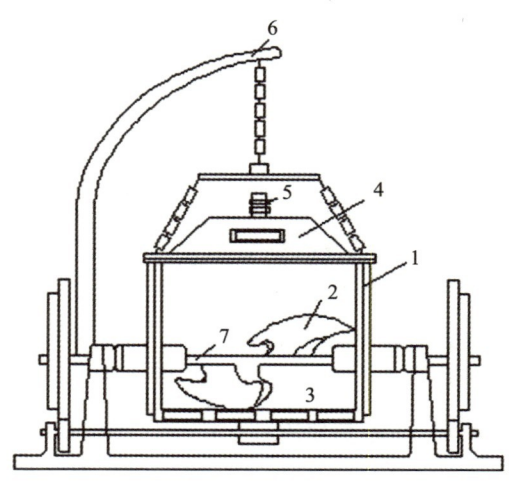

图4-3-1 缸式塑化机(起落式)

1—机体；2—搅拌翅；3—冷却夹套；4—机盖；5—螺杆；6—起落架；7—搅拌轴。

双螺杆连续塑化机组是由粉碎机(将驱水后的硝化棉块打碎)、双螺杆捏合机(使硝化棉与溶剂充分混合并进行一定塑化)和双螺杆挤压机(使药料进一步塑化)等所组成。这种设备的优点是塑化效率高、连续、生产能力大、塑化质量好、劳动强度小。缺点是设备庞大、复杂、较贵。

三室式连续塑化机是由机体、传动装置、安全装置等组成(见图4-3-2)。机体为圆筒形,内用隔板分成三室,每室的隔板高度逐步降低,留有孔供药料通过。每室各有搅拌翅一个。药料进入第一室搅拌捏合,当进料量超过隔板高度后就被推入下一室。该设备的优点是简单、连续、溶剂损失小、劳动强度小。缺点是塑化质量稍差。

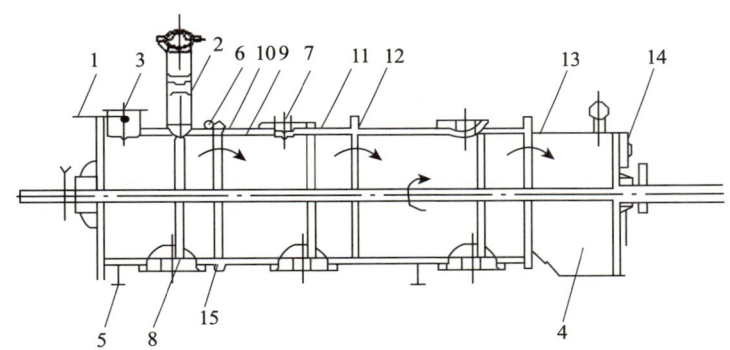

图4-3-2 三室卧式连续胶化机

1—溶剂进口;2—进料口;3—返工品加入口;4—出料口;5—进水口;6—出水口;7—取样检查孔;8—停工清扫孔;9—机体;10—外壳;11—搅拌翅;12—主轴;13—活动木板;14—窥视孔;15—隔板。

4.3.3 双基火药吸收与塑化工序

双基火药的成分比较复杂,吸收的目的是为了将火药中的各组分均匀混合在一起,并使之结合。此过程制得的混合药料称为吸收药或吸收药团。吸收过程中成分的准确性和吸收质量直接决定火药质量。

1. 吸收药的制造原理

吸收的目的是保证硝化棉能安全均匀地与溶剂相结合并膨润或溶解。由于双基火药中溶剂用量较少,如果直接使硝化棉与硝化甘油接触混合,那么开始接触到硝化甘油的硝化棉很快被溶解形成一种透明的黏稠物(因局部溶剂很多,硝化棉很少,足以使硝化棉迅速溶解),称为"胶团"。这种黏稠物很难使其再分散,妨碍硝化甘油等继续与硝化棉进一步混合,严重地影响到各组分的均匀分配，以致一部分硝化棉被过度胶化形成"胶团"，而另一部分硝化棉却未接触到溶剂仍呈蓬松状。如若在水中吸收，则可减少溶剂（硝化甘油等）对硝化棉的亲和力，从而可减慢溶剂对硝化棉表面的溶解作用，减少"胶团"产生。在水中吸收还可加速毛细管的吸附过程和溶剂向硝化纤维内腔的扩散过程，这样可增进吸收的均匀性并加快整个吸收过程。因为水与硝化棉互不溶解，所以硝化甘油在水中的溶解度也极小，借助于水可使硝化甘油在水中形成乳状液，硝化棉在水中形成悬浮液。水分子能与硝化纤维中羟基发生溶剂化，从而削弱硝化纤维素分子间的作用力，使其在水中得到膨润。这样可使硝化甘油与硝化棉均匀接触并被硝化棉均匀吸收。另外，在水中吸收还增加了安全性。

2．吸收的物理化学过程

吸收过程的实质是在水中使高分子硝化棉与低分子的溶剂（如硝化甘油、硝化二乙醇胺等）均匀接触、相互作用并发生溶胀的过程。因为吸收药料中的主要组分是硝化棉和溶剂，所以吸收过程主要是硝化棉与溶剂的作用过程。这种作用主要包括以下四个基本过程：①硝化甘油扩散溶于水中的过程；②硝化纤维素表面被浸润的过程；③硝化甘油、硝化纤维素、水系统的平衡过程；④部分硝化纤维素溶解在硝化甘油中的过程。在这四个过程中，又以扩散、浸润和溶解为主。

硝化甘油溶于水和被硝化棉表面吸收以及硝化棉表面被浸润等均属扩散过程。根据扩散理论，溶剂的温度越高，溶剂的扩散速度越快，溶剂的分子半径越小，扩散速度也越快。因此升高温度和增加溶剂在水中的分散程度（减小溶剂的分子半径）对吸收过程有利。为此，吸收过程中温度通常控制在 45～60℃（太高对安全不利，也影响吸收均匀性并增大溶剂的挥发），并伴有强烈的搅拌，或用喷射法吸收。

此外，硝化棉的结构对扩散也有影响。纤维结构排列紧密者，分子间的空隙较小，溶剂不易进入，反之则溶剂易进入。硝化棉在水中吸收硝化甘油的过程一般是先快后慢的过程。这是因为最初硝化甘油是向结构松散的硝化棉纤维内扩散，后来是向结构紧密的硝化棉纤维内扩散。显然水与吸收药料的质量比（即吸收系数）增大，对纤维膨润有利，并可提高吸收药的均匀性。但吸收系数过大，使硝化甘油损失增大，设备利用率低，不经济。因此吸收系数既不能太大，又不能太小，一般取 5 左右较合适。

浸润过程是发生在液相与固、液、气三相之间的表面现象。吸收过程属于固、液相之间的浸润过程。根据浸润现象的有关知识，浸润角越小，浸润性越好；反之越差。而浸润角的大小又依赖于固气、固液、液气界面上表面张力的大小。在吸收过程中，随着吸收温度的提高，浸润角变小，硝化甘油对硝化棉的浸润性变好。根据杨氏方程，这是因为温度升高，表面张力降低的缘故。

另外，某些物质的加入会影响硝化甘油对硝化棉的浸润性。如在硝化甘油中加入中定剂或苯二甲酸二丁酯或二硝基甲苯都可使浸润角变小，使浸润性变好。硝化甘油加入某些表面活性剂也可使硝化棉的被浸润性增强。这种效应还可用来使固体附加物质借助于溶剂的亲和力而附在硝化棉的表面上，如含氧化镁双基药在吸收前对氧化镁进行憎水处理就是这种目的（一般称此处理过程为固体物料的表面处理）。

在吸收过程中，除了发生浸润和扩散外，主要还是硝化棉从水中吸收溶剂分子的过程，当然这也是水中硝化甘油分子通过介质水向硝化棉的扩散过程。此外，还发生部分硝化甘油和硝化棉的不均匀溶解过程。这个过程主要发生在硝化甘油和硝化棉的不均匀接触之处，这种过程在吸收时应尽量避免。

3. 吸收药的制造过程及主要设备

制造吸收药的方法有间断搅拌吸收法和连续喷射吸收法两种。但无论是哪一种制造方法都包括如下三个过程：

$$\text{原材料准备、混合液配制} \rightarrow \text{吸收} \rightarrow \text{熟化}$$

1) 原材料的准备和混合液的配制：

按配方的不同准确计量各个组分；对那些熔点较高的组分如二硝基甲苯、凡士林加以熔化；对固体附加物在称量以前应先加以粉碎过筛；对亲水物质（如氧化镁）憎水处理；对表面活性强的固体组分（如硬脂酸锌、氧化铅、碳酸钙等）要强烈搅拌磨配成乳化液，以保证被吸药料的分散均匀。由于输送硝化甘油的工作很不安全，故硝化甘油可与二硝基甲苯、苯二甲酸二丁酯、中定剂和水等配成乳化混合液后再运输。

2) 吸收

（1）间断搅拌吸收法。间断搅拌吸收法是将硝化棉悬浮于水介质中，不断地加入硝化甘油和其他组分，通过搅拌使硝化甘油等组分与硝化棉混合、浸湿并扩散到硝化纤维素毛细管内而制成吸收药。其主要设备就是一个带保温夹套和搅拌器的吸收器。这是一种古老的工艺方法，但是它适用性强，简单方便，因此，广泛用于小型试制生产线。有些工厂生产线也采用此方法。

间断搅拌吸收的过程是先将浓度为9%～10%并加热到一定温度范围（一般为45～60℃）的硝化棉浆液通过计量槽加入吸收器（或是先把所需的水加入吸收

器，然后加入规定的硝化棉）。同时开动吸收器中的搅拌器（图 4-3-3），由小孔的喷洒器喷入到吸收器中的浆液面上，在搅拌的情况下，在混合液（以乳化状态）中加入其他附加成分。在不断搅拌的情况下使硝化棉达到充分的混合、润湿和扩散。继续搅拌一定时间（并保持一定的温度）后将其转入混同槽。

(2) 喷射吸收法。喷射吸收是一种连续制造吸收药的方法。主要设备是喷射吸收器（图 4-3-4）。其原理是利用喷嘴的高速流体（硝化棉浆液）喷射的卷吸作用在喷嘴处形成负压，从而抽吸混合液或硝化甘油。当硝化棉浆液与硝化甘油混合液在混合室相遇时，由于两种流体的流速不一样（其中硝化棉浆液流速大，硝化甘油混合液的流速小），因而会产生高度湍流状态，混合极为强烈，这时两种流体被高度分散成极小的质点，两者接触的总面积即扩散总表面积很大。这种混合作用的效率是机械混合作用所不能比拟的。在喷射器内，硝化甘油混合液和硝化棉浆液有着比较准确的配料比，接触面也大。因此，硝化甘油混合液与硝化棉之间分配比较均匀，硝化棉表面溶解现象就少，有利于硝化甘油向硝化棉内部扩散，吸收药的质量就较均匀。但是，由于硝化棉是高分子化合物，结构不均匀，以及硝化棉与硝化甘油混合液之间所形成的混合液在喷射器中停留时间很短，部分溶剂只是附着在硝化棉表面，来不及扩散到硝化棉纤维内部，因此喷射器吸收后的药料需在混同槽内（设备与间断吸收器相似）不停地搅拌一段时间，使溶剂进一步向硝化棉纤维内部扩散，以使吸收完善。

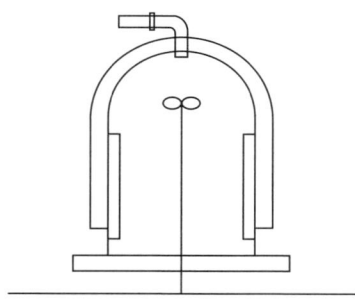

图 4-3-3 吸收器示意图

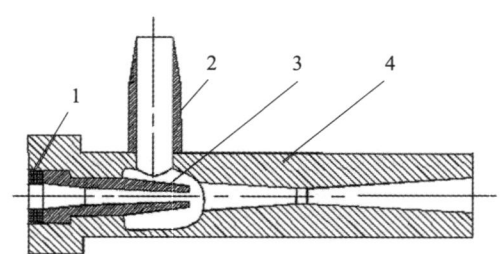

图 4-3-4 喷射器结构图

1—垫圈；2—吸收管；3—喷嘴；4—喷射器主体。

喷射吸收的操作过程是将计量的硝化棉浆液加热到规定温度（一般为 43~60℃），由棉浆泵提供 195~390kPa 的压力，使棉浆以高速（0.8~1.8m/s）从喷嘴射出，此时造成喷射器的内负压将一定量的混合液经吸入管进入喷射吸收器。在喷射器中硝化棉与硝化甘油混合液进行强热地混合，然后流入混同槽，在不断搅拌下混合液与硝化棉继续在混同槽内进行作用。而乳化液、憎水液等则在每一批吸收药料制造中加入混同槽。一定批量的收吸药生产完毕后，继续在混同槽内搅拌一定的时间，吸收结束后转入下一工序。

喷射吸收的主要工艺条件为：硝化棉浆液浓度为 10.5%～13.0%；吸收温度为 45～60℃；喷射吸收系数为 5～7；硝化甘油混合液的乳化系数（即硝化甘油混合乳化时水与混合液之间的质量比）为 1.1～1.5。

喷射吸收的关键是硝化棉浆液与混合液的比例要严格控制，硝化甘油须事先用水制成乳化液（温度不得过高），以确保操作安全。

喷射吸收与搅拌吸收相比，其优势是可连续地进行吸收，生产能力大，吸收质量高，设备简单，占厂房面积小。

3）混同和放熟

混同的目的是为了获得大批成分均匀的药料，以保证所制得的火药的物理化学性质和弹道性能均一。双基药与单基药不同，因为尺寸小的火炮火药在制造过程中有成品混同工序，而大尺寸火药（如火箭装药）则没有成品混同工序，所以在双基药制造过程中吸收药的混同就极为重要。

在间断搅拌吸收法中，要将吸收药经离心驱水后再混成大批，最后用人工翻铲进行混同。因为每锅吸收药之间的热值差（ΔQ）可达 418.4kJ/kg，而混同成为一个大批后，各处热值差小于 41.84kJ/kg。混同后，将药料放置数日，这个过程又称为放熟或熟化，以使药料中溶剂更深入地与硝化棉作用。

在喷射吸收法中，混同和熟化在一起进行，即将每小批吸收后的药料悬浮液放入大的混同机内，进行一定时间的搅拌，使药料中各成分分配均匀。

4. 吸收药的质量

吸收药的质量对成品火药的质量影响极大，必须严格控制。在吸收过程中出现的质量问题，主要是吸收药的成分和热量不合格。造成吸收药成分和热量不合格的原因比较复杂，通常包括操作上（计量、称量）的误差或损失、计量工具的精度不够、计算的误差（或错误）、取样分析上的误差等。

经过分析确定成分或热量不合格的吸收药必须重新调整吸收药的成分，使其达到合格为止。

5. 双基火药的塑化

双基药的塑化是使药料在热和机械的作用下，促进溶剂对硝化棉的溶解而成为塑性物质。由于吸收药是在水中制得的，因而药料中含有大量的水分。水分的存在影响硝化甘油等溶剂对硝化棉的溶解塑化，所以在塑化之前先要驱除吸收药中的大量水分，在塑化过程中还需继续驱水，而使硝化棉在溶剂的作用下进一步溶解塑化，消除硝化棉与溶剂的相界面，并获得具有一定密度和可塑性的均匀致密的药料。

吸收药驱水可采用离心机驱水和螺压机驱水两种方法。一般间断吸收法中在混同前已经离心机驱水,这时吸收药中含水量为25%～30%;喷射吸收生产的吸收药经一次螺压驱水后含水量为70%以下,经二次螺压驱水后含水量为5%～10%。

驱水后药料的塑化有间断和连续两种工艺,都是将驱水吸收药在高温下通过两个辊筒间进行挤压(或称为压延)来实现的。

1) 药料压延塑化的基本原理和过程

双基药料的塑化是硝化甘油等溶剂在热和挤压的作用下,对硝化棉溶解的结果。溶解作用使硝化棉改变了物理结构,最后形成一种质地均匀密实具有塑性的硝化棉浓溶液。硝化棉的溶解过程有溶剂化、溶胀和溶解三个阶段。在热和机械的作用下,低分子溶剂首先向硝化棉大分子内部扩散,并逐渐排除掉吸附于硝化棉上的水分子,而与硝化棉大分子链上的官能团(—ONO_2,—OH等)相互作用,使溶剂分子结合在大分子链上,即溶剂化阶段。这种作用的结果,使硝化棉大分子之间的氢键和其他作用力破坏或削弱。溶剂分子继续向大分子内部扩散,并使硝化棉大分子链或链段距离增大,使硝化棉的体积增大,即达到溶胀阶段。处于溶胀阶段的硝化棉大分子,整个大分子链还不能独立运动,仍保持或部分保持着原有的联系。只有在大分子之间充满一定溶剂时,才使大分子链或链段间距离更大,进而使大分子完全分开,整个分子链才能自由运动,并能分散到溶剂中去,这时达到了溶解阶段。由于硝化棉大分子链的刚性,大分子间的作用力较强(特别有氢键存在时),加上硝化甘油等溶剂的黏度很大,因此在双基药加工条件下,硝化甘油只能部分地溶解硝化棉,而大部分的硝化棉仍处在溶胀阶段。溶剂的扩散增大了硝化棉大分子链间的距离,削弱了大分子间的作用力,为硝化棉大分子链的活动创造了条件,而使药料具有塑性。所以,双基药料的塑化过程也称为溶解塑化(简称为溶塑)过程。

压延塑化是在由两个辊筒组成的压延机上进行的。辊筒经蒸汽或热水加热到80～90℃(含吉纳的火药的辊筒温度可低些),让药料在两个转动辊筒的间隙中通过,反复进行滚压,而达到驱水,溶解塑化的目的,为挤压成型准备了物质条件。

在整个压延过程中,压延遍数对水分含量,药料的密实性,药料中硝化棉的含氮量和黏度以及安全性都有着很大影响。压延开始随压延遍数增加,药料中的水分逐渐减少,这一过程一般称为干燥(驱水)过程。此时由于硝化棉膨润和水分受热汽化使药料膨胀,故药料的密度有些降低。随着药料中水分的逐渐减少,药料逐渐塑化和密实,密度又逐渐增加。密度增加到一定程度后,如若继续压延反而使药料的密度下降,这说明药料在长时间高温高压的作用下开始缓慢分解,分解时产生的气体使药料的密度开始下降。如若再继续压延,则药料硝化棉中的黏度和含氮量随压延次数的增加而迅速降低,此时药料内产生大量的化学副反应。继续压延下去会使火药质量变坏,甚至着火。所以压延次数必须适当,并非越多越好,最好当火药密度基本达到最大值时结束压延。火药中仍剩余的少量水分可以通过烘干过程来驱除,这对保证火药的质量是有利的。

2) 影响塑化的因素

(1) 硝化棉和溶剂性质的影响。硝化棉的聚合度越大,相对分子质量越大,大分子间的作用力也越大,溶解越困难,但硝化棉的相对分子质量过低则影响火药强度。硝化棉的含氮量对其溶解度也有很大的影响。实验证明,不同的溶剂只有对不同含氮量的硝化棉才有最大的溶解能力,如硝化甘油对含氮量在12.0%~12.6%范围内的硝化棉有最大的溶解能力,含氮量超过此范围,溶解度陡然下降。因此,双基药中一般采用含氮量为11.8%~12.1%的三号硝化棉。另外,硝化棉的物理状态越规整(定向排列),结构越均一,比表面越小(细断度小),药料也越难塑化。不同的溶剂对硝化棉的溶解能力也不同,如用硝化二乙二醇作溶剂就比用硝化甘油更容易塑化。

(2) 溶剂比的影响。溶剂比是指火药中溶剂与硝化棉的质量比。溶剂比大,有利于塑化,但溶剂比过大,会使药料发黏,压延时易黏辊筒反而不利于加工和安全生产,并使火药的强度下降。因此,溶剂比需要合适地选择。

4.3.4 挤压成型

成型有间断和连续两种,分别在液压机和螺压机上进行。

1. 液压间断挤压成型

液压机有水压机和油压机两种,它们都是靠冲头的轴向运动给药料施以压力。另外药缸、药模、过滤板、模针等则给流动的药料以阻力(包括药模收缩段的反压力和附壁层药料受到金属表面给予的外摩擦力以及各层药料间因流速不同产生的内摩擦力)。当压力大于阻力的轴向分力总和时,药料受挤压而流经过滤孔和成型孔,使药料进一步塑化、密实和成型。图 4-3-5 为双缸立式水压机的示意图。

在挤压过程中,药料的受力情况较为复杂,药料在药缸内和圆柱形孔内流动属于圆内流动。若沿轴线取半径为 r、厚为 dl 的实心微元体,其受力情况如

图 4-3-6 所示。正压力为 p，薄层上下的压力差为 dp，微元体的周边与另一层药料之间存在内摩擦力，其方向与药料流动的方向相反。因为它是相邻的两层药料在剪切方向上的应力，故也称为剪切应力。

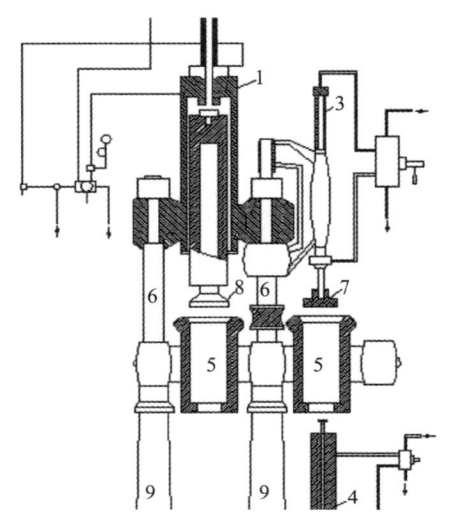

图 4-3-5 双缸立式水压机示意图

1—主缸；2—钢缸；3—预压水缸；4—退模水缸；5—药缸；
6—钢柱；7—预压冲头；8—主缸冲头；9—脚柱。

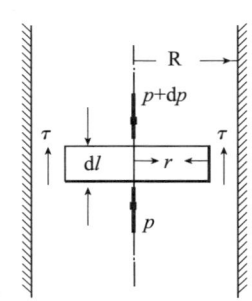

图 4-3-6 火药压伸受力情况分析

对于圆筒情况，作用于微元体的正压力等于 $\pi r^2 dp$，内摩擦力等于 $2\pi r \tau dl$。当微元体匀速流动时，受力平衡，有

$$\pi r^2 dp = 2\pi r \tau dl \tag{4-3-1}$$

$$\tau = \frac{r}{2} \times \frac{dp}{dr} \tag{4-3-2}$$

剪切应力与 dp/dl 和 r 成正比，dp/dl 是轴向的压力梯度与药料性质和温度有关。压力梯度越大，则摩擦力越大。药料离轴线越远，r 越大，则摩擦力也越大，沿圆筒壁的药料边界层的应力达到最大。

由于圆筒内的径向各点处受到的阻力不同，药料各层的流速也不同，在轴线中心处流速最大，越靠近筒壁流速越小。所以，在圆筒中每一环形层都是内侧的流速大于外侧，而剪切应力刚好相反是外侧大于内侧。这样形成一个力偶，使药料的质点在沿轴线流动的同时作翻转运动，转的方向是从外向里。

为了加大药料的塑化程度，提高成型质量，一般采用两次压伸，即先经过低压过滤，而后再加压成型。液压机的优点是操作简便、灵活、适应性广，缺点是效率低、劳动强度大。

经过塑化后火药物料已具备必要的流动性,可用于挤压成型。挤压成型中,用柱塞式挤压法进行间断生产,目前这种工艺对于单基火药仍是主要的成型工艺方法。水压机的成型部分主要由药缸与模具组成(图4-3-7),药缸是一个内表面光滑的圆柱筒,可以由夹套通入热水加热保温。药缸的上部有一工作活塞(也叫冲头),由它给药缸内的药料一定的挤压压力。药缸下部连有模具。用水压机成型时,是将塑化好的药料压成一定厚度的药片,卷成一定大小的药卷放入挤压机的药缸内进行挤压。药料在水压机内成型时,水压机中的冲头向下移动,给药料一定挤压压力,这是挤压过程中的主动力。一方面,流动过程中,在药缸和模体成型段内药料受到轴向的内外摩擦力。药料在模体收缩段内的情况就更复杂了。一方面,药料要承受锥体表面给药料的外摩擦力;另一方面,药料内部还存在轴向与径向的内摩擦力以及轴向的反压力。如果有针架、模针和过滤板存在,这些部件也会给药料一定的作用力。由冲头给于药料的挤压力克服上述各种摩擦阻力。当药料稳定流动后,主动力与摩擦阻力达到平衡。

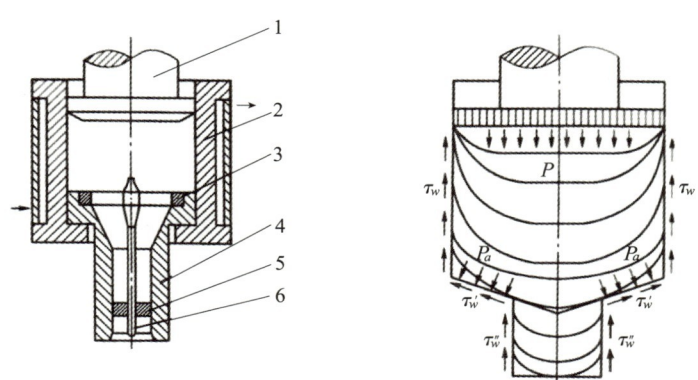

图4-3-7 液压挤压机与药模结构图示与受力图示
1—冲头;2—药缸;3—针架;4—模体;5—针套;6—模针。

2. 螺压机连续挤压成型

螺压机结构如图4-3-8所示。螺压机中螺杆旋转时对药料产生推力,并因成型装置的阻力而对药料产生压力,使药料流动。螺压机根据螺杆结构的不同分为"一"字形结构(只有一根水平的螺杆)和"T"形结构(有二根螺杆成T形)两种。T形结构的水平部分对主螺杆起挤压作用,垂直部分对副螺杆起喂料作用。

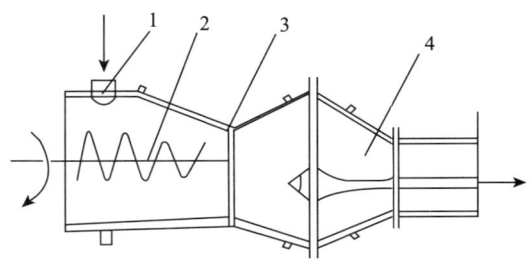

图 4-3-8　螺旋挤压机示意图
1—加料口；2—螺杆；3—机筒；4—模具。

1) 流体的流动类型

根据黏性流动理论，一般平行层液体之间的剪切应力（即内摩擦力）与垂直于流动方向的流动速度成正比，即

$$\tau = \eta \times \frac{dv}{dr} \tag{4-3-3}$$

或者

$$\frac{dv}{dr} = \frac{\tau}{\eta} = \varphi\tau \tag{4-3-4}$$

式中：v 为流动速度；r 为两平行液层之间的距离；η 为比例系数，决定于流体的性质和温度，称为黏度。

满足这种牛顿摩擦规律的流体称为牛顿液体。某些不服从牛顿摩擦规律的流体，称为非牛顿流体。如一些塑性流体（或流动屈服极限），只有当 $\tau > \tau_c$ 时（τ 为卡森屈服值），这种流体才开始流动。流动后，其性质与牛顿流体相似。它的剪切应力与速度梯度的关系为

$$\frac{dv}{dr} = \varphi(\tau - \tau_c) \tag{4-3-5}$$

还有一类流体，被称之为假塑性流体，剪切应力与屈服应力之间的关系为

$$\frac{dv}{dr} = \varphi\tau^\gamma \tag{4-3-6}$$

或者

$$\frac{dv}{dr} = \varphi(\tau - \tau_c)^\gamma \tag{4-3-7}$$

一般情况下，$\gamma > 1$。当物料与工艺条件确定后，τ_c 与 γ 视为常数。对于圆形管内的流动可以得到流速与应力之间的解析解。

对于单基、双基和多基火药的药料一般视为假塑性流体，其中流变参数需要通过实验测试获得。

2) 螺旋挤压的流动状态

火药挤压成型螺压机中的螺杆如图 4-3-9 所示，为一根单头螺纹柱形螺杆，其螺槽之间的宽度(两个螺纹间的距离)和深度是变化的，每圈螺槽的容积逐步变小，从而形成三个不同作用的阶段。

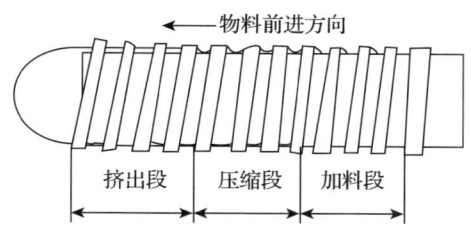

图 4-3-9　螺压机中螺杆各段的作用

(1)加料段(喂料段)。药料在此段中，从不受力到只受很小力的作用，从原有松散的状态到逐步压紧的状态，并驱除空气。

(2)压缩段(过渡段)。药料在这里受到温度和压力的作用开始塑化，最后药粒间的界面完全消失。

(3)挤出段(均化段)。经过塑化的药料，在这里达到充分的塑化，成为均匀的、密实的、连续的塑性药料被挤进成型装置。这段的压力最大，温度也最高。药料从进料口进入螺压机中到被挤出前，经历了如下的变化：挤压力由小到大，在机头处压力达到最大；药料温度由低到高；宏观状态由疏松到紧密(完全黏合成整体的药带)；聚集状态由玻璃态经高弹态变成黏流态。

3) 挤出受力与流动状态

药料在挤出段中的受力和流动情况较为复杂。为方便分析问题，令螺杆静止不动，而机筒是转动的。令 x 轴表示垂直于螺纹的方向，y 轴表示螺槽深度的方向，z 轴表示螺纹前进的方向。药料在螺槽内的移动方向与螺纹线的旋转方向相反。推动药料运动的主动力是机筒用于药料顶部的剪切力 F_b，也叫拖曳力。它的大小取决于药料与机筒内壁的摩擦力。与拖曳力相反的有反压力 F_q 和螺槽对药料的摩擦力 F_s。反压力由机头上成型装置所产生。F_s 是由反压力挤压作用于螺槽侧面而产生。另外，黏性流动的药料各层由于速度差异，在药料各层之间还存在着内摩擦力。

在这样复杂的受力情况下，药料在螺槽内并不是以固体的形式向前平移，而是以图 4-3-10 所示的轨迹运动。总的运动趋势是沿 L 轴方向推进，但在推进的过程中，又有 x、y、z 各轴的分速度，以及向后倒退的运动。若将这种运动分别向 yoz 平面投影可分解成顺流和逆流两种运动。在由 yox 平面的投影可以看出药料的运动为一环流。通过较为简单分析,可以得到上述几种流动的定性数学表达。

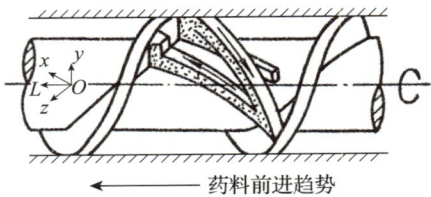

图 4-3-10　药料在螺槽内的运动轨迹

这样得出的成型模具中受力与间断挤压成型模具中受力基本一致。

4.4　炸药压装成型工艺

将晶体炸药或者是造型粉炸药通过一定压力压制成为一定形状、尺寸的密实体,即为炸药压装。炸药的压装工艺相对简单,但要保证炸药装药的质量和压装过程的安全性,与一般材料制品的压制工艺相比,需要特别注意与安全有关的方面。

4.4.1　直接压装

直接压装是将炸药装入模体中,用压力使炸药成型或用压力压入弹体中。压装时使用的压力可高达 70MPa,图 4-4-1 描述了该工艺的概况。

直接压铸法是通过固定压力来控制装药的密度,药料晶体的同一性是影响产品均一性、重复性的重要因素。直接压装的装药,密度可以达到晶体密度的 95%,如果用真空压药技术,装药密度可以达到晶体密度的 99%。对于塑性的炸药材质,采用真空压药技术是必要的,可以去除气泡。

该工艺的成本较高,压药时模体间有摩擦,药柱存在压力和密度梯度,装药有各向异性和存在剩余应变等问题。

4.4.2　等静压压装

等静压压装是指在加压之前,炸药用橡胶膜封闭,抽去空气,这种方法(图 4-4-2)可以消除产生在膜壁处的摩擦。由于定向压缩仍然有各向异性和残余应力的问题,采用提高温度(如在 120℃温度下持续 8~10h)的等静压压装方法(图 4-4-2)可以得到质量好的装药。典型的施用压力是 135~200MPa。

因消除了壁摩擦,该方法适合于压制感度高的炸药,如压制 RDX、HMX 等高能炸药。

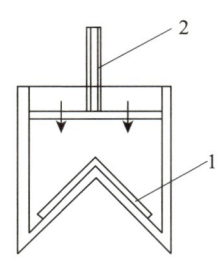

图 4-4-1　炸药的直接压装装置

1—金属药型罩;2—压力冲头。

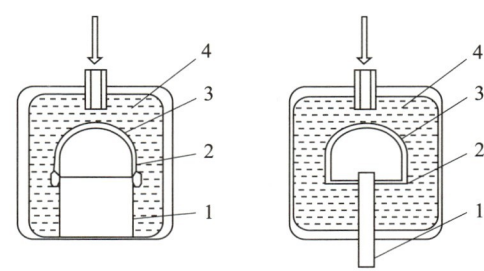

图 4-4-2　炸药液体静压与等静压压装

左图:1—底座;2—炸药;3—橡胶层;4—液压油。
右图:1—真空管路;2—橡胶层;3—药料;4—液压油。

承受如此高压的容器价格昂贵,用炮管再加工制作容器的最大直径是 0.1～4.0m,能用以制造的炸药装药的大小也有限制。

为了使压装炸药质量更为稳定一致,可以采用数字压装机,通过数据显示,以压力传感器作为压力采集信号,对压力信号、位移信号进行运算,作出各种报警,以及曲线的描绘。可以预先设定位移与压力的上下限,将绘制的曲线与当前压装值进行比较,输入任意压装位置,即可得到该位置在上次压装时阻力的大小差值。对压装过程的压力、速度进行程序控制。

4.5　熔铸工艺

4.5.1　概述

熔铸就是通过物理化学方法,首先使物料成为熔融状态,然后固化成为一定形状、尺寸的固态成品的工艺。

物料成为熔融状态的方法有两种:第一种是物理方法,加温使一部分组分到达一定温度熔化为液体,温度下降又凝结成为固体;第二种是化学方法,将液态的高分子预聚体和固化剂与固体组分均匀混合,然后在一定温度下由固化剂的引发,聚合并固化为固态成品。

浇铸成型一般不施加压力,对设备和模具的强度要求不高,对制品尺寸限制较小,制品中内应力也低,因此生产投资较少。浇铸成型可制得性能优良的大尺寸制品,但生产周期较长,成型后须进行机械加工。在传统浇铸基础上,派生出灌注、嵌铸、压力浇铸、旋转浇铸和离心浇铸等方法。①灌注。此法与浇铸的区别在于：浇铸完毕，制品即由模具中脱出；而灌注时模具是制品本身的组成部分。②嵌铸。将各种非塑料零件置于模具型腔内，与注入的液态物料固化在一起，使之包封于其中。③压力浇铸。在浇铸时对物料施加一定压力，有利于把黏稠物料注入模具中，并缩短充模时间，主要用于环氧树脂浇铸。④旋转浇铸。把物料注入模内后，模具以较低速度绕单轴或多轴旋转，物料借重力分布于模腔内壁，通过加热、固化而定型。用以制造球形、管状等空心制品。⑤离心浇铸。将定量的液态物料注入绕单轴高速旋转、并可加热的模具中，利用离心力将物料分布到模腔内壁上，经物理或化学作用而固化为管状或空心筒状的制品。单体浇铸尼龙制件也可用离心浇铸法成型。

制备推进剂和塑料黏结炸药时，需添加多种组分使所得成品满足各种要求（包括力学性能、弹道性能和加工性能等）。当然，上述各性能之间有些是相互冲突的，往往在提高某一性能的同时会降低另外一种性能。例如通过增大增塑剂的含量可以提高材料的加工性能，但会降低其机械强度。一些常用添加剂有：黏结剂；增塑剂；填料；键合剂；工艺添加剂（如卵磷脂）；固化剂（NCO/OH比）；燃速调节剂；稳定剂。

以上各种组分必须按正确程序混合，达到各组分在体系中分散均匀、无团聚颗粒及破碎颗粒的要求，最终制得具有力学性能和弹道、爆炸性能均一的产品。可通过以下方法判断混合是否达到终点，即是否混合均匀：

(1)监测流变性能；

(2)测试共混体的能量吸收；

(3)将样品固化后测试其力学性能和弹道爆炸性能；

(4)通过其固化产品表征共混体。

监测样品的流变性能并将其与先前测得的数据作对比是检验样品制备是否具有可重复性的有效途径之一。混合后以及浇铸后的样品黏度是表征共混体的常用参数。

对某些特定混合，为使产品混合均匀，在混合过程中必须施加一定的混合能。

许多标准规定，为了便于测试样品的机械性能（如拉伸性能）及给定压力下样品的燃速（靶线法），必须先将样品按要求进行浇铸。

4.5.2 熔铸原理

除了实验方法之外，理论方法也是可行的。常用的方法是用无量纲参数（如雷诺数 N_{Re} 和功率准数 N_p）描述，可见式(4-5-1)及式(4-5-2)。其他物理量,例如速率(Q)或能量损耗(P)则是量纲参数。

$$N_p = \frac{g \cdot p}{\rho \cdot N^3 \cdot D^3} \quad (4-5-1)$$

$$N_{Re} = \frac{D^2 N \rho}{\mu} \quad (4-5-2)$$

式中:g 为重力加速度,m·s^{-2};ρ 为密度,g·cm^{-3};N 为每秒钟的转速,s^{-1};D 为桨叶直径,m;μ 为黏度,Pa·s。

层流时,N_{Re} 和 N_p 的乘积等于常数 B,可得

$$N_{Re} \cdot N_p = B \quad (4-5-3)$$

在层流中,雷诺数小($N_{Re} < 1$)。图 4-5-1 所示为低黏度液体中雷诺数与功率准数间的相互关系。

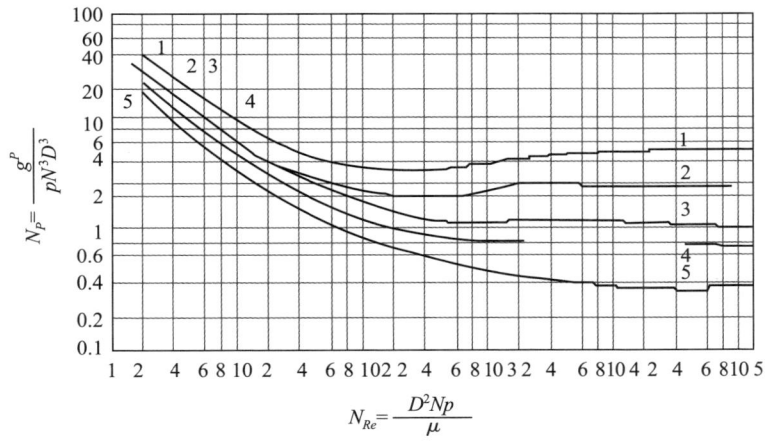

图 4-5-1 低黏度液体中雷诺数与功率准数的相互关系

Dubois 等人研究了锥形混合机中黏度较大液体(黏度为 15～175Pa·s)的流体方程(4-5-3),发现 B 具有容量依赖性:对于 2L 的锥形混合机而言,B 值约为 1900。此外,他们还发现,化学流变模型的有限元法给出的结果和实验数据吻合良好。

扭矩(T)与能量损耗及混合桨叶的转速密切相关,可见式(4-5-4)和式(4-5-5)。

$$P = T \cdot N \quad (4-5-4)$$

或者

$$P = C \cdot N \cdot \eta \quad (4-5-5)$$

维持转速不变,测定扭矩时,使物料混合均匀所需要做的功为

$$W_u = 2\pi \cdot N \cdot M^{-1} \cdot \int T \mathrm{d}t \qquad (4-5-6)$$

应将式(4-5-6)从开始混合到混合结束对混合时间进行积分。M 为混合物的质量,单位为 kg。该方程在橡胶工业中用于研究高剪切混合。此外,该方程对放大过程和批量生产的均匀性研究均具有重要意义。

对含 60%(体积分数)填料的钝化推进剂而言,W_u 的典型值为 80kJ/kg;对高黏度的三基推进剂而言,W_u 的典型值为 70kJ/kg。

根据式(4-5-5)可知,扭矩和黏度是相互关联的。然而,作用于混合物的剪切速率与 N 成正比,转速和翻度均为 N 的函数,这同样适用于非牛顿流体。因此,保持 N 不变,就可得到扭矩和混合物黏度之间的线性关系。

描述均匀混合的理论研究工作及成果的图书资料很多已相继出版,此方面的总结随处可见,本书不赘述。

4.5.3 混合工序

1. 混合机

混合机的类型(搅拌桨的设计)对混合质量及混合所需时间至关重要,在 Perry 的《化学工程手册》中,综述了黏性材料及糊状材料的混合方法及混合机类型,提及了两大类混合机,即间断式混合机与强力混合机。

间断混合机包括换罐式混合机、螺桨式混合机、双臂揉混捏合机。人们为此类混合机设计了多种特殊的桨叶,如由 Perker Perkins 公司设计生产的 Sigma 型桨叶(图 4-5-2)。

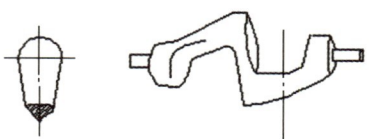

图 4-5-2 Sigma 型混合机

强力混合机包括:

(1)密闭式混炼机,主要用于塑料、橡胶的混合,在混合机的桨叶与内壁间存有微小间隙,可将物料高效混合;

(2)辊筒混合机,可产生较高的局部剪切。

混合机有立式的,也有卧式的,各有其优缺点。高黏度物料所使用的混合机往往为立式和平面桨式。

TNO 公司的两类立式行星混合机，由于设计优良、混合效率高，可分别单次混合 2.5L 和 12.5L 的推进剂。两类混合机均采用平面桨式混合桨叶，此为立式双桨叶混合机，中间桨叶固定不动，外桨叶同时围绕中间桨叶和自身转轴转动。

小型的混合机常为卧式，桨叶类型也不相同，如 Sigma 型桨叶（图 4-5-2）。此类混合机可提供高剪切，达到相同或相似的流变性能的时间越短，混合效率越高。其缺点是价格昂贵，并且在真空浇铸时操作要比平面桨式混合机困难。

20 世纪 80 年代，有人用平面桨式混合机对复合固体推进剂的粗品 AP 颗粒粉碎进行研究，然后通过测定混合后推进剂的力学性能及其燃速来评判粗品 AP 颗粒的粉碎程度。如果有粉碎发生，则试样的燃速加快，同样力学性能也会发生变化，特别是杨氏模量应力-应变曲线中线性部分的斜率，代表试样在测试过程中没有受损的弹性部分会有所升高。

加入固化剂后，最后的混合才算开始，最后的混合所需时间范围为 10～90min。研究发现，在 30min 左右出现一个引发效应，此后，出现一个相对平稳的增长区，杨氏模量和燃速均持续增长，但增幅很小，说明颗粒已基本被粉碎。

在制造 86%（质量分数）的复合固体推进剂的过程中研究了混合桨叶的相对转速对混合效果的影响。混合机主桨（固定桨）的转速范围为 10～60r/min，并可分为五挡，其他桨叶的转速固定在 7～44r/min 之间的某一数值，混合温度为 50℃，混合周期时间为 120min。

混合速率对屈服应力及单位剪切速率下的黏度的影响是时间的极大函数。这是由于高速混合加大了，粒子间的摩擦与磨损，速度过快时，剪切太过剧烈会将 AP 粒子打碎。其次，连续混合会导致 AP 粒子破裂，从而会影响 AP 双峰粗粒/细粒力学性能及弹道性能。

另一种混合方法是用辊筒混合机进行混合，如 Sayles 在专利中所述，将 Sigma 型桨叶混合机与辊筒混合机的混合效果进行了对比。表 4-5-1 是根据推进剂的力学性能和弹道学性能对混合机的混合效果做出的比较。

表 4-5-1　混合对力学性能和弹道的影响

项目	组成/%	Sigma 型混合机	滚筒混合机
HTPB + AO + IDPI	9.7	—	—
HX752	0.3	—	—
DOA	2.0	—	—
AP	86.0	—	—

(续)

项目	组成/%	Sigma 型混合机	滚筒混合机
Al	1.0	—	—
Fe_2O_3	1.0	—	—
最大强度/MPa	—	1.03	1.70
最大强度时的应变/%	—	40.0	45.0
E 模量/MPa	—	2.05	6.74
14.2MPa 时燃烧速率/(mm·s^{-1})	—	4.06	7.11

主要结论如下：

(1)辊筒混合机比 Sigma 型桨叶混合机混合得更充分，所得产品的力学强度和应变性均更大。

(2)更为剧烈混合导致产品具有较高的力学强度，应变性略有增加。

然而，不能排除是由于颗粒自身的破裂，致使混合较充分的结论。

2. 混合时间及混合效率

无论是混合机的选择、混合时间的确定，还是配方的确定，都必须保证团聚体的粉碎是安全的。这些团聚体可能是颗粒在生产过程中由于颗粒间的相互作用而形成的。如果混合时间过长，单个颗粒有可能破裂，从而导致粒径分布的变化以及力学性能和弹道性能的变化。

在混合过程中减小物料的扭矩，可非常清晰地描述这一效应(图 4-5-3)。从图中可以看到，扭矩急剧增大至极大值，然后在物料混合良好时又降低到极小值，继续混合导致了扭矩的稳定增加，这是由于颗粒破碎所造成的，因而会改变粒径分布。同样，物料的黏度也稳步提高。添加固化剂后，扭矩迅速下降。

Ramohalli 等人分析了以 PBAN 为黏结剂的 70AP/Al 推进剂，也研究了

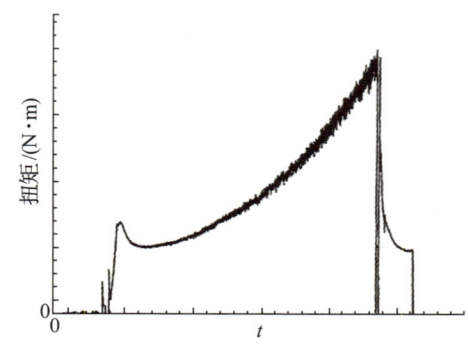

图 4-5-3 扭矩随混合时间的变化

4～600L 的混合机的放大效应。在批量制备推进剂的不同阶段做了抽样。测定了混合时间及在加入固化剂前推进剂的过夜(长时间)存放对产品的力学性能及燃速的影响。此外，也评估了推进剂各种性能的重现性，所得结果如下：

(1)同批内变化(不确定度)小于 1%。

(2) 根据最佳工艺制得的推进剂,不同压力下燃速的标准偏差为 0.8%~2.1%,最大应力的标准偏差为 5%,最大应力下应变的标准偏差为 5%。

(3) 推进剂的力学性能,如最大应力、破坏应力及伸长率与混合时间及最终浇铸黏度紧密相关。图 4-5-4 给出了推进剂试样最大应力与混合时间的相互关系:达到某一数值后,推进剂的最大应力随时间的增加而增加。若使应力趋于常数,最小混合时间还需延长。

(4) 在加入固化剂前,先将推进剂储存 1 天或 2 天,甚至 3 天,可使物料的黏度降低,增加润湿,能明显提高推进剂的燃速。

(5) 终炼及浇铸过程中物料黏度上升,表明混合不均。

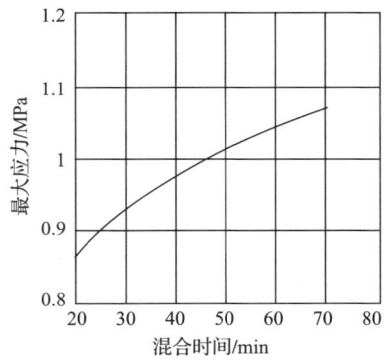
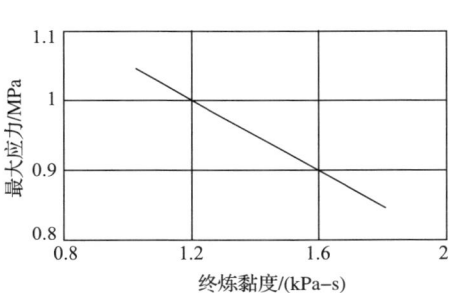

图 4-5-4 最大应力与混合时间的关系   图 4-5-5 终炼黏度与应力之间的关系

Muthiah 等报道了混合速度及混合时间对 HTPB/AP 复合推进剂的流变性能的影响。复合推进剂中,双峰 AP 占 68%,Al 占 18%,HTPB/DOA/TMP 共占 14%。

混合速度对屈服应力和剪切速率黏度影响很大。这是由于混合速率增高引起颗粒间磨蚀作用增加造成的。在各种搅拌速度下,假塑性指数 n 均在加入固化剂后 2~4h 达到最大值。

混合时间对剪切速率为 1/s 的黏度及屈服应力的影响极小,可忽略不计。但是,混合时间影响了假塑性指数 n,为使假塑性指数达到最大值,混合时间不得低于 120min 且必须小于 180min,否则粗品 AP 将可能被桨叶撞击粉碎。主要结论如下:

(1) 流变参数在某种程度上只依赖于混合参数,如混合机叶片转速和混合时间;

(2) 最佳混合速度为 25r/min,更高的速率带来更大的剪切力,将会磨碎

AP 颗粒；

(3) 连续混炼会导致 AP 颗粒的破坏，从而影响 AP 的粗粒/细粒比，最终影响推进剂的力学性能和弹道性能。

3. 添加剂添加次序

添加剂的选择及它们的添加次序相当关键。例如，如果黏结剂是固体，而且可能溶解于另一种黏结剂中时，则可能产生絮凝。添加细粒在添加粗粒之前还是之后，在很大程度上会影响物料的流动特性，以及固化后推进剂的力学性能和弹道性能。

燃速催化剂或燃速调节剂的添加也会影响上述性能，包括固化及固化速率。

从试验有关数据中可得出以下结果：

(1) 粗 AP 先在常压下混合 5min，然后在真空下混合 30min；

(2) 细 AP 颗粒分两步加入，第一步与粗品的混合方式类似；第二步先在常压下混合 5min，然后在真空下混合 60min；

(3) 混合后推进剂在 60℃下固化 10 天。

混合造成粗粒的破碎和细粒的产生，这会影响到推进剂燃速及颗粒堆积。研究发现，粗粒的破裂相当有限，但会影响浆液中细粒在粗粒间的沉降，应引起足够重视。

Marine 和 Ramohalli 研究了一种含铝的推进剂，其添加顺序与表 4-5-2 所列稍有不同。

表 4-5-2　Marine 和 Ramohalli 选用的加料顺序

步骤	内容	时间/min	温度/℃
1	加入预聚物、增塑剂、燃烧催化剂	10(vac)①	71
2	加入 Al	5(atm)② 10(vac)	71
3	加入 AP、清洗桨叶	15(atm) 30(atm) 60(vac)	60
4	加入固化剂	10+15(vac)	60

注：① 真空
　　② 大气压

Marine 和 Ramohalli 研究发现，将推进剂混合物料在步骤(3)完成后于 60℃下放置 1 天，次日再将物料混合 60min，以真空混炼为佳。

迄今为止，TNO 在制备推进剂及 PBX 时所遵循的加料顺序是：先加入氧化剂/炸药的粗粒，再将其用黏结剂在常压下润湿，然后分两步加入细粒，即润湿和真空混合。

4. 放大效应

人们对于放大效应对产品的流动性能及最终性能的影响进行了大量的研究，这对推进剂及 PBX 的放大效应和研制很有益。Marine 和 Ramohalli 分析了 70 批 PBAN 为黏结剂的 AP/Al 推进剂，同时对 4L(1 加仑)的混合机到 600L 的混合机的放大效应进行了研究，并得出如下结论：

(1) 放大时，单批次的不确定度增大，所测性能在 2%～13% 波动；

(2) 在很大的压力范围内对燃烧速率有明显的放大效应，小规模制得的推进剂的燃速要比 600L 混合机制得的推进剂大，最大净增长率可达 10%。

5. 相关结论

制备推进剂及塑料黏结炸药时，平面桨式混合机常用于较大规模的真空浇铸；Sigma 桨叶的混合效果较好，但常用于小型的混合机。在浇铸时，添加配方中的各组分后，必须进行至少 60min 的混合；为了确保混合均匀，必须等到扭矩时间曲线上扭矩出现最小值。如果混合时间很长，颗粒特别是粗粒会发生破碎，导致混合物黏度和扭矩的增加，同时导致能耗增加。为了保证产品中各组分均匀分布，在加入固化剂后，必须进行至少 30min 的持续混合。各物料的添加顺序至关重要，特别是使键合剂均匀分散于粗粒与细粒上。在加入固化剂之前先将混合物料过夜存放，有助于最终产品中各组分的均匀分布。至于产品生产的重现性，不同批次产品性能的波动范围在 1% 以内，最大应力及最大应力时应变的标准偏差大约为 5%。

浇铸工艺的特点：

(1) 可以制备大尺寸、形状复杂的药柱。一般无溶剂压伸工艺生产的药柱直径不超过 300mm，而浇铸工艺在药柱尺寸上是不受限制的。浇铸工艺不仅可生产出各种复杂的药型，而且可以生产壳体黏结式装药。

(2) 浇铸工艺的配方适应性广，配方组分的变化范围大。浇铸工艺能够方便地加入各种配方组分，因此，浇铸工艺还可用于生产多种性能的推进剂，如适于壳体黏结的"软"药、适于自由装填的"硬"药、不同能量水平的推进剂以及不同燃烧特性的推进剂等。

(3) 固体推进剂浇铸药浆是一种以高氯酸铵、硝胺或铝粉等为分散相，以黏结剂/增塑剂等液体组分为连续相的高固体含量悬浮液。

双基和复合改性双基推进剂的浇铸工艺分为充隙浇铸工艺(图 4-5-6)(简称粒铸工艺)和配浆浇铸工艺(图 4-5-7)。这两种工艺的差别很大,但从本质上来看,都包括造粒、混合、浇铸、固化等过程。

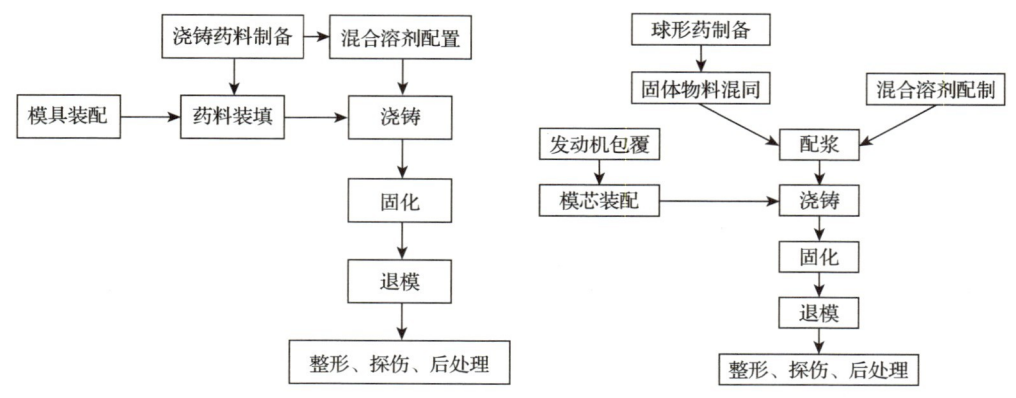

图 4-5-6　充隙浇铸工艺流程图　　　　图 4-5-7　配浆浇铸工艺流程图

4.5.4　浇铸工艺

浇铸的目的是用混合溶剂充满药粒的间隙。混合溶剂可以从顶部或底部流入药料间隙。图 4-5-8 示出了在真空下从底部浇铸的典型装置。其中,干燥器中的溶剂在大气压力下被压入药粒间,故也叫真空抽注。

实践证明,顶部注溶剂的方法不如从底部注溶剂的方法。从顶部注溶剂时,装药表面被液体覆盖,难以排除药粒之间的空气及药粒内残存的挥发性溶剂和水分,固化后的药柱易有小孔。铸造大型药、异型药,最好采用底部注入溶剂的方法,在真空下浇铸可使产品完全无气孔,但有时采用常压浇铸,使溶剂在压力下流入粒状药间,也可以成功地制备无气孔的产品。浇铸过程就是迫使溶剂流过和充满药粒床间隙的过程。在给定时间内,溶剂充满药粒床的高度即表示浇铸速度的大小,它是浇铸过程控制的主要参数。适宜的浇铸速度一般是通过试验来确定的。

与压伸工艺相比,充隙浇铸工艺是简单的,不需要复杂的设备和大量的工房,

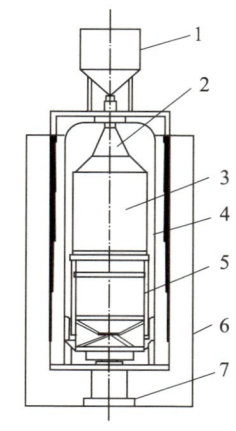

图 4-5-8　真空浇铸装置
1—真空罐;2—发动机;3—浇铸药粒床;
4—罐接口;5—浇铸溶剂干燥器;
6—收集器;7—油气出口。

物料的处理条件比较缓和,安全性较好。但对于尺寸较小的装药,单发药柱的装填和浇铸是很不方便的,成本也较高。

4.6 火炸药包覆工艺

火炸药的包覆包括三个方面:晶体炸药表面包覆、发射药钝感包覆、推进剂包覆层。由于其形状、尺寸、目的、用途各异,所以在包覆材料的选择、工艺方法也都有很大的差异,这里予以分别介绍。

4.6.1 晶体(颗粒)表面包覆工艺

经过结晶或者粉碎得到的晶体(含能)化合物,可以直接应用于火炸药制品加工,但大多数情况下,需要对其表面进行包覆处理。例如,对硝酸铵(AN)、高氯酸铵(AP)、ADN 等进行表面包覆主要是为了防吸湿,对 RDX 进行表面包覆是为了降低感度和增加塑性,以便压装时的安全性和制品内部的完整性;对 Al 进行处理是为了防止表面氧化。表面处理通常就是将另外一种物质均匀地涂覆在晶体颗粒的表面。

含能化合物的晶体颗粒在应用之前,一般需要对晶体类炸药进行表面改性包覆处理。由于综合了被包覆材料和包覆材料的两种性质,因而使火炸药有了更好的性能。例如用钝感剂石蜡、石墨和硬脂酸等包覆硝胺类炸药得到了普遍的应用。用石墨对硝胺炸药进行表面包覆,进而对其进行降感。结果表明,包覆处理后的硝胺炸药与之前未包覆的原料相比,撞击感度降低了 40%。以高分子材料聚叠氮缩水甘油醚 GAP 为黏结剂分别对 HMX 和 RDX 进行表面包覆,可制备出一种防老化性能优异,机械性能良好的含能钝感混合炸药。

适用于含能化合物晶体颗粒的表面包覆方法有很多,主要分为物理包覆方法和化学包覆方法。物理包覆方法一般是指通过吸附等办法,使在固体颗粒表面形成包覆层,或是通过机械力的作用使颗粒的表面嵌入一层表面改性材料。化学包覆是指在某一介质中,通过聚合反应、复分解反应等在固体颗粒表面形成包覆层。包覆方法的不同会对包覆层的密度、厚度、均匀性等产生不同程度的影响,进而影响包覆颗粒的整体性能。

常用的包覆方法有:

(1)机械混合法。此方法包括有球石研磨法、搅拌研磨法和高速气流冲击法等。机械混合法是指在常温常压下将无黏性,同时也不发生化学反应的两种超细粉体,通过机械力的作用,使一种较细的超细粒子均匀地分布于另外一种较粗的超细颗粒表面，使它们之间发生作用，增加其结合力。这种方法具有处理时间短、反应过程容易操作、可进行连续批量生产等优点，但同时又具有包覆不均匀、容易造成粒子晶型的破坏等缺点。研磨法仅适用于微米级粉体的包覆，且要求粉体具有单一分散性。高速气流冲击法利用气流对粉体的高速冲击产生的冲击力，使得粉体颗粒间相互压缩、摩擦、剪切，在短的时间内，改性剂即可完成对纳米粉体的包覆，具有良好的研究应用前景。

(2) 相分离法。一种工艺简单且易于操作的固体颗粒表面改性方法。具体工艺是将包覆材料溶解在溶剂中，在一定的温度条件下，边搅拌边往溶液中加入要改性的固体颗粒，通过降低温度或加入包覆材料的非溶剂或沉淀剂的方法使溶液中的包覆材料在颗粒表面上析出形成包覆层。主要包括溶剂蒸发法、液相沉积法、中和沉淀法和结晶法。

(3) 超临界流体快速膨胀法。其原理是流体在超临界状态下具有气相的高扩散系数和液相的强溶解能力的特点。超临界流体快速膨胀包覆法利用超临界流体在流化床的快速膨胀，使改性微核在颗粒表面形成均匀的薄膜包覆。超临界流体在快速膨胀过程中，超临界相向气相的快速转变引发流体温度、压力的急剧降低，从而导致溶质在超临界溶剂中溶解度的急剧变化，在高频湍动的膨胀射流场中瞬间均匀析出溶质微核。例如运用超临界溶液快速膨胀技术可以对硝胺炸药颗粒进行包覆，包覆剂选用的是硬脂酸，结果同样表明包覆后的撞击感度明显降低。

(4) 喷雾干燥法。将包覆材料溶解到溶剂中，在搅拌和加热条件下加入要改性的固体颗粒，达到吸附平衡后，利用喷雾干燥塔中的热气流蒸发溶剂，析出的溶质在颗粒表面形成包覆层。喷雾干燥技术形成的包覆层通常较薄，为单分子层或多分子层。改性的效果主要取决于溶液对改性颗粒的润湿性、所选的包覆材料和干燥塔的进出口温度。采用喷雾干燥技术对推进剂中的固体组分进行表面改性，可采用惰性气体作为保护气，以保证生产过程的安全性。

(5) 分子自组装法。在平衡条件下，通过非共价键连接的、趋向稳定的、结构有序的一种分子自发缔结，也包括由共价键组合的分子自组装。自组装单分子膜技术是通过分子与基底之间的化学作用，从而使分子自发吸附在固液或气固界面，形成与基片化学键连接的、热力学稳定的、规整排列的二维有序单层膜技术。将分子自组装膜技术引入推进剂领域，对推进剂填料表面进行自组装分子设计，使分子能自发地吸附到填料表面，自动定向排列，形成牢固的理想功能界面。

(6) 水悬浮法。它是 PBX 炸药造型粉制备的常用方法。将炸药悬浮在水中，然后用一种不溶于水的有机溶剂将包覆物质溶解,再将有机溶液加入到水悬浮液中,形成水、包覆材料溶液以及炸药颗粒的混合悬浮液,最后通过一定的方法将包覆材料析出,包覆在炸药的表面。水悬浮法又可分多种,如水悬浮—蒸馏法、水悬浮—高温滴加法、水悬浮—熔融法等。由于包覆过程在水中进行,这种包覆方法具有工艺安全、简单易操作、经济实用等优点。除了水为溶剂外,现在研究人员还采用溶液悬浮法,Smith 等人以聚丙烯酸酯为包覆剂,采用溶液悬浮法对 RDX、HMX 进行包覆,制备出了可压缩的钝感塑性炸药。

(7)聚合物包裹法。主要包括接枝聚合法、乳液聚合法及微波等离子体聚合法等。接枝聚合法是在无机粒子表面上预先接枝上可参与聚合反应的基团或引发作用的基团或能使聚合反应终止的基团,然后加入单体和引发剂(预先接枝上引发基团时不需加引发剂)进行聚合反应。乳液聚合法就是利用乳液聚合的原理,以改性的固体颗粒为核心,聚合物单体以单分子层或多分子层吸附在颗粒的表面上,一定的温度条件下在颗粒表面发生乳液聚合形成具有抗撕裂的包覆层。采用这种方法对推进剂中高能组分颗粒进行表面改性,聚合反应条件的控制非常重要,防止发生暴聚,引起爆炸。

(8)微胶囊化法。微胶囊化改性是在粉体表面覆盖均质且有一定厚度薄膜的表面改性方法。通常制备的微胶囊粒子大小在 $2\sim1000\mu m$,壁材厚度为 $0.2\sim10\mu m$。微胶囊可改变囊芯物质的外观形态而不改变它的性质,还可控制芯物质的释放条件;对在相间起反应的物质可起到隔离作用,以备长期保存;对有毒物质可以起到隐蔽作用。

4.6.2 发射药表面钝感包覆工艺

这里的钝感是指使线性燃烧速率显著降低的组分,沿发射药表面以扩散的方式,以浓度梯度分布在一定的区域。包覆是指将线性燃速显著低于发射药的组分依靠分子间力涂覆于发射药表面,两者共同的目的是使发射药在燃烧过程中具有燃烧的渐增特性。因为尺寸小的缘故,无论是钝感包覆剂的选择,还是与之相应的工艺,均与晶体炸药和推进剂的包覆具有很大的不同。对于发射药而言,钝感与包覆的工艺基本相同。

钝感工艺是将钝感剂在发射药表面形成法向浓度梯度的过程。对于不同的钝感剂有"干法"和"湿法"两种不同的工艺方法。

1)干法钝感工艺

所谓"干法"钝感,即钝感剂在发射药表面扩散过程是在非溶剂介质下进行。该工艺一般采用转鼓装置。将发射药放置于一个可旋转的容器,将钝感剂采用合适的溶剂溶解成为溶液。装有发射药的容器旋转时，在一定温度条件下，逐步将钝感溶液喷射加入，直至全部加完。然后升温并继续旋转一定时间。在钝感剂量较大时上述步骤可以反复多次进行。最后，出料，进入干燥工序。

2）湿法钝感工艺

湿法钝感工艺是在溶液体系下进行，一般为水溶液。该工艺适合于颗粒尺寸较小的发射药，例如弧厚小于 0.3mm 的球扁发射药。

钝感剂组成：邻苯二甲酸二丁酯（DBP）3%～5%，二号中定剂（C_2）1%～1.2%，明胶 1.2%～1.4%。其中明胶为表面活性剂。

工艺程序：首先，将 C_2 加入到 DBP 内搅拌、溶解，再将明胶加入到冷水中溶胀、加热溶解。在乳化器内加入适量水搅拌，倒入溶解后的明胶，再加入 DBP+C_2 混合溶液乳化。乳化温度 75～85℃，乳化时间大于 30 分钟。将药倒入带有搅拌器的容器，加水并升温，至规定温度后加入乳化液。钝感条件：发射药/水比为 4～6/1，时间 60～90min，温度 82℃。最后工序是洗药，其条件是：药/水比为 1/4，时间 2～4min，温度 50～70℃，次数 2。

4.6.3 推进剂包覆层工艺

固体推进剂的包覆分为自由装填推进剂药柱包覆和壳体黏结式发动机装药包覆两类，两者的工艺方法不同。

1. 自由装填推进剂药柱包覆工艺

自由装填式推进剂装药的包覆是将推进剂先制成药柱，再对药柱进行包覆。通常的包覆技术有挤塑包覆、缠绕包覆、浸渍包覆、浇铸包覆、贴片包覆等。

1）挤塑包覆

挤塑包覆是将包覆剂在挤压机和模具内挤塑，加热至黏流态，包覆到药柱表面的包覆工艺。常用乙基纤维素作包覆剂，其配方为：乙基纤维素 66%、邻苯二甲酸二丁酯 34%、二苯胺（100%以外）2%。

（1）包覆剂的制备。首先将邻苯二甲酸二丁酯加入溶解槽中，加热至 30～40℃。然后加入二苯胺，压空搅拌使二苯胺溶解。经过滤后，与乙基纤维素在捏合机中充分混合，并在混同槽内组成批次。分析其成分合格后，在挤出造粒机上塑化造粒 2～3 遍。挤出后用转刀切成小粒，再放置在沟槽压延机上压延三遍，压延机工作辊温度为 90～120℃，空转辊温度为 70～90℃。压延时物料从中间挤向辊筒两端，通过成型孔被圆片刀切成圆片状小粒备用。

（2）药柱的包覆。将待包覆的药柱两端车出一定长度的锥度，用丙酮使药柱表面脱脂，在药柱两端面及两端锥度部分涂一层乙基纤维素漆。

挤塑包覆使用螺旋挤压机，配有带环形孔的模具。包覆剂粒子首先在烘箱内保温80~90℃，保温时间不少于3h，然后放入挤压机的漏斗内。模具用蒸汽加热到120~135℃。药柱两端加上胶木垫块，垫块与药柱端面之间预留出挤进端面包覆层的间隙。用心轴将胶木垫块与药柱固定好，并将其送入包覆机模具内。开动机器，包覆剂由环形孔内挤出，包覆到药柱表面，成为包覆好的药柱。

包覆好的药柱离开模具后，用刀片切割包覆层使其与下一根药柱分离。分离后的药柱移至工作台上，卸去心轴与垫块，趁热将药柱端面上多余的包覆层切掉，在室温下放置约6h，送到保温室升温到55~60℃，升温时间不少于3h，然后恒温48h，在保温过程中，每隔3h将药柱翻转90°。达到规定的保温时间后缓慢降温，冷却至室温后取出药柱。保温的目的在于消除包覆层的内应力和进一步增强药柱与包覆层之间的黏结强度，防止开裂。

2) 缠绕包覆

缠绕包覆是将浸过黏结剂的薄带状包覆剂按一定方法缠绕在药柱表面的包覆工艺。该包覆常用乙基纤维素、二叔辛基二苯醚、邻苯二甲酸二乙酯等构成包覆剂。

(1) 包覆剂的制备。首先将二氯甲烷、甲醇和丁醇按一定比例配制成混合溶剂，投入乙基纤维素等在溶解锅中搅拌溶解，控制落球黏度在10~205之间。开启计量泵在板框压滤机上循环过滤，然后在流涎机上流涎。流涎机是铜带宽400mm、周长9m的辊筒，温度约40℃，流涎嘴宽度为320mm，在铜带上涂上聚乙烯醇缩丁醛的涂层，然后加热至70℃进行预干燥，再提高温度到90℃进行干燥，最后切割成宽35mm、厚0.2mm的带状，卷制，备用。

(2) 药柱的包覆。药柱的缠绕包覆可在C630车床上进行。车床的转速为28~34r/min，螺距16~17.5mm。首先将包覆带片悬挂在一定高度位置，车床带动药柱旋转，在带与经丙酮脱脂的药柱之间有溶剂，该溶剂的配方为：乙醇25%、丙酮37%、醋酸丁酯37%、乙基纤维素1%。

缠绕中室温不能太高，以防止溶剂挥发太快，造成气泡。一般在35~40℃。温度过高，带的强度减弱，缠绕过程中会发生断带。缠绕过程中，可通过调节螺距来调节包覆剂拼接位置。一般要求包覆的厚度要均匀一致。将包覆好的装药驱除溶剂，一般是在60℃的条件下放60h以上即可。

3) 浸渍包覆

浸渍包覆是将药柱置于包覆溶液中浸渍后晾干，以形成一定厚度包覆层的工艺。下面介绍一种配方与工艺。配方如下：石棉 58.0%、硝化纤维素 11.0%、聚甲基丙烯酸甲酯 11.0%、邻苯二甲酸二丁酯 8.0%、三氧化二硼 5.0%、三氧化二铬 3.0%、中定剂 4.0%。

配方中的三氧化二硼可覆盖烧蚀表面，三氧化二铬可提高高分子材料碳化以后碳残清的产率。

(1) 包覆剂的制备。首先将三氧化二硼配制成酒精溶液，三氧化二硼与酒精的质量比以 1:3 为宜。将固体物料打碎，液体物料均匀洒在其上，进行人工混同多次合格后装入口袋中并送至压延造粒。压延是在压延机上进行的，调节工作辊的温度 85℃，空转辊温度 65℃，辊距 0.5~3mm，经压延得到均匀一致的粒片状。多次压延后进行混同组批。

(2) 包覆剂浸漆的配制。经制备的粒片状包覆剂与丙酮的比例为 1:(2~3)（质量比）。在制漆锅内将物料充分搅拌，待干料溶开后，以筛网过滤，用涂-4黏度计测其黏度，约 15s 为合格。

(3) 药柱的包覆。将药柱表面用丙酮脱脂，手工或放在浸漆机上进行浸漆，浸一次漆后要进行晾漆，以利于溶剂挥发，晾漆温度不宜过高，一般为 10~30℃，晾漆时间不少于 10min。晾漆后在约 50℃ 的条件下进行烘干，其烘干时间约 40min。每浸漆 4 次以上要进行大烘干，时间长达 3h 以上。如此反复，达到所要求的厚度。

4) 浇铸包覆

浇铸包覆是将药柱固定于模具中，用液态包覆剂充满药柱与模具之间的间隙，并经固化、脱模的包覆工艺。下面以环氧—聚硫浇铸包覆为例来进行介绍。配方如下：28.2%环氧树脂、18.8%聚硫橡胶、37.5%二氧化钛、3.3%苯乙烯、3.3%邻苯二甲酸二丁酯、7.5%顺丁烯二酸酯、1.4%氧化锌、过氧化苯甲酸为苯乙烯的 5.5%。

(1) 包覆剂的配制。环氧树脂与聚硫橡胶在 60~70℃ 烘箱中加热 20min 左右，在混合器中依次加入环氧树脂、聚硫橡胶、顺丁烯二酸酐、氧化锌，再加二氧化钛、邻苯二甲酸二丁酯、苯乙烯和过氧化苯甲酸。在真空条件下（真空度不少于 86.65kPa）边抽真空边搅拌，以除去气泡。抽真空搅拌的时间不少于 20min。

(2) 药柱的包覆。首先将药柱表面用丙酮脱脂，在药柱表面黏上用相同成分的包覆剂制成的定位块，定位块的高度约为包覆层的厚度。在模具内壁涂一薄层硅油作为脱模剂，将其放入 65~70℃ 烘箱内加热 10min 以上，从烘箱内取出模具，向内倒入配制好的液态包覆剂，插入药柱，使包覆剂充满药柱与模具间的间隙。将其移置在保温箱内，送热风至 70℃ 加热保温 6h 后，取出并冷却，随后将包覆好的药柱从模具中取出。

该包覆层耐热性能好，工艺较简单，包覆层中硝化甘油迁移量较少，阻燃作用可靠。不足之处是该包覆层与双基推进剂黏结强度不够高。包覆初期固化尚不完全，即固化时间较长，为此，药柱从模具中取出后，需再放置 2~3d，待完全固化后，方可进行车药、整形等加工。

5）贴片包覆

贴片包覆是先将包覆材料制成所需要的薄片，然后用黏结剂黏于药柱阻燃表面的包覆工艺。这种薄片可以是乙基纤维素，如同挤塑包覆所提到的乙基纤维素包覆剂配方，将其制成一定厚度薄片，用乙基纤维素漆涂在药柱的端面，也称为端面包覆片。下面以丁腈橡胶包覆片的包覆来予以说明。该包覆片的配方为：43.0%丁腈胶、2.1%氧化锌、8.6%邻苯二甲酸二丁酯、13.0%石棉绒、4.4%白炭黑、0.8%硬脂酸、0.8%硫磺、26.0%喷雾炭黑、0.5%DM 促进剂、0.8%4010 防老剂。

所有组分在未加入促进剂前先进行混炼，最后加入促进剂，然后药料在模具内通过加热加压进行硫化，可得到一定厚度的包覆片，利用 502 胶可将包覆片黏贴到药柱表面上。

2. 壳体黏结式发动机装药的包覆工艺

壳体黏结式发动机装药的包覆首先是在发动机壳体内壁涂一层绝热层或绝热涂料，当该涂料固化后，再进行包覆。一般的包覆工艺有离心包覆、贴片包覆和喷涂包覆等。

壳体黏结式发动机广泛采用橡胶类包覆层。为了确定合适的工艺条件，往往需要预先确定包覆材料的交联固化特性。通常是测定包覆材料的硫化曲线，确定半硫化点和正硫化点。

半硫化时间也称焦烧时间，反映了胶料在一定温度条件下达到微弱交联不能流动的时间，有的也称 T_{10}。生产上要求焦烧时间要长一些，以使胶料的使用期和包覆周期长一些。焦烧时间随温度的不同而不同，当温度较高时，其焦烧时间就短，反之亦然，因此，一般以温度来调整半硫化时间的长短。

将包覆层各组分在 90℃ 下搅拌，同时抽真空除气泡 1~2h，得到预反应的料浆。立式离心包覆是包覆发动机前、后封头的，是靠发动机以一定速度立式旋转的离心力，把一定量的包覆剂甩到某一高度位置上进行包覆的。为了保证包覆质量，要控制发动机的转速和包覆剂的用量，包覆剂的用量由包覆层的厚度来决定,发动机转速由可控硅电动机调节,使立式离心包覆机达到适当转速。由于发动机封头是由不同曲率半径构成的,一般每个曲率半径要离心一次,一些较大直径发动机(例如1m直径发动机)的前封头要离心4次,后封头要离心3次。卧式螺旋离心包覆是包覆发动机的圆筒部位。该包覆在卧式包覆机上进行,它由630车床改装,主要由车床、支架、保温加热套、发动机工装及往复行车等组成。在包覆时,发动机旋转,做圆周运动,包覆层料浆在压缩空气作用下,由料罐经料嘴呈细条状流出,并以一定速度做直线运动,这样就使料浆呈螺旋形均匀分布在发动机圆筒内表面,通过离心流平。

发动机圆头部位要施加两层包覆层。第一层厚3mm,第二层厚2mm。在两层之间可涂一层聚苯乙烯来制造人工脱黏层。此脱黏层的边缘可在距筒体与圆头部位交接处约20mm处,圆筒部位包覆层厚约2mm。

当包覆层半固化后,在包覆层表面涂一层黏结层,生产上也称为发动机涂胶。该胶的组成为:24号聚酯树脂1份、2,4-二异氰酸酯甲苯1份、丙酮1份,在包覆层表面喷涂一层黏结剂(丁羟胶),烘干。需要时再喷涂一层。

4.7 发射药干燥与后处理工艺

现在的发射药基本采用"溶剂法"或者"半溶剂法"成型、切割成为一定长度(主要是粒状)的半成品。所以成型后驱溶干燥成为必不可少的工艺程序。同时,因为发射药尺寸小、样本量大的特点,出于安全和对弹药装填的需要,需要对发射药进行光泽、压扁、混同等工序。下面对工艺程序进行简要介绍。

4.7.1 驱溶与干燥

采用溶剂法成型的发射药半成品,如单基发射药含有10%以上的溶剂,需要将溶剂驱除、干燥。采用"半溶剂法"加工的发射药半成品,如三基发射药,溶剂含量较低,直接采用热干燥工序。

驱溶就是将有机溶剂,如乙醇、乙醚、乙酸乙酯、丙酮等,从发射药中驱除。驱溶原理是利用发射药组分的疏水性特点,采用水或者水蒸气浸润,对有机溶剂进行置换。需要注意的是水温、水蒸气的流量和时间等工艺参数的控制。因为在水与有机溶剂置换时过于快速,会使发射药的密度降低。现在水浸采用的温度在55～65℃之间。

发射药干燥与通常的方法完全相同,就是将发射药中残留的水分挥发。需要注意的是发射药干燥的温度一般不能高于70℃,以保证干燥过程的安全性。

由于发射药干燥后，感度增加，如果采用连续化干燥工艺，在物料输运过程中，可能产生能量的积累（如静电、摩擦等），存在安全隐患。在很长的一段时间内，发射药的干燥采用静态、间断干燥方法，即盆式干燥方法。该方法简单、相对较为安全。但是，人员无法隔离操作、在线药量大（数吨）、能耗高，一旦发生意外，损害巨大。

因为发射药的尺寸差别大，从最小的枪用发射药的 0.3mm 到 155mm 榴弹发射药的 30.0mm，相差 2 个数量级，发射药的干燥工艺与相关设备因而存在差异。为此，针对大尺寸的发射药干燥，国内发明了一种如图 4-7-1 所示的多功能驱溶干燥装置。针对小尺寸发射药，发明了如图 4-7-2 所示的平面热板旋振烘干装置。

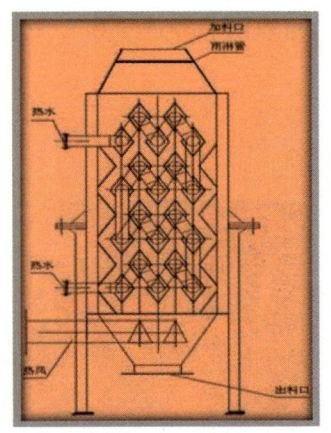

图 4-7-1　多功能驱溶烘干装置　　图 4-7-2　平面热板旋振烘干装置

配以相应真空物理传输通道和接口技术以及自动监测、控制系统，可以建成发射药的连续化、自动化驱溶、干燥生产线。目前已经在小批量发射药生产中应用。

4.7.2　光泽

发射药的光泽，就是通过转鼓，将发射药的表面涂覆一层石墨，并将其棱角磨钝，使其具有导电性和更好的流散性。

发射药光泽的设备与一般的滚筒设备相同，通常的温度范围内均可进行。

4.7.3　混同

同样是尺寸小、样本量大的缘故，发射药在武器中装药应用之前，同批次或者不同批次的颗粒之间的尺寸、组分误差客观存在。对于这类情况，最终要求的是大样本量的统计平均结果控制在一个范围之内。因此，发射药具有一个火炸药中的特殊工序——混同工序。

所谓混同，即利用统计平均的原理，在足够大的样本量的条件下，经过多次随机混合，达到尽可能均匀的效果。

关于混同，俄罗斯人塔拉索夫发明了一种人工混同装置，原理结构如图4-7-3所示，实物外形如图4-7-4所示。它是将粒状发射药人工倒入混同漏斗，沿四周一个底部均匀分布的14个孔，并连有导流槽。不同物料随机分配为14个等份，然后再行集中，再行分配，如此反复多次。按照统计学的计算，物料混合的均匀度（T）为

$$T = \left(1 - \frac{1}{14^n}\right) \times 100\% \qquad (4-7-1)$$

其中 n 为反复次数。一般反复三次以上，均匀度将达到99%以上，增加反复次数（n）对均匀度的提高幅度有限。

几年前国内已经完成将物料的输运由人工改变成为机械、自动化的工艺设计并建成自动化生产线，进行发射药产品的制备。

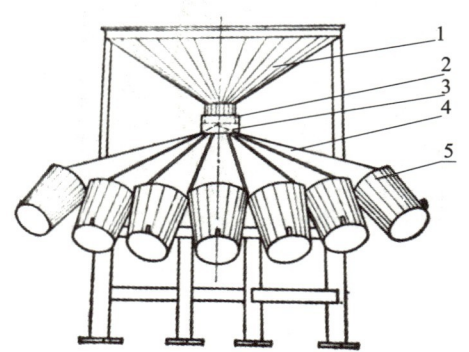 

图4-7-3　塔拉索夫混同器示意图　　图4-7-4　塔拉索夫混同器实物图
1—混同漏斗；2—调节环；3—锥形分散器；
4—溜槽；5—接药斗。

参考文献

[1] 覃光明，葛忠学. 高能化合物合成工艺学[M]. 北京：国防工业出版社，2010.

[2] 任玉立，陈少镇. 火药化学与工艺学[M]. 北京：国防工业出版社，1981.

[3] 谭惠民. 固体推进剂化学与技术[M]. 北京：北京理工大学出版社，2015.

[4] 武超宇. 硝化甘油化学工艺学[M]. 北京：国防工业出版社，1982.

[5] Hartmut K, et al. Preparation and characterization of foamed propellants

[5] using supercritical fluids[C]. The 46th International Annual Conference of ICT, Karlsruhe, June 23 – 26, 2015.
[6] Helmut R, et al. Increase of gun performance using co-layered propellants based on NENA formulations[C]. The 38th ICT, 2007.
[7] Martijn Z, et al. Experimental set-up and results of the process of co-extruded perforated gun propellants[C]. The 39th International Annual Conference of ICT, 2008.
[8] Manning T G, et al. Interior ballistics of co-layered gun propellant[C]. The 26th International Symposium on Ballistics, 2011.
[9] Simon D, Montreal. Method of manufacturing multi-layered propellant grains [J]. USP 20150 284301 A1, 2015.8.
[10] 应三九, 徐复铭. 发射药超临界发泡微孔制备技术研究[J]. 兵工学报, 2013, 34(8): 1028 – 1036.
[11] 张一鸣, 丁亚军, 罗元香, 等. 分层结构微孔球扁药制备条件对其燃烧性能的影响[J]. 含能材料, 2017, 25(3): 248 – 252.
[12] Beckman E. Supercritical and near-critical CO_2, processing green technologies in food production and processing[M]. Berlin: Springer, 2012.
[13] 谭敏, 邓维平, 张永民. 粒状发射药自动化工艺混同均匀度[J]. 兵器装备工程学报, 2009, 30(3): 81 – 83.
[14] 尹强, 杨毅, 丁中建, 等. 超细复合粒子制备技术研究[J]. 中国粉体技术, 2002, 8(6): 40 – 43.
[15] 张昭, 彭少方, 刘栋昌. 无机精细化工工艺学[M]. 北京: 化学工业出版社, 2002.
[16] 高濂, 孙静, 刘阳桥. 纳米粉体的分散及表面改性[M]. 北京: 化学工业出版社, 2003.
[17] 付延明, 李凤生. 包覆式超细复合粒子的制备[J]. 火炸药学报, 2002 (1): 33 – 35.
[18] 胡国胜, 张丽华, 牛秉彝. 单基与多基火药[M]. 北京: 兵器工业出版社, 1996.
[19] 莫红军, 赵凤起. 纳米含能材料的概念与实践[J]. 火炸药学报, 2005, 28 (3): 79 – 82.
[20] 蔺向阳, 李翰, 郑文芳, 等. 双乳液法制备微孔球形药的孔结构形成机制 [J]. 兵工学报, 2016, 37(9): 1633 – 1638.

第 5 章 性能表征与评价方法

火炸药作为一种能源，首先要求具有高的能量性能；其次是能量释放规律对武器性能的适应性；最后是其他性能必须满足使用要求，如安定性、安全性、环境适应性等。

表征（characterization）是对客观事物特征性的表达，同一事物，表征的方式不同，其结果也不同。本书是指采用物理化学特征量，对火炸药的基本特性进行表达。

评价（evaluate；assess；appraise；estimate）是指对其对象（人、物、事）进行分析、判断、结论。汉语一词出自宋王栐《燕翼诒谋录》卷五："今州郡寄居，有丁忧事故数年不申到者，亦有申部数年，而部中不曾改正榜示者，吏人公然评价，长贰、郎官为小官时皆尝有之"。评价需要在客观事物本质属性的基础上，按照其变化规律性而进行量度和参考比较，有大小、多少、优劣、取舍之断。

火炸药的性能庞杂，本章将从火炸药能量的本质属性出发，重点对其能量与能量利用效率的表征与评价以及其他的性能进行描述与介绍。对常用的性能表征和评价方法这里尽量简化。

5.1 能量和利用效率表征与评价

提高能量水平是火炸药一直追求、探索的方向，在满足综合使用性能情况下尽可能提高能量水平，是武器远程打击、高效毁伤的必要途径。所以，火炸药的能量是其首要的特性标志，目前对相关的能量参数的测试方法已经比较成熟。

在现有的文献中，把火炸药的能量性能按炸药、推进剂和发射药三种不同的产品和武器应用对象分别对待。例如，在发射药中，常用火药力作为其能量示性数，而推进剂中习惯采用比冲作为能量示性数，而炸药装药，则常用爆热和爆速同时表达。这种表达具有特征性，但不具准确性与全面性。

火炸药本质上是一种化学能源，内能是其能量的本质性表达。而火炸药最终将以对外做功来显现，所以做功能力是其效果的一种标志。火炸药作为能源，这里能量与做功能力是不可以完全划分的物理化学特性，所以将两者一起称之为"效能"。

5.1.1 火炸药的内能(焓)

1. 关于内能

内能(internal energy)是组成物体分子的无规则热运动动能和分子间相互作用势能的总和。物体的内能不包括这个物体整体运动时的动能和它在重力场中的势能。原则上讲，物体的内能应该包括其中所有微观粒子的动能、势能、化学能、电离能和原子核内部的核能等能量总和，但在一般热力学状态的变化过程中，物质的分子结构、原子结构和核结构不发生变化，所以可以不考虑这些能量的改变。但当在热力学研究中涉及化学反应时，需要计算并测试其内能。

内能常用符号 U 表示，内能具有能量的量纲，国际单位是焦耳(J)。

根据热力学第一定律，内能是一个状态函数，同时也是一个广延物理量。系统内能是构成系统的所有分子无规则运动动能、分子间相互作用势能、分子内部以及原子核内部各种形式能量的总和。对于火炸药这样通过燃烧反应体现的内能变化，仅考虑元素之间重排的原因，一般不计原子核内部的变化。

2. 关于爆热

在一定(标准大气压)压力、密闭并且无氧参与条件下，单位质量火炸药完全(燃烧爆炸)反应放出的热量称为爆热。分为定容爆热及定压爆热，以爆热弹测得的是定容爆热，根据炸药及其爆轰产物标准生成焓以盖斯定律可以理论计算得到的是定压爆热。两者之间可以互换计算。

火炸药的能量性能其实就是火炸药燃烧爆轰产物的内能，也就是爆热(Q_V)(式(5-1-1))。

$$Q_V = \sum_i^N Y_i c_{V,i} T_V \qquad (5-1-1)$$

可以看到爆热与火炸药等容绝热条件下的内能是完全一致的。

一般进行实验测试在室(常)温条件下进行，燃烧爆轰产物中有的组分从高温到常温会发生相变，例如 H_2O 将从气体相变为液体相。所以爆热的计算一般需要区分产物的相变情况。

在炸药中，一方面将爆热作为能量示性数；另一方面将爆速、威力也按能量特征来表述；在推进剂中，一般将比冲量作为能量示性数；在发射药中，习惯以火药力作为能量的基本特征。

3. 爆热测定

火炸药的爆热与一般物质的燃烧热的测定方法基本相同。不同之处在于燃烧空间中是充氧气还是充氮气，前者为燃烧热后者为爆热。实验测定爆热采用容积为1~5L的量热弹（图5-1-1）。测定时，将一定质量、一定密度的火炸药试样置于厚壁惰性外壳中，再吊放在量热弹中，爆热弹则装在置有定量蒸馏水的量热计中，待热平衡后，精确测量系统初温。点燃试样，火炸药燃烧释放的热经弹壁传给蒸馏水，使水温升高。由试验前后水温的变化和量热系统的总热容即可求出炸药的爆热。量热系统的比热容可通过在弹内燃烧已知热值的标准物质苯甲酸进行标定。实验测得的爆热值可按式(5-1-2)计算。

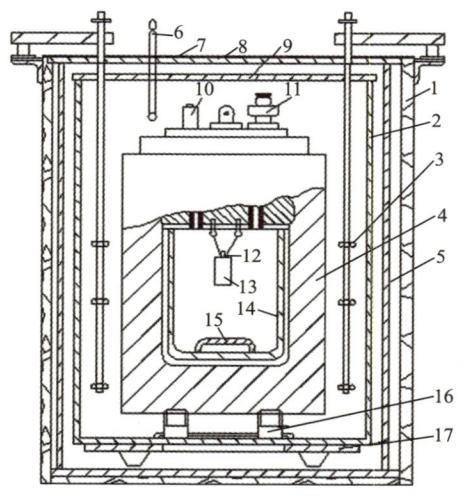

图 5-1-1 爆热测定装置

1—木桶；2—量热桶；3—搅拌桨；4—量热弹体；5—保温桶；
6—贝克曼温度计；7，8，9—盖；10—电极接线柱；11—抽气孔；12—电雷管；
13—药柱；14—内衬桶；15—热块；16—支撑螺栓；17—底托。

$$Q_V = \frac{c(M_w + M_1)(T - T_0) - q}{M_E} \quad (5-1-2)$$

式中：c 为水的比热容，kJ/(kg·℃)；M_w 为注入的蒸馏水质量，kg；M_1 为仪器的水当量，kg，可用苯甲酸进行标定而求得；q 为点火药空白试验的热量，kJ；M_E 为火炸药试样的质量，kg；T_0 为燃烧前量热计中的水温，℃；T 为爆轰后量热计中的最高水温，℃。

按式(5-1-2)得到的爆热是爆轰产物水为液态时的热效应，实际爆炸中，产物水呈气态，故应从按此法测出的热值中减掉水冷凝时所放出的热量，才是真正的爆热值。如果将量热计的绝热外套换成恒温外套，实验室温度控制在 (25 ± 1) ℃，这样的量热计就称为恒温量热计。

测定爆热时，爆热弹要抽真空，炸药要装在厚壁惰性外壳中。一般采用黄铜、金、铅等金属材料，或者脆性材料陶瓷、玻璃做外壳，既减轻了对弹壁的破坏，又可节约贵重的金属材料。

4. 相关参数

与火炸药内能或者爆热有关的参数有爆温、气体组成及其动力学参数。

1) 爆温(T_V)

爆温是指全部爆热用来定容加热爆轰产物能达到的最高温度。爆温越高，气体产物的压力越高，做功能力越强。爆温可用理论计算，也可以用实验测定。

理论计算时，假定爆轰过程中是定容绝热的，爆热全部用于加热爆轰产物，且爆轰产物的热容只是温度的函数，而与爆炸时所处压力(或密度)及状态无关，只需知道爆热及爆轰产物组成即可计算出爆温。

2) 比容(V)

比容(specific volume)是单位质量火炸药燃烧产物在常温(+20℃)、常压(1atm)下所占的体积。

相对气体，固体产物所占的体积可以忽略不计。常温常压下，燃烧气体可视为理想气体，于是，火炸药的比容可以表达为

$$V = 22.04\sum_{i}^{N} Y_{i,g} = 22.04 N_g \tag{5-1-3}$$

比容可以通过理论计算，也可以通过实验测试得到，但需要考虑产物中的 H_2O 在常温下为凝聚相。

3) 比热比(k)

火炸药燃烧产物的比热比为等压热容与等容热容之比，即

$$k = \sum_{i}^{N} Y_i c_{p,i} / \sum_{i}^{N} Y_i c_{V,i} \tag{5-1-4}$$

在产物全部为气体的情况下，k 值可认为是绝热指数，在气体动力学中是一个重要的参数，该数值一般由计算而得。

5. 关于能量性能的评价

火炸药作为能源，其能量自然是越高越好。由于其使用的目的、功能性不同，对能量性能将有不同的评价结果。

无论是燃烧还是爆轰，均是以热能为基础，以产物为介质，在绝热、等容或者等压条件下膨胀，将热能转化为动能，对目标进行毁伤。就绝热膨胀做功的过程而言，能量的转化效率与产物的相关参数有关。这里以发射药在身管（枪炮）武器中的内弹道过程，表达有关的规律性。

不同的武器功能不同，对发射药的能量有不同的要求，由第 2 章中式（2-5-2）表达。

$$\begin{cases} \text{Max} Q_V(x_1, x_2, \cdots, x_m) \\ \text{GB}(x_1, x_2, \cdots, x_m) \geqslant \text{GB}_0 \\ T_V(x_1, x_2, \cdots, x_m) \leqslant T_{V,0} \end{cases} \quad (2-5-2)$$

在满足力学强度和其他使用要求的前提下，可以采用特征值

$$T_x = Q_V / T_V \quad (5-1-5)$$

进行比较与评价。表 5-1-1 列出了几种发射药的相关性能与比较。

就能量特性而言，以 $Q_{V(g)}/T_V$ 为评价依据，加入氧化剂能够使内能更高。如果 AN 作为氧化剂，能够解决吸潮实用性问题，将是目前发射药能量能够达到最佳的良好选择。如果以火药力为能量示性数，以 f/T_V 值的大小为判断依据，从表 5-1-1 看到，结果完全不同。从热力学原理出发，采用火药力作为能量示性数远不如以爆热为依据准确、客观。

表 5-1-1 同类发射药配方与能量特性比较

发射药 配方	单基 发射药	太根 发射药	三基 发射药	叠氮硝胺 发射药	硝胺 发射药	AN 发射药 1	AN 发射药 2
硝化棉 NC	98.0	51.0	22.0	51.0	40.0	68.0	38.0
硝化甘油 NG	—	30.5	21.5	30.5	23.0	—	—
太根 TEGN	—	17.0	—	—	—	—	—
叠氮硝胺	—	—	—	17.0	—	—	—
硝基胍 NGu	—	—	55.0	—	—	—	—
黑索今 RDX	—	—	—	—	35.0	—	—
硝酸铵 AN	—	—	—	—	—	30.0	50.0
中定剂	2.0	1.5	1.5	1.5	1.5	2.0	2.0
火药力 $f/(J/g)$	1037	1126	1070	1171	1227	1024	1032
爆温 T_V/K	3079	3383	2958	3326	3750	3036	3093
$Q_{V(g)}/(J/g)$	3514	3994	3449	3960	4456	3687	3928
$Q_{V(l)}/(J/g)$	3968	4501	3939	4391	4934	4475	4690

（续）

配方 \ 发射药	单基发射药	太根发射药	三基发射药	叠氮硝胺发射药	硝胺发射药	AN发射药1	AN发射药2
f/T_V	0.337	0.333	0.362	0.352	0.327	0.337	0.334
$Q_{V(g)}/T_V$	1.141	1.181	1.166	1.190	1.188	1.214	1.270
$Q_{V(l)}/T_V$	1.289	1.330	1.332	1.320	1.316	1.474	1.516
$k=c_p/c_V$	1.231	1.226	1.242	1.240	1.230	1.216	1.204
可燃成分/%	54.6	42.9	37.6	53.8	40.5	35.4	18.6

5.1.2 能量效率(能效)

火炸药无论燃烧还是爆轰，均是以热能为能量表现方式，进一步可以转化为各种不同形式的能量，不考虑特殊的情况，以转化为动能为主。而这种转化基本是绝热膨胀过程。膨胀过程又分为等容绝热和等压绝热过程。前者对于弹药中炸药与火炮中发射药适用，后者对于火箭发动机中推进剂适用。

1. 燃烧产物等容绝热膨胀过程做功

对于质量为 m 的火炸药，绝热膨胀过程对外做功，将质量为 M 的物体加速到速度为 v，根据能量守恒定律，可以建立如下关系式：

$$\frac{1}{2}Mv^2 = m\sum_i Y_i c_{V,i}(T_V - T) = mQ_V\left(1 - \frac{T}{T_V}\right) \quad (5-1-6)$$

理想气体，绝热膨胀过程满足 $pV^\gamma = 常数$，所以式(5-1-6)成为

$$\frac{1}{2}Mv^2 = mQ_V\left[1 - \left(\frac{p_e}{p_c}\right)^{\frac{\gamma-1}{\gamma}}\right] \quad (5-1-7)$$

式中：M 为动能体质量；m 为火炸药质量；Q_V 为火炸药内能；v 为动能体速度；γ 为气体多方指数，低压下可以是比热比(c_p/c_V)。

2. 燃烧产物等压绝热膨胀过程做功

对火箭发动机的等压绝热膨胀过程，式(5-1-6)成为

$$\frac{1}{2}Mv^2 = m\sum_i Y_i c_{p,i}(T_p - T) = mQ_p\left(1 - \frac{T_e}{T_p}\right) \quad (5-1-8)$$

$$\frac{1}{2}Mv^2 = m\frac{mNRT_p}{k-1}\left(1 - \frac{p_e}{p_c}\right)^{\frac{k-1}{k}} \quad (5-1-9)$$

式中：p_e 为发动机喷口处燃烧气体压力；p_c 为发动机燃烧室燃烧气体压力；k 为燃烧气体绝热指数 c_p/c_V；T_p 为固体推进剂等压绝热燃烧温度。

火炸药的能量效率与能量成正比,同时与产物的热力学参数有关,多方指数(或者是比热比)越大,效率越高。

3. 关于比冲

比冲或称比冲量(specific impulse),是用于衡量火箭或飞机发动机效率的重要物理参数。比冲的定义是单位质量推进剂所产生的冲量。比冲拥有时间量纲,国际单位为 s。由于在计算上比冲可以写成推力与推进剂质量或质量流速之比,故又称比冲为比推力(specific thrust)。

可以看到,比冲的本质意义是火箭发动机的效率,与能量直接相关,与发动机的结构、使用条件有关。但在物理意义上它并不是能量的示性数。

对于火箭发动机,式(5-1-8)当 $M/m=1$ 时,有

$$I_{sp} = \sqrt{2Nc_pT_p\left[1-\left(\frac{p_e}{p_c}\right)^{\frac{k-1}{k}}\right]} \tag{5-1-10a}$$

或者

$$I_{sp} = \sqrt{\frac{2kNRT_p}{k-1}\left[1-\left(\frac{p_e}{p_c}\right)^{\frac{k-1}{k}}\right]} \tag{5-1-10b}$$

从式(5-1-10)看到,比冲与发动机的压力有关,压力越高,比冲将越大,同时与推进剂燃烧产物的绝热指数也有关,一般而言,绝热指数 k 值越大,$(k-1)/k$ 值将越大,推进剂的比冲降低。所以,**推进剂的比冲是一个与能量直接相关的能量效率的特征参数**。用以表达其能量特征仅是一个传统习惯而已。

4. 关于火药力

火药力是发射药和内弹道学中常用的物理参数。其数学定义为

$$f = \sum_i N_iRT_V = NRT_V \tag{5-1-11}$$

式中:f 为火药力;N_i 为发射药燃烧气体产物第 i 种组分摩尔数;T_V 为发射药等容绝热火焰温度。发射药中不含金属元素,燃烧产物总数不考虑凝聚态产物。

其物理意义是指单位质量火药燃烧气体产物在1atm下绝热无限膨胀所做的功,也称定容火药力。其单位是 J/g,工程上有时也采用 kJ/kg 为计量单位。

对于枪炮武器而言,弹丸的速度来源于火药燃烧气体的热能,也就是内能。理论计算中同样爆温 T_V,不同的火药力 f 和爆热 Q_V,在系统的弹道诸元、相同装药量和同样最大压力限定条件下,爆热高者弹丸初速高。在采用双基发射药和叠氮硝胺发射药的武器试验中也证实了这个结论。

在推进剂和炸药中,因为含有金属元素(组分),燃烧产物中有一定含量金

属氧化物的凝聚态产物，对于绝热膨胀做功过程，它们仅为热能的提供者，而不是做功工质。其含量不超过一定比例时，内能仍然是能量的特征表达。

测定方式是用容积限定的密闭爆发器来测定。火药力是专指枪炮火药的火药力，是武器弹道学计算中的一个重要参数。所以发射药能量特征参数是内能，火药力仅是为了早期内弹道学表达方便抽象出的一个物理参量。采用爆热比火药力来评价发射药能量在物理学意义上要准确。

5. 关于炸药爆炸作用

炸药爆炸时对周围物体的各种机械作用，统称为爆炸作用，常以做功能力及猛度表示。炸药的爆炸作用本质上是炸药效能的一种直接表现。

1) 做功能力

炸药爆炸产物对周围介质所做功的总和，称为做功能力，也称威力或爆力。做功能力是爆炸总能量（E）的一部分。

$$A = A_1 + A_2 + A_3 + \cdots + A_n = \eta E \tag{5-1-12}$$

式中：A 为炸药的做功能力（总功）；$A_1 \sim A_n$ 为部分功；η 为做功效率。

当爆炸的外界条件变化时，总功一般变化不大，但功的各部分所占比例有变。做功效率可以采用理论计算也可以采用实验测试得到。

炸药爆轰时，高温高压的爆轰产物膨胀，对外做功。根据热力学第一定律，应有

$$-dU = dQ + dA \tag{5-1-13}$$

由于爆轰气体做功的时间极短，可近似地认为膨胀过程是绝热过程，即 $dQ = 0$，爆轰产物由温度 T_1 膨胀到 T_2 时所做的总功可表示为

$$dA = -dU = c_V dT \tag{5-1-14}$$

$$A = c_V (T_2 - T_1) \tag{5-1-15}$$

因为终态的温度很难确定，所以常用爆轰产物膨胀过程的体积和压力来代替温度的变化，又由于该膨胀可以认为是一个等熵过程，故其压力和体积之间仍然采用关系：$pV^\gamma = $ 常数（其中 γ 为多方指数）。假定爆轰产物性质符合理想气体，则

$$\frac{T_2}{T_1} = \frac{p_2 V_2}{p_1 V_1} = \left[\frac{V_1}{V_2}\right]^{\gamma-1} = \left[\frac{p_2}{p_1}\right]^{\frac{\gamma-1}{\gamma}} \tag{5-1-16}$$

由此，膨胀做功的式(5-1-10)成为

$$A = c_V T_1 (1 - T_2/T_1) = Q_V \left[1 - \left(\frac{p_1}{p_2}\right)^{\frac{\gamma-1}{\gamma}}\right] = \eta Q_V \tag{5-1-17}$$

$$\eta = 1 - \left(\frac{p_1}{p_2}\right)^{\frac{\gamma-1}{\gamma}} \tag{5-1-18}$$

式中：Q_V 为爆热；η 为做功效率。

由式(5-1-17)可以看出，爆轰产物所做的功正比于炸药的爆热，且与产物膨胀程度及多方指数有关。爆热越大，爆轰产物膨胀程度越高，做功能力越大；多方指数越大，做功能力也越大。同时也再一次证明了火炸药的内能是能量的特征示性数。做功能力一般采用以下几种方法进行测试。

(1)铅柱扩孔法。铅柱扩孔法也称 Trauzl 法。该法是将 10g 炸药置于一圆柱形铅柱中央的孔中(铅柱直径及高均为 200mm，孔径 25mm，深 25mm)。引爆炸药后，爆轰产物将孔扩张为梨形。测量孔的扩张体积，以此值衡量做功的能力，此法简便易行，欧洲国际炸药测试方法标准化委员会将其定为工业炸药的标准测试方法，其示意图如图 5-1-2 所示。

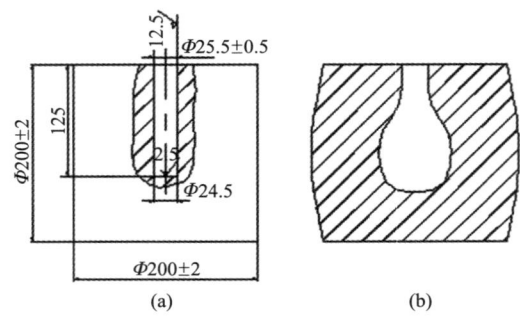

图 5-1-2　铅柱扩孔法测试做功能力示意图

(a)试验前的铅柱；(b)试验后的铅柱。

(2)弹道臼炮法。其主要设备为一悬挂在钢梁上的钢制臼炮体，臼炮体中央有两个互相连通的空腔，里面的叫爆炸室，外面的叫膨胀室，如图 5-1-3 所示。试验时，将 10g 炸药试样置于爆炸室中，接上雷管，在膨胀室中塞入一钢制弹丸。炸药爆炸时，爆轰产物膨胀将弹丸抛出而臼炮体则向后摆一定角度，按式(5-1-19)计算试样所做的功。

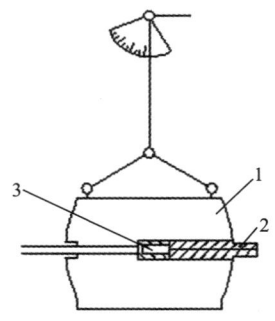

图 5-1-3　弹道臼炮法测试做功能力示意图

1—摆体；2—炮弹；3—炸药装药。

$$A = A_0(1 - \cos\alpha) \tag{5-1-19}$$

式中：A 为炸药所做功；A_0 为臼炮的结构参数；α 为臼炮体摆角度。

臼炮法测得的只是做功能力的一部分，通常测定同样条件下被试炸药做功能力与参比炸药（梯恩梯）做功能力的比值，即试样的梯恩梯当量值。"弹道臼炮试验"被认为是测量炸药威力的最令人满意的实验室试验。1962 年，该试验被炸药测试标准化国际委员会认可。在铅柱扩孔法和弹道臼炮法试验中，美国优先选用弹道臼炮法（杜邦公司型），但一些欧洲国家认为铅柱扩孔法试验是标准试验。

另外，还有"抛掷漏斗坑法"，这里不予介绍。

2）猛度

猛度是爆轰产物破碎或破坏与其接触（或接近）介质的能力，可用爆轰产物作用在与爆轰传播方向垂直单位面积上的冲量表示。猛度一词是由法文"爆破"衍生而来的，它不同于炸药总做功能力，它主要是指炸药的爆破能力。炸药爆轰达到压力峰值的快速性（时间）可作为猛度的度量。人们曾试图制作测定猛度的装置，但并未完全成功。猛度与爆压（$p_{\text{C-J}}$）近似呈线性关系。而 $p_{\text{C-J}}$ 又与炸药的密度及爆速有关，所以，猛度是 $\rho_0 D^2$ 的函数。已经证明，对所有工程实用，$\rho_0 D^2$ 可作为猛度适当的替代值。对各种弹药、爆破装药等，猛度值是很重要的参数。

假设一维平面爆轰波从左向右传播，在垂直于爆轰波传播方向的右方有一刚性壁，则爆轰产物作用在壁（目标）上的压力 p 可用式（5-1-20）表示。

$$p = \frac{8}{27} p_{\text{C-J}} \left(\frac{L}{D\tau}\right)^3 \tag{5-1-20}$$

式中：$p_{\text{C-J}}$ 为爆轰波压力；L 为爆轰波距壁面的距离；D 为爆速；τ 为作用时间。

当爆轰波自壁反射时，作用在壁上的总冲量 I 可以计算得

$$I = \int_{\frac{L}{D}}^{+\infty} Sp\,\mathrm{d}\tau = \frac{64}{27} Sp_{\text{C-J}} \left(\frac{L}{D}\right)^3 \int_{L/D}^{+\infty} \frac{\mathrm{d}\tau}{\tau^3}$$

$$= \frac{32}{27} Sp_{\text{C-J}} \frac{L}{D} \tag{5-1-21}$$

因为 $p_{\text{C-J}} = \rho D^2/4$，所以

$$I = \frac{8}{27} SL\rho D = \frac{8}{27} mD \tag{5-1-22}$$

式中：m 为炸药的质量。

因为爆轰产物存在侧向飞散，而不是全部作用在目标上，式(5-1-22)不应是全部装药质量，而应是爆轰产物朝给定方向飞散的那一部分装药质量。对于圆柱形装药的有效装药质量，当装药长度超过直径的 2.25 倍时，有效装药量为

$$m_e = \frac{2}{3}\pi r^3 \rho \quad (5-1-23)$$

式中：m_e 为有效装药量；r 为装药半径；ρ 为装药密度。

当装药长度小于直径的 2.25 倍时，有效装药量为

$$m_e = \left(\frac{4}{9}L - \frac{8L^2}{81r} + \frac{16L^3}{187r^2}\right)\rho \quad (5-1-24)$$

根据上述公式的计算已知爆速的不同装药尺寸的炸药的比冲量，计算值与实验值一致性良好。

炸药密度与粒度（特别是混合炸药）等因素对猛度有明显影响。对工业炸药来说，密度较低时，猛度随密度的增加而增大；但当密度达到一定值后，密度增高反而导致猛度下降，混合炸药各组分的颗粒度越小，猛度越高。猛度常采用下面几种方法测定。

（1）铅柱压缩法。铅柱压缩法又称 Hess 试验。在钢板上放置一个直径 40mm、高 60mm 的铅柱，铅柱上放置一直径11mm、厚10mm 的钢片，钢片上放置 50g 试样（药装于直径 40mm 的纸筒中，密度 1.0g/cm³）。引爆试样，铅柱被压缩成蘑菇形，以试验前后铅柱的高度差（铅柱压缩值）表示猛度。此法适用于低猛度炸药，其装置示意图如图 5-1-4 所示。

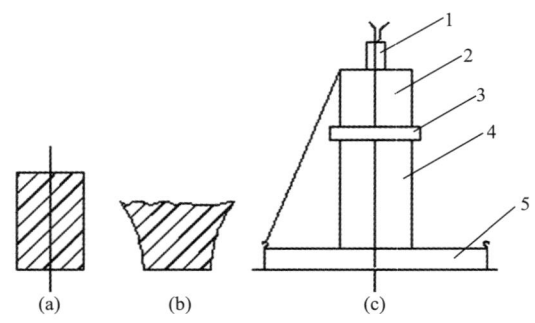

图 5-1-4　铅柱法猛度测试装置示意图

(a)试验前铅柱；(b)试验后铅柱；(c)试验装置。
1—雷管；2—炸药；3—钢片；4—铅柱；5—钢底垫。

（2）铜柱压缩法。铜柱压缩法又称 Kast 试验，在 Kast 猛度计活塞下放置测压铜柱，炸药试样（直径 21mm、高 100mm）置于猛度计的铅板上引爆。活塞即

可使铜柱压缩变形，以试验前后的铜柱高差（铜柱压缩值）表示猛度。测试装置与铅柱压缩法相同，就是将铜柱替代铅柱。此法适用于高猛度炸药。

（3）弹道摆法。此法的主要设备为一悬挂的实心摆体，两端有可更换的摆头（图5-1-5）。试样爆炸后，通过钢片撞击摆体，使摆体偏转一定角度，根据偏转角计算出摆体获得的冲量。一般用试样的冲量与参比炸药（如TNT）冲量的比值表示试样的相对猛度。

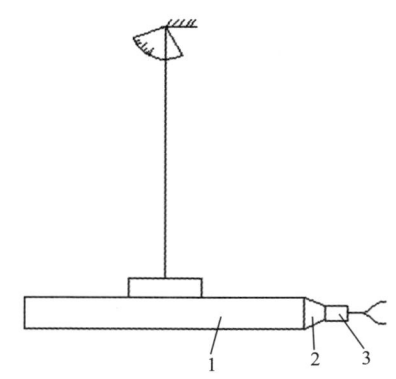

图5-1-5 弹道法猛度测试装置示意图
1—摆体；2—击贴；3—药柱。

3）爆速

第3章已经对炸药的爆速进行了表达，就是炸药的线性反应速率。目前习惯性的在提及炸药时必然提到其理论爆速，将其作为一个至关重要的参数。并且认为爆速提高50m/s是一个突破性的进步。

从第3章可知道炸药的爆速与炸药的爆热呈正比关系，爆速在很大程度上也表达了炸药能量的大小。但两者在物理意义上却完全不同。爆速实质上是炸药能量释放规律的一个特征参量，量纲与爆热不同。

正是因为炸药的爆速是能量释放过程函数，所以它将决定炸药的做功能力、对目标冲量作用的大小。炸药对刚性壁面作用总冲量与爆速成正比。所以炸药的爆速应该被认为是炸药效能的特征参数，不是能量的特征参数。

4）爆压

爆压是指炸药爆炸时产物所到达的最高压力（强）。这是一个关于炸药能量释放过程中的某一状态的物理参数，也是一个状态函数。

该物理量为客观存在，可以通过理论的方法进行计算。但是需要一个高压条件下的爆炸产物状态方程。现代的测试手段无法对该值进行准确的测定。

炸药爆炸是极其迅速的能量释放过程（图5-1-6），一般的情况下，是在距离爆炸点不同距离处进行压力测试，以表达其爆炸过程的压力场分布、分析变化规律。因为爆炸过程时间短，冲击作用时间与压力传感器的响应时间匹配难以一致，测试误差较大，一般仅做为参考数据。

图 5-1-6 炸药爆炸瞬间图

5.2 发射装药能量释放规律表征与评价

第 3 章里已经阐述火炸药的能量释放规律与即时的线性反应速率（燃速或爆速）、燃烧面积两个参数有关。在火炸药的配方与形状尺寸设计完成以后，理论上可以计算能量释放规律。炸药装药与推进剂均是大尺寸、单（或者少）样本，理论的结果较为准确。鉴于发射药尺寸小、样本量大，理论计算结果与实际相差较大，本节予以介绍。

5.2.1 发射药与装药的特点

发射药在身管武器中装药使用的实际状态有以下特点：

(1) 尺寸小。如在枪械轻武器中，弧厚仅在 0.2~0.4mm 之间，在最大口径的 155mm 火炮中，弧厚也不超过 3.0mm。

(2) 样本量大。因为尺寸小的缘故，发射药的样本量大，在装药量近 1.7g 左右的步枪子弹中，发射药的颗粒数多达 7000~8000 粒。在大口径的 155mm 榴弹中，全装药的发射药为 15kg，采用三胍 25/19 发射药，颗粒数在 40000 粒以上。

(3) 尺寸误差大。目前的发射药均以溶剂法挤压、机械切割而成，造成每个样本之间的弧厚尺寸误差较大，并且弧厚越小，误差越大。5.8mm 球扁发射药扁形的长度误差可达 50% 以上，弧厚的误差可达 20% 以上。

(4)因为气候、原材料等方面的原因,发射药加工产品批次之间也有差异,所以发射药具有独特的"混同"工艺。

(5)现在的发射装药还有可燃装药元器件,如可燃药筒、传火管、护膛衬纸、消焰药包等,均为发射装药能量组成的一部分。

5.2.2 发射装药能量释放规律的表征

发射药装药的能量释放规律是一个由多个部分组成、大样本量系统的能量释放规律的统计平均结果。

对于发射药而言,在任何情况下,点火燃烧阶段均为不稳定状态,测试系统的压力梯度变化为间断的,即 dp/dt 为一个不连续函数。而在后期,因为本身的形状结构特点和尺寸的不一致性,发射药必然存在分裂点。此后的燃烧不计入发射药的能量释放过程所能控制的范围。

对于发射药装药的能量释放规律测试目前采用的是密闭爆发器,如图 5-2-1 所示。所获取的是不同装药密度($\Delta = M_p/V$)在燃烧过程中压力(p)~时间(t)曲线。典型的 $p-t$ 曲线如图 5-2-2 所示。

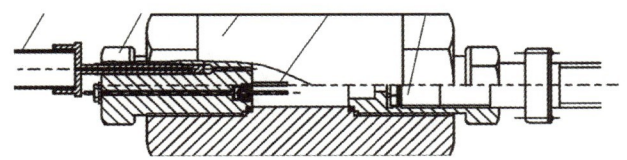

图 5-2-1 密闭爆发器结构图

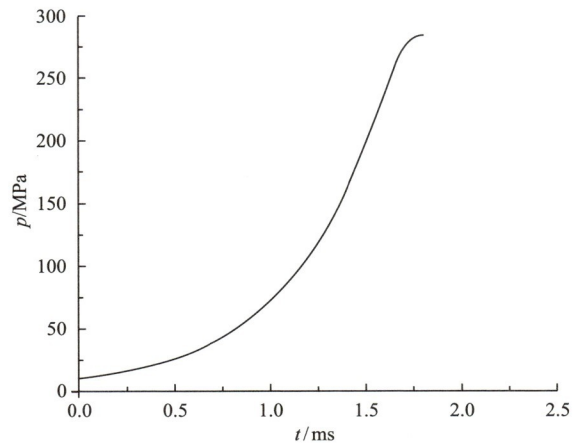

图 5-2-2 典型爆发器火药燃烧 $p-t$ 曲线

由该实验还可以获得关于发射药的有关物理化学参数。如火药力(f)与余容(α)。因为在 Abel 气体状态方程中

$$p = \frac{f\psi\Delta}{1 - \frac{\Delta}{\delta} - \left(\alpha - \frac{1}{\delta}\right)\Delta\psi} \qquad (5-2-1)$$

在燃烧结束时，压力为最大值 p_m，式(5-2-1)成为

$$p_m = \frac{f\Delta}{1 - \alpha\Delta} \qquad (5-2-2)$$

通过 $p-t$ 曲线，采用两个以上装填密度 $\Delta_i(i \geqslant 2)$，可以得到火药力(f)与余容(α)值。

5.2.3 发射装药能量释放渐增性评价

对于 $p-t$ 曲线，计算 dp/dt 值，令动态活度与相对压力分别用式(5-2-3)和式(5-2-4)表示，即

$$L = (dp/dt)/(p_m \cdot p) \qquad (5-2-3)$$
$$B = p/p_m \qquad (5-2-4)$$

可以做出对应的 $dp/dt \sim B$ 和 $L \sim B$ 曲线。一种具有燃烧渐增性的发射药的燃烧结果如图 5-2-3 所示。

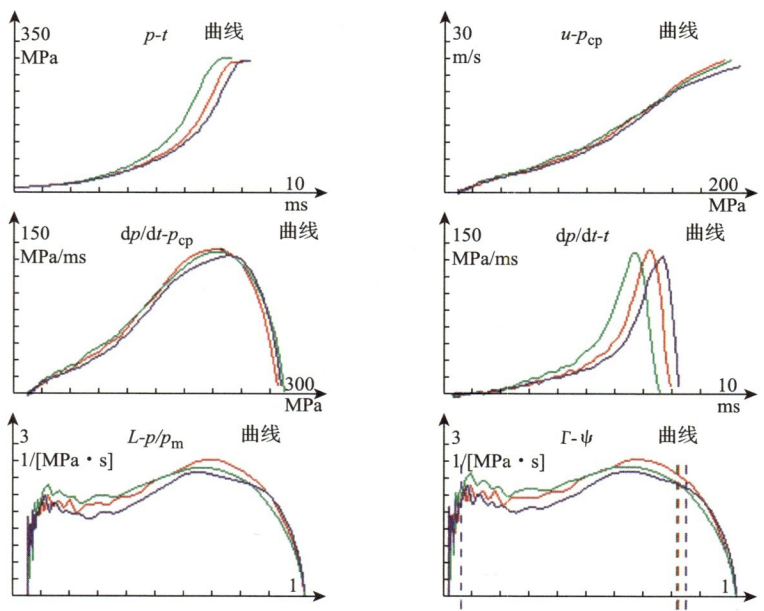

图 5-2-3 一种渐增性发射药的密闭爆发器测试结果

在不太高的压力条件下，发射药燃烧质量分数(ψ)与相对压力(B)近似相等。所以，按照第3章能量释放的渐增性定义，也能以 $L \sim B$ 曲线的斜率($\mathrm{d}L/\mathrm{d}B$)来判断。一般地，在燃烧的起始阶段，燃烧和测试信号不稳定，在 $B<0.2$ 的阶段不考虑；发射药在后期因为分裂而压力梯度下降，一般地，$B>0.8$ 以后也不予考虑。

有人将燃烧阶段的 $\mathrm{d}L/\mathrm{d}B$ 值视为燃烧渐增因子，在一定程度上反映了能量释放的规律性，可以视为一个评价参数。

在稳定燃烧阶段，$\mathrm{d}L/\mathrm{d}B$ 如果为正值，视为渐增性，其值越大，能量释放规律性越好。$\mathrm{d}L/\mathrm{d}B$ 如果为负值，视为渐减性，其值越小，能量释放规律性越差。

这里没有考虑燃烧后期的问题，由于发射药形状和尺寸统计的原因，燃烧后期必然存在渐减阶段，例如钝感，球扁 B 在 0.5 以后就已经开始下降，七孔粒状发射药在 0.7 以后开始下降，37 孔发射药，下降段延迟至 0.9。所以可以将 $\mathrm{d}B/\mathrm{d}L<0$ 时的 B_J 值作为一个评价参数。

或者，将通过密闭爆发器 $p-t$ 曲线处理得到的 $L-B$ 曲线下阶段积分，得

$$A_{L-B} = \int_{B_0}^{B_J} L \mathrm{d}B \qquad (5-2-5)$$

A_{L-B} 是一个评价能量释放规律的特征参数，根据情况 B_0 取值为 0.15，B_J 值取值为 0.7 或者是不同几何形状发射药燃烧的理论分裂点。

一般地，能量释放规律为一个相对比较结果，选取比较对象，同类形状进行具有实际意义。例如粒状发射药之间、简单几何形状之间比较即可得到判断依据。对不同形状之间的比较也有参考意义。

5.3 感度测试与评价

火炸药本质上具有燃烧爆炸属性，在外界能量刺激作用下引发而作用，需要对不同的组分、配方与外界能量刺激作用的敏感程度进行测试与评价。

5.3.1 感度的定义

火炸药的感度是其在外界能量作用下发生燃烧、爆炸的难易程度。此外界能量被称为初始引发能量，通常以该能量定量表示炸药的感度。感度是炸药能否实用的关键性能(参数)之一，是炸药安全性和作用可靠性的标度。

感度具有选择性和相对性，前者指不同的火炸药选择性地吸收某种起始能

量,后者则指感度只是表示危险性的相对程度。对火炸药感度的评价需要结合多种试验方法综合进行。根据起始能量的类型,火炸药的感度主要可分为热感度、撞击感度、摩擦感度、起爆感度、冲击波感度、静电火花感度、激光感度、枪击感度等。尽管多种外界能量都能使火炸药燃烧爆炸,但各种能量的作用机制和引爆炸药的机理不尽相同。另外,炸药种类繁多,它们的物理、化学性质,如聚集状态、表面状况、熔点、硬度、导热性和晶体外形等,均可影响火炸药的感度。而且,测试方法和条件也与感度测定结果有关。由于多方面的因素互为影响,所以,虽然可以用能量来衡量外界的作用,但在不同情况和不同条件下所测得的能引起火炸药发生燃烧爆炸的能量之间并没有太多的定量关系。

为了使炸药感度的测试结果具有实用性,使其能对各种炸药的感度进行评定和比较,各个国家都制定了一些感度测试标准,其中有些已在国际上得到公认。

5.3.2 感度与分子结构的关系

目前,人们已对炸药感度与分子结构间的内在联系进行了广泛的探索,目的在于认识和掌握炸药对外界能量刺激作用敏感程度的规律,以便能在不降低其能量水平的前提下尽可能地或适当地降低其感度,寻求提高炸药能量及安全性的化学、物理途径,研究新型高能钝感炸药。

常见的火炸药组分中含有硝酸酯、硝胺和硝基化合物,其分子中分别含有—O—NO_2、—N—NO_2、—C—NO_2,这些基团使炸药的能量与安全性成为相互矛盾的两个因素,而安全性是限制炸药应用的一个关键因素。火炸药的感度取决于其分子结构,如取代基的种类及特性、分子中弱键的强度、分子构型等。在早期研究中,人们只是定性或近似定量地探讨官能团和分子结构对感度的影响。近年来,人们以量子力学方法计算分子轨道参数,然后确定分子构型,并优化构型以获得平衡构型,同时求得分子的键长、键角及势能等参数,进而研究这些分子结构参数与感度的关系。经过对炸药分子轨道参数的分析、归纳,与其感度对照,人们发现炸药的某些分子轨道参数与其能级、热安定性、撞击感度和冲击波感度相关。

1. 键特性

键特性主要是指静电势、键长、键强度和分子中骨架原子的平面度等。火炸药组分中 C—NO_2、N—NO_2 的键特性对其感度具有重要影响。键强度越大(键长越短),分子越稳定。氮原子上有一对孤对电子,与氮原子相连的原子有 p 轨道时，这对孤对电子很容易发生 p-p 共轭，产生离域，电负性减小，分子也越稳定。

对大量氮杂环类硝胺分解历程的研究表明，其分解存在 N—NO_2 键断裂和对称开环。两个过程的差别是对称开环过程需要越过一个开环势垒，而 N—NO_2 键断裂则不需如此。硝胺的热安定性、撞击感度和冲击波感度取决于最小能量的分解过程，即 N—NO_2 键的断裂过程，而其能量释放则取决于开环分解过程。

2. 键能和键电荷分布

如前所述，对于三类主要的含能化合物，它们所含爆炸性基团分别为 C—NO_2、N—NO_2 及 O—NO_2，而其感度则均与释放 NO_2 的难易有关，而此难易程度又取决于 X—NO_2 的键能和电荷分布。关于键能，C—NO_2＞N—NO_2＞O—NO_2。关于键电荷的分布，芳香族硝基化合物炸药离域共振作用强，能在芳香环上分布所吸收的能量，C—NO_2 键的断裂只有在环完全受激后才能发生。硝酸酯及硝胺含能化合物只能将吸收的能量分别转移到 O—NO_2 键及 N—NO_2 键上。综合键能及键电荷分布两种因素，三者感度大小的顺序为：硝酸酯＞硝胺＞芳香族硝基化合物。图 5-3-1 所示为 RDX 在基态时的电荷分布图。

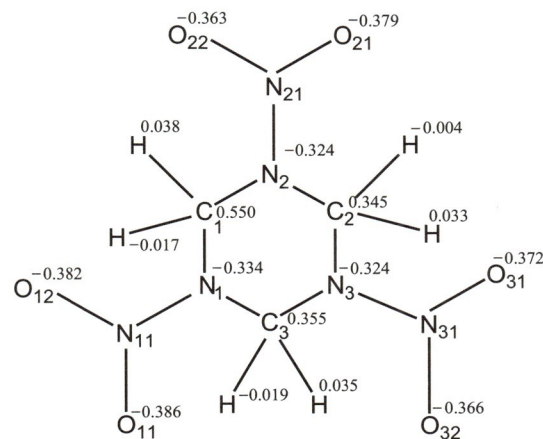

图 5-3-1 基态 RDX 分子的电荷分布

3. 氧平衡指数(OB)

在 20 世纪 70 年代后期，人们就已指出，有机高能炸药的撞击感度取决于在落锤撞击下，引起较大温度变化时所发生的热分解过程。同时指出，撞击时产生的温度条件和热分解机理类似的炸药，其感度应与某种参数之间有一定的关系。经研究后发现，火炸药的撞击感度（发生50%爆炸的特性落高H_{50}）的自然对数与其氧平衡指数OB_{100}（100g含能化合物所含氧与将其所含氢氧化为水、碳氧化为二氧化碳所需氧的相差程度），可按式（5-3-1）计算，存在粗略的线性关系，并据此可由OB_{100}值计算H_{50}值。OB_{100}值越小，H_{50}越高。这就是所谓感度—结构趋势，它初步建立了炸药撞击感度与其分子结构的关系，即

$$OB_{100} = \frac{100[2n(O) - n(H) - 2n(C) - 2n(COO)]}{M} \quad (5-3-1)$$

式中：$n(O)$、$n(H)$、$n(C)$为火炸药组分中的氧、氢、碳的原子数量；$n(COO)$为所含羧基的数量，M为分子质量。

OB_{100}的计算与氧平衡的计算基本相同，但羧基中的氧认为是无效氧，应被减去。实验证实对于单质的含能化合物，OB_{100}与感度存在线性关系。

4. 活性指数 F 值

含能化合物撞击感度是结构不稳定性的一种标志之一，也就是炸药分子结构活性的外在表现，分子结构活性大者，容易受外界作用而激发，因而感度大；活性小者，不容易被激发，因而感度小。分子结构的活性取决于分子中所含有的活性基团，其大小与活性基团的性质、数量和基团之间的相互影响有关。

一般而言，所有的含氧基团都是活性基团，其中，以$C—NO_2$、$N—NO_2$和$O—NO_2$最为重要，而OH、$C=O$和$C—OR$等基团次之，它们对感度的影响作用远小于NO_2。而H、CH_3和其他烃基基团等均可以增加分子的稳定性，属于非活性基团。在含能化合物分子中，各种基团对活性指数的贡献值具有加和性，活性指数可用式（5-3-2）表示。

$$F = \frac{100}{M} \sum N_i K_i \quad (5-3-2)$$

式中：M为摩尔质量，g/mol；N_i为第i种活性基团或原子数量；K_i为第i种活性基团或原子对活性指数的贡献值。

关于一般基团K_i值如表5-3-1所列。实验结果认为活性指数值与感度呈线性关系。

表 5-3-1 一般基团 K_i 值

基团或原子	$C—NO_2$	$N—NO_2$	$C—O—NO_2$	$C=O$	COOR 等	苯环	碳原子	氢原子
贡献值 K_i	4	4.75	5.75	1	5/4	4/5	$-1/8$	$-1/16$

5.3.3 感度与物理微观结构和缺陷的关系

火炸药不可避免地存在微观结构上的缺陷，缺陷之处既是造成应力集中、

能量的集中之处，也是能量耗散之处。实验发现，微观缺陷有造成感度增加的现象，但也有感度降低的样本，这完全取决于火炸药组成和缺陷的结构与尺度。目前在这方面的研究报道较少。

5.3.4 感度的测试方法

本节仅对几种感度作出简单描述。

1. 热感度

热感度是指炸药在热作用下发生燃烧或爆炸的难易程度。热引起的自催化反应或自由基链式反应均能加速炸药分解而导致燃烧或爆炸。热感度可用爆发点和火焰感度表示。爆发点是炸药在一定试验条件及一定延滞期（从开始加热到发生爆炸的时间，一般为5s以下）发生燃烧或爆炸的温度。火焰感度则以炸药受到导火索或黑火药柱燃烧发生的火星或火焰作用时，试样以50%发火的距离、100%发火的最大距离或100%不发火的最小距离表示。

2. 撞击感度

撞击感度是指在机械撞击作用下，炸药发生燃烧或爆炸的难易程度。它可用多种形式的落锤（仪）法及苏珊（Susan）试验测定。

3. 摩擦感度

摩擦感度是指炸药受到摩擦时发生爆炸的难易程度。通常以已知质量的摩擦摆摩擦火炸药，以火炸药发生的变化（发火、爆炸、噼啪作响或爆裂声）表示炸药的摩擦感度。炸药摩擦感度的定义没有撞击感度的定义严格，前者的表示方法也只是以炸药受摩擦时发生的变化与标准比较而已。

4. 起爆感度

起爆感度是指在起爆药、传爆药或其他猛炸药的直接作用下，火炸药发生爆轰的难易程度，也称爆轰感度。一般以最小起爆药量（极限药量）表示，它是指在一定试验条件下，火炸药完全爆轰所需的最小起爆药量。此量越小，起爆感度越高。最小起爆药量与试验条件（如炸药颗粒度和装药密度等）有关。起爆感度也可用临界引爆药量（被试炸药发生50%爆轰所需引爆药量）和直接引爆药柱的雷管型号表示（如工业炸药一般以用8号工业雷管能否引爆来衡量起爆感度）。最小起爆药量也用来衡量起爆药的起爆能力，其值越小，起爆药的起爆能力越大。

5. 静电火花感度

静电火花感度指在静电放电作用下，炸药发生燃烧或爆炸的难易程度。静电火花感度包括两方面：一是火炸药是否容易产生静电和积累静电量；二是炸药对静电放电火花是否敏感。一般用试样50%爆炸所需电压（V_{50}）及静电火花能量（E_{50}）表示。测定结果与很多因素有关。

6. 枪击感度

枪击感度又称抛射体撞击感度，是指在枪弹等高速抛射体撞击下，火炸药发生燃烧或爆炸的难易程度。落锤撞击火炸药是低速撞击，抛射体撞击火炸药是高速撞击，后者在评价炸药在使用过程中的安全性和起爆感度比前者更准确。我国规定采用7.62mm步枪普通弹，以25m的射击距离射击裸露的药柱或药包，观察其是否发生燃烧或爆炸。以不小于10发试验中发生燃烧及爆炸的概率表示试样的枪击感度。也可采用12.7mm机枪法测定固体火炸药的枪击感度，此法根据试验现象、回收的试样残骸及破片和实测空气冲击波超压来综合评定试样的感度。美国军用标准规定用12.7mm×12.7mm铜柱射击裸露的压装或铸装药柱，通过增减发射药量调节弹速，用升降法测定发生50%爆炸所需的弹丸速度。欧洲标准是以直径为15mm、长度不小于10mm的黄铜弹丸射击直径30mm的试样，找出引起炸药爆炸的最低速度，用低于该速度10%范围内的弹丸速度进行4发射击，如都不引起药柱反应，则确认该速度为极限速度。

7. 激光感度

激光感度指在激光能量作用下炸药发生燃烧或爆炸的难易程度。常用50%发火能量表示。此值与激光波长、激光输出方式及激光器其他工作参数有关。目前一般认为，自由振荡激光器引爆炸药基本上按照热起爆机理进行，调节激光器引爆炸药的机理可能除热作用外，还存在光化学反应和激光冲击反应。测定激光感度时，先根据试样将激光能量调到合适范围，再以升降法改变激光能量，观察试样是否燃烧或爆炸，并找出50%发火的激光能量。

5.4 安定性测试与评价

火炸药的安定性是指在一定环境条件下，其物理、化学性能的变化不发生超过允许范围变化的能力。它对火炸药的制造、储存和使用具有重要的实际意义，是评价火炸药能否工程实践应用的重要性能之一。安定性可分为物理安定性及化学安定性，前者指延缓火炸药发生吸湿、渗油、老化、机械强度降低和药柱变形等能力，后者指延缓炸药发生分解、水解、氧化和自动催化反应等能力，两者是相互关联的。粉状硝铵炸药的吸湿化和冻结，液氧炸药的挥发、结块，代那买特炸药的收缩、渗油、老化和冻结，乳化炸药的分层和晶析都是物理安定性欠佳的实例。化学安定性主要取决于火炸药的分子结构，但也受外界条件的影响，如硝化甘油中的残酸和水分，可使其化学安定性大大下降；但某些具有负催化作用的杂质，则可减缓火炸药的分解。

所有火炸药在使用之前，通常会在弹药库中保存一段时间，保存时间从几天至数年不等。通常条件下，这些弹药库没有加热或冷却系统，因此储存期间的温度变化很大，这取决于该弹药库所处的地理位置。从安全性和使用性能的角度而言，在储存期间，炸药不仅要保证安全，还要保持它的物化性能和爆炸性能。

5.4.1 热安定性评估

对炸药的制造、储存和使用具有重要实际意义的是其化学热安定性，它与炸药的分子结构、相态、晶型及杂质含量等有关。一般而言，可用炸药的初始热分解反应速率常数粗略评估炸药的最大热安定性，这种初始反应原则上是单分子反应，其反应速率常数可用 Arrhenius 公式计算。因为单分子一级反应的半衰期 $\tau_{1/2}$ 等于 $\ln2/k$，所以半衰期也可用于表征炸药的安定性。但实际上，炸药绝不允许达到半衰期对应的分解程度，因而常用分解炸药的 5% 或小于 5% 所需时间来评估火炸药的热安定性。根据 Arrhenius 公式计算得到的几种常用炸药在 25℃ 下分解 5% 所需时间可达 $10^4 \sim 10^9$ 天。这说明，常用炸药在常温下较为安定并可长期储存。火炸药初始热分解的某些产物（如 NO_2）往往对炸药的继续分解具有催化作用，炸药的热分解反应通常是加速的，因此，人们在实际中只能采用最小热安定性，此时硝化甘油在常温下的安全储存期应是 3 年左右。

炸药的安定性受下述因素的影响。

1. 分子结构

含 —NO_2、—N—NO_2、—O—NO_2 及 —N_3 的化合物，被加热到某一定温度时可发生爆炸，这说明上述诸类化合物被加热时，分子内部产生应力。当应力增至一定程度时，分子会突然裂解。某些分子安定性不高的炸药，在常温下即可发生分解。

2. 温度

所有火炸药在远低于它们自爆温度下即能发生热分解，因此，在确定炸药安定性时，它们的热分解反应是相当重要的。热分解反应可通过测定高温下的分解速率决定。所有的军用炸药在 -40~60℃ 下是安定的，但每一种炸药都有一个分解速度快速增长而使安定性下降的温度，一般而言，在高于 70℃ 时，大多数炸药不再安定。

3. 光

有些含氮基团的炸药(如起爆药 LA、MF 等)，当暴露于日光下，受到紫外线照射时很易分解，因而影响它们的安定性。

4. 静电放电

在一定环境条件，静电放电足以引发一系列炸药爆轰。因此，在处理炸药及烟火药时，大多数时候是不够安全的，要求工作台及操作者均须接地。

5. 物态与化学品

大多数军用猛炸药，如 TNT、RDX、HMX(硝胺)及 PETN(硝酸酯)均为固体，在低于熔点时，这些炸药常具有优异的热安定性，但在熔融状态时，它们的热安定性明显下降。酸、碱、有机碱、强氧化剂和强还原剂通常与上述猛炸药是不相容的，一般而言，让猛炸药与碱性物质接触是不适宜的。

5.4.2 热安定性与分子结构的关系

1. 爆炸性基团的特性

在三类主要的含能化合物中，一般是硝基化合物比硝胺化合物安定，而硝胺化合物又比硝酸酯化合物安定，其主要原因是硝基化合物中的最薄弱键 $C—NO_2$ 的解离能既大于硝胺分子 $N—NO_2$ 键的解离能，也大于硝酸酯分子中的 $O—NO_2$ 键解离能。

2. 爆炸性基团的数目及其排列方式

一般来说，炸药中爆炸性基团越多，安定性越低，但有时也会因取代基效应而表现出相反的情况。基团在分子中的排列方式也对炸药安定性有很大的影响，并列或集中排列都可使安定性明显降低，例如苯、苯胺及丙烷的硝基衍生物，其热安定性均随取代硝基数的增加而明显降低。

3. 分子内的活泼氢原子

若硝基化合物炸药分子中含有活泼氢原子，炸药的热分解则可通过该活泼氢原子的转移，形成五中心过渡态的消除反应来进行。但这类反应所需的活化能低于 C—NO_2 键断裂所需的解离能，因而导致火炸药安定性下降。显然，活泼氢原子的质子化程度越大，该氢原子就越易发生转移，硝基化合物的安定性就越低。

火炸药成分分子内的活泼氢原子对热安定性的影响有时是很明显的，甚至能超过爆炸基团本身的影响。例如，根据键解离能，硝基化合物的热安定性应高于硝酸酯类化合物，但有些脂肪族硝酸酯化合物，其中的硝酰氧基被硝基取代后，热安定性不是提高，而是急剧下降，其原因便是硝基烷中存在的活泼氢原子改变了它们的分解历程。

4. 分子中的取代基

取代基对炸药反应性的影响可用线性自由能原理所导出的多种关系式，如 Hammett 方程及 Taft 方程来关联。例如，对含硝仿基或偕二硝基的火炸药，向其分子中引入吸电子取代基时，炸药热安定性提高；引入推电子取代基时，热安定性降低。其原因是这类炸药中的吸电子基团可通过诱导作用，使硝仿基或偕二硝基中 C—NO_2 键上的电子云向硝基方向偏移的程度相对减弱，因而加强和稳定了分子中最易断裂的 C—NO_2 键。推电子基团的作用则正好相反，而对硝胺类化合物，推电子基可改善其热安定性。

5. 分子对称性

化合物分子结构的对称性可使其有较好的安定性。在同类含能化合物中，对称结构者热安定性一般较好。

6. 分子内及分子间氢键

分子内氢键可使分子体积缩小，分子势能降低，因而可提高炸药的热安定性。分子间氢键可增大分子的晶格能，从而使炸药的熔点和分解点升高。三氨基三硝基苯分子中形成的分子内氢键及分子间氢键无疑是使其具有极高热稳定性的重要原因之一。另外一种著名的高稳定性化合物硝基胍，不仅与三氨基三硝基苯一样，有形成的分子内和分子间氢键，其还有由氢键而形成的网状结构，这是使该化合物稳定的最主要原因。因为在晶体中，这样的网状氢键结构具有能壁吸收器的作用。

7. 晶型及晶体完整体

不同晶型含能化合物中各个基团的排列方式各异，所属晶系也可能不同，晶胞中的分子数及堆积方式也常有差别，所以具有不同的热力学稳定性及热安定性。晶体外形、晶体表面的光滑程度、晶体缺陷、晶粒大小及粒度分布等，也都会影响炸药的热安定性。一般来说，表面光洁、边缘圆滑的完整的球形结晶，具有较佳的热安定性。

许多含能化合物是多晶型的，如 HMX 有 α、β、δ、γ 四种晶型，其中 β-HMX 最安定。六硝基六氮杂异伍兹烷在常温常压下可生成 α、β、γ、ε 四种晶型，ε 晶型的热稳定性最佳。六硝基芪（HNS）也有两种晶型，HNS-2 型比 HNS-1 型有更好的热安定性。

含能化合物晶体完整性不同，热分解速度可相差很大。同时，热分解的程度也往往取决于晶体的完好程度。例如，用不同方法重结晶的或未经重结晶的三硝基乙基—N—硝基乙二胺晶体具有明显不同的晶癖及晶体外形，它们的热分解速度也很不相同。热分解慢的晶体都具有表面光滑、边缘整齐的外形，而热分解快的晶体则存在明显的晶体缺陷，如絮状、层状或线状缺陷。这种晶体完整性对炸药热安定性的影响一般具有普遍性的规律。

5.4.3 热安定性测定方法

测定热安定性的方法很多，其基本原理是测定试样在一定条件下的质量变化或能量变化，如真空安定性法测定气态分解产物体积（或压力）；热失重分析（TGA）法测定质量损失；气相色谱法测定气态分解产物组成；差热分析（DTA）法和差示扫描量热（DSC）法测定反应热效应等。根据测试过程中环境温度是否变化，又可分为等温、变温两大类。但从实用性而言，宜以多种测定方法综合评价安定性，且有时还需在接近实际储存温度下进行常储试验。我国规定可采用真空安定性试验（压力传感器法）、DTA 和 DSC 法、微量量热法、气相色谱法、100℃加热法及 75℃加热法等多种方法测定炸药的安定性。

1. 量气法

量气法历史比较悠久，目前仍是广泛应用的重要方法。

量气法一般要保持反应器内恒温，系统内不应存在温差，以避免物质的升华、挥发、冷凝等现象。但是，有些量气法却不能严格保证这一点，这样，就可能出现上述物质转移现象，并影响火炸药分解过程。就反应器的温度控制来说，可分为恒温、变温两种。恒温热分解一般要求把环境温度控制在 $\pm 0.1 \sim \pm 1.0$℃之间。

量气法有真空热安定性测试、Bourdon 压力计法测试、气相色谱法测试等。可以从分解气体产物总量和分解产物组分等方面评价安定性并揭示其分解机理。

2. 失重法

失重法是测定火炸药质量随温度变化的测试方法。火炸药热分解时形成气体产物，本身质量减少。因此，测量火炸药样品质量的变化也可以了解炸药热分解性质。但是，一般的测量仪器中，反应空间不易密闭和恒温，而火炸药在热分解过程中不可避免地要发生蒸发和升华，因而会影响热分解过程的真实性。所以，挥发性较强的火炸药、含能化合物一般不采用这种方法测定。

热失重可分为等温和不等温(温度以某一恒定速度上升)两种。

3. 量热法

分析火炸药热分解过程热量变化的方法称为量热法。量热法主要研究的火炸药分解动力学变化，最常用的量热法是差热分析(DTA)法、差示扫描量热(DSC)法、微量量热法及加速反应量热(ARC)法。

DTA 法是在程序控制温度下，测量试样和参比物的温度差与温度关系的一种测试方法。

DSC 法是在程序控制温度下，测量试样和参比物的功率差与温度关系的一种测试方法。

ARC 法是测试物质在热分解过程中因为能量的变化而产生的能流曲线，通过该曲线求取放热速率，由此判断该物质的热安定性。

4. 热分解气体产物的仪器分析法

近年来，各种仪器分析技术已广泛用于火炸药热分解研究。例如，将炸药热分解初期的气相产物送入质谱仪，可在一定程度上测得气相产物的成分。利用扫描质谱仪还可以研究某一气相产物(如 NO_2)在分解过程中的变化关系。当采用质谱—色谱联用时，就能更清楚地了解炸药分解过程。又如，采用化学发光法测量火炸药分解放出的氮氧化物与臭氧反应产生的某一辐射光强，用来评估氮氧化物的生成速度，进而评价炸药的热安定性和相容性。

5.5 材料结构损伤(缺陷)检测与评价

固体火炸药产品以一定形状、尺寸呈现，产品在加工过程中不可避免地存在缺陷，但缺陷达到一定阈值时，将影响到产品、武器的性能，甚至是使用安全问题。所以对于火炸药的产品必须进行缺陷检测并进行评价，以判断产品的质量合格与否。一般对单样本、大尺寸的推进剂和炸药装药进行无损检测，对于小尺寸的发射药不进行无损检测。

对火炸药产品缺陷检测的方法有多种，各种不同方法的形成也是人类对客观事物认知不断深化、科学技术发展与进步的结果。其检测方法大致上经历了抽样解剖检验、全样本无损检测检验两个阶段。目前全样本无损检验已经成为针对火炸药缺陷必须进行的检测。

5.5.1 缺陷、损伤的基本特征

1. 材料的缺陷与损伤

物质没有绝对的纯质状态。由物质构成材料均具有一定的质量与尺度，在组织结构上均具有不完整性，将这种不完整性称之为材料的缺陷。

材料在制造、运输、储存、使用过程中，不可避免地要受到外力的作用，其组织结构将会发生变化，将这种变化称之为"材料损伤"。这种损伤的原因是材料的缺陷。

所以"缺陷"是指材料（微观与宏观）组织结构物理状态，而"损伤"是指造成材料缺陷的力学作用与材料结构变化的过程。

从力学角度看，损伤是材料结构组织在外界因素作用下发生的力学性能劣化并导致体积单元破坏的现象。损伤并不是一种独立的物理性质，它泛指材料内部的一种劣化因素，与所涉及的材料和工作环境密切相关。从细观的、物理学的观点来看，损伤是材料组分晶粒的位错、滑移、微孔洞、微裂隙等微缺陷形成和发展的结果；从宏观的、连续介质力学的观点来看，损伤又可认为是材料内部微细结构状态的一种不可逆的、耗能的演变过程。损伤力学主要研究材料内部微观缺陷的产生和发展所引起的宏观力学效应，以及最终导致材料破坏的过程和规律。损伤力学从20世纪50年代开始经过几十年的发展，理论体系逐渐完善，已成为固体力学的一个重要分支。损伤力学的研究已深入到金属、混凝土、岩土和复合材料等各个领域，在许多工程实践中得到了成功的应用。

2. 火炸药细观结构与损伤研究概况

火炸药按材料组成可分为单质含能化合物和混合物两类，在混合物中有的含有很高的固体颗粒组分（晶体炸药与金属及其氧化物等），这里主要针对火炸药具有含能敏感和颗粒高度填充的特点，其在外载作用下的响应，包括力—热—化学反应的耦合，讨论不同于惰性复合材料的损伤特征。在借鉴复合材料力学、细观力学和损伤力学等研究成果时，需要充分考虑这些特点，对它的研究手段、分析方法等也有相应的不同。

火炸药的使用环境非常复杂，在生产、加工、运输、储存、发射、穿靶、破片意外撞击时，均处于不同加载速率、应力状态和温度环境之中。火炸药在使用过程中会产生孔洞和微裂纹等各种形式的损伤。这些损伤一方面使火炸药的力学性能劣化，并可能最终导致材料破坏；另一方面，损伤对"热点"的形成具有重要的影响，从而影响火炸药的感度、燃烧甚至爆炸性质。研究火炸药的损伤对于指导含能材料配方和结构件设计，以及进行安全性评估和寿命预测等都具有重要的意义。火炸药损伤研究开始主要局限于固体推进剂，近年来，有关炸药损伤的研究也逐渐开展起来。由于材料损伤研究开展的时间不长，加之实验和理论研究上的困难，目前，"火炸药损伤"完整的概念、内涵以及理论体系还没有建立起来。总的说来，含能材料损伤研究在很大程度上是围绕载荷和环境以及相关性能展开的，研究内容主要涉及损伤的表征、实验模拟及观测方法、损伤对含能材料的影响、损伤本构关系等各个方面。

1）火炸药的细观结构与损伤特征

火炸药的损伤包括其合成、成型及机械加工等过程中产生的初始损伤以及使用过程产生的损伤。首先要对含能材料不同条件下的细观结构特征及演化进行研究，分析细观损伤机理和主要损伤特征，这方面已经开展了不少的研究。受合成和结晶过程等的影响，在炸药晶体内部会有孔穴及气泡等初始缺陷，这方面的研究已有报道。在高聚物黏结炸药（Polymer Bonded Explosives，PBX）造型粉制备时，由于含能化合物的含量很高，还会产生黏结剂包覆不全的情况。成型的炸药中包括裂纹和孔洞等多种损伤形式，有的是成型前就存在的，有的则是在成型过程中产生的。对于熔铸炸药，如果控制不当会产生裂纹和缩孔，压制成型时则会产生更多的损伤。压制压力有时高达数百兆帕，热压时还会有温度的作用。由于颗粒含量很高，颗粒间发生接触，接触效应将会引起应力集中。压制过程中可能会伴生塑性变形、炸药颗粒断裂以及炸药与黏结剂界面脱黏等。如果条件控制不好，在成型的火炸药中有时还会产生较大的残余应力。压制过程本身是对火炸药的损伤破坏过程，这方面的研究已经引起了研究者们的关注。对压制前后炸药颗粒形貌和粒度分布的研究表明，压制过程中颗粒的破碎现象很严重，颗粒破碎使炸药粒度分布发生明显的变化，压力越大，颗粒的破碎越严重。压制成型含能材料的初始损伤通常比铸装含能材料的初始损伤大，因而压制含能材料的冲击感度通常明显高于铸装含能材料。

火炸药在不同的载荷和环境下会产生不同形式的损伤。Palmer和陈鹏万等在对PBX炸药对径压缩实验的实时显微观察中，观察到了颗粒断裂、界面脱黏、黏结剂基体开裂、变形孪晶以及剪切带等多种损伤破坏形式，并从理论上对 PBX 炸药发生晶体断裂和界面脱黏等的临界应力进行了近似分析。火炸药中含能化合物颗粒与黏结剂界面结合较弱，在超声波作用下容易发生界面脱黏。当用液氮对推进剂和炸药进行冷冻后能够观察到微裂纹的萌生与扩展。Skidmore 等对燃烧的 PBX 炸药进行急速冷却，在熔化重结晶区观察到 δ-HMX 相变成柱状的 β-HMX。当用落锤和空气炮对 PBX 炸药进行撞击时发现，颗粒破碎产生了大量微裂纹，当撞击作用激发化学反应时，材料具有与燃烧急冷实验类似的细观损伤特征。黄风雷对复合固体推进剂动态压缩的研究表明，对于丁羟复合推进剂，微裂纹从 AP 颗粒内部开始，并向黏结剂中扩展，对于改性双基推进剂，微裂纹在 HMX 内部及固体颗粒与黏结剂界面处同时成核。

推进剂中黏结剂含量相对较高，在低应变率下，由于黏结剂的黏弹性，材料整体通常表现出典型的延性断裂特性。其损伤形式主要为固体颗粒脱黏、脱黏形成的孔洞膨胀以及黏结剂的开裂。但在高应变率下，推进剂又表现出脆性断裂特征，其损伤形式主要为微裂纹的成核、生长和聚合。以高聚物黏结炸药为代表的混合炸药，由于黏结剂含量更低，材料整体脆性更大，在低应变率下就表现为典型的脆性断裂特性。但尽管黏结剂含量很低，这种作用也具有明显的黏弹(塑)性，其力学行为受应变率和温度的影响很大。

PBX 炸药和推进剂有很大差别。PBX 炸药整体的应变较小，卸级后有残余应变存在，循环加载过程中损伤的累积直观的反应在模量的变化上，可以通过模量的变化来定量表征损伤。推进剂整体的应变明显高于 PBX 炸药，由于材料存在明显的黏弹(塑)性，应力-应变曲线为非线性，塑性变形也很大，不能用弹性模量的变化表征损伤，但可以通过测量加载循环中的能量耗散进行表征。

2) 损伤对火炸药的影响

损伤会对火炸药的力学性能、感度、燃烧和爆轰性能产生影响，含能材料中损伤的存在会引起结构强度和刚度的下降，这些损伤在载荷、温度等的作用下进一步生长、聚合，并可能最终导致结构破坏。对于压制成型材料，压制压力、密度和材料强度的关系通常是一致的。但实验中也发现，有的药柱虽然侧压压力和密度很高，但强度却很低，这就是其中的损伤比较大的缘故。

损伤的存在使热点源增加，从而导致含能材料感度提高。早期的研究表明，炸药的冲击感度随孔隙含量的增加而增加。非均质含能材料的感度不仅与损伤的数量有关，还与损伤的特征有关。

这些研究表明，拉伸损伤对感度的影响可能比压缩损伤更大。含能材料中的损伤会随时间而发生"愈合"，损伤的"愈合"将降低孔隙的体积。Sandusky 等研究了时间间隔对损伤引起的冲击感度的影响，损伤通过弱冲击产生，弱冲击和强冲击起爆的时间间隔为1~5ms。对于H-1推进剂，当时间间隔为1~5ms时，临界起爆压力降低了66%；当时间间隔增加到4.8ms时，由于弱冲击产生的损伤在第二次冲击之前发生了"愈合"，临界起爆压力只降低了10%。Bernecker和Richter等人的研究也表明，损伤随时间而"愈合"的时间越长，冲击感度增加越小。

损伤的产生和冲击起爆之间的时间间隔损伤不仅对冲击起爆阈值有影响，对于爆轰的建立过程也有很大的影响。Lefrancois等对损伤前后PBX炸药冲击起爆过程中的界面速度历程测量发现，损伤试样界面速度增加越快，入射冲击波压力越高，这种现象越明显。黄风雷等对不同损伤条件下的固体推进剂冲击起爆过程的研究发现，随损伤度的增加，复合固体推进剂波后流场中压力时间曲线有"双峰"向"单峰"转变的现象。Green等和Guengant等在对损伤炸药的冲击起爆研究中，观察到了延迟爆轰现象（XDT），并认为XDT是由于爆轰前机械损伤使炸药敏感化，然后由于二次压缩波的作用产生的。

损伤的存在还会使燃烧表面积增加，燃速提高，从而引起含能材料的燃烧异常，这方面的研究已有报道。Gazonas等对受压缩损伤的M3推进剂燃烧性能的研究表明，损伤后的表观燃烧速率变化很大，损伤诱发的表面积是未损伤试样的6倍。Bogga等对撞击损伤推进剂的燃烧转爆轰（DDT）过程进行了研究，提出通过密闭爆发器燃烧实验对"猎枪"实验产生的撞击损伤进行表征，确定损伤推进剂会发生DDT的临界撞击速度。

损伤的存在可能引起炸药爆速甚至临界起爆直径等变化。Kegler等对PETN-1橡胶炸药的研究表明，损伤使炸药的密度发生变化，并使得炸药爆速降低，它比单纯的密度改变更为显著。Meuken等的研究表明，热损伤后HMX基PBX炸药爆速有明显的降低。在压缩条件下，由于损伤后试样密度发生变化，在试样长度方向上爆速也发生了变化，试样两端爆速较高，中间爆速较低。

3）火炸药损伤的实验模拟及观测方法

可以采用不同的实验方法模拟含能材料在真实条件下产生的损伤。准静态加载和蠕变条件下损伤的产生通常可以用材料试验机模拟。

Demol等采用两种方法模拟热载荷的影响：一种是慢速升温，升温速率为3℃/min和3℃/h；另一种是通过对与炸药接触的石墨棒通电，从而产生局部的瞬态热冲击。Skidmore等则采用对燃烧的炸药试样急速冷却的方法来观察热刺激的影响。Peterson等在PBX9501炸药的研究中，采用特殊的线性热梯度实验装置，通过在药柱一端和（或）两端加热，使圆柱炸药试样温度沿长度线性分布,以研究不同温度下的热损伤。低温载荷的模拟可以采用冷冻实验。Bernecker 等采用一种理想化的方法模拟损伤,先将铸装成型的炸药用机械加工的方法加工成具有规则形状的立方或条状颗粒,然后将这些颗粒压制成孔隙均匀分布的试样,并以此来讨论孔隙率、颗粒尺寸、形状对冲击反应活性及感度的影响。

火炸药冲击损伤的研究尤为重要,这方面的试验研究也最多。用落锤试验可以模拟低速撞击时中等应变率下损伤的产生。高应变率下损伤的产生则可以采用弹丸或高速飞片撞击进行模拟。Skidmor 等用低速气炮来模拟撞击下剪切损伤的产生。陈鹏万等通过带气体缓冲器的低速气炮进行撞击加载,以模拟低强度长脉冲载荷的作用。在撞击感度的研究中,对冲击损伤模拟的一个关键,是对损伤"新鲜"状态的保持。Green 等用弹丸对试样进行第一次冲击损伤后,随即进行第二次冲击。在这种情况下,试样由于没有受到约束,第一次冲击产生的损伤往往过于严重。为此,Sandusky 等先用弱冲击(小于 0.1GPa)作用于试样,使试样受到轻微的损伤,然后在损伤仍保持"新鲜"状态时(约几个毫秒内)再次进行第二次冲击。Yvonne 等采用高速离心的方法诱发损伤,以模拟枪炮的发射过程。Lefrancois 等为研究侵彻过程中高减速度的作用,采用缩比弹进行侵彻实验。

5.5.2　无损检测原理

电磁波在不同介质的传播过程中传递速度、频率、能量将会不同,在不同介质界面还会发生波的折射、反射、能量衰减等突跃性变化。如果火炸药产品中存在缺陷,可以通过电磁波在其中的传播特性反映出来。

固体推进剂的无损检测,首先是借助破坏性检测以确定缺陷的类型、位置及大小等参数,通过无损检测比较,求出两种检测结果间的关系,制定出无损检测的工艺及其参数,以此对产品缺陷进行检测,得出检测结果和结论。

电磁波种类很多,用于火炸药无损检测的目前主要有超声波检测、X 射线检测、激光全息检测、微波检测和 CT 扫描检测。

5.5.3　常用检测方法

1. 超声波检测

超声波检测因其具有灵敏度高、费用低和易于操作等优点而被广泛应用。

超声波是一种在弹性介质中的机械振动,在介质中以波的形式传播。在超声波探伤中,按照介质质点振动方向和声波传播方向的不同,可分为纵波(L)、横波（S）和板波（P）等多种方法。超声波无损检测固体推进剂缺陷是利用超声波具有良好的方向性、传播能量大和在不同声阻的两种物质界面上发生反射现象的特性而形成的检测方法。

2. 穿透法检测的原理及方法

穿透法是利用超声波发射机通过探头发出连续的超声波，射入被检测的固体推进剂的方法。如果推进剂的内部有缺陷，将有一部分入射的超声波被反射回来，接收探头所接收的超声波能量就会减少；如果推进剂的内部无缺陷，接收探头所接收的能量则较大，且为恒定值。这样，将接收探头所接收超声波能量的大小与其恒定值进行比较，从而确定出缺陷的类型、位置和大小。

在检测中，将两个换能器（探头）对准，并置于被检测的样品中心轴线的两侧。在换能器与火炸药之间充满耦合剂，该耦合剂一般用低黏度的油和水，以保证超声波能量的传播。该方法一般采用频率为 $100\sim200\mathrm{kHz}$ 的超声波。当火炸药内部无缺陷时，接收到的声能为恒定值，接收机的仪表指示为最大值，如遇到缺陷时，部分能量被反射，接收到的能量减少，其缺陷大于光圈直径时，接收机的仪表指示值下降。当声能几乎全部被反射回去，接收机的仪表指示值为零。

3. 激光全息检测

自从 20 世纪 60 年代激光问世后，激光全息技术有了很大的发展，并已用于无损检测中。激光无损检测具有灵敏度高、准确性强和成本低等优点，因而发展较快。我国 20 世纪 80 年代初就将激光全息技术应用于小型（药柱直径 $100\sim400\mathrm{mm}$）固体预包覆推进剂药柱/衬层脱黏的检测，并取得了成功。

激光全息检测的基本原理是利用激光全息干涉技术，即物体处在两种不同状态下，其表面产生微小位移可得到全息干涉图，在建像过程中，物体表面能形成可见的干涉条纹。激光全息无损检测正是根据上述原理，利用适当的载荷方式，使物体载荷前后处于不同状态。当没有内部缺陷时，其载荷后的表面微小变形是均匀的，由此形成的干涉条纹也是均匀的，通常称之为"无用条纹"；当存在内部缺陷时，其载荷后的表面微小变形不再是均匀的，对应于物体缺陷部位的表面变形位移产生突变，这种位移突变所形成的干涉条纹，表征了物体内部缺陷的特点，称为"特征条纹"。因此，在激光全息无损检测中，首先需要对被检测物体设计合理的光路分布，选择相干性好的激光器拍摄优质全息图；其次需要探索加载方法，使物体内部缺陷有效地引起物体表面适当的突变位移，进而形成作为缺陷判据的特征条纹。

激光全息检测预包覆药柱缺陷的加载方式多为真空加载,即将药柱放在真空装置内并可旋转。这不但可提高检测效率,而且能提高检测精度。但由于药柱材料属于黏弹性体,变形恢复较慢,转动前的承压部位需要一个恢复时间,否则易引起误判。要进行高质量的激光全息检测,激光全息照相法必须具备下列三个基本条件:

(1) 一个相干性好的激光源;
(2) 一个满足检测要求的减震器;
(3) 使用高分辨率的照相底片。

具备以上条件的检测系统对一个预包覆推进剂药柱(长 $L=1100\text{mm}$,直径 $D=350\text{mm}$)分六次进行转动的静态照相,可以检测衬层与药柱界面脱黏最小面积为 $10\text{mm} \times 20\text{mm}$。

4. 微波检测

微波检测是探伤中的一种新技术。由于它具有穿透能力强、非接触(不需耦合介质)、成本低、检测速度快和无污染等优点,因而是固体火箭发动机装药无损检测众多方法中的后起之秀。它不但可以检测药柱内部的缺陷,还可以检测复合材料壳体的装药燃烧室及不同界面的脱黏缺陷。其缺点是检测灵敏度受到波长(一般在 $30\mu\text{m} \sim 0.3\text{cm}$)限制,判别最小缺陷的尺寸不小于 $1/2$ 波长。

1963年,美国首先使用微波法成功地检测出"北极星"A3和"大力神"导弹所用的固体发动机(复合材料燃烧室及喷管)的内部缺陷及其质量状态。近年来,固体火箭发动机的微波检测技术有了很大发展。

微波检测的基本原理是根据微波反射、透射、散射、衍射、干涉等物理特性的改变,以及被测材料的电磁特性——介电常数和损耗角正切的相对变化,通过测量微波基本参数(如幅度衰减、相移量或频率等)的变化,实现对缺陷、故障和非电量的测量。微波用于无损检测的主要方法有透射法、反射法、散射法、干涉法和断层法等。微波是一种电磁波,它是利用一个喇叭形的天线探头进行电磁辐射和接收的。

其中一种方法是干涉法检测系统,其原理是在干涉单元中,信号源发出的电磁波经过两个不同的路径在混频器上相干涉,一路是扫频源的信号,另一路是由被测物中界面或缺陷产生的反射波,该反射波由天线接收后耦合到混频器。由于信号源是扫频的,故干涉信号的频率和相位取决于信号源的扫频参量及两路电磁波的路径差。这样,干涉信号就带有被检测物界面变化及缺陷大小有关的信息,通过确定干涉信号的幅度 A,可以计算出界面反射系数;通过确定干涉信号的频率或相位,可以计算出界面的距离,对以上干涉信号进行相关处理后,即可由参量 A 确定反射界面的距离(即缺陷的深度)和反射的大小(即缺陷面积的大小)。

另一种方法是散射法检测系统,散射法是根据所用的一个 8mm 振荡源产生的固定波(长电磁波),在介质传播中产生的散射量不同,从而确定被检测物中的缺陷的方法。

5. X 射线检测

X 射线属于不可见光,它是由真空两极电子管产生的。X 射线无损检测就是利用 X 射线的特点对物质的结构及缺陷进行检测。当结构不同时,X 射线透过时,就具有不同的衰减值。当该物质中有杂质、裂纹、疏松、气泡等缺陷或瑕疵时,X 射线透过后,其强度就发生变化,在胶片上呈现不同的感光度。实际上,X 射线检测是根据胶片上的感光度及其范围确定推进剂内部缺陷的存在及缺陷的位置和尺寸。

火炸药 X 射线无损检测是在医用的 X 射线机上进行的。该机主要由操纵台、高压发生器、X 射线管和冷却器构成。操作台的作用是调整、控制 X 射线管的电压、电流和曝光时间,控制冷却器起安全保护作用。高压发生器的作用是将低电压变高,将交流电变为直流电供给 X 射线管,发出 X 射线,冷却器则是对阳极进行冷却。

目前的 X 射线检测已经与 CT 扫描检测结合。

6. CT 扫描检测

CT 是电子计算机 X 射线断层摄影装置(Computerized Tomography)的简称,1972 年由英国学者 Ambrose 和 Homsfield 两位研制成功,它是临床医学的专用设备。由于 CT 独特的图像重建技术,使无损检测提高到一个新的水平,并向工业及其他领域迅速扩散,应用日益广泛。扫描技术也由 X 射线扫描向超声波扫描、同位素扫描发展,成为应用广泛的检测技术之一。

1)CT 检测原理

1917 年,奥地利数学家(Radon)首先提出图像再建理论,一个物体可以从无限多个角度投影,再根据这些投影用数字方法建立它的图像。该数字方法叫作褶积反投影算法(Convolution Back Projection)。

显然,CT 的原理是图像重建技术,如图 5-5-1 所示。它打破了普通的把三维空间结构变为二维图像的方法,而是通过重建图像将某一层面的结构逼真地展现出来。

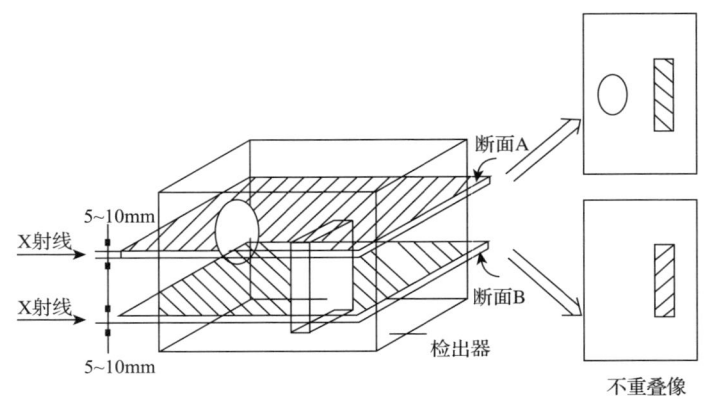

图 5-5-1 CT 装置摄影原理示意图

当 X 射线穿过某一物体时,其能量部分被吸收而发生衰减,并符合衰减原理。假设物质的结构是均匀的,长度为 L,穿透前和穿透后的强度分别为 I_0 和 I,则吸收系数为 μ,物体的结构不同,将使 μ 值不同,表现的能量衰减不同而出现不同的 CT 图像。其详细的原理在此不作叙述。

CT 图像由密度不同的小方块像素构成,像素是 CT 图像的最小单位。像素越大,则像素面积越小,所构成的图像就越清晰;相反则图像模糊不清。如 SCT-100N-2S X 射线断层扫描电子计算机装置的像素为 256×256,图像十分清晰。

评价 CT 图像有两个主要指标:空间分辨力和密度分辨力。二者互相制约,互相依存。空间分辨力是发现和鉴别物体内部最小缺陷的能力。在检测面积一定的情况下,如果像素数目越多,则单个像素的面积就越小,图像也就越清楚,失真度小,空间分辨力越高。密度分辨力是区别物体各部分密度的能力。在 CT 设备输出能量基本不变的情况下,如果像素数目越多,则单个像素位置获得的能量就越少,那么能量衰减的信号强度就小,使得检测器难以有效分辨能量差异,导致密度分辨力降低,从而影响图像分析,不易发现或误判缺陷。

影响空间分辨力的主要因素有探测器之间的距离和 X 射线管靶焦点的大小。因此 CT 扫描都采用较多的探测器和较小的取样距离,得到很高的空间分辨力。在火炸药检测中,其空间分辨力达到 0.28~0.4mm,比普通的 X 射线检测分辨力提高约 2 倍。加上 CT 设备的数码放大功能,使图像尺寸为实际尺寸的 2~4 倍,进一步提高了空间分辨力。

对于密度分辨力而言,总是希望单个像素获得更高的能量,以得到更准确的能量衰减信号。提高整个系统的输入能量,可提高密度分辨力,但输入能量的提高又受到设备条件的限制。在实际检测中，只要达到适当的输入能量，满足 CT 图像的工艺要求，就不会失真并能提高密度分辨力。

5.6 安全性与评价方法

5.6.1 安全性基本内涵

1. 定义

安全，是人们常常提及的词语。在此，需要对"安全"与"安全性"的内涵进行研究与界定。《尔雅·释诂下》："安，定也"；《诗·小雅·常棣》："伤乱既平，既安且宁"；《左传·襄公十一年》："居安思危"。由此可见，安全，是指一种状态，一种按照人们的意志所希望的相对稳定的状态。

安全性是指某种事物，特别是某种物质按照人们的意志所希望的一种稳定的特性，是一种状态、一种特性。

客观事物安全性的本质是其特征状态处于稳定、可控制的范围以内，是表达特征状态的特征（函数）值在阈值以下。所以，安全的理论是建立在对客观事物的状态描述与表达的基础上，通过物理数学模型的建立和有关物理数学数值求解，特征函数表达与变化规律，相关阈值的确定来综合评价的。

安全技术可以归结为数学物理模型中的本构方程中相关系数和边界条件的确定、调整、控制方法、手段、标准等。

2. 火炸药安全性的基本内涵

火炸药是一种能源，同时是一种物质。所以，火炸药的安全性是指在制造加工、储存、使用等过程中具有按照人们的意志所希望而存在稳定特性。

3. 火炸药安全性的外延界定

火炸药安全性的外延，首先是指火炸药在制造加工、储存、使用等过程中的安全特性；其次是指与安全性直接或间接关联的性质的具体内容，对于火炸药而言，包括热分解特性、爆炸特性、燃烧特性等；再次是指在制造加工、储存、使用等过程中由于外界条件可能引起分解、燃烧、爆炸的可能性，以及危害性分析和防护措施等。

5.6.2 安全性与实践的相关性

1. 火炸药制造、储存与安全的相关性

火炸药在生产、储存、使用过程中，具有易燃易爆性、腐蚀性、毒害性以

及生产过程的连续性。必须采取特殊的、严格的安全与环保措施。

火炸药最突出的特征是易热分解、易燃烧、易爆炸、易殉爆和易发生从热分解到爆炸的链式反应，简称易燃易爆性。

1）易热分解

火炸药的成品在常温下是相对安定的化合物或混合物。实际上，它们一直在进行着缓慢的热分解反应。由于其反应速度缓慢，加之安定剂及其他因素的抑制，不经检测，一般不易发现。如果环境温度过高，散热不好，阳光照射或其他条件影响，热分解反应生成的热会逐渐积聚；分解产物中的氮氧化物成为加快分解的催化剂，分解速度自动加快，直至自燃自爆。

生产过程中的热分解，如硝化甘油、硝化棉、梯恩梯、硝胺炸药等的制造过程中各个单元操作都是放热反应。工艺条件控制不稳，极易发生剧烈的热分解反应。如处理失当，则会造成燃烧爆炸和急性中毒事故。曾经发生的该类事故，不胜枚举。

2）易燃烧

任何燃烧必须同时具备三个要素：一定量的可燃物质、与可燃物质比例相当的助燃物质、足够的激发能量。这三个要素相互作用即可燃烧。多数火炸药成品中已含有丰富的可燃剂和助燃剂，所以只要给予足够的激发能量，如环境温度较高、靠近热源、明火点燃，以及摩擦、撞击等，即会发生燃烧事故；当其处于绝热状态、密闭容器或大量堆积时，其燃烧往往会转为爆炸。原材料在火炸药生产过程中极易发生燃爆事故。火炸药在生产、储存、使用时，充分具备燃烧三个条件中的两个。

3）易爆炸

爆炸是火炸药的基本属性，引发火炸药爆炸主要有三种情形：一是由热分解、燃烧引发爆炸；二是由普通火灾引发燃烧爆炸；三是给予强大激发能量后直接引起爆炸（如雷管、爆轰波、撞击等）。

4）易殉爆

火炸药在受到周围一定距离的爆轰波或其他冲击波作用时能够发生爆炸的现象称作殉爆。表征火炸药殉爆特性的是殉爆感度。火炸药的生产工房、库房必须保持一定的安全距离，正是由易殉爆这一特征决定的。引起殉爆的原因主要有：

（1）主发炸药爆炸的冲击波作用；

（2）主发炸药爆轰产物的间接冲击；

（3）主发炸药爆轰时抛射物体的冲击。

5)易发生从热分解到爆炸的链式反应

火炸药的热分解、燃烧、爆炸虽然是多种不同形式的化学反应,但只要条件成熟,可以很容易地从缓慢的热分解转变为快速热分解,从快速热分解转变为猛烈燃烧,从猛烈燃烧转变为剧烈爆炸,几乎同时可引起周围一定距离的火炸药殉爆。这种链式反应,在初期尚可采取若干技术措施和管理方法阻止其发生,一旦转化为猛烈燃烧便会不可逆转地高速变化。

2. 火炸药使用与安全的相关性

火炸药作为能源,在使用时必须经过燃烧或者爆炸过程。未能按照预先设计的程序而进行能量释放的均视为不安全。这种现象表现之一为膛炸,引起膛炸的原因主要有三个方面:第一,发射药或者推进剂的异常燃烧;第二,引信的误作用;第三,过载引起炸药爆炸。

5.6.3 火炸药安全性的物理数学解释

在本书第3章中已经描述,所有的燃烧爆轰过程都可归结为反应动力学问题。由守恒、本构方程和边值(初始与边界)条件共同构成。火炸药安全问题可以从这三个方面进行表述。

从另外一个角度来看,也可以划分为以下几个方面:第一个方面是由外界能量刺激的意外引发,这是对其初始条件的控制问题;第二方面是当能量(包括意外)引发以后,能量释放过程,涉及能量释放过程函数的连续性和可控制性问题;第三方面是能量释放作用效果的预知,这是涉及有效防护的问题。所有安全规范的制定均围绕这三个方面来进行。

对于意外的外界能量引发,需要对每一个可能的能量引发进行程序规范,可能的外界能量包括机械能、热(包括辐射)能、电(包括静电)能、磁能等。

武器使用时的安全性主要体现在对能量释放过程的控制。武器的使用必然伴随能量的释放过程。武器设计时,必然包含了能量的释放与转化过程,该过程函数表达式已知,并且一般为一个连续函数。当该过程函数未知或者间断时,安全性必然出现问题。举一个简单并且熟知的例子,汽车沿盘山公路开至千米的高山是安全的,当遇到20cm左右的凸起,并且以一定速度通过时,将有危险的存在,这个过程能量的过程函数必然是间断的。

当意外引发后,能量必然释放并对所在的空间进行传递、作用。涉及的是如何防护的问题,防护有各种方法,即为安全防护。例如战士、建筑工地人员配戴头盔就是如此。该问题的核心是一个物理参数阈值的确定,接下来是技术的实现。

5.6.4　安全的评价方法简介

安全评价常用的方法首先是对安全性进行分级。进一步是进行安全评价，也称为风险评价或危险评价，是以实现工程、系统安全为目的，应用安全系统工程的原理和方法，对工程、系统中存在的危险、有害因素进行辨识与分析，判断工程、系统发生事故和职业危害的可能性及其严重程度，从而为制定防范措施和管理决策提供科学依据。安全评价既需要安全评价理论的支撑，又需要理论与实际经验的结合，二者缺一不可。

安全评价方法是进行定性、定量安全评价的工具。安全评价内容十分丰富，安全评价目的和对象的不同，安全评价的内容和指标也不同，所以安全评价方法有很多种，每种评价方法都有其适用范围和应用条件。在进行安全评价时，应该根据安全评价对象和要实现的安全评价目标，选择适用的安全评价方法。安全评价方法有：安全检查表评价法（SCL）、预先危险性分析法（PHA）、故障树分析法（FTA）、事件树分析法（ETA）、作业条件危险性评价法（LEC）、故障类型和影响分析法（FMEA）、火灾/爆炸危险指数评价法、矩阵法等。这里不一一介绍。

5.7　不敏感性评价

5.7.1　不敏感火炸药定义

20世纪90年代国内外提出"低易损（LOVA）火炸药"概念，21世纪以来变化为"不敏感火炸药"。直至现在，尚未对该概念进行明确的定义。实际上，该概念源于"不敏感弹药"。

不敏感弹药是指满足弹药基本（性能、实用性、操作性）要求条件下，在受到外界意外刺激时起爆可能性、反应猛烈程度、附带损伤最小的一类弹药。同时考虑到延迟爆炸所带来的危险现象，必须充分考虑不敏感弹药在不同的后勤和作战条件下对意外刺激的反应。但是，使用专门设计的防护装置时，可以针对弹药的后勤或作战情况（如裸弹或装在容器里）使用不同的标准。

可见，不敏感弹药本质就是火炸药的不敏感性。所以将不敏感火炸药定义为：在受到外界意外刺激作用下，爆炸、反应猛烈程度、附带损伤最小的含能化合物或者混合物。

国内没有针对火炸药建立不敏感性的测试与评价方法，下面介绍的是国外（法国）不敏感弹药的评价方法。可供制定不敏感火炸药评价方法参考。

5.7.2 外界意外刺激

外界意外刺激可以分成三类。

1. 热刺激

热刺激是平时最可能遇到的刺激。下面介绍几种热刺激：

(1) 燃料燃烧热源：加热快，温度高，持续时间不长，燃烧温度和持续时间与灭火系统有关；

(2) 慢速加热热源：如未被发现或不好控制的火焰的远程烤燃效应，或破裂管道的蒸汽射流，加热速率为每小时几摄氏度，加热持续时间长；

(3) 弹药着火或炸药燃烧产生的极强、持续时间短的热源。

2. 机械刺激

通常情况下，需要考虑以下 5 种机械刺激：

(1) 搬运过程中意外从高处跌落；

(2) 轻武器弹药撞击；

(3) 快速、轻质破片撞击，如来自防空杀伤战斗部或炮弹的破片威胁；

(4) 重型破片撞击，如来自反舰导弹、炸弹或大口径炮弹的破片威胁；

(5) 反坦克聚能装药射流冲击。

在某些情况下还应考虑以下刺激：

(1) 动能弹或自锻破片撞击；

(2) 装卸或运输过程中某物品跌落到弹药上；

(3) 压力容器(如灭火器等)爆炸后破片溅射；

(4) 二次破片或碎片撞击，如聚能装药撞击形成的装甲破片。

3. 电或电磁刺激

通常情况下，应考虑在正常环境中没有考虑的以下刺激：

(1) 静电放电；

(2) 直接雷击和雷击附近区域辐射的电磁场；

(3) 各种雷达或无线电发射机发射的辐射吸电磁辐射对武器的危险效应；

(4) 核弹头爆炸形成的电磁脉冲。

这些刺激可能是综合刺激。下面列出的两类刺激是弹药可能遇到的刺激，但不全面。

(1) 殉爆或起爆，这种威胁是由于邻近同类弹药正常或不正常起爆造成的；

(2)邻近不同类弹药爆轰。

根据所考虑的弹药种类,可能引起不同类型的综合刺激,包括热流、冲击波、大气超压、破片撞击等刺激,如航空器撞击引起的刺激。

5.7.3 选择的刺激类型

由于每类刺激不可能涉及所有的刺激,那么必须选择能代表弹药寿命周期不同时期可能面临的威胁的刺激。在制定不敏感弹药标准时,要考虑可预测弹药性能的 9 种刺激。下面列出这 9 种刺激:

(1)严重电刺激或电磁刺激;

(2)跌落;

(3)外部燃烧(快速烤燃);

(4)慢速加热;

(5)子弹撞击;

(6)殉爆反应;

(7)轻型破片撞击;

(8)重型破片撞击;

(9)聚能装药射流冲击。

5.7.4 恶性事件和反应类型

弹药受到刺激,可能引发一些事故,事故造成影响的剧烈程度用"反应类型"来表示。以下给出了国际组织公认的"反应类型"的精确描述并说明每种反应类型的弹药行为及其对环境的预期影响。"无反应"是不敏感弹药的最初始特性。下面简要概述这些反应。

Ⅰ类反应:最严重的爆炸事件,超声速反应通过火炸药传播,对外界环境产生强烈冲击。同时,爆炸产生的破坏会导致金属弹壳发生快速塑性变形。所有的含能材料被完全消耗。爆炸导致地面形成大坑,临近金属板出现穿孔、塑性形变或断裂,爆炸超压也对邻近建筑物造成损坏。

Ⅱ类反应:较严重的爆炸事件。只有部分含能材料发生Ⅰ类反应。形成强冲击波,弹壳的一部分破裂成小破片,地面出现炸坑,邻近金属板遭到破坏,爆炸超压对邻近建筑物造成损坏,类似于Ⅰ类反应。Ⅱ类反应还将在超高压的作用下产生大破片(脆性断裂)。类似于Ⅰ类反应,其造成的破坏程度取决于发生爆轰的火炸药所占的比重。

Ⅲ类反应:中等严重爆炸事件。密闭含能材料点火和快速燃烧,使局部压力升高，导致密闭结构发生剧烈压力破裂。金属壳碎裂（脆性断裂）形成大破片，飞落到较远的地方。未发生反应或燃烧的火炸药散落在四周。此类反应将形成空气冲击，可对附近建筑物造成破坏。出现起火和烟雾危害。爆炸和高速飞行的破片会在地面形成小坑，并对邻近金属板造成破坏（断裂、撕裂、开糟等）。爆压低于Ⅰ类或Ⅱ类反应。

Ⅳ类反应：较轻的爆炸事件。密闭含能材料点燃和燃烧，将导致低强度弹壳内压力释放或从弹壳壁释放。弹壳可能破裂但不形成破片，注入口封盖可能被崩掉，但不燃烧或燃烧的含能材料会散落在四周并引起周围起火。压力释放可能推动未固定的试验部件，造成额外危险。无爆炸效应或对环境无显著破片损伤，只有火炸药燃烧造成的热和烟雾损害。

Ⅴ类反应：最轻的爆炸事件。火炸药起火并燃烧，但无推进力。弹壳可能发生轻微破裂、熔化或强度降低，燃烧气体缓慢释放。弹壳封盖可能在极强压力作用下松动或移动。碎片散落在燃烧区域，但弹壳封盖可能被抛到15m远的地方。破片不会对人员造成致命伤害。反应能产生推动试验样品向前飞行的推力。一些国家法规或国际法可能强制推行完全无爆炸反应。

尽管上述反应类型是国际公认的，但对反应类型的定义没有明确的描述。北大西洋公约组织（NATO）AC/310小组根据表5-7-1已经开始进行这个方面的研究。通过研究，提出可能对弹药有影响的不同反应类型的正式定义。

表5-7-1 北约关于反应类型的界定（建议的一些修改）

反应	弹药行为		效应			
	火炸药	弹壳	爆炸	火炸药喷射	破片喷射	其他
Ⅰ	爆轰	快速塑性变形，全部成为碎片	强冲击波，破坏邻近建筑物	所有火炸药参加反应	穿孔、塑性变形、邻近金属板破坏	地面形成大炸坑
Ⅱ	部分爆轰	部分形成破片与大破片	同上	同上	同上	同上，与火炸药质量有关
Ⅲ	快速燃烧、压力增大	剧烈破碎成为破片	弱于爆轰，对邻近建筑物造成破坏，10m处压力大于50mbar	分散四周，有起火、冒烟危险	破片喷射到远处，对金属板造成破坏	在地面形成小炸坑

(续)

反应	弹药行为		效应			
	火炸药	弹壳	爆炸	火炸药喷射	破片喷射	其他
Ⅳ	燃烧/爆燃、无剧烈压力释放	破裂，形成破片小于3个，封盖崩裂，气体泄漏	Ⅳ反应、15m处压力大于50mbar	散落四周，有着火危险	封盖移动，推动大型结构件，无明显破坏	热和烟引起危险，推动独立部件
Ⅴ	燃烧	轻微破裂，气体平稳释放，封盖分开	15m处压力小于50mbar	散落范围小于15m	碎片喷射，破片动能超过79J或15m外破片质量不超过150g	15m处热流小于4 kW/m²

5.7.5 不敏感弹药标准

为了制定不敏感弹药标准，必须分析弹药对选定的9种刺激的反应，如表5-7-2(a、b、c)所列。给出了需要考虑各类刺激的范围。对于某一弹药，按照"刺激/反应类型"表，界定用"一星""二星"和"三星"不敏感弹药标准表示的不敏感弹药类型。

当某一刺激效应明显高于待测弹药可能产生的效应时，此种情况可以不考虑。所以，将5.56mm口径弹药置于聚能装药射流中是不适宜的。相反，应检验聚能装药射流对装有此类弹药的容器的影响。

不敏感弹药标准能评估弹药在特定刺激下的行为。但是，这个标准决不能代替在计划使用条件下的危险分析，储存和运输危险分类知识也不能代替对弹药使用条件的具体研究。

表5-7-2 (a)不敏感弹药一星级标准(MURAT*)刺激/反应类型表

反应 刺激	无反应	Ⅴ	Ⅳ(1)	Ⅲ	Ⅱ	Ⅰ
1-电	X	—	—	—	—	—
2-跌落	X②					
3-外部火焰	X	X	X			
4-慢速烤燃	X	X	X	X		

（续）

刺激＼反应	无反应	V	IV(1)	III	II	I
5-子弹撞击	X	X	X	X	—	—
6-殉爆	X	X	X	X	—	—
7-轻型破片	X	X	X	X	X	X
8-重型破片	X	X	X	X	X	X
9-聚能射流	X	X	X	X	X	X

表 5-7-2 (b) 不敏感弹药二星级标准（MURAT*）刺激/反应表

刺激＼反应	无反应	V	IV(1)	III	II	I
1-电	X	—	—	—	—	—
2-跌落	X②	—	—	—	—	—
3-外部火焰	X	X①	—	—	—	—
4-慢速烤燃	X	X	X	X	—	—
5-子弹撞击	X	X	X	X	—	—
6-殉爆	X	X	X	X	—	—
7-轻型破片	X	X	X	X	—	—
8-重型破片	X	X	X	X	—	—
9-聚能射流	X	X	X	X	X	X

表 5-7-2 (c) 不敏感弹药三星级标准（MURAT*）刺激/反应表

刺激＼反应	无反应	V	IV(1)	III	II	I
1-电	X	—	—	—	—	—
2-跌落	X②	—	—	—	—	—
3-外部火焰	X	X③	—	—	—	—
4-慢速烤燃	X	X	—	—	—	—
5-子弹撞击	X	X	—	—	—	—
6-殉爆	X	X	X	—	—	—
7-轻型破片	X	X	—	—	—	—

（续）

反应\刺激	无反应	V	IV[(1)]	III	II	I
8-重型破片	X	X	X	—	—	—
9-聚能射流	X	X	X	X	—	—

注：X—可接受的反应；

① 无推力；

② 喷出物质无危险；

③ 最早的反应是在燃烧后的 5min。

除了在起爆序列中表现为上述特征的军用含能材料以外，其他火炸药均属于不敏感爆炸物。

5.8 力学性能检测与评价

火炸药以固体形态存在时，具有材料的基本属性，力学性能是其属性的一个特征表达。以燃烧释放能量的火药，力学性能直接影响火药的燃烧稳定性与能量释放规律，以及武器的使用安全性。以爆轰释放能量的炸药，其内部结构的完整性是其材料属性的特征标志。这里仅针对火药的力学性能，特别是低温的力学性能进行描述。

(1) 冲击强度用于评价材料的抗冲击能力或判断材料的脆性和韧性程度，因此冲击强度也称冲击韧性；

(2) 冲击强度是试样在冲击破坏过程中所吸收的能量与原始横截面积之比；

(3) 冲击强度的测量标准主要有 ISO 国际标准（GB 参照 ISO）及美国材料 ASTM 标准；

(4) 最常见的冲击强度测试是塑料制品的冲击强度。根据试验设备不同可分为简支梁冲击强度、悬臂梁冲击强度。

国际标准与美国材料标准具体区分如下：

GB：冲击强度是试件在一次冲击实验时，单位横截面积（m^2）上所消耗的冲击功（J），其单位为 MJ/m^2。

ASTM：冲击强度反映了材料抵抗裂纹扩展和抗脆断的能力，单位宽度所消耗的功，单位为 J/m。

发射药需要在高压条件下稳定燃烧，并关注低温的抗冲击强度。因为到目前为止的所有发射装药内弹道试验中,意外的事故均在低温时发生。目前对用于高膛压火炮发射药,低温(-40℃)的抗冲击强度应大于 $8.0kJ/cm^2$。

5.9 发射不良现象与评价

这里的发射包括火箭、枪炮武器的推进与发射。所谓"不良现象"是指在发射过程中出现的对武器性能和人员有不利影响的物理化学现象。

5.9.1 不良现象描述与表达

1. 火焰

火药燃烧必然产生高温产物,一般在 2000~4000K。在火箭发动机中,通过拉瓦尔喷管喷出,在枪炮中随弹丸在膛口喷出,一般温度达 1000~2000K。作为一个高温体,辐射成为可见光是其正常的物理现象。

对于枪炮武器发射时所产生的火焰,又分为一次焰和二次焰。

一次焰是火药燃烧气体产物在膛口因为压力突跃下降,产生激波而加热使温度上升所引起的。它与膛口压力大小有关,压力越大,一次焰将越显著。

二次焰是一般组成为负氧平衡的火药,燃烧产物中含有一定比例的 CO 和 H_2,喷射进入大气中,与空气混合、扩散,在本身高温的条件下被点燃,进行二次燃烧,使温度上升而成。

2. 烟雾

烟雾(smog)是烟(smoke)和雾(fog)两字的合成词,由英国人 Voeux 于 1905 年所创用。烟雾为自然客观现象,也是所有燃烧过程伴生的一个现象。

烟雾本质上是凝聚态物质在大气中悬浮而造成,对可见光透射、反射、折射的效果。凝聚态物质由于组成、空间分布、温度、大气环境(如湿度)的不同,将呈现不同形式的烟雾,如图 5-9-1 所示,可以成为军事应用的"烟雾弹"。

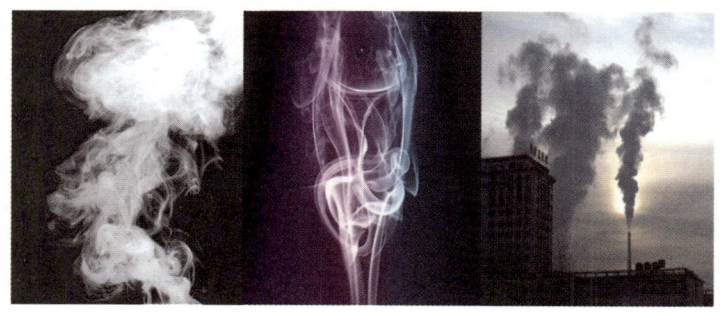

图 5-9-1 烟雾图片

火药组分中有 C 元素的存在，同时原材料中不可避免的包含有含金属元素的杂质，所以火药燃烧和发射过程中产生的烟雾是客观存在的。在推进剂中因为高氯酸铵和铝粉的加入，烟雾更为加剧。

3. 残渣

这里的残渣是指火药燃烧完毕以后残留在燃烧室内的固体产物。一般的成分为金属氧化物和剩余碳，有的情况下是装药元器件的未燃烧部分，如火箭发动机的包覆层、发射装药的可燃药筒、黏胶剂等。

4. 噪声

枪炮武器发射时，膛口压力可以达到 100MPa 以上，在弹丸出膛后，高压燃烧气体在膛口突跃降压膨胀，产生激波而对周围介质扰动，形成噪声。

5. 有毒有害气体

火药燃烧气体中 CO 和氮氧化物（N_xO_y）均为有毒有害组分。发射药燃烧气体中 CO 含量可达到 20%w 以上。

5.9.2 不良、危害性与规律性分析

上述武器发射因为火药燃烧而出现的诸多现象，对武器的性能和使用环境具有诸多危害性。随着武器信息化的发展和对人类健康的重视，特别是枪炮武器与使用者近距离甚至零距离接触，这些方面显得越来越重要。

1. 炮口与喷口火焰

火焰分为炮口焰、炮尾焰和火箭发动机喷口火焰。火焰以温度高、发出可见光为基本特征，是武器在空间位置的一个特征信息参数，是武器信息组成部分。火焰大小将影响该信息的获取与相关决策、判断。炮尾焰对战斗人员将造成直接伤害，特别是坦克、装甲车火炮的炮尾焰是不容许出现的。

膛口、喷口火焰的大小与当时的温度、压力和燃烧产物以及火药配方直接有关。

2. 烟雾

烟雾对可见光、电磁波的传播有显著的影响。

现代的武器均已经或正在信息化，而且智能化是发展方向。其中武器信息的获取与传递是必不可少的部分，光与波是信息与系统的核心关键部分。烟雾的浓度、分布、成分对其影响极大。严重者将造成武器的信息系统紊乱、功能

性失效等。

最为简单的例子是因为烟雾的产生致使肉眼观察不到目标。

3. 残渣

因为火箭发动机为一次使用,所以火药与装药的燃烧残渣对其性能没有直接的影响。

身管武器具有多次重复使用性。发射药与装药在膛内的燃烧残渣,在很大程度上影响甚至决定武器性能,严重者使武器功能性失效,如可燃药筒装药自动装填、速射武器自动射击机构等将出现问题。较轻者则会出现导气孔变小甚至堵塞现象、弹道稳定性变差等。

4. 影响因素与规律性

通过理论分析与实验验证,上述不良现象的发生除武器的因素以外,火药及其装药也与之有着密切的关系。在枪炮武器中具有如下判断。

(1) 发射药装药均为负氧平衡化学体系,提高氧平衡是降低烟焰和有害气体含量的技术途径之一;

(2) 降低发射药的爆温、减少装药量是降低膛口火焰的有效方法;

(3) 采用更高燃烧渐增性发射装药是降低烟焰、残渣的关键技术;

(4) 可燃装药元器件的燃尽性和降低其质量是大口径发射药装药降低不良现象的一个重要技术途径;

(5) 降低点火的金属离子含量是减少残渣的一个技术途径。

5.9.3 表征与评价方法

对于不良现象的表征与评价方法,火箭发动机装药燃烧时间较长,有标准发动机为固定平台,诸多参数可以稳定、重复测试。对烟雾用"羽流特征信号"表征。因为枪炮武器,武器的口径各异,火药装药量、作用时间相差达到几个数量级,相关参数的稳定、重复一致性差。近年来有多种表征方法,但都不规范也没有统一,所以评价标准没有建立。

1. 羽流特征信号的分类与评定方法

羽流特征信号在固体发动机点火工作后才能显现出来,而推进剂又是影响羽流特征信号的主要因素,因此需要在推进剂研制阶段就对其特征信号进行初步估计。

20世纪80年代中期,国际上将推进剂分为有烟(smoke)、少烟(reduced

smoke)、微烟(minimum smoke)和无烟(smokeless)四类。分类的目的主要是对推进剂配方进行一定的限制,见表 5-9-1。

表 5-9-1 早期固体推进剂烟雾特性分类法

类别	一次烟	二次烟	推进剂配方限制
无烟	极少	无	无铝粉和高氯酸铵,燃气中凝聚类成分含量极低
微烟	极少	极少、偶有	铝粉含量极少或无,高氯酸铵含量小于20%,燃气中凝聚类成分含量很低
少烟	少	有	允许使用高氯酸铵,燃气中凝聚物含量低
有烟	有	有	无限制

显然,这种分类法对推进剂产生的烟雾性质缺乏定量的描述,在工程实际应用中时有歧义。因此,北约航天研究与发展顾问组提出了一种较为科学的定量分类法,称为 AGARD 分类法。AGARD 分类法是在推进剂热力学计算的基础上,分别计算出一次烟的阻光率(AGAIRDP)和形成二次烟时的相对湿度(AGARDS)。然后根据 AGARDP 和 AGARDS 的值(各分为 A、B、C 三级)再进行组合分类,按分析结果将推进剂分成 9 类,如某推进剂一次烟为 A 类,二次烟为 C 类,则该推进剂羽流特征的综合评定为 AC 类。表 5-9-2 为 AGARD 分类界限值。

表 5-9-2 AGARD 分类(阻光率)界限值

类别	AGAIRDP	AGARDS
A	≤0.35	>0.9
B	0.35~0.9	0.52~0.9
C	>0.9	≤0.52

按照 AGARD 分类法,推进剂总烟雾等级被分为 AA~CC 共 9 个级别,其中 AA,AB(AC,BC)和 CC 分别对应无(微)烟推进剂、少烟推进剂和有烟推进剂。该分类标准的核心就是根据烟雾的不同组成和形成机理将固体推进剂烟雾分为一次烟和二次烟,使烟雾测试和评估大为简化,首次确定了推进剂烟雾分类的定量标准。

目前,美国低(微)特征信号推进剂的分类依据主要是陆军 MICOM 所定义的羽流可见光、红外和激光透过率应大于 90% 的标准。尽管看起来与北约标准有所不同,但本质上是一致的,都是以固体推进剂羽流对各种入射信号的透过率大小为基本依据,其低(微)特征信号推进剂与北约的微烟推进剂(AB级)应属同类。

2. 炮口不良现象测试与评价

1)炮口焰

对炮口火焰采用高速摄像,可以提取某一帧,对其进行图像处理,进行火焰面积和光强积分计算。采用对比的方式进行评价。

2)炮口烟雾

对于稳定、持续时间长的烟雾测试,仪器与方法已经很成熟。例如对大气中细颗粒物(细粒、细颗粒、PM2.5)的检测。

对于中小口径轻武器,例如国内5.8mm步枪,因其装药量近1.7g左右,所以采用烟箱对燃烧产物进行收集、密闭,测试可见光或者红外、紫外等通过率,然后比较评价。

对于大口径火炮,装药量大,产物不可能收集,光透过率的方法又缺乏稳定与重复一致性,所以正在尝试各种方法对其测试评价。

3)膛内残渣

对于膛内残渣较为稳定和重复一致性的测试方法是静态燃烧方法,即在密闭条件下燃烧后,对残余物进行称量计量比较。

收集膛内残留物,重复一致性差,目前不能用以进行定量评价。可以用于残渣成分分析和机理与规律性分析。

4)有害气体

对燃烧气体进行定量检测,主要是测定CO含量。在武器使用过程中,在相对密闭的空间内进行CO含量和氮氧化物实时检测,定量地进行比较评价。参照大气监测方法,对氮氧化物和其他可能有害的成分也可以进行检测。

参考文献

[1] 胡双启. 火炸药安全技术[M]. 北京:北京理工大学出版社,2014.
[2] 欧育湘. 炸药学[M]. 北京:北京理工大学出版社,2014.
[3] 谭兴良,孔德仁. 膛口抑制技术[M]. 北京:兵器工业出版社,1995.
[4] 周起槐,任务正. 火药物理化学性能[M]. 北京:国防工业出版社,1983.
[5] Jonathan T E, Andrew C C, et al. Synthesis of Energetic Materials by Rapid Expansion of a Supercritical Solution into an Aqueous Solution (RESS-AS) Process. ADA544674,2010.12.2.

[6] 刘子如. 含能材料热分析[M]. 北京：兵器工业出版社，2008.

[7] 蒋军成，潘勇. 有机化合物的分子结构与危险特性[M]. 北京：科学出版社，2011.

[8] 贺增弟，刘幼平，马忠亮，等. 变燃速发射药的燃烧性能[J]. 火炸药学报，2004，27(3)：10-12.

[9] 梁泰鑫，吕秉峰，马忠亮，等. 一种随行装药的燃烧性能[J]. 兵工学报，2015，36(a)：1660-1664.

[10] 萧忠良. 提高火炮初速(动能)技术途径与潜力分析[J]. 中北大学学报(自然科学版)，2011，22(4)：277-280.

[11] 胡睿，杨伟涛，石先锐，等. 叠氮硝胺发射药对枪口火焰的影响[J]. 火炸药学报，2017，30(4)：102-106.

第 6 章 发展分析

火炸药作为化学能源被人类发现、发明、应用已有一千多年，直至现在，人类对其认知还局限在一定范围以内。随着其他能源的发现和应用，在人类实践中已有部分能源可以替代火炸药。例如在物理能源方面，作为毁伤能源，核能早在第二次世界大战中使用；电磁能作为推进能源被尝试作为推进与发射能源，用于弹丸的发射；激光作为一种能源应用于目标的毁伤。将化学反应机理用于生理方面，发明了一系列非致命武器。

以火炸药为发射、推进、毁伤能源的常规武器，传承久远，在可以预期的一个时期内将不可或缺。火炸药具有其他能源不具有的特殊性，在未来仍然具有不可替代性。火炸药的未来仍然将从科学认知与发现、技术创新发明、工程实践与应用等方面进步与发展，本章予以分析与展望。

6.1 科学认知与探索

火炸药本质为一类特殊化学能源，对其科学认知是在本质属性和规律性方面的探索与发现。归结为对化学键能本质的深化与突破和有关能量状态与结构之间的本构关系的建立，燃烧爆轰过程的描述等。

6.1.1 化学键能属性探索

目前对于化学键能的认知建立在 Schrödinger 方程上。无论是化学元素还是化学分子，其属性均与原子核外电子云分布有关，其分布状态决定了物质的能量状态与其他属性，除了与其他物质有共识性的认知以外，火炸药的特殊性在于化合物在高能状态下能够稳定存在。

在目前分子设计理论与程序的基础上，通过实验验证，对（特别是含 C、H、O、N 元素）复杂结构分子、化合物电子云分布的边界条件、相互作用机理进行理论探索，对计算解法进行优化，建立更为准确、更为简捷的含能化合物设计方法。

在高速计算机的支持下，通过大数据处理，理论证明高能、钝感含能化合物的存在，并在特定的条件下物理化学实现。例如：全氮化合物、金属氢、固态氧等。

6.1.2 化学键能的突破

原子聚变、裂变等现代物理原理的发现，开创了人类利用核能的时代。核能的基本原理是爱因斯坦的质能守恒定律 $E = MC^2$。在原子变化的过程中，因为质量变化而对外释放能量。

所有化学键能在产生的过程中，是化学组分发生变化，而化学元素和系统内的质量不发生变化。能否假设，有一种介于化学键能与核能之间能量形态的存在，这种能量姑且认为是超化学能。

6.1.3 封闭体系的突破

火炸药通常在高压环境条件下进行化学反应，外界物质与能量很难进入参与反应，所以形成一个（相对）封闭的化学反应体系。燃料空气炸药的发明，突破了火炸药封闭体系的局限，使炸弹的威力数倍增加。该发明原理是利用燃料在一定空间区域内分散，与空气中的氧混合，引发而燃烧爆炸反应。在反应瞬间，也可以将一个局限的空间视为封闭体系。

利用压力输送的双元液体推进剂远比固体推进剂能量要高，在一定意义上也是一种对封闭体系的突破，但仅限于较低的压力环境条件。

利用电磁能量可以通过封闭物理空间传递的特性，参与火炸药的能量释放过程，将是对火炸药封闭体系一种真正意义上的突破。目前电热化学能炮正处于一个从原理验证到工程应用的试验阶段。需要解决的技术问题有：电能快速储存、储存装置小型化、电能释放程序控制、电源开关寿命、电能释放过程电磁干扰等方面。需要认知的科学问题有：电热转换与传递机理、高压等离子体本质属性等。

6.1.4 本构关系构建

本构关系是指物质结构与其性能之间的关联性。科学的表达是简洁的数学关系式，退一步是经验和半经验公式，再退一步是定性表达，最为初级的是现象描述。

对于火炸药而言，在本构关系方面，绝大多数处于现象认知、经验和半经验认知层次。

火炸药的组成、结构与内能(爆热)之间的关系具有较为准确的关系式,这是目前对火炸药的最为本质性的认知。此认知基于以下条件:第一,热力学第一(能量守恒)定律;第二,化学平衡产物假定正确;第三,火炸药气体产物低压下可采用理想状态方程;第四,具有较为完善、丰富的化学组成热力学数据库;第五,在化学组分和热量测试方面具有仪器和测试方法的支持;第六,计算机与计算方法支持。

而对于火炸药其他的物理化学性能,当前仅仅处于定性的认知阶段。

1. 高压气体状态方程

低压下可采用理想气体状态方程,但是火炸药通常在高压条件下燃烧与爆炸,身管武器火药燃烧压力达到数百兆帕(MPa),炸药爆炸最高压力可达数万兆帕(MPa)。理想气体状态方程已经完全不适用于实际气体状态方程,Vieille 气体状态方程:

$$pV = NRT(A + BP + CP^2 + DP^3 + \cdots) \quad (6-1-1)$$

式中的 A、B、C、D、$\cdots$ 分别称为第一、第二、第三、第四……位力系数,它们的数值只与温度和气体的性质有关。当一定量气体的摩尔体积 V 趋于无穷大或其压强 p 趋于零时,将为理想气体状态。

火炸药学家一直在对高压气体状态方程进行探索研究,已有数十个经验、半经验表达式公布于世。任何一种表达式均含有一个或多个参数、系数,需要通过实验验证确定。限于实验条件和计算工具的限制,这些表达式的适用范围相当有限。同时,燃烧爆炸过程中压力变化范围很大,可达 2~3 个数量级,伴随化学反应产物组成变化,致使真实气体状态的认知仍然处于定性与经验阶段。

随着计算机计算速度的提高,在充分考虑分子体积、分子之间相互作用的基础上,可以用数值关系式准确表达不同燃烧爆炸产物温度、压力的关系。其中验证实验装置的设计与建立是基础,需要积累大量化学物质的物理化学数据。

2. 化学反应动力学机理

火炸药与化学反应动力学有关的有两个方面:第一个方面是含能化合物合成反应动力学机理;第二个方面是分解、燃烧反应动力学机理。

1)合成反应动力学机理

目前的含能化合物主要由含能基团 R—NO_2、R—O—NO_2、R—N—NO_2、R—N_3 的各种组合而成,与一般化学合成反应相比,特殊之处在于合成中均涉及基团—NO_2 或者—N_3 取代化合物中的某些原子进入指定位置。例如—NO_2 基团取代进入分子的指定位置的过程称为硝化过程,在此方面,目前已有较为成熟的硝化理论。

随着以全氮化合物为代表的高张力化合物的发现,含能化合物的合成反应机理将出现本质上的变化,为含能化合物的合成提出了崭新的命题,可以设想从以下几个方面进行探索:①计算模拟反应,在量子计算化学基础上,对目标化合物的稳定状态进行模拟与仿真;②对可能的存在条件进行设定,对目标化合物的可能生成路线进行设计;③对生成过程进行模拟;④计算获取有关的热力学和动力学数据;⑤建立超高温、超高压、特殊条件下的反应装置,进行实验验证等。

2) 分解、燃烧反应动力学机理

火炸药分解是燃烧反应的一部分,也是在储存期间内必然进行的化学反应。目前是在较高温度下测试含能化合物和火炸药的宏观分解速率,利用阿累尼乌斯方程推算在常温下的储存寿命,该方法沿用近百年。

出于对火炸药本质属性认知的需要,对含能化合物一类特殊物质,在外界能量的作用下,揭示其分解机理具有重要的科学价值。分解机理包括化学键断裂机理、中间产物的存在证据、相关动力学、热力学数据的获取等。其中中间产物存在的证据与相关数据的获取可能是目前研究的重点与难点。

上述两个方面,均需要对微量、短暂存在的中间产物进行测定与表征,需要仪器、计量科学技术的支持。

6.1.5 燃烧与爆轰理论

任何燃烧与爆炸均可以归结为反应流体动力学的问题。目前对于火炸药燃烧爆炸问题的处理,仅限于对其最终能量状态的表达,且结果的准确性不够,物理化学示性数不全面。

现在和将来需要的是对燃烧爆炸物理化学场的完整与准确表达,即

(1) 时间、空间四维度地表达;

(2) 物理参数表达,包括温度、压力、产物速度、作用力等;

(3) 不同时间、空间化学组分分布云图。

完成上述设想,目前制约的因素有许多,火炸药组分分解、燃烧反应动力学数据严重匮乏;高压条件下产物状态方程对火炸药缺乏普适性;火炸药燃烧爆炸的边界条件多样性;反应(有源项)流体动力学过程计算方法耗时大;高压条件下流体应力场、高速运动的湍流流动、扩散燃烧化学反应本身就是一个需要探索的科学问题。

在反应流体动力学体系下，燃烧与爆轰本质上完全相同，但在实践中表现的方式完全不同，需要探索两者之间的本质区别以及低速爆轰和超高燃速稳定存在的基本条件，为其工程实践应用奠定理论基础。

6.2　含能化合物

火炸药的发展进步历史，在很大程度上是关键含能化合物的发现与应用历史。其中包含：硝酸钾的发现与应用，发明黑火药；TNT 的发现与合成，出现黄色炸药；硝化棉合成、胶化成型诞生无烟火药。随着硝化甘油、黑索今、奥克托今、CL-20 的发现、合成与应用，火炸药的发展进入高能火炸药的时代。

未来含能化合物的合成需要在以下几个方面展开。

1. 超高能单质炸药类

能量与密度超过目前 CL-20 的单质晶体炸药，如全氮与多氮化合物、笼形硝胺类化合物、唑类化合物等。

2. 高效固体氧化剂

直至目前，在火炸药中真正具有实用价值、不含金属的固体氧化剂只有高氯酸铵和硝酸铵两种。前者应用于复合固体推进剂，硝酸铵因为晶变与吸潮的原因，目前除了在民用炸药中大量使用外，在军事中应用极少。另外一种高效的固体氧化剂是二硝酰胺铵（ADN），但至今未能解决吸潮问题，仍然无法实用。

就发射药而言，出于射手安全与环境的因素，配方组成仍然局限于 C、H、O、N 元素体系，发射药的高能仅仅是基于高初速穿甲弹发射的背景需求。所以，二硝酰胺铵和硝酸铵的晶变与吸潮问题仍然是研究重点，以解决这两种固体氧化剂的实用性问题。

就推进剂和炸药而言，组成中的元素可以扩大到金属和硼、氯、氟等元素，就氧化性而言，氯、氟元素要比氧高。所以，含氯、氟的固体氧化剂将是未来研究选择的方向。

3. 高热值固体燃料

理论上火炸药的最佳燃料是固态氢，而目前应用效果最佳的是铝（粉）。正在探索的是 AlH_3 和对氢有富吸作用多孔材料。

该方面的发展路径是将以碳氮为骨架的多氢材料，基于高效氧化剂进行双元混合应用，如液体火箭发动机和燃料空气炸药。AlH_3实用化，解决其稳定性问题。持续探索固态氢（金属氢）的形成物理化学历程与存在条件是一个科学认知发现过程，同时也是一个技术、条件支持发明与应用的创新过程。

4．功能添加剂

所谓功能添加剂，是为火炸药安全性、储存稳定性、燃烧与爆轰性能、加工性能等方面考虑而添加的组分。目前的功能添加剂，存在两个方面的问题，一是功能添加剂会使能量大幅度地降低，一般加入1%时，能量降低1%～2%；二是许多功能添加剂对环境具有副作用，如苯环类增塑剂、含铅的燃烧催化剂等。

火炸药功能添加剂将朝三个方向发展，一是含能功能添加剂，二是绿色功能添加剂，三是晶体表面功能添加剂。

6.3 配方构成

所谓火炸药的构成就是火炸药的配方组成。火炸药的构成的基本思路是能量主体成分加功能添加剂，能量主体成分为核心关键组分。火炸药在不同力学环境条件和能量释放方式下，配方组成的设计思路与方法将是完全不同的。

以爆轰为能量释放方式的炸药，将沿着下面几个方向发展。

（1）随着高能化合物的发现、合成与实用化，新一代高能炸药将相应诞生。配方组成的特点仍然还是高能主体炸药加功能助剂。功能助剂根据加工的要求而具有不同的选择。将这一类炸药为元素预混炸药（现在称为单质炸药）。

（2）随着高效氧化剂和高热值燃料的发现、合成与应用，通过物理的方法，将氧化剂与燃料进行混合。将此类炸药称为分子预混炸药（现在称为分子间炸药）。

（3）结合火药燃烧与爆轰特点，利用爆炸过程体系的开放性和空气中氧气的客观存在，将分子预混炸药发展为爆炸/燃烧炸药，利用燃烧的高温效应，实现毁伤功能。根据毁伤目标的特点，通过配方和能量过程控制，可以设计为以爆炸或燃烧为主。将此类炸药称之为温度压力（简称温压）炸药。

作为火箭发动机推进能源的固体推进剂，在较低压力环境下使用，基本采用单一或者小样本，与大样本的发射药在配方设计能量释放控制方法等方面具有不同的思路。在现有的基础上，发展的方向有下面几个方面。

（1）高能固体推进剂。固体推进剂与所有火药相同，在配方体系上是力学骨架体系加填充组分。与发射药不同，固体推进剂组成的元素不限于C、H、O、N，为高能固体推进剂的设计提供了更大范围的选择。随着高效氧化剂和高热值燃料的发展，预期可以实现的理论比冲为280～300s。

(2)随着未来武器低敏感特性的发展需求，在钝感含能黏结剂骨架体系下，加入高能钝感晶体含能化合物，组成高能钝感推进剂。这是固体推进剂的一个炸药发展方向。

(3)低特征信号固体推进剂。对于导弹武器，推进剂燃烧产物与流场是重要的物理化学表现，对于战场与武器而言，就是一个特征信号。该信号与燃烧产物的温度、产物的组成和对电磁波吸收、反射的特性有关。一般地估计，燃烧产物温度高，固体组分含量高，这种特征信号将会显著。需要进一步建立不同组成、分布、温度、压力与电磁波不同波段的传播的关系，以对固体推进剂配方设计进行指导。

(4)高效与绿色燃烧催化剂。在火箭发动机中，推进剂的燃速调节是对能量释放规律控制的一种重要手段与方法。目前的燃速调节大部分是金属类催化剂。这类催化剂的显著特点是燃烧催化机理清楚，应用技术成熟，但存在以下缺点：①因为其不含能，对体系的能量损失较大；②反应产物是火箭发动机特征信号的重要影响因素；③许多催化剂含有重金属，如铅、锰等，对环境有不利影响。未来需要发展一类不含或少含金属，特别是重金属的绿色催化剂，如石墨烯、纳米粒子等。

发射药，主要还是在枪炮(身管)武器中使用，具有大样本、小尺寸、武器多次重复使用的特点，使用压力要比固体推进剂高出1～2个数量级，达到300MPa以上。因为枪炮武器与使用者零或近距离接触，所以对配方元素仍然会限制于C、H、O、N范围。未来的发射药预期将会向以下几个方向发展。

(1)以硝化纤维素为骨架的发射药。因为发射药使用的力学环境远比固体推进剂恶劣，对其力学性能要求更高。以硝化纤维素为骨架的发射药仍然是将来发射药的主体。与硝化甘油和其他不同含能化合物构成混合增塑剂体系共同成为力学骨架体系，添加不同晶体含能化合物，以适应不同武器对发射药能量、温度、力学强度的需要。

(2)非硝酸酯发射药。根据未来不敏感弹药的需求，现在的发射药均是以NC和NG为主要组分，而R—O—NO_2基团对外界能量的刺激作用最为敏感，需要发展一类不含该基团的发射药。以AMMO、BAMMO为力学骨架体系加晶体炸药的不敏感发射药将是另外一个重要方向。

(3)富氮与富氢发射药。目前的枪炮武器弹丸初速均在2000m/s以下，发射药燃烧气体的动力学效应没有凸显，随着超高速发射武器的发展，需要注重发射药燃烧气体运动动力学效应，也就是降低燃烧气体的平均相对分子质量而提高逃逸速度。随着多氮或全氮含能化合物、高效氧化剂、富氢高热值燃料的发现与合成,也随之发展。同时这类发射药还具有高火药力、低爆温的特点,对降低烧蚀、延长身管武器的寿命将有很大的益处。

(4)超高燃速发射药。枪炮武器膛内燃烧时间在 10ms 以内,这是目前发射药采用小尺寸、大样本的根本原因。如果将发射药的燃速提高 1~2 个数量级,将是对发射装药的一次革命性的变化,可以实现整体或者是随行装药。就发射药的组成而言,通过改变配方组成来实现燃速的提高是不可能的,但采用微多孔的物理方法是一个可以选择的技术途径。

6.4 工程应用技术

火炸药的应用本质上属于热能到动能(量)的转化。原理上遵循热力学能量守恒定律,但是转化的效率与能量转化过程有关。所以火炸药的应用实际上是在工程实践需求的背景下,装药的结构设计和对能量释放过程控制的技术问题。

6.4.1 炸药应用技术

炸药应用的基本原理与所有的能源做功原理没有本质的不同,同样是将热能转化为动能(动量),但在转化过程中,因为高压与激波的作用,被作用对象发生损坏(破坏),其实这正是作为毁伤能源的根本所在。随着高能炸药和炸药能量释放控制方法的进步,未来炸药应用可进一步拓展与深化。

1. 超高能毁伤弹药

这里的超高能涵盖三个方面:一是单位质量炸药所含能量;二是连续聚集体所含的总能量;三是炸药定向聚能释放控制技术。随着高能与超高能炸药的发现与应用,炸药单位质量的能量大幅度或成倍地提高,弹药的毁伤威力也将随之成倍地提高,或者是在保证毁伤威力的条件下,武器轻量与小型化,给现有的武器带来了革命性的变化。

2. 燃料空气炸药

燃料空气炸药是对火炸药封闭体系的一个突破,将自然空气中含有 1/3 的氧变为反应体系中的组成,不仅体系的能量大幅地提高,而且使爆炸毁伤作用的物理空间成数量级地扩大。随着更高热值燃料出现,燃料大气空间分布和多点同步起爆技术的进步,燃料空气炸药将会更加实用并显示其更高的威慑和打击作用。

3. 温压炸药

所谓温压炸药，可以认为是炸药的爆炸作用除了爆轰波压力毁伤以外，利用局部空间的氧进行第二次燃烧产生高温作用，对目标进行持续毁伤。实际是高温与高压共同作用的结果，也可以称之为"温度压力炸药"。

原理上温压炸药与燃料空气炸药基本一致，但是燃烧需要两个条件。第一，点火条件，即为燃烧发生的初始能量输入大于某个阈值，对于炸药爆炸爆轰波，这个条件不难满足；第二，火焰传播条件，即燃烧阵面反应热大于体系对外界的热散失，此条件取决于炸药爆炸产物的组成和在空间的分布，与炸药装药结构和配方组成直接关联。

随着爆炸、燃烧机理、数值计算、模拟仿真、装药结构设计、制造工艺技术的进步，该类炸药装药应用将会日益成熟，弹药毁伤效能极大提高，成为极具威慑与打击能力的武器弹药种类。

4. 高能钝感炸药

炸药要求更高的能量是一个永恒和没有止境的方向。

钝感一词来源于心理学，与"敏感"意思相对，词性相同，两者互为反义词。钝感系数越高则对外部反应越迟钝，同时其敏感度也会越低。

对火炸药的钝感则是一个科学技术的界定，即在外界能量刺激作用下，火炸药发生反应要迟钝一些。

5. 科学探索与工程实践应用

这里是指除军事以外，火炸药作为一种特殊能源在人类科学探索和工程实践方面的应用。

炸药在燃烧爆炸过程中，形成高温高压环境，可以进行特殊环境化学反应、物质物理特性变化等方面的科学探索发现。通过爆炸过程在时间、空间维度上实现控制，将热能转化为动能、动量，对被作用对象进行物理变形、切割、断裂等物理作用，以达到人类社会实践的需要。随着更高能量、更可控制能量释放规律炸药与装药的发现、发明与应用，可以使更高压力更高温度的物理化学环境形成，为科学探索提供更为特殊的环境和条件支持。在工程应用中具有更为宽广的范围。

6.4.2 火药应用技术

火药仍然以燃烧的方式对外释放能量或者产物，其应用包括推进剂和发射药应用两个主要方面。

1. 固体推进剂应用技术

固体推进剂主要是以单个或者少量样本,在较低压力环境条件下使用。

1) 高能固体推进剂应用技术

随着高能含能化合物、高效氧化剂、高热值燃料的合成,新一代高能固体推进剂将逐步获得应用。

ADN 的应用将使推进剂的比冲提高 5~10s;目前,在推进剂中以 CL-20 替代相同含量的 RDX,可以使密度提高 20% 以上,质量比冲提高 2s 以上。

随着加工技术的改进,高能固体炸药的含量可以进一步提高,推进剂的能量(比冲)也可以随之提高。

2) 单室多推力推进技术

按照战术技术的需求,通过变燃速、组合结构、局部包覆等方法,在火箭发动机中进行装药,可以实现发动机推力的阶段变化、调节与控制。

3) 可回收利用、高能钝感推进剂技术

以热塑性弹性体作为力学骨架加入高能炸药的推进剂既是低敏感推进剂,同时也是可回收的推进剂,这是未来固体推进剂发展的一个重要方向。

4) 低特征信号推进剂技术

火箭发动机的特征信号是指在推进剂燃烧过程和火箭飞行过程中,所产生的诸多物理化学特征量,容易被检测而被发现、跟踪。这些特征信号中火焰与烟雾为主要信号,大多数与推进剂的燃烧产物组成和温度有关。

因为铝粉的燃烧热值高,在固体推进剂中会加入一定量的铝粉以提高推进剂比冲,但燃烧产物将必然是 Al_2O_3,其为固体产物,在以高氯酸铵为氧化剂的复合推进剂中,将会使烟雾(羽烟)浓度成数量级提高。如果在双基推进剂中加入 Al_2O_3,也有提高比冲的效果,但推进剂燃烧产物中的 H_2、CO 含量增加,将会产生二次燃烧而成为羽焰。

ADN 作为一种新型氧化剂,其应用将使推进剂的特征信号更小。

5) 高强度推进剂与高压推进技术

在推进剂力学强度和燃烧稳定性提高的前提下,随着材料技术的进步,使火箭发动机燃烧室压力提高到 10MPa 以上将成为可能,可以使火箭推进技术达到一个新的层次。

2. 发射药应用技术

发射药主要以小尺寸、大样本,在较高压力环境下使用。利用绝热膨胀对外做功,将热能转化为弹丸动能,是身管武器发射的能源。预期在未来的一个相当长的时间内,以发射药为发射能源的身管武器还是一种数量最多、使用最为频繁的武器种类。随着未来战争形态、武器发展需求,根据身管武器的发展趋势,发射药将在以下几个方面显现其特征性。

1) 高强度与超高能量发射药技术

高初速是身管武器威力的决定性因素,也是一个永无止境的发展方向。加长身管和提高膛压是提高初速的普适性技术途径。目前的技术可使膛压达到500MPa,弹丸初速达到1700m/s以上。随着材料技术的进步,膛压将可以更高地提升,预期可以将弹丸初速提高到2000m/s以上,这也为发射药提出超高能量与高强度的技术要求。发射药的火药力达到1300J/g以上,低温抗冲击强度达到10kJ/cm^{2}甚至是更高,这是高膛压武器发射安全性的基本保证。

2) (类)平台与随行发射装药技术

身管武器膛内压力平台是一种理想的内弹道过程,实际的内弹道是如图6-4-1所示的弹道过程,其中阴影部分是经过一个相当长时期的技术进步所取得的效果,该部分的大小决定弹丸初速提高的幅度。

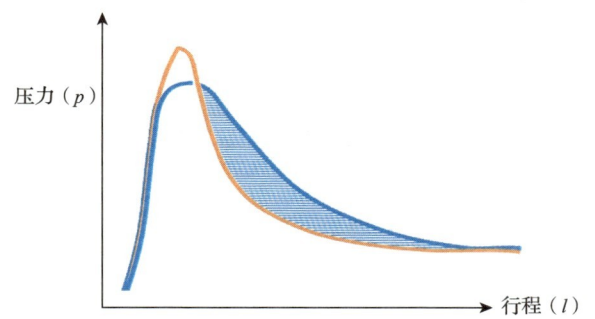

图6-4-1　身管武器内弹道曲线图

而该部分在理论和技术层次上是发射装药的理论与技术,提高初速取决于两个方面:发射装药的能量(状态函数)和能量释放规律(过程函数)。一般地,发射装药能量增加10%,弹丸初速提高2%～3%;发射装药能量释放渐增性增加,弹丸初速提高的幅度也在2%～3%。

提高发射装药能量的途径是增加发射药单位质量能量和增加发射装药单位体积能量。前者就是采用高爆热或者高火药力的火药,但不同武器使用目的不同,出于对武器寿命、发射安全、武器使用环境的考虑,对发射药的爆温有一定限制,所以,采用发射装药技术提高能量的范围有限。后者是发射装药技术的主要研究内容,也是将来理论与技术发展的重要方向之一。理论上讲,发射装药的能量越高越好，但就目前的身管武器结构设计而言，为了保证发射装药在膛内燃烧完全，发射药的装填密度无需超过 $1.2g/cm^3$。目前的大口径身管武器发射装药的装填密度，一般在 $0.8g/cm^3$ 以下，在小口径枪械武器中，装填密度在 $1.0g/cm^3$ 以下。采用密实装药、压实装药、整体装药技术，可以较大幅度地提高装填密度，这是发射装药技术将来重要的技术发展方向。

发射装药能量释放过程的控制，实质上是发射装药能量释放渐增性的提高。目前的技术手段，无论是通过几何形状还是通过表面钝感技术，与理论要求的渐增性相差很远。将来的发展方向是变燃速结构和程序控制的分步点燃技术，将会更接近于理论弹道过程，从而使弹丸初速有跨越式的提高。

内弹道过程与发射装药燃烧气体的流动状态直接关联。当弹丸速度提高至 2000m/s 以上以后，发射装药燃烧气体的动力学效应将严重影响弹道过程。显著的表象是弹底与膛底的压力差值迅速加大。现在的底凹弹就是基于该问题而出现的弹药与装药技术。随行装药技术也是基于该问题而提出的一种发射装药技术，是平台发射的基本条件之一，但是由于发射装药能量释放规律控制技术的不足而效果不佳。随着超高燃速发射药和程序控制的分步点燃技术的进步，随行装药技术将会显现其特殊的价值并在武器中装备应用，预期将会给身管武器带来一次革命性的变化。

3）清洁环境发射装药技术

身管武器发射过程，除了完成武器的基本功能以外，同时对武器的使用环境也将产生诸多负面影响。这些影响是武器内弹道过程物理化学作用的结果，具体表现为发射烟焰、膛内残渣、炮口压力波、发射噪声与振动、有毒有害气体等现象。

在所有以火炸药为能源的武器中，身管武器因与使用者近距离或者直接接触，并且多次重复使用，所以这些有害现象直接成为武器性能优劣评价的一部分。这些现象是该类武器的本质属性，但其对武器性能的影响作用大小程度可以完全不同。随着武器科学技术进步与发展，诸多现象本质与变化规律性被认知与揭示，在技术层次上也可以加以调节与控制，这些现象也逐步被重视并成为武器性能的重要指标之一。

上述发射有害现象取决于三个方面的因素：炮口动能、炮口压力和发射装药氧平衡。炮口动能由武器战术技术设计决定，这里不作讨论，在枪炮结构确定以后，后两者完全由发射装药决定。提高发射装药的氧平衡和能量释放渐增性是降低发射有害现象的必由技术途径。其中，高效固体氧化剂在发射药配方中的应用技术、洁净燃烧装药元器件技术、高渐增性燃烧发射装药技术等成为重要的发展方向。

4) 模块发射装药技术

身管武器发射频率(也称射速)是其威力的一个重要因素,其中弹药的输送过程起到决定性作用。中小口径武器弹药采用一种弹药结构,从连发的机关枪发明以来,已有成熟的各种自动装填技术。对于大口径榴弹武器,需要对大范围不同距离的目标进行打击,采用分装式发射装药结构。为了使弹药机械化、自动化装填,刚性模块装药结构已被发明,需要被工程化应用。

模块装药是采用物理的方法,将发射药与装药元器件,分割成为刚性单元模块,有利于储存、装填,使用方便。模块装药可以设计为三种模式:双元(X+Y)模块、等(X)模块和类等(1+X)模块。模块装药需要解决两个关键技术难题:第一,小号装药燃烧完全与大号装药超压矛盾问题;第二,全弹道覆盖问题。模块装药中全等模块最为先进,但技术难度最大。目前我国已经突破关键技术,有望近期装备使用。

5) 火工与烟火药剂应用技术

以黑火药为代表的火工烟火药至今仍然无法完全替代,但含铅类的起爆药势必被替代,该类技术中的安全性、可靠性、环境适应性等越来越被重视。

6.5 制备(造)工艺技术

由于火炸药易燃、易爆、污染大的特点,其制备(造)工艺远远落后于其他工业制造。近些年我国正在高度重视并加强该方面人力、物力、财力的投入。预计5~10年可以完全达到所有工艺自动化、无人化或者少人化、本质安全与防护。正在规划数字化、智能装备工艺的发展路线图,这是将来火炸药先进制造的方向与目标。

先进制造技术(AMT)是集机械、电子、信息、材料、能源和管理等各项先进技术而发展起来的高新技术。本质上是传统制造技术与自动化、信息和现代管理等技术的有机融合。发展趋势为精密化、柔性化、集成化、网络化、虚拟化、智能化、清洁化和全球化。

自动化工艺技术包括有新方法、新路线、新设备的技术发明,民用成熟技术的移植,工艺安全规范的修订等;自动物料传输、关键工艺参数检测、反馈自动控制、安全防护新结构等。

数字化与智能化制备(造)工艺技术中包括有工艺、设备状态信息获取、处理方法、控制方法等;大数据处理方法、即时工艺参数控制方法、手段、自主决策、处理等方面的内容。

关于数字化、智能化的概念目前较为模糊，需要通过认识、实践，再认识、再实践逐步形成。

6.6 绿色火炸药

绿色化学的概念是在20世纪90年代由美国环境保护局（EPA）首次提出的，并简要公布在其网站上。

绿色火炸药是一种以绿色化学为设计和生产原则，以保证现有火炸药的性能水平和操作安全性为最低要求的替代能源。

需要记住的是，并不总是能够设计完全满足这个定义的火炸药，如果迫切需要取代原来的火炸药，有时候可以用并不是完全是绿色的组分，只需相对绿色即可。在许多情况下，这种方法可以显著改善现状。

发展一种创新性化学技术，使得在设计、生产和应用化学品时，能减少或避免危险物质的使用或产生。通过欧美国家的不懈努力，绿色化学得到了飞速发展，并且作为一种促进新化学物质可持续性设计和制造的方法，已在化工行业得到广泛应用。绿色化学的基本思想是依据1998年Anastas和Warner定义的绿色化学十二原则：

（1）防止污染优于污染治理，防止废物的产生而不是产生后再来处理；

（2）原子经济性，应该设计这样的合成方法，使反应过程中所有的物料能最大限度地进入到终极产物中；

（3）化学合成低毒性，设计可行性的方法，使得合成中只使用或使用产生很少甚至不涉及对人体或环境有毒的物质；

（4）产物的安全性，设计化学反应的生成物不仅具有所需要的性能，还应具有最小的毒性；

（5）溶剂和助剂的安全性，尽量不用辅助物质（如溶剂、萃取剂等），当必须使用时，应尽可能是无害的；

（6）设计的能量高效性，尽可能降低化学过程所需能量，还应该考虑其环境和经济效益，合成过程尽可能在常温、常压下进行；

（7）原料的可回收性，如果技术上、经济上是可行的，原料应能回收而不是消耗；

（8）减少衍生物，应尽可能避免或减少不必要的衍生反应（如使用基团屏蔽、保护/去保护、暂时改变物理/化学性质等过程），因为这些步骤需要额外的反应物，同时还会产生废弃物；

(9) 催化作用，催化剂(选择性越专一越好)比符合化学计量数的反应物更占优势；

(10) 可降解性，设计生产的物质全部发挥作用后，应该降解为无害物质，而不长期存留在环境中；

(11) 在线分析，阻断污染，需要不断发展分析手段，以便实时分析，实现在线监测，提前控制有害物质的生成；

(12) 预防事故，提高本质安全性，在化学反应中，选择使用或生成的物质应将发生气体释放、爆炸、着火等化学事故的几率降至最低。

绿色化学原则广泛用于指导生产工艺的设计，因为许多化学品对人类健康和环境影响最大的环节就是生产过程。含能材料则有很大区别，它一般无法回收利用，只能进行简单的废物处理，并且会分解，分解和燃烧的产物会直接进入到环境中。因此，考虑含能材料的使用过程以及最终产物对健康和环境的影响尤为必要。鉴于此，绿色化学原则可以应用于含能材料的设计和生产中，但要坚持这些原则还是比较难的，比如第 2、5、8 和 9 条。毕竟大多数含能材料的能量高，且结构复杂。高能和复杂的化学结构常常需要使用活泼试剂、特殊溶剂或极端的反应条件，并使用保护性基团及其他衍生物。然而，大多数药物的结构复杂程度与含能材料相同或者更加复杂，令人振奋的是绿色化学原则已在制药工业中成功应用。应用绿色化学原则来设计含能材料的生产工艺，目前已取得了很大的进展。有些研究成果已处于可持续生产的前沿，比如利用生物酶和连续生产方式。电化学方法在含能材料领域的应用也越来越重要，尤其在合成和化学废料处理方面，电化学方法是一种非常高效的方法。在类似的过程中，使用水作为溶剂也是其另一个优点。

绿色化学原则不能直接用于衡量化工工艺或生产过程中的可持续性，但可以尝试用 E 因子来弥补这一不足。E 因子可以量化实际生产过程和产物的绿色化程度。它的定义是生产过程中产生的废物与目标产物的质量比值，即 w(waste)/p(product)。废物是指实际生产过程中形成的除目标产物以外的所有物质，包括气体和水。通常，即使 E 因子不能明确反映出废物的成分和毒性，但对于目标产物相同的不同生产过程而言，E 因子是一个很好的衡量标准，优于直接比较产品本身。即使 E 因子是一个比较粗略的参数，但从环境角度评价不同的生产过程时，这种方法非常快捷并具有参考意义。如果对一种产品进行整体环境影响的评估，全寿命周期评估(LSA)应该是一种更好的方法。LSA 是指目标产物从原材料取得，经生产、使用直至废弃的整个过程。还有的尝试是将 LSA 和全寿命周期成本分析结合，对产品成本进行整体评估。有文献用这种方法比较了一种有毒单元推进剂(有机肼)和一类绿色推进剂的全寿命周期成本。

分析表明，即使绿色推进剂的实际生产成本较高，但取代有毒推进剂仍能使成本大大降低。从直接成本来看，以绿色替代品取代旧材料通常是有效益的。在化工生产过程中，遵循绿色化学原则在经济上也是划算的。

由于民众觉醒和政府立法带来的社会压力，在欧洲，化学品使用受欧REACH法规（化学品注册、评估、许可和限制）的约束。REACH法规从2007年开始采用，并在之后长达11年的时间里逐步完善。REACH法规的目的是通过更早、更好地鉴定出化学物质的属性，来提高对人类健康和环境的保护。REACH法规显著扩大了化学品生产商和进口商的责任范围。要求他们搜集各自化学物质的性能数据，提供其安全操作和使用的信息。法规进一步呼吁当发现合适的替代品时，要及时取代危险化学品，这对火炸药工业也有潜在的影响，开发绿色火炸药替代品显得越来越重要。

参考文献

[1] Sanderson A, Rentfrow R, Wesson P, et al. Start–up of a New efficient and Green TNT manufacyuring Process[C]//NDIA EM/IM Technology Symposium, April 2006.

[2] My Hang V H, Michael D C, Thomas J M, et al. Green primary explosives: 5–nitrotetrazolato–N2–ferrate hierarchies[J]. Proceedings of the National Academy of Sciences of the United States of America, 2006, 103(27): 10322–10327.

[3] Ross W M, Anthony W A, Robert M E, et al. Clean Manufacture of 2,4,6–Trinitrotoluene(TNT) via Improved Regioselectivity in the Nitration of Toluene[J]. Journal of Energetic Materials, 2011, 29(2): 88–114.

[4] Stephen R A, David J E, Jerry S S, et al. Preparation of an Energetic–Energetic Co–crystal using Resonant Acoustic Mixing[J]. Propellants Explosires Pyrotechics, 2015, 39(5): 637–640.

[5] Karl S H, Hayleigh J L, Daniel W, et al. Resonant acoustis mixing and Its Applications to Energetics Matterials, New Trends in Research of Energetic Materials[R]. Czcch Republic, 2015: 134–143.

[6] Tore Brinck. 绿色含能材料[M]. 罗运军, 李国平, 李霄羽, 等译. 北京: 国防工业出版社, 2017.

[7] Mikhail I E, Alexander G G, Ivan A T, et al. Single-bonded cubic form of nitrogen[J]. Nature Materials, 2004, 3(8): 558-563.

[8] Xin Zhang, Walid M H, Yue Zhang, et al. Direct laser initiation and improved thermal stability of nitrocellulose/graphene oxide nanocomposites [J]. Applied Physics Letters, 2013, 102(14): 5428.

相关概念与定义

定义(definition)，对事物本质特征的表述。定义具有(明显的)特征性和归类性两个方面。例如亚里士多德的"人是理性动物"为经典定义。

概念(idea/notion/concept)，事物的本质属性的显象或者抽象形式。

理论(theory)，对客观事物本质属性与相关规律性的描述与表达，采用定义、概念、定理、定律、推论、断论等方式。例如，牛顿定律、热力学定律、欧姆定理等均为经典理论。

科学(science)，人类对客观世界存在的认知，为其本质属性和规律性的表达。科学源于"发现"。中文一词来源于"科举之学"和"分科之学"，主要划分为自然科学与人文社会科学两类。

技术(technology)，人类活动手段与方法的总和。现代技术是在科学原理指导下的发明及其应用。所以技术源于"发明"，产品的实现为最终目标。

知识(knowledge)，是对客观世界(包括人类自身)的表达，包括客观事物现象、本质和规律性、作用与效果等方面。柏拉图认为知识必须满足三个条件，被验证、正确且被相信。相关知识组成逻辑关系体系就成为知识系统。被大众认知的知识将视为"常识"。人类生存与文明进化过程和价值链中包含了相应的知识和知识系统。

工艺(technics/craft)，利用各类生产工具对各种原材料、半成品进行加工或处理，最终使之成为成品的方法与过程。

能源(energy source)，能量之源的简称。《大英百科全书》："能源是一个包括着所有燃料、流水、阳光和风的术语，人类用适当的转换手段便可让它为自己提供所需的能量。"《日本大百科全书》："在各种生产活动中，我们利用热能、机械能、光能、电能等做功，可利用作为这些能量源泉的自然界中的各种载体，称为能源。"中国《能源百科全书》："能源是可以直接或经转换提供人类所需的光、热、动力等能量的载能体资源。"可见，能源是一种呈多种形式的，且可以相互转换的能量的源泉。确切而简单地说，能源是自然界中能为人类提供某种形式能量的物质资源。

能源亦称能量资源或能源资源，是国民经济的重要物质基础，未来国家命运取决于能源的掌控。能源的开发和有效利用程度以及人均消费量是生产技

和生活水平的重要标志。(《中国大百科全书·机械工程卷》)

按照爱因斯坦的质能守恒定律,广义地来说,物质皆为能源;狭义地,能够提供能量转化的物质为能源。

能量(energy),是物质运动转换的量度,简称"能"。可以划分为内能、动能、势能,也可以划分为物理能、化学能、原子能、电能等。

化学键(chemical bond),是指相邻原子之间存在的相互作用力,使之成为分子、离子或者(多原子)自由基。例如2个氢原子和1个氧原子通过化学键结合成水分子 H_2O。

化学能(chemical energy),物质发生化学变化(化学反应)时释放或吸收的能量。其本质是化合物分子中电子分布场变化,导致化学元素能态变化而产生能量变化。

材料(material),是人类用于制造物品、器件、构件、机器或其他产品的物质。一般地将材料划分为结构材料和功能材料两类。材料是物质,但不是所有物质都可以称为材料。燃料和化学原料、工业化学品、食物和药物,一般不称为材料。

含能化合物(energetic composition),是指一类通过分解、燃烧、爆轰反应而释放热能的化合物。一般含有 $C—NO_2$、$O—NO_2$、$—NO_2$、$—N_3$ 等基团。

能效(efficiency of energy),也称效能,能量作用的效果或者效率,是能量状态和做功过程的综合结果。

火炸药(propellants and explosives),为一类特殊能源,广义指一类由含能化合物、功能组分组成,在封闭条件下,可以通过外界能量刺激,发生燃烧和爆轰的物质;狭义指具有一定形状尺寸的产品。在本书中火炸药还特指为一个专业、学科、行业、领域。

炸药(explosives),可爆炸物质,泛指一类在一定的外界能量的作用下,可自身爆炸的物质,本书特指一类自身具有一定形状尺寸和特定用途的产品。

火药(propellant),可燃烧物质,泛指一类在一定的外界能量的激发下,可自身燃烧的物质,本书特指具有一定形状尺寸和特定用途的产品。

发射药(gun propellant),用于枪炮武器发射的火药,具有尺寸小、样本量大的特点。

推进剂(propellant),用于火箭武器推进的火药,具有尺寸大、样本量小的特点,本书特指具有一定形状尺寸和特定用途的产品。

起爆药(primary explosive),在较弱外界能量(如机械、热、电、光)激发下,即可发生化学反应并能迅速转变成爆轰的敏感炸药(如雷汞)。

点火药(ignition composition)，在较弱外界能量(如机械、热、电、光)激发下，即可发生化学反应并能迅速转变成燃烧的敏感火药(如黑火药)。

烟火药剂(pyrotechnic composition)，可自身发生燃烧或者弱爆轰反应，并产生可见光、红外辐射、高温、高压气体、气溶胶烟幕和声响等效应的物质。

(火炸药)感度(sensitivity)，指火炸药在外界能量刺激作用下，发生化学燃烧、爆轰反应的程度或概率。

(火炸药)相容性(compatibility)，指火炸药组分之间和火炸药产品与有关材料之间接触，发生分解反应的程度。

(火炸药)安定性(stability)，指在一定的环境条件下，发生分解反应的程度；可以认为是稳定性。

(火炸药)安全性(safety)，指火炸药稳定的能量特征状态和可控制的能量释放过程。

燃烧与爆轰(combustion and detonation)，物质发生快速化学反应并对外释放能量的物理化学过程。稀疏波传播为燃烧，以压缩或者冲击波传播为爆轰。

(能量)释放(release /discharge of energy)，能量以某种形式向外界转移的过程。

能量释放规律(release characteristics of energy)，能量释放与时间和空间的关系。

发射药(装药)燃烧渐增性(burning progressivity)，也称能量释放渐增性，一般指发射药在燃烧过程、燃烧面积和(或)在压力不变条件下的燃速是逐渐增加的。通过密闭爆发器测试的 $p\text{-}t$ 曲线处理，得到的动态活度 ($L=(\mathrm{d}p/\mathrm{d}t)/(p_\mathrm{m} \cdot p)$) 与相对压力 ($p/p_\mathrm{m}$) 曲线为渐增函数。

性能(specific/characteristic/quality)，客观事物的特征性与功能性的总和。

评价(appraise)，对事物进行对比、分析、判断后的结论。

配方(formula)，指物品中化合物组成与含量。

结构(structure/construction/configuration)，事物各个部分之间的空间关联性，可划分为宏观与微观两类。

武器(weapon)，与兵器同义，为一类毁伤工具。

毁伤(wreck)，使作用对象失去现有的功能，是毁坏、伤亡、伤害等的扩展。

工具(tool)，人类活动所使用器具的总称。

功能材料(functional materials)，是指通过光、电、磁、热、化学、生化等作用后具有特定功能的物质。本书中特指对火炸药除能量组分以外的所有组分，也称功能添加剂或功能组分。

本构关系或者本构方程(constitutive equation)，物质宏观性质之间的数学物理关系。把本构关系写成具体的数学表达形式就是本构方程。最熟知的力学性质的本构关系有胡克定律，热力学性质的本构方程有克拉珀龙理想气体状态方程、傅里叶热传导方程等。进一步可以扩展至物理化学结构与性质之间的关系。

单基火药(single base propellant)，以硝化纤维素为力学骨架并为主要能量组分成分，采用溶剂法制作成为一定形状、尺寸的火药。

双基火药(double base propellant)，在单基火药的基础上，加入硝酸酯为增塑剂改善力学性能并与硝化纤维素共同成为能量主要成分，采用半溶剂法或者无溶剂法制作成为一定形状、尺寸的火药。

多基火药(multibase propellant)，也可以称为**三基火药(triple base propellant)**，在双火药的基础上加入晶体炸药成为第三种主要能量成分，采用半溶剂法或者无溶剂法制作成为一定形状、尺寸的火药。

主要符号

A	炸药的做功能力（总功）	OB	氧平衡指数
B	相对压力	p	压力
B_k	反应的频率因子中的常数	P	能量损耗
c	声速	P_0	发动机燃烧室燃烧气体压力
c_i	浓度	P_{C-J}	爆轰波压力
c_p	比定压热容	P_e	发动机喷口处燃烧气体压力
c_V	比定容热容	P_m	最大压力
D	爆速	$P_爆$	爆压
$D_{i,j}$	二元扩散系数	Q	化学反应热，氧化态变化数
D_k	爆轰临界直径	q	热量
E	活化能	$\boldsymbol{q}$	热流向量
e	发射药弧厚	Q^*	绝对氧化态变化数
E_{50}	试样 50% 爆炸所需静电火花能量	Q^{**}	实际绝对氧化态变化数
f	火药力	Q_p	定压爆热
F	活性指数	Q_V	定容爆热
g	重力加速度	R	摩尔气体常数
h	热焓	S	过饱和度
H_{50}	发生 50% 爆炸的特性落高	T	温度
H_T	特性落高	T_p	等压绝热火焰温度
I	冲量	T_V	等容绝热火焰温度，爆温
I_{sp}	比冲	u	燃速，混合气体比内能
K_i	活性指数的贡献值	U	内能
L	动态活度	u_1	燃速系数
M	马赫数	u_m	质量燃速
m_e	有效装药量	V_i	扩散速度
N_A	阿伏伽德罗常数	v	混合气体质量平均速度
N_p	功率准数	V_{50}	试样 50% 爆炸所需电压
N_{Re}	雷诺数	$V_{eff}(r)$	K-S 有效势能

w_i	组元生成速率	μ	剪切黏滞系数，化学势
α	余容，活度，线性热膨胀系数	ν	压力指数
α_k	第 k 个反应频率因子对应的指数	ρ	密度
γ	气体比热比，气体多方指数	$\rho(r)$	基态电子密度
Δ	装药密度	σ	拉伸应力
ΔH_f^0	生成焓	τ	剪切应力，作用时间
ε	伸长率	$\tau_{1/2}$	半衰期
η	黏度，作功效率	Φ	氧系数
κ	黏性系数	ψ	已燃烧相对质量分数
λ	导热系数